Gutnikov · Lenk · Mende   Sensorelektronik

MESSTECHNIK

Herausgeber:
Prof. Dr.-Ing. habil. Harry Trumpold
Prof. Dr.-Ing. habil. Eugen-Georg Woschni

Sensorelektronik

Primärelektronik
von Meßwertaufnehmern

Kand. d. techn. Wiss. Valentin S. Gutnikov
Prof. Dr.-Ing. habil. Arno Lenk
Dr.-Ing. Ulrich Mende

VEB VERLAG TECHNIK BERLIN

Distributed by Springer-Verlag

Wien New York

Den russischen Manuskriptteil übertrug Dr.-Ing. *U. Mende* in die deutsche Sprache, und Prof. Dr.-Ing. habil. *A. Lenk* besorgte die fachliche Bearbeitung.

202 Bilder, 2 Tafeln

ISBN-13:978-3-7091-9502-4   e-ISBN-13:978-3-7091-9501-7
DOI: 10.1007/978-3-7091-9501-7

1. Auflage
© VEB Verlag Technik, Berlin, 1984
Softcover reprint of the hardcover 1st edition 1984
Lizenz 201.370/73/83
DK 621.324.3+501.683.3 · LSV 3065 · VT 3/5421-1
Lektor: Dipl.-Phys. Ekkehard Mann
Schutzumschlag: Kurt Beckert
Gesamtherstellung: Messedruck Leipzig, BT Borsdorf – III/18/328

Vorwort

Das vorliegende Buch behandelt Probleme der Sensorelektronik, d. h. der Primärelektronik von Meßwertaufnehmern, unter dem Gesichtspunkt der Anwendung integrierter Schaltkreise. Dabei stehen praktische Fragen des Entwurfs und der Analyse elektronischer Meßwandler im Vordergrund.

Das Buch will sich sowohl an in der Elektronik- und Meßgeräteindustrie tätige Wissenschaftler und Praktiker wenden als auch an Studierende der Elektrotechnik/Elektronik in den entsprechenden Vertiefungsrichtungen.

Das Buch entstand als Ergebnis der langjährigen Tätigkeit von Dr. *V. S. Gutnikov* in Forschung und Lehre auf dem Gebiet der Meßelektronik am Leningrader Polytechnischen Institut (LPI), Lehrstuhl Informationsmeßtechnik. Dipl.-Ing. *U. Mende*, Technische Universität, Sektion Informationstechnik, war im Rahmen seiner Aspirantur am LPI unter Leitung von Dr. *V. S. Gutnikov* an der Ausarbeitung der Theorie der zeitabhängigen Systeme und ihrer Anwendung auf moderne Gleichspannungsverstärker beteiligt. Im Zusammenhang mit der wissenschaftlichen Bearbeitung des Manuskripts durch Prof. Dr.-Ing. *A. Lenk*, Technische Universität Dresden, Sektion Informationstechnik, und der langjährigen Wissenschaftskooperation zwischen beiden Einrichtungen flossen eine Reihe von Erfahrungen auf dem Gebiet der Meßwertaufnehmer aus der TU Dresden in das Buch ein. Im einzelnen schrieb *V. S. Gutnikov* die Abschnitte 3., 5., 6., 7. und 9. Die Abschnitte 2. und 4. wurden von *U. Mende* und Abschn. 8. von *A. Lenk* verfaßt.

Die Autoren danken dem Herausgeber der Reihe „Meßtechnik", Herrn Prof. Dr.-Ing. habil. *E.-G. Woschni*, für die Unterstützung des Buchprojekts. Besonderer Dank gilt Frau *B. Werner* für die Übernahme der Schreibarbeiten sowie den Herren *K. Belter* und *E. Mann* für die gute Zusammenarbeit mit dem Verlag.

Die Autoren

Inhaltsverzeichnis

Formelzeichenverzeichnis

$\underline{A}\,(f_y, \tau)$ — parametrisches Stoßspektrum

$\underline{A}_\nu\,(f_y)$ — Fourier-Koeffizienten des parametrischen Stoßspektrums bei periodischen Systemen

$a_{i,\,k}$ — Koeffizienten eines linearen Gleichungssystems

B — Übertragungsfaktor, allgemein

B_N — Übertragungsfaktor, bezogen auf Nennwerte

$B\,(x)$ — Übertragungsfaktor, differentiell

$B_{y,\,x}$ — Übertragungsfaktor zwischen der Ausgangsgröße y und der Eingangsgröße x

b_i — Störgrößen eines linearen Gleichungssystems

C — Kapazität

C_{a} — Abschlußkapazität

C_{i} — innere Kapazität

C_{K} — Kabelkapazität

D — Diode

d — piezoelektrische Konstante

E — elektrische Feldstärke

$E\,[\ ]$ — Operator für Ensemblemittelung

F — Formfaktor, Kraft, Rauschfaktor

f — Frequenz, allgemein

f_{c} — charakteristische Frequenz bei Rauschspektren

f_{g} — Grenzfrequenz

f_0 — Wiederholfrequenz bei Operationsverstärkern

f_{M} — Zerhackerfrequenz

G — Leitwert

$\underline{G}\,(f)$ — komplexer Übertragungsfaktor

$\underline{G}_\nu\,(f_x)$ — Fourier-Koeffizienten des parametrischen Übertragungsfaktors bei periodischen Systemen

$\underline{G}\,(p)$ — Übertragungsfaktor

$g\,(t)$ — Gewichtsfunktion linearer, zeitinvarianter Systeme

$g\,(t, \tau)$ — Gewichtsfunktion linearer, zeitveränderlicher Systeme

i — Strom, allgemein

$i\,(t)$ — Strom, zeitabhängig

j — imaginäre Einheit

K — Verstärkungsfaktor, allgemein; Konstante

$K_{p,\,q}$ — Übertragungsfaktor zwischen den Knoten p und q eines Graphen

k — Anzahl von Ereignissen; Boltzmann-Konstante; piezoelektrischer Kopplungsfaktor

L — Induktivität

l — Länge

M — Gleichtaktunterdrückung

n — Gesamtanzahl von Ereignissen bzw. Realisierungen

P — Leistung; elektrische Polarisation

P_{mech} — mechanische Leistung

p — Differentiationsoperator; Druck

Q — elektrische Ladung

R — Widerstand, allgemein

R_{d} — Differenzeingangswiderstand

R_{g} — Gleichtakteingangswiderstand

R_{i} — Innenwiderstand

r — relative Widerstandsänderung

S — Spannungsanstiegsgeschwindigkeit

$S\,(f)$ — (zweiseitige) spektrale Leistungsdichten stationärer Vorgänge

$S\,(t, f)$ — (zweiseitige) spektrale Leistungsdichte instationärer Vorgänge

$\bar{S}\,(f)$ — mittlere spektrale Leistungsdichte periodisch instationärer Vorgänge

T — mechanische Spannung; absolute Temperatur; Periodendauer

T_{M} — Meßzeit

T_{K} — Korrelationszeit

t — laufende Zeit

u	Spannung, allgemein
$u(t)$	Spannung, zeitabhängig
u_d	Differenzspannung
u_d0	Offsetspannung
u_g	Gleichtaktspannung
u_l	Leerlaufspannung
u_T	Temperaturspannung
$\ddot{u}$	Übersetzungsverhältnis
V	Verstärkung, Volumen
V_0	Leerlaufverstärkung
V_g	Gleichtaktverstärkung
V_K	Kreisverstärkung
v	Geschwindigkeit
$W(f)$	einseitige spektrale Leistungsdichte stationärer Vorgänge
W_u	Leistungsdichte der Störspannungsquelle eines Operationsverstärkers
W_i	Leistungsdichte der Störstromquelle eines Operationsverstärkers
W_e	Leistungsdichte der äquivalenten Eingangsstörspannung eines Verstärkers
$w(x)$	Wahrscheinlichkeitsverteilungsdichte
$\underline{X}(f)$	Spektraldichte (Spektrum) von $x(t)$
$\underline{X}\nu$	Fourier-Koeffizienten der Fourier-Reihe bei periodischem $x(t)$
$\underline{X}(f, T_\mathrm{K})$	Spektraldichte eines Ausschnitts der Länge eines (zufälligen) Vorgangs $x(t)$
$\underline{X}(f, t)$	gleitendes Spektrum von $x(t)$
x	Eingangsgröße, allgemein
$x(t)$	Eingangsgröße, zeitabhängig
$\underline{Y}(f)$	Spektraldichte (Spektrum) von $y(t)$
y	Ausgangsgröße, allgemein
$y(t)$	Ausgangsgröße, zeitabhängig
$\underline{Z}$	mechanische Impedanz
α	Eingangsblock im Blockschaltbild des gegengekoppelten Verstärkers; Faktor
$\alpha_{\mathrm{N},x}$	Einflußkoeffizienten der Störgröße x bezüglich des Nullpunkts
$\alpha_{\mathrm{B},x}$	Einflußkoeffizient der Störgröße x bezüglich des Übertragungsfaktors
β	Gegenkopplungsfaktor; Stromverstärkungsfaktor eines Transistors
γ	reduzierter Fehler
Δ	absoluter Fehler
δ	relativer Fehler
ε	zulässiger Fehler
ε	Dielektrizitätskonstante
ϑ	Temperatur in °C
ϑ_V	Vergleichstemperatur
μ	mechanische Eingangsgröße (allgemeine Meßgröße)
σ	Streuung, allgemein
$\sigma(t)$	Streuung (zeitabhängig); Stoßfunktion
τ	Zeitpunkt der Stoßerregung
τ	Zeitkonstante
$\tau_\mathrm{äq}$	äquivalente Zeitkonstante
τ_V	Zeitkonstante des Verstärkers
φ	Phase
$\varphi(t)$	Modulationsfunktion
$\psi(\tau)$	Korrelationsfunktion stationärer Vorgänge
$\psi(t, \tau)$	Korrelationsfunktion instationärer Vorgänge
$\bar{\psi}(\tau)$	mittlere Korrelationsfunktion periodisch instationärer Vorgänge
ω	Kreisfrequenz
ω_g	Grenzkreisfrequenz

Bedeutung der Indizes

Index	Bedeutung
x	Eingangsgröße
y	Ausgangsgröße
St	Störgröße
$+$	nichtinvertierender Eingang
$-$	invertierender Eingang
i, ν	Zählindex
e	Eingang
a	Ausgang
0	Bezugswert, Speisung
S	Brückenspeisegröße
N	Nennwert

Definition und Schreibweise häufig gebrauchter Größen

1. Größen im Zeit- und Frequenzbereich

– Kreisfunktionen
$$x(t) = \hat{x}\cos(2\pi ft + \varphi) = \mathrm{Re}\{\underline{x}\,\mathrm{e}^{\mathrm{j}\,2\pi ft}\} = \mathrm{Re}\{\underline{x}(t)\}$$
$$\underline{x} = x\,\mathrm{e}^{\mathrm{j}\varphi} \quad \underline{x}(t) = \underline{x}\,\mathrm{e}^{\mathrm{j}\,2\pi ft}$$

– Normierte Sprungfunktion

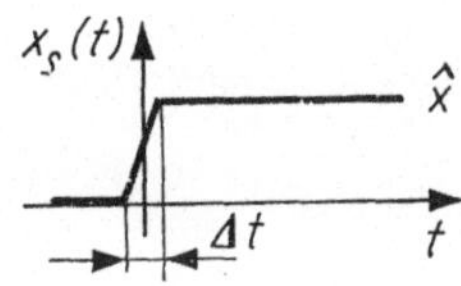

$$s(t) = \frac{1}{\hat{x}}\,x_{\mathrm{S}}(t)$$

– Normierte Stoßfunktion

$$\delta(t) = \frac{1}{I}\,\frac{\mathrm{d}x_{\mathrm{S}}(t)}{\mathrm{d}t}$$

– Normierte Sprungantwort
$$h(t) = \frac{y(t)}{\hat{x}}\;[x(t) = x_{\mathrm{S}}(t)]$$

– Normierte Stoßantwort (Gewichtsfunktion)
$$g(t) = \frac{y(t)}{I}\left[x(t) = \frac{\mathrm{d}x_{\mathrm{S}}(t)}{\mathrm{d}t}\right]$$

– Mittelwert
$$\bar{x} = \frac{1}{T}\int_0^T x(t)\,\mathrm{d}t$$

– Effektivwert
$$\tilde{x} = \sqrt{\frac{1}{T}\int_0^T x^2(t)\,\mathrm{d}t}$$

– Positiver (negativer) Spitzenwert $\hat{x}$ ($\check{x}$)
– Komplexe Frequenz $p = \sigma + \mathrm{j}\omega$
– Laplace-Transformierte
$$\mathcal{L}\{x(t)\} = \underline{X}(p) = \int_0^{+\infty} x(t)\,\mathrm{e}^{-pt}\,\mathrm{d}t$$

— Fourier-Transformierte

$$\mathfrak{F}\{x(t)\} = \underline{X}(f) \int\limits_{-\infty}^{+\infty} x(t)\,e^{-j2\pi ft}\,\mathrm{d}t$$

— Zweiseitiges Leistungsspektrum

$$S(f) = \int\limits_{-\infty}^{+\infty} \Psi(\tau)\,e^{-j2\pi f}\,\mathrm{d}\tau$$

— Einseitiges (technisches) Leistungsspektrum

$$W(f) = 2S(f); \quad f \geqq 0$$

— Autokorrelationsfunktion

$$\Psi(\tau) = \frac{1}{T} \int\limits_{0}^{T} x(t)\,x(t-\tau)\,\mathrm{d}t$$

— Komplexer Übertragungsfaktor

$$\underline{G}(f) = \frac{\underline{Y}(f)}{\underline{X}(f)}; \quad \underline{G}_\mathrm{p} = \frac{\underline{Y}(p)}{\underline{X}(p)}$$

— Knotenleitwert bei Graphen

$$\underline{G}_{\mathrm{a,b,c}\ldots} = \underline{G}_\mathrm{a} + \underline{G}_\mathrm{b} + \underline{G}_\mathrm{c} + \cdots$$

2. Statische Übertragungs- und Fehlerkenngrößen

— Sollübertragungsfunktion

$$y_{\mathrm{Soll}}(x)$$

— Nennwerte

$$y_\mathrm{N},\ x_\mathrm{N}$$

— Absoluter Fehler

$$\Delta y^{'}(x) = y(x) - y_{\mathrm{Soll}}(x)$$

— Relativer Fehler

$$\delta_y(x) = \frac{\Delta y(x)}{y_{\mathrm{Soll}}(x)}$$

— Reduzierter Fehler

$$\gamma_y(x) = \frac{\Delta y(x)}{y_\mathrm{N}}$$

— Übertragungsfaktor

$$B_{y,\,x} = y/x$$

$$B_\mathrm{N} = y_\mathrm{N}/x_\mathrm{N}$$

— Einflußkoeffizient des Nullpunktes

$$\alpha_{\mathrm{N},\,x_{\mathrm{St}}} = -\frac{1}{y_\mathrm{N}}\left(\frac{\mathrm{d}\,\Delta\,y_0}{\mathrm{d}x_{\mathrm{St}}}\right)_{x_{\mathrm{St0}}}$$

— Einflußkoeffizient des Übertragungsfaktors

$$\alpha_{\beta,\,x_{\mathrm{St}}} = \frac{1}{B(x_{\mathrm{St0}})}\left(\frac{\mathrm{d}\beta}{\mathrm{d}x_{\mathrm{St}}}\right)_{x_{\mathrm{St0}}}$$

1. Einleitung

Elektrische Meßeinrichtungen zur Messung nichtelektrischer Größen haben prinzipiell die im Bild 1.1 dargestellte Struktur. Ihre funktionellen und konstruktiven Eigenschaften werden sowohl durch die Randbedingungen der Meßaufgabe als auch durch die folgenden Informationsverarbeitungsmöglichkeiten bestimmt.

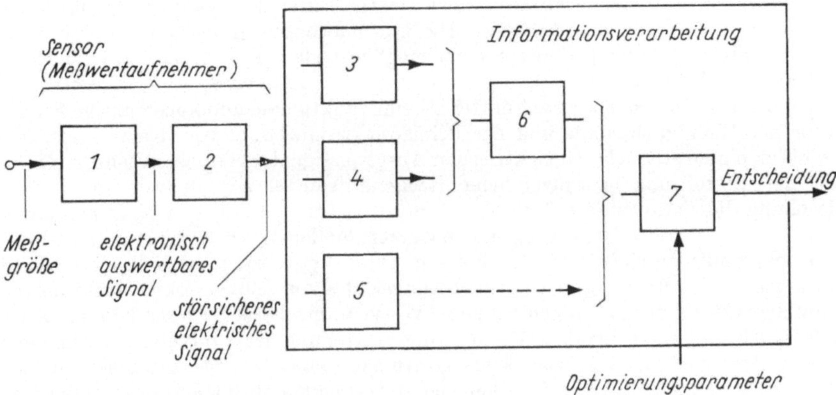

Bild 1.1. Struktur einer Meßkette mit Informationsverarbeitung
1 primärer Meßwandler; *2* elektronischer Meßwandler; (Primärelektronik); *3* Analogspeicher/-verarbeitung; *4* ADU; *5* Anzeige; *6* weitere Meßwertverarbeitung; *7* Entscheidungsregel

Die Entwicklung solcher Meßketten wird gegenwärtig durch die sprunghaft steigenden Möglichkeiten der Meßwertverarbeitung mit den Mitteln der modernen Rechentechnik entscheidend beeinflußt. Die Notwendigkeit der Schaffung formalisierbarer Verfahren der Meßwertverarbeitung rückt die am Ende einer jeden Messung erforderliche Entscheidung wieder deutlicher in das Blickfeld. Aus der Tatsache, daß eine Meßkette hinsichtlich der Möglichkeit der optimalen Entscheidungsfindung dimensioniert werden muß, ergeben sich eine Reihe sehr konkreter Schlußfolgerungen für den Entwurf von Meßwertaufnehmern und ihrer Primärelektronik. Neben den genannten allgemeinen meßtechnischen Gesichtspunkten werden diese Schlußfolgerungen noch durch die Fortschritte der mikroelektronischen Fertigungsverfahren sowohl bei den eigentlichen elektronischen Bauelementen als auch bei den primären Wandlerelementen zwischen nichtelektrischen und elektrischen Größen bestimmt. Es handelt sich dabei um die folgenden Aspekte:

- Der Aufwand für die Leistungsverstärkung des Ausgangssignals eines Meßwertaufnehmers wird in zunehmendem Maße geringer gegenüber dem Aufwand für die Entwicklung und Herstellung des primären Meßwertwandlers.
- Die vor einigen Jahren diskutierten Erwartungen der Ablösung des größten Teiles der analogen Wirkprinzipien für die primären Wandler durch frequenzanaloge oder unmittelbar digitale Verfahren haben sich nicht bestätigt.
- Die erheblichen Vorteile mikroelektronischer Herstellungsverfahren bei den primären Wandlern führen zunehmend zu einer Konzentration auf wenige, vorrangig resistive und

kapazitive Wirkprinzipien. Dabei sind unter resistiven Wirkprinzipien die Beeinflussung des Leistungsmechanismus durch mechanische, optische, thermische, magnetische und chemische Einflußgrößen vorzugsweise in Metallen und Halbleitern zu verstehen. Bei den kapazitiven Wirkprinzipien haben die geometrischen Änderungen von Präzisionsluftkondensatoren und die elektrischen Wechselwirkungen in Dielektrika mit mechanischen, thermischen und optischen Größen gegenwärtig praktische Bedeutung.

Aus den genannten technologischen Aspekten ergeben sich mit den zu Anfang erwähnten allgemeinen meßtechnischen Gesichtspunkten die folgenden Schlußfolgerungen für die Entwicklung der Meßwertaufnehmer und ihrer Primärelektronik:

• Das Optimierungskriterium einer Meßkette ist die auf den Eingang bezogene äquivalente Störgröße aller Eigen- und Umweltstörungen der Meßkette. Die klassische Forderung nach einer „möglichst großen Empfindlichkeit" muß durch die Forderung nach einer möglichst kleinen äquivalenten Eingangsstörgröße in einem vorgegebenen Meßbereich ersetzt werden. Diese Forderung ist identisch mit einer möglichst großen Zahl der auflösbaren Schritte der Meßgröße. Die informationstheoretischen Aspekte dieser Forderung unter der Nebenbedingung einer möglichst kleinen Meßzeit sind in [1.1] und [1.2] ausführlich behandelt worden.

• Ein Meßwertaufnehmer wird zukünftig als eine funktionale und konstruktive Einheit des primären Wandlerelements und der Primärelektronik, d. h. von der zu messenden Größe bis zu einem störsicheren elektrischen Ausgangssignal, aufzufassen sein.

• Mit der Einführung leistungsfähiger Rechenhilfsmittel zur Meßwertverarbeitung wurde häufig die Vermutung geäußert, daß nunmehr die Qualität der Meßwertaufnehmer eine untergeordnete Bedeutung hat, da deren Fehler durch Korrekturalgorithmen nahezu vollständig verringert werden können. Diese Vermutung hat sich als ein Trugschluß erwiesen, da Eigen- und Umweltstörungen des Aufnehmers ohne Apriorikenntnisse des Signals und der Störungen auf keine Weise unterschieden werden können. Richtig ist lediglich, daß die spektrale und Amplitudenverteilung der äquivalenten Eingangsstörungen durch nachfolgende Korrekturalgorithmen so an das zu erwartende Signal angepaßt werden können, daß die Sicherheit der zu treffenden optimalen Entscheidung erhöht wird. Derartige Maßnahmen sind jedoch als Modulation, Filterung und Kodierung schon lange als Standardmethoden der Nachrichten- und Meßtechnik eingeführt. Neuartig ist, daß diese z. T. mit erheblichem schaltungstechnischem Aufwand verbundenen Verfahren nunmehr durch weitaus flexiblere und zukünftig auch billigere Rechner mit den zugehörigen Programmen ersetzt werden können.

Unabhängig davon bleibt jedoch der Sachverhalt bestehen, daß eine nachfolgende Korrektur die einmal eingebrachten Fehler verringern, aber nie vollständig beseitigen kann. Als primäre Forderung gilt nach wie vor, das Entstehen von Eigen- und Umweltstörungen des Aufnehmers im zu erwartenden Amplituden- und Frequenzbereich der zu messenden Größe soweit wie möglich zu verhindern.

• Übliche AD-Umsetzer erfordern Eingangsspannungen in der Größenordnung von einigen Volt. Wegen der vorwiegend analogen Wirkprinzipien werden Meßwertaufnehmer auf absehbare Zeit eine analoge Primärelektronik enthalten, die diese Spannung störsicher erzeugen muß. Nach dem gegenwärtigen Stand der Relationen zwischen analoger Schaltungstechnik und Rechentechnik ist es noch zweckmäßig, die obengenannten Korrekturmaßnahmen weitgehend dieser analogen Primärelektronik als Bestandteil des Meßwertaufnehmers zuzuordnen. Die weitere Entwicklung wird voraussichtlich so vor sich gehen, daß AD-Umsetzer und einfache Korrekturrechner als konstruktive Bestandteile des Meßwertaufnehmers erscheinen. Eine räumliche Trennung von primären Wandlerelement und Korrekturelementen ist sowohl mit Rücksicht auf die Überschaubarkeit der Systemstrukturen als auch mit Rücksicht auf die engen funktionalen Kopplungen zwischen dem primären Wandler und den Korrekturelementen nicht wahrscheinlich.

Der Gegenstand dieses Buches ist der Block 2 „Elektronischer Meßwandler" aus Bild 1.1 bei Beschränkung auf analoge Systeme. Auch die frequenzanalogen Komponenten wurden hier ausgeschlossen, obwohl sie im Rahmen der Struktur von Bild 1.1 dem Block „Elektronische Meßwandler" zugeordnet werden müssen. Diese Einschränkung ist auch deswegen gerechtfertigt, weil frequenzanaloge Meßeinrichtungen in einem anderen Buch dieser Reihe [1.3] ausführlich behandelt werden.

Es ist nach den vorhergehenden Betrachtungen offensichtlich, daß eine Behandlung der Primärelektronik ohne Berücksichtigung der primären Wandler nicht möglich ist. Deshalb war es im gewissen Umfang erforderlich, auch auf die Eigenschaften des Blockes „Primäre Meßwandler" einzugehen. Im einzelnen sind in den Abschnitten 2. bis 5. die vom jeweiligen primären Wandler unabhängigen systemtheoretischen und schaltungstechnischen Grundlagen zusammengestellt. Diese Abschnitte beschränken sich im wesentlichen auf eine tabellarische Zusammenstellung der aus der Standardliteratur bekannten Zusammenhänge. Ausführlicher werden lediglich die für meßtechnische Anwendungen relevanten Aspekte behandelt, die in der Standardliteratur in dieser Form nicht enthalten sind.

Der Abschn. 2. enthält neben den üblichen Fehler- und Übertragungsrelationen zeitinvarianter linearer Systeme noch eine neuartige Darstellung zeitabhängiger linearer Systeme. Diese Ergänzung erweist sich als der theoretische Schlüssel zur quantitativen Behandlung tieffrequenter Störvorgänge und bildet die Voraussetzung zur Analyse der im Abschn. 4. behandelten Korrekturverfahren für Präzisionsgleichspannungsverstärker. Im Abschn. 3. werden die Eigenschaften von Operationsverstärkern und den damit realisierbaren Grundschaltungen zusammengestellt. Mit den jetzt erreichten Daten von Operationsverstärkern ist die Realisierung von elektronischen Meßwandlern nach einem der ältesten Prinzipien der Meßtechnik, dem Kompensationsprinzip, in nahezu idealer Weise möglich. Die Darstellung des Abschnitts 3. geht hinsichtlich dieses Aspekts über die in der Standardliteratur vorhandene Darstellung, die ansonsten in tabellarischer Form zitiert wird, hinaus.

Der Abschn. 5. enthält die Beschreibung von Differenzier-, Integrier- und Gleichrichterschaltungen unter meßtechnischen Aspekten und unter Berücksichtigung der mit Operationsverstärkern möglichen Verbesserungen gegenüber rein passiven Schaltungen. Diese speziellen analogen Meßwertverarbeitungseinrichtungen wurden deshalb hier aufgenommen, weil eine große Anzahl von Meßgeräten, die noch nicht zur Gruppe der informationsverarbeitenden Systeme gerechnet werden, solche Baugruppen zwischen der eigentlichen Primärelektronik und dem Verstärkerausgang bzw. der Anzeige enthalten.

In den Abschnitten 6. bis 9. wird problemorientiert die zu bestimmten Wirkprinzipien der primären Wandler gehörende elektronische Schaltungstechnik dargestellt.

Abschn. 6. enthält die schaltungstechnische Auswertung von ohmschen Widerständen, die als parametrische Wandler nichtelektrischer Größen wirken. Schwerpunkte sind dabei Brückenschaltungen unter Berücksichtigung der Leitungswiderstände und der Linearitätskorrektur.

Abschn. 7. enthält die Auswertetechnik von thermoelektrischen Wandlern, wobei hier die Probleme der Einbeziehung der Vergleichstemperatur und die Korrektur des Einflusses der Zuleitungen von besonderer Bedeutung sind.

Abschn. 8. behandelt die Auswerteelektronik für piezoelektrische Wandler, die jedoch in gleicher Weise auf andere generatorische Wandler mit kapazitivem Quellwiderstand anwendbar sind. Der Schwerpunkt dieses Kapitels liegt bei der Analyse von Ladungsverstärkern und ihren determinierten und zufallsbedingten Störungen.

Abschn. 9. enthält Verfahren zur Auswertung von Kapazitäten und Induktivitäten als parametrische Wandler nichtelektrischer Größen. Der Schwerpunkt liegt entsprechend den zu Anfang gemachten Bemerkungen bei den kapazitiven Wandlern und dabei wiederum bei den Auswerteverfahren mit Diodenschaltungen. Es hat sich gezeigt, daß nach diesem Verfahren Meßwertaufnehmer hergestellt werden können, die hinsichtlich ihrer zeitlichen und Umweltstabilität den genauesten bisher bekannten resistiven Meßwertaufnehmern entsprechen.

2. Kenngrößen und Analysemethoden

Die vollständige Beschreibung von Schaltungen der Primärelektronik von Meßwertaufnehmern (elektronische Meßwandler) hinsichtlich ihrer statischen und dynamischen Übertragungs- und Störeigenschaften durch *ein* mathematisches oder schaltungstechnisches Modell ist gegenwärtig nicht sinnvoll.

Diese Situation ist dadurch bedingt, daß zum einen die üblichen Anwendungen solcher Schaltungen ein allgemeines Modell in der Regel nicht erfordern und daß zum anderen die für eine vollständige Beschreibung erforderlichen Kennwerte nicht oder nur mit unvertretbarem Aufwand zu erhalten sind.

Aus diesem Grunde beschreiben die üblicherweise verwendeten Kennfunktionen und Kennwerte das Übertragungsverhalten der Schaltung nur unter speziellen einschränkenden Randbedingungen. Zum Beispiel wird bei der Beschreibung der nichtlinearen Eigenschaften der Übertragungsfunktionen in der Regel vorausgesetzt, daß durch Wahl der Meßbedingungen keine dynamischen Fehler auftreten. Umgekehrt wird bei der Beschreibung der dynamischen Eigenschaften vorausgesetzt oder durch die Meßbedingungen sichergestellt, daß sich die Schaltung völlig linear verhält.

Bei den hier zu betrachtenden Meßwandlern erstreckt sich der Übertragungsfrequenzbereich in der Regel bis zur Frequenz $f = 0$, d. h., es müssen zeitlich konstante Signale über sehr lange Zeiten übertragen werden. Der Schwerpunkt der technischen und technologischen Schwierigkeiten liegt bei der Erzielung einer großen Anzahl auflösbarer Schritte im Amplitudenbereich. Der Informationsfluß wird hier durch diese große Anzahl unterscheidbarer Stufen und nicht durch große Signaländerungsgeschwindigkeiten erbracht. Die Situation entspricht also der Kurve a im Bild 2.1 im Gegensatz zu dem Fall b,

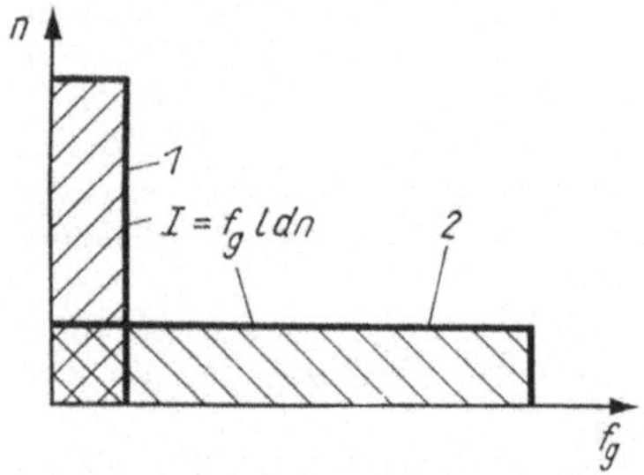

Bild 2.1. Informationsfluß bei technischen Übertragungseinrichtungen

1 Meßwertwandler; *2* Nachrichtenkanäle

der für Nachrichtenkanäle typisch ist. Mittlere Werte sind $n = 10^3 \cdots 10^5$ und $f_g = 10 \cdots 10^3$ Hz für Meßwandler und $n = 10 \cdots 10^3$ und $f_g = 10^4 \cdots 10^6$ Hz für Nachrichtenkanäle. Daraus folgt, daß die statischen Fehlerkenngrößen bei Meßwandlern ein vergleichbar größeres Gewicht haben als bei Nachrichtenkanälen, wohingegen die Situation bezüglich der dynamischen Fehler gerade umgekehrt ist.

In diesem Abschnitt werden die unter den obengenannten einschränkenden Bedingungen üblichen Kennfunktionen und Kennwerte von Meßsystemen zusammengestellt. Es handelt sich dabei im wesentlichen um eine Zusammenstellung von Begriffen und Zusammenhängen, die in [2.1] bis [2.11] ausführlich begründet und abgeleitet werden. Die

Zusammenstellung dient einerseits der Erläuterung der in den folgenden Abschnitten verwendeten Terminologie und andererseits der Berücksichtigung der hier im Vordergrund stehenden meßtechnischen Aufgabenstellung.

Für die rationelle Berechnung der Übertragungseigenschaften von Netzwerken mit gesteuerten Quellen hat sich die Verwendung von Signalflußgraphen und der damit verbundenen Rechenmethoden als vorteilhaft erwiesen. Mit Rücksicht auf die durchgängige Anwendung dieser Darstellungs- und Rechenmethode werden die wesentlichen Begriffe und Zusammenhänge dazu ebenfalls in diesem Abschnitt zusammengestellt.

2.1. Statisches Übertragungsverhalten und systematische statische Fehler

2.1.1. Übertragungsfunktion, Übertragungsfaktor

Als Systemmodell wird die Verknüpfung einer Eingangsgröße x mit einer Ausgangsgröße y angenommen. Diese Verknüpfung wird durch Störgrößen $x_{St}^{(\nu)}$ beeinflußt (Bild 2.2). Als einschränkende Bedingung gilt hier, daß y nur von x und $x_{St}^{(\nu)}$, nicht aber von deren

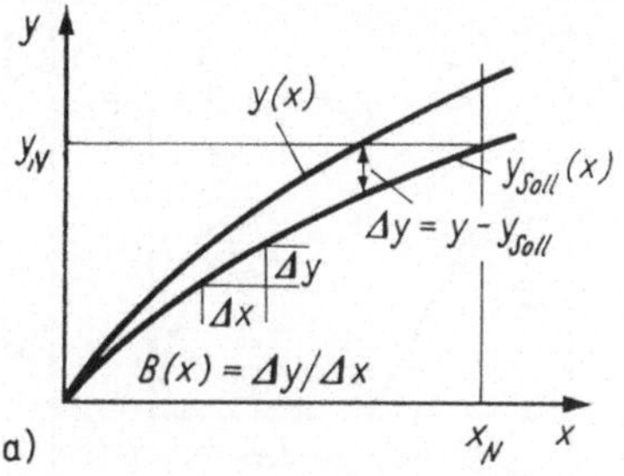

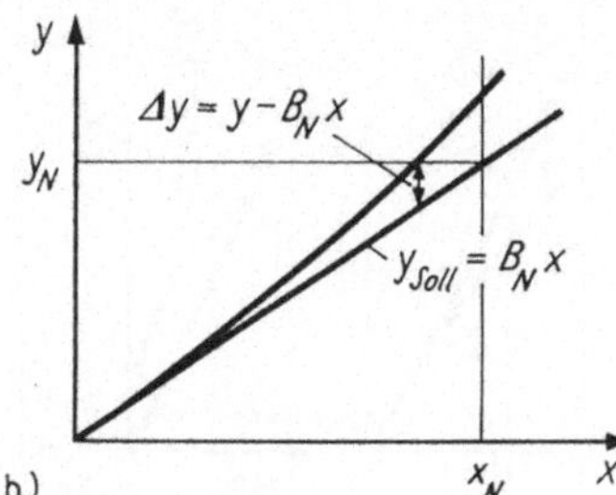

Bild 2.2. *Systemmodell eines elektronischen Meßwandlers*

$$x, y = \begin{cases} \text{Spannung } u \\ \text{Frequenz } f \\ \text{Periodendauer } T \\ \text{Impulsbreite } \Delta T; \\ \text{Impulsanzahl } n \\ \text{Strom } i \end{cases} \quad \vec{x}_{St} = \begin{cases} \text{Temperatur} \\ \text{Druck} \\ \\ \text{Beschleunigung} \end{cases}$$

Ableitungen abhängt (statisches Übertragungsverhalten). Bei der Messung dieser Verknüpfung müssen alle Größen so langsam geändert werden, daß die in der Beschreibung des realen Systems enthaltenen Ableitungen $\mathrm{d}x^{(n)}/\mathrm{d}t^{n}$, $\mathrm{d}\vec{x}_{St}^{(m)}/\mathrm{d}t^{m}$ gegenüber x und x_{St} vernachlässigt werden können.

Über die Art der Eingangs- und Ausgangsgrößen werden zunächst keine Einschränkungen gemacht. Entsprechend der Aufgabenstellung dieses Buches sind dafür jedoch vorzugsweise Signalkenngrößen elektrischer Signale von Bedeutung. Den Einfluß der Störgröße x_{St} auf die Verknüpfung zwischen x und y soll hier als determiniert angenommen

Bild 2.3. *Kenngrößen der Übertragungsfunktion*
a) nichtlineare, b) lineare Soll-Übertragungsfunktion

2　Gutnikov

$$y(x) = B_0 x + B_1 x^2 = B_0 x \left(1 + \frac{B_1}{B_0} x_N \frac{x}{x_N} \right) \qquad \delta_0 = \frac{B_1}{B_0} x_N$$

$$y(x) = B_0 x + B_2 x^3 = \left[1 + \frac{B_2}{B_0} x_N^2 \left(\frac{x}{x_N} \right)^2 \right] \qquad \delta_0 = \frac{B_2}{B_0} x_N^2$$

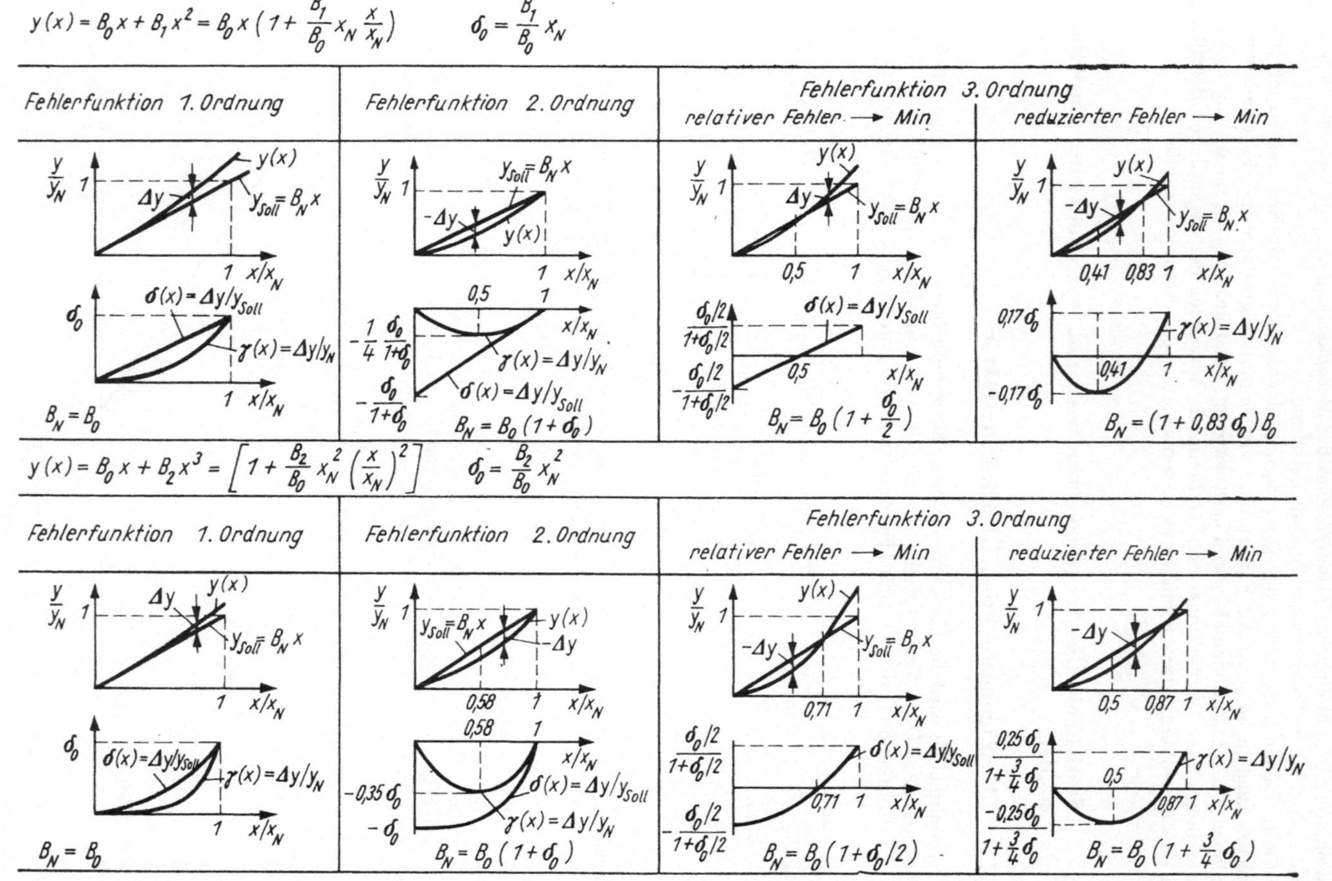

Bild 2.4. Relative Fehler $\delta(x) = \Delta y/y$ und reduzierte Fehler $\gamma(x) = \Delta y/y_N$ von Übertragungsfunktionen mit quadratischem und kubischem Fehleranteil bei verschiedenen Ausgleichsgeraden

werden. Die dadurch hervorgerufenen Fehler sind also als systematische, prinzipiell korrigierbare Fehler anzusehen. Die Berücksichtigung zufälliger Fehler wird im Abschnitt. 2.3. beschrieben.

Die Übertragungsfunktion y (x) für Referenzbedingungen hat eine Soll-Abhängigkeit y_{Soll} (x) (Bild 2.3 a), die in den meisten Fällen linear ist (Bild 2.3 b). Die vereinbarten Nennwerte x_N und y_N stellen in der Regel Aussteuerungsgrenzen dar, bis zu denen vorgegebene Fehlerschranken eingehalten werden. Die reale Übertragungsfunktion bei Referenzbedingungen y (x) unterscheidet sich von der Soll-Übertragungsfunktion um den absoluten Fehler Δy. Diese Abweichung kann entweder bei Referenzbedingungen $\overset{\rightarrow}{x_{\text{St0}}}$ durch einen Fehler des Meßwandlers selbst oder durch Abweichungen der Störgrößen vom Referenzzustand hervorgerufen werden.

Die Kenngrößen der Übertragungsfunktion sind (Bild 2.3)

- Übertragungsfaktor

$$— \text{ nichtlinear} \qquad B\,(x) = \frac{\mathrm{d}\,y}{\mathrm{d}\,x} \qquad (2.1)$$

$$— \text{ linear} \qquad B_N = \frac{y_N}{x_N} \qquad (2.2)$$

- absoluter Fehler $\qquad \Delta y = y - y_{\text{Soll}}\,(x) \qquad (2.3)$

- relativer Fehler $\qquad \delta = \dfrac{\Delta y}{y_{\text{Soll}}} \qquad (2.4)$

- reduzierter Fehler $\qquad \gamma = \dfrac{\Delta y}{y_N}. \qquad (2.5)$

Für den Fall der linearen Soll-Übertragungsfunktion ist es nützlich, den Fehler Δy durch einen quadratischen oder kubischen Ansatz zu beschreiben. Durch unterschiedliche Festlegungen von x_N und y_N sind verschiedene Fehlerabhängigkeiten von der Eingangsgröße realisierbar.

Bild 2.4 zeigt drei übliche Varianten für die beiden Ansätze. In der ersten Spalte stimmt der differentielle Übertragungsfaktor $B = \mathrm{d}y/\mathrm{d}x$ für $x = 0$ mit $B_0 = y_N/x_N$ überein; in der zweiten Spalte wurde $y\,(x_N) = y_N$ gewählt, und in der dritten und vierten Spalte wurde $\Delta y\,(x_N)$ so gewählt, daß positive und negative Extremwerte des reduzierten bzw. relativen Fehlers gleich groß werden.

Im Fall der kubischen Nichtlinearität und für die erste Spalte von Bild 2.4 lassen sich die Ergebnisse ohne weiteres auf die zum Nullpunkt symmetrische Aussteuerung erweitern. Für den parabolischen Ansatz ist bei symmetrischer Aussteuerung die im Bild 2.5 dargestellte optimale Relation zwischen realer und Soll-Übertragungsfunktion vorhanden.

2.1.2. Einflußkoeffizienten der Störgrößen

Zur Beschreibung der Wirkung einer Störgröße x_{St} auf eine Soll-Übertragungsfunktion wird angenommen, daß der Meßwandler im übrigen fehlerfrei ist, d. h., es wird der Einfluß von x_{St} auf die Soll-Übertragungsfunktion aus Bild 2.3 b betrachtet:

$$y_{\text{SOLL}} = B_N\, x. \qquad (2.6)$$

Entsprechend Bild 2.6 wird von folgendem Ansatz ausgegangen:

$$y\,(x, x_{\text{St}}) = \Delta y_0\,(x_{\text{St}}) + B_N\,(x_{\text{St}})\,x. \qquad (2.7)$$

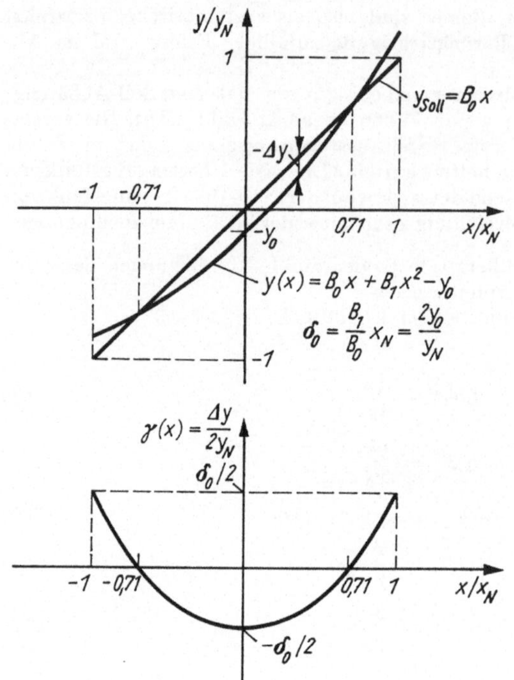

Bild 2.5. Reduzierter Fehler einer Übertragungsfunktion mit quadratischem Fehleranteil bei symmetrischer Aussteuerung

Die Größen Δy_0 (x_{St}) und B_N (x_{St}) sind i. allg. nichtlineare Funktionen in x_{St}. Meist gibt man für die Störgröße x_{St} einen Ausgangs- oder Bezugswert x_{St0} an. In der Umgebung dieses Wertes können Δy_0 (x_{St}) und B_N (x_{St}) durch ihre Näherung ersetzt werden:

$$\Delta y_0 (x_{St}) \approx \left(\frac{\mathrm{d}(\Delta y)}{\mathrm{d}x_{St}}\right)_{x_{St0}} (x_{St} - x_{St0}) \tag{2.8}$$

$$B_N (x_{St}) \approx B_N (x_{St0}) + \left(\frac{\mathrm{d}B_N (x_{St})}{\mathrm{d}x_{St}}\right)_{x_{St}} (x_{St} - x_{St0}). \tag{2.9}$$

Der Anteil Δy_0 wird als additiver Fehler oder Nullpunktfehler bezeichnet. Er ist unabhängig von x und äußert sich in einer Parallelverschiebung der Soll-Übertragungsfunktion. Man definiert einen Einflußkoeffizienten des Nullpunkts:

$$\alpha_{N, x_{St}} = \frac{1}{y_N} \left(\frac{\mathrm{d}(\Delta y_0)}{\mathrm{d}x_{St}}\right)_{x_{St}} \tag{2.10}$$

Die Größe

$$\Delta y_m = \left(\frac{\mathrm{d}B_N}{\mathrm{d}x_S}\right)_{x_{St0}} (x_S - x_{S0}) x \tag{2.11}$$

stellt den multiplikativen Fehler, hervorgerufen durch die Störgröße x_{St}, dar. Dieser Fehler ist dem Eingangssignal x proportional. Entsprechend Gl. (2.11) entsteht er als Folge einer unerwünschten Änderung des Übertragungsfaktors B. Dementsprechend definiert man einen Einflußkoeffizienten des Übertragungsfaktors:

$$\alpha_{B, x_{St}} = \frac{1}{B(x_{St0})} \left(\frac{\mathrm{d}B}{\mathrm{d}x_{St}}\right)_{x_{St}}. \tag{2.12}$$

Der multiplikative Fehler führt zu einer Drehung der Soll-Übertragungsfunktion im Bild 2.6.

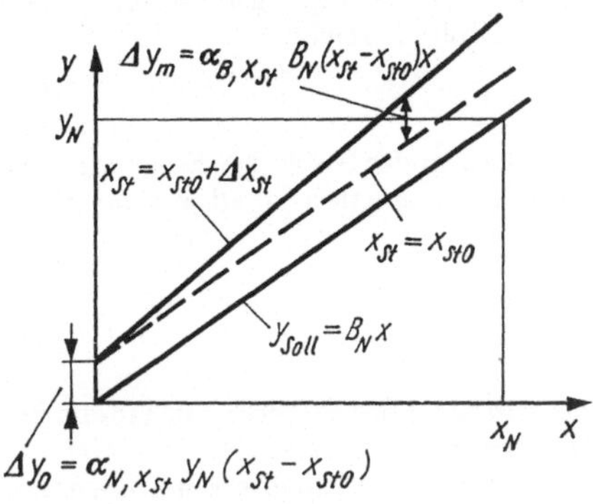

Bild 2.6. *Einflußkoeffizienten des Nullpunkts und des Übertragungsfaktors*

Die in den Gln. (2.8), (2.11) definierten Fehler sind absolute Fehler entsprechend Gl. (2.3). Bildet man den zugehörigen relativen Fehler nach Gl. (2.4), so folgt

$$\delta_0 = \alpha_{N, x_{St}} (x_{St} - x_{Sto}) \frac{x_N}{x} \tag{2.13}$$

bzw.

$$\delta_m = \alpha_{B, x_{St}} (x_{St} - x_{Sto}). \tag{2.14}$$

Der relative Fehler δ_0 hängt von der Eingangsgröße ab. Zur Kennzeichnung additiver Fehler wird daher besser der reduzierte Fehler verwendet.

$$\gamma_0 = \alpha_{N, x_S} (x_S - x_{Sto}) \tag{2.15}$$

Der relative Fehler δ_m hängt nicht von der Meßgröße x ab. Für multiplikative Fehler ist daher die Angabe in Form relativer Fehler zweckmäßig.

2.2. Dynamisches Übertragungsverhalten elektronischer Meßwandler

2.2.1. Meßtechnische Aufgabenstellung

Wenn sich das Eingangssignal $x(t)$ eines elektronischen Meßwandlers hinreichend schnell ändert, dann hängt das Ausgangssignal $y(t)$ neben $x(t)$ auch von den Ableitungen $dx^{(n)}/dt^n$ ab. Das hat zur Folge, daß sich der Zeitverlauf von $y(t)$ um mehr als eine Proportionalitätskonstante von $x(t)$ unterscheidet (Bild 2.7). Bei Vorgabe einer linearen

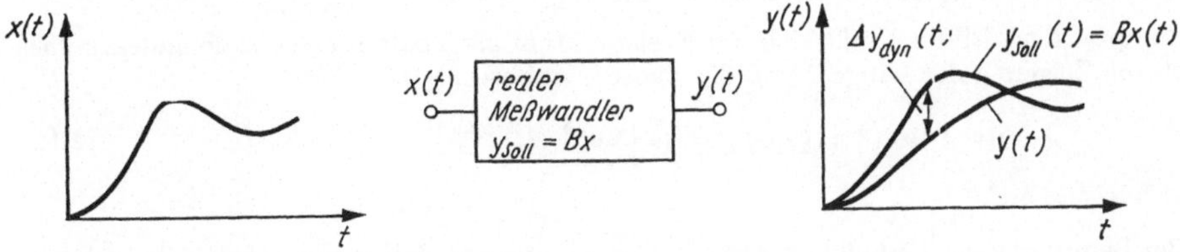

Bild 2.7. *Dynamischer Fehler eines Meßwandlers*

zeitunabhängigen Soll-Übertragungsfunktion ist das unerwünscht, aber aufgrund der stets vorhandenen Energiespeicherelemente nicht vermeidbar. Der Unterschied zwischen dem gewünschten Ausgangssignal entsprechend der Soll-Übertragungsfunktion und dem tatsächlichen Ausgangssignal wird als dynamischer Fehler bezeichnet.

$$\Delta y_{\text{dyn}}(t) = y(t) - B\,x(t) \tag{2.16}$$

Dynamische Fehler sind multiplikative Fehler, da sie von der Größe des Eingangssignals abhängen. Als Fehlerkenngröße wird üblicherweise die mittlere quadratische Abweichung benutzt

$$\overline{\Delta y_{\text{dyn}}^2}(t) = \int\limits_0^\infty [y(t) - B\,x(t)]^2\,\mathrm{d}t\,. \tag{2.17}$$

Wenn Ausgangs- und Eingangssignal über eine *beliebige* lineare Operation miteinander verknüpft sein sollen, muß der Meßwandler entsprechende dynamische Eigenschaften haben. Beispiele für solche Meßwandler sind Differenzier- und Integrierschaltungen.

Bei der Analyse des dynamischen Verhaltens von Meßwandlern werden üblicherweise einschränkend Linearität und Störungsfreiheit vorausgesetzt. Wenn die letztere Voraussetzung fallengelassen wird, erweitert sich das Problem des dynamischen Übertragungsverhaltens zur Theorie der optimalen Filterung. Einige grundsätzliche Bemerkungen dazu sind im Abschn. 2.3. enthalten.

Die in den folgenden Teilabschnitten zusammengestellten Relationen sind in den Standardbüchern der Signal- und Systemtheorie ausführlich abgeleitet und erläutert. Hier werden diese Kenngrößen und Relationen lediglich zur Anpassung an die in diesem Buch verwendete Terminologie und zur grundsätzlichen Erinnerung an die vorausgesetzten Grundannahmen zusammengestellt.

2.2.2. Testsignale

Für die Analyse des dynamischen Verhaltens haben sich zwei Testsignale als besonders zweckmäßig erwiesen; die

- Stoßfunktion $\sigma(t) = I\,\delta(t - \tau)$ und die
- Kreisfunktion $x(t) = \hat{x}\cos(2\,\pi ft + \varphi)$.

Die Gründe dafür sind:

— Reale Signalzeitfunktionen (periodi. he Funktionen, einmalige Vorgänge) und die Stoßfunktion $\sigma(t)$ selbst lassen sich aus Kreisfunktionen aufbauen.

— Die Kreisfunktionen sind die einzigen reellen periodischen Funktionen, deren Funktionstyp sich beim Durchgang durch lineare, zeitinvariante Systeme nicht ändert.

— Die Testsignale $\hat{x}\cos(2\,\pi ft + \varphi)$ und $\sigma(t)$ können für eine große Anzahl von realen Vorgängen als Modell verwendet werden.

Entsprechend Bild 2.8 läßt sich die Kreisfunktion als Realteil eines rotierenden komplexen Zeigers $\underline{x}$ der Länge $\hat{x}$ und der Phase φ auffassen:

$$x(t) = \hat{x}\cos(2\,\pi ft + \varphi) = \mathrm{Re}\left\{\underbrace{\hat{x}\,\mathrm{e}^{\mathrm{j}\varphi}}_{\underline{x}}\,\mathrm{e}^{\mathrm{j}\,2\,\pi ft}\right\}. \tag{2.18}$$

Bei Benutzung der komplexen Kreisfunktionen ergeben sich wesentliche Rechenerleichterungen.

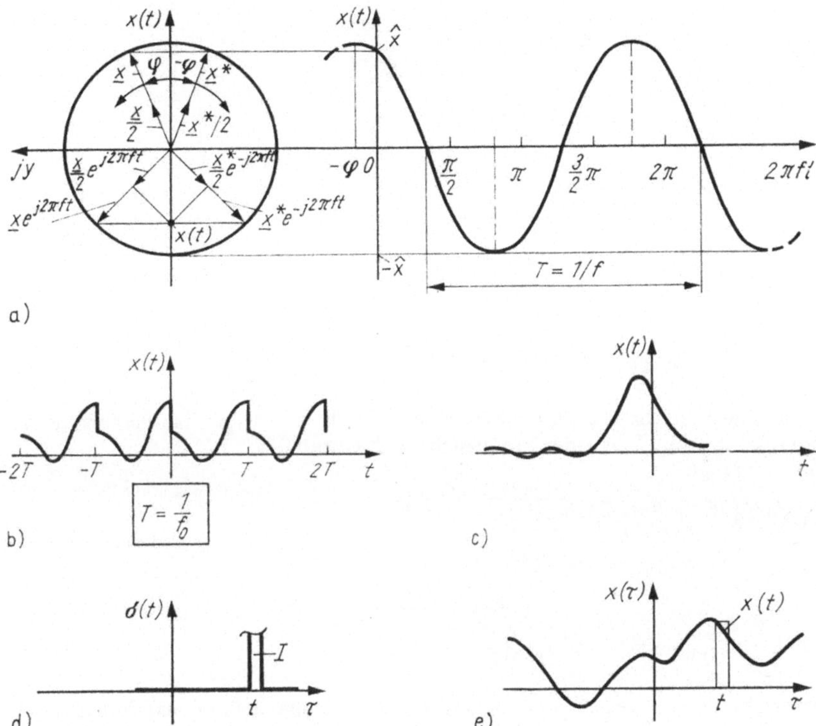

Bild 2.8. Testfunktionen und Signalbeschreibung

a) Kreisfunktion; b) periodische Vorgänge; c) einmalige Vorgänge; d) Stoßfunktion; e) beliebige Vorgänge

Die Bildung des Realteils in Gl. (2.18) kann umgangen werden, wenn man statt eines komplexen Zeigers zwei konjugiert komplexe und gegensinnig umlaufende Zeiger der Länge $\hat{x}/2$ betrachtet:

$$x(t) = \hat{x}\cos(2\pi ft + \varphi) = \frac{\hat{x}}{2}\left(e^{+j(2\pi ft + \varphi)} + e^{-j(2\pi ft + \varphi)}\right). \tag{2.19}$$

Diese Darstellung führt zur Einführung der negativen Frequenzen, mit deren Hilfe sich periodische und einmalige Vorgänge besonders gut beschreiben lassen:

periodische Vorgänge: komplexe Fourier-Reihe

$$x(t) = x(t + nT) = \sum_{\nu = -\infty}^{+\infty} \underline{X}_\nu\, e^{+j2\pi\nu f_0 t}; \quad f_0 = \frac{1}{T} \tag{2.20a}$$

$$\underline{X}_\nu = \frac{1}{T} \int_{-T/2}^{+T/2} x(t)\, e^{-j2\pi\nu f_0 t}\, \mathrm{d}t \tag{2.20b}$$

einmalige Vorgänge: komplexes Fourier-Integral

$$x(t) = \int\limits_{-\infty}^{+\infty} \underline{X}(f)\, e^{+j\,2\,\pi\,ft}\, df \qquad\qquad (2.21a)$$

$$\underline{X}(f) = \int\limits_{-\infty}^{+\infty} x(t)\, e^{-j\,2\,\pi\,ft}\, dt\,. \qquad\qquad (2.21b)$$

Speziell für die Stoßfunktion gilt

$$\underline{X}_\sigma(f) = I\, e^{+j\,2\,\pi\,f\tau} \qquad\qquad (2.22a)$$

$$\sigma(t) = I\,\delta(t-\tau) = I \int\limits_{-\infty}^{+\infty} e^{j\,2\,\pi\,f\,(t-\tau)}\, df \qquad\qquad (2.22b)$$

$$I = \int\limits_{-\infty}^{+\infty} \sigma(t)\, dt\,. \qquad\qquad (2.22c)$$

Das Parseval-Theorem sagt aus, daß die Signalleistung bzw. -energie unabhängig davon ist, ob man das Signal im Zeit- oder Frequenzbereich betrachtet:
periodische Vorgänge

$$\frac{1}{T} \int\limits_{-T/2}^{+T/2} x^2(t)\, dt = \sum_{\nu=-\infty}^{+\infty} |\underline{X}_\nu|^2 \qquad\qquad (2.23)$$

einmalige Vorgänge

$$\int\limits_{-\infty}^{+\infty} x^2(t)\, dt = \int\limits_{-\infty}^{+\infty} |\underline{X}(f)|^2\, df\,. \qquad\qquad (2.24)$$

Für die Darstellung einer beliebigen Zeitfunktion als Summe aus aufeinanderfolgenden Stoßfunktionen gilt

$$x(t) = \int\limits_{-\infty}^{+\infty} x(\tau)\,\delta(t-\tau)\, d\tau\,. \qquad\qquad (2.25)$$

Bild 2.8 veranschaulicht die Definition der Testsignale und die Zerlegung beliebiger Vorgänge in solche Testsignale.

2.2.3.   Zeitinvariante Systeme — Übertragungseigenschaften und Kennfunktionen

Die Übertragung der im Bild 2.8 dargestellten Testsignale durch lineare zeitinvariante Systeme läßt sich besonders einfach beschreiben. Ausgangspunkt für alle existierenden Relationen ist der Umstand, daß eine Erregung eines solchen Systems mit einer Kreisfunktion wieder eine Kreisfunktion mit geänderter Amplitude und geändertem Phasenwinkel ergibt. Als entsprechende Systemfunktion wird der komplexe Übertragungsfaktor als Quotient der komplexen harmonischen Schwingungen an Systemeingang und -ausgang definiert (Bild 2.9, oben):

$$\underline{G}(f) = \frac{\hat{y}\, e^{j\,\varphi_y}\, e^{j\,2\,\pi\,ft}}{\hat{x}\, e^{j\,\varphi_x}\, e^{j\,2\,\pi\,ft}} = \frac{y}{x} = \underbrace{\frac{\hat{y}}{\hat{x}}}_{|\underline{G}(f)|}\, \underbrace{\exp j\,(\varphi_y - \varphi_x)}_{\varphi_G(f)}\,. \qquad\qquad (2.26)$$

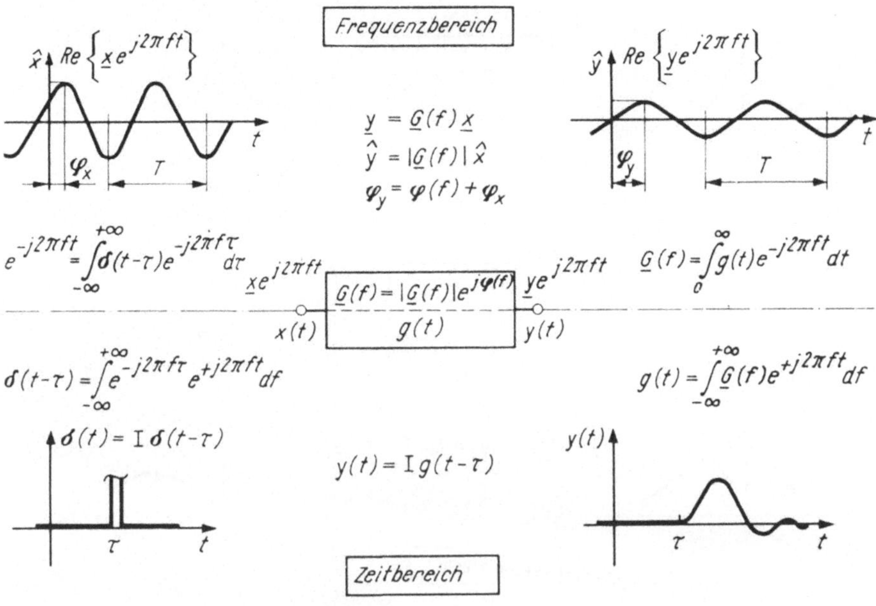

Bild 2.9. Übertragung der Testsignale über lineare, zeitinvariante Systeme

Nach Gl. (2.26) beschreibt $|\underline{G}(f)|$ die Veränderung der Amplitude und $\varphi_G(f)$ die der Phase der Eingangsschwingung $x(t)$. Die Antwort $Ig(t)$ eines Systems auf eine Stoßfunktion $\sigma(t) = I\,\delta(t)$ ist die Übertragungskennfunktion des Systems im Zeitbereich (Gewichtsfunktion):

$$g(t) = \left.\frac{y(t)}{I}\right|_{x(t)\,=\,I\,\delta(t)} \tag{2.27}$$

Wegen der Zusammensetzung von $\sigma(t)$ aus Kreisfunktionen [Gl. (2.22)] und der ungestörten Überlagerung von Teilfunktionen bei der Übertragung in linearen Systemen läßt sich $g(t)$ aus $\underline{G}(f)$ ableiten (Bild 2.9, unten):

$$g(t) = \int_{-\infty}^{+\infty} \underline{G}(f)\,e^{+j2\pi ft}\,df. \tag{2.28}$$

Entsprechend Gl. (2.21 a) läßt sich umgekehrt $\underline{G}(f)$ aus $g(t)$ berechnen, wenn man nämlich eine komplexe Kreisfunktion entsprechend Gl. (2.25) in eine Summe von Stoßfunktionen zerlegt:

$$\underline{G}(f) = \int_{-\infty}^{+\infty} g(t)\,e^{-j2\pi ft}\,dt = \int_{0}^{\infty} g(t)\,e^{-j2\pi ft}\,dt. \tag{2.29}$$

Die untere Grenze im Integral von Gl. (2.28) ist Null, da $g(t)$ bei realen Systemen für $t < 0$ verschwindet. Auf die gleiche Weise folgen wegen der Zusammensetzung allgemeiner Signalzeitverläufe aus einer Summe von Kreisfunktionen bzw. aus einer Summe von Stoßfunktionen und ihrer gegenseitigen ungestörten Übertragung die entsprechenden Relationen für ihre Übertragung durch lineare Systeme (Bild 2.10).

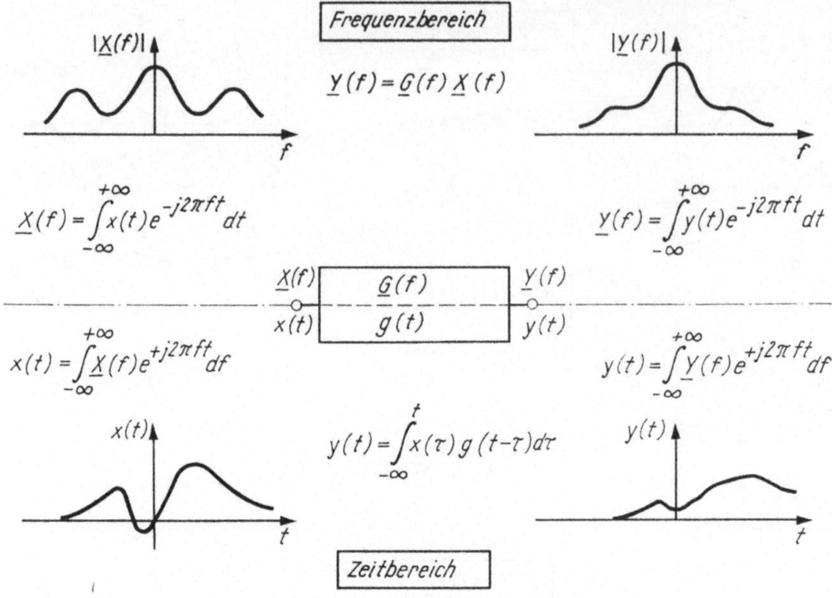

Bild 2.10. Übertragung allgemeiner Signalzeitfunktionen durch lineare, zeitinvariante Systeme

$$y(t) = \int_{-\infty}^{t} x(\tau)\, g(t-\tau)\, \mathrm{d}\tau \tag{2.30}$$

$$\underline{Y}(f) = \underline{G}(f)\, \underline{X}(f) \tag{2.31}$$

Die Anwendung der in den Bildern 2.8, 2.9 und 2.10 dargestellten Relationen kann auf Konvergenzschwierigkeiten stoßen, wenn, wie für Zeitfunktionen und Spektraldichten üblich, physikalisch irreale mathematische Modelle benutzt werden.

Diese Schwierigkeiten können auf zweierlei Weise umgangen werden:

● Es wird angenommen, daß alle realen Zeitvorgänge zeitlich beschränkt sind. Dann existiert stets eine zugehörige Spektraldichte nach Gl. (2.21 b). Dementsprechend wird die Stoßfunktion nicht als Dirac-Funktion im mathematischen Sinne, sondern als hinreichend schmale, bei $t = 0$ sehr große Funktion betrachtet, deren Integral den Wert I hat. Das hat zur Folge, daß die zu $\sigma(t)$ gehörende Spektraldichte ebenfalls frequenzbegrenzt wird und die Integration in den Gln. (2.22) und (2.25) keine Schwierigkeiten bietet.

In [2.12] ist dieser Gedanke der „finiten Systemtheorie" ausführlich dargelegt.

● Es wird mit den üblichen irrealen mathematischen Modellen gerechnet, aber zusätzlich vorausgesetzt, daß alle Zeitfunktionen für $t < 0$ verschwinden. Für die Ausführung der Integration in der Gl. (2.21 b) wird ein mathematischer Kunstgriff benutzt, der die analytische Fortsetzung der Spektraldichten und komplexen Übertragungsfaktoren erfordert. Die Frequenzvariable $j\omega$ wird dabei zur komplexen Frequenz $p = \sigma + j\omega$ erweitert. Die fourierschen Transformationsformen (2.21 b), (2.29) gehen dann in die einseitige Laplace-Transformation über.

In diesem Buch wird je nach der Art des Problems sowohl die eine als auch die andere Vorstellung benutzt. Bei der Formulierung der Systemrelationen ist es zweckmäßig, sowohl die Frequenz als auch die Kreisfrequenz $\omega = 2\,\pi f$ zu verwenden. Im folgenden wird von beiden Möglichkeiten Gebrauch gemacht, ohne dáß damit weitere Festlegungen verknüpft sind. Zum Beispiel handelt es sich bei $\underline{X}\,(f)$ und $\underline{X}\,(\omega)$ um die gleiche physikalische Größe Spektraldichte.

2.2.4. Zeitabhängige lineare Systeme

Zeitabhängige lineare Systeme enthalten zeitabhängige Übertragungselemente. Beispiele dafür sind Schalter, Modulatoren, Abtast- und Halteglieder. Bekannte, technisch ausgeführte elektronische Meßwandler, die solche Elemente enthalten, sind z.B.

— Zerhackerverstärker
— Verstärker mit automatischer Driftkorrektur.

Im Abschn. 4. wird gezeigt, wie diese Elemente der Präzisionselektronik die Anzahl der unterscheidbaren Amplitudenstufen erhöhen, aber gleichzeitig die Frequenzbandbreite für das Nutzsignal verringern. Bei der theoretischen Beschreibung ihrer Funktionsweise und der Analyse ihres Übertragungsverhaltens entstehen gegenüber zeitunabhängigen Systemen einige zusätzliche Schwierigkeiten, die in diesem Abschnitt etwas ausführlicher behandelt werden sollen.

Ähnlich wie zeitinvariante Systeme werden auch zeitlich veränderliche Systeme durch ihre Gewichtsfunktion vollständig beschrieben. Darunter ist zu verstehen, daß sich mit der Gewichtsfunktion die Systemantwort auf jede beliebige Eingangserregung berechnen läßt. Der Begriff der Gewichtsfunktion muß jedoch erweitert werden. Als Gewichtsfunktion wird wie bei zeitinvarianten Systemen [Gl. (2.27)] die auf das Stoßintegral I normierte Stoßantwort des Systems bezeichnet. Aufgrund der zeitlichen Abhängigkeit des Übertragungsverhaltens können zwei identische Eingangssignale, die aber zu unterschiedlichen Zeitpunkten τ auf das System einwirken, vollkommen unterschiedliche Ausgangssignale hervorrufen. Speziell gilt diese Feststellung auch für die Stoßfunktion $\sigma\,(t)$ als Eingangsgröße. Daraus folgt, daß die Gewichtsfunktion als Funktion zweier Variablen aufzufassen ist $g\,(t,\tau)$. Dabei ist t die laufende Zeit, τ entspricht dem Zeitpunkt des Einwirkens der Stoßfunktion.

$$g\,(t,\tau) = \frac{y\,(t)}{I}\,\bigg|_{x(t)\,=\,I\,\delta(t\,-\,\tau)} \tag{2.32}$$

Bild 2.11a veranschaulicht den beschriebenen Sachverhalt. $g\,(t,\tau)$ wird als Fläche in einem dreidimensionalen Koordinatensystem dargestellt. $g\,(t,\tau)$ muß für $t < \tau$ Null sein, weil die Antwort des Systems nicht vor der Erregung beginnen kann.

Zur Berechnung des Ausgangssignals $y\,(t)$ bei beliebiger Eingangserregung $x\,(t)$ wird diese entsprechend Bild 2.11b wieder als Summe von aufeinander folgenden Stoßfunktionen aufgefaßt, und es ergibt sich

$$y\,(t) = \int\limits_{-\infty}^{+\infty} x\,(\tau)\,g\,(t,\tau)\,\mathrm{d}\tau = \int\limits_{-\infty}^{t} x\,(\tau)\,g\,(t,\tau)\,\mathrm{d}\tau\,. \tag{2.33}$$

Für den Fall zeitinvarianter Systeme gilt

$$g\,(t,\tau) = g\,(t - \tau)\,,$$

und man erhält Gl. (2.30). Bei letzteren Systemen hängt der Verlauf der Gewichtsfunktion nicht von τ selbst, sondern nur von der Zeitdifferenz ab, die nach der Stoßerregung vergangen ist. Es ist in diesem Fall ausreichend, die Gewichtsfunktion für den Wert $\tau = 0$ [Gl. (2.27)] zu bestimmen.

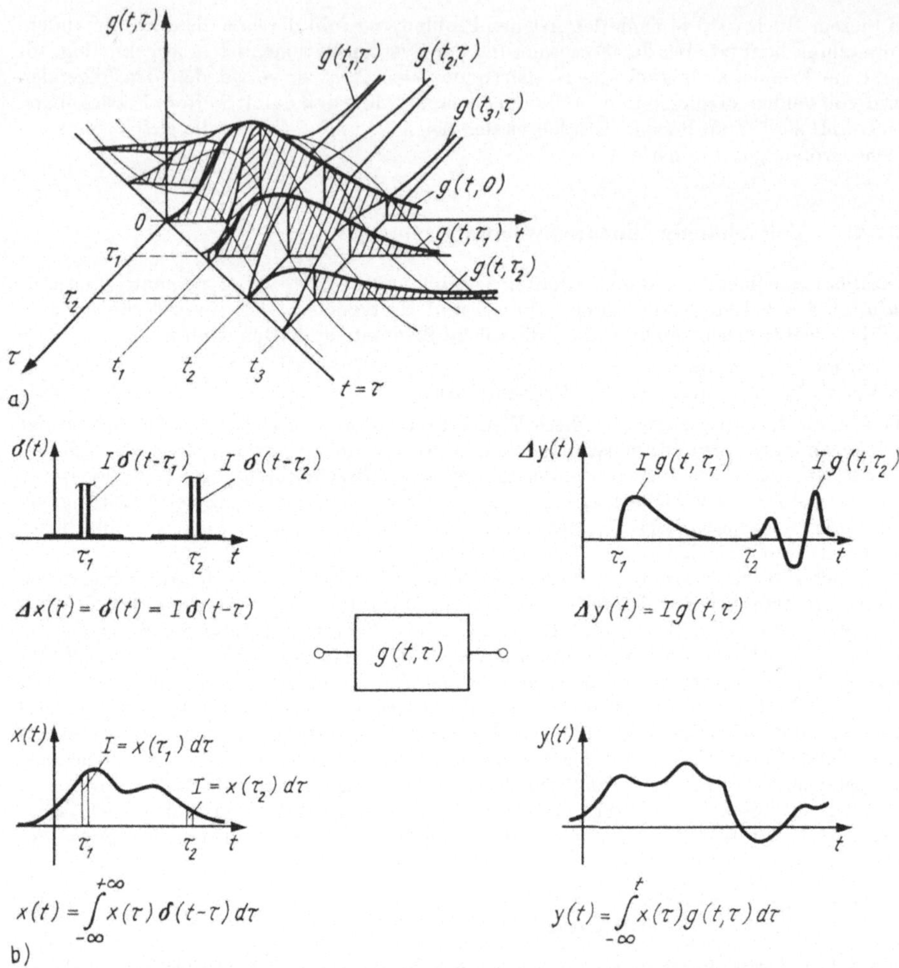

$$\Delta x(t) = \delta(t) = I\,\delta(t-\tau)$$

$$\Delta y(t) = I\,g(t,\tau)$$

$$x(t) = \int_{-\infty}^{+\infty} x(\tau)\,\delta(t-\tau)\,d\tau$$

$$y(t) = \int_{-\infty}^{t} x(\tau)\,g(t,\tau)\,d\tau$$

Bild 2.11. Gewichtsfunktion g (t, τ) eines linearen, zeitabhängigen Systems
a) grafische Darstellung von g (t, τ); b) Systemreaktionen auf unterschiedliche Erregungen

Die Fourier-Transformierte der Gewichtsfunktion g (t, τ) hat, ähnlich wie bei zeit-invarianten Systemen, auch bei zeitabhängigen Systemen unmittelbare praktische Be-deutung.

Formal gesehen gestattet die Gewichtsfunktion g (t, τ) eine Transformation sowohl be-züglich τ als auch bezüglich t. Als Variable im Bildbereich treten dann zwei verschie-dene Frequenzen auf; wir nennen sie f_x und f_y. Ihre Bedeutungen lassen sich wie folgt interpretieren:

Bei zeitveränderlichen linearen Systemen geht die wichtige Eigenschaft zeitinvarianter Systeme verloren, daß bei Erregung mit einer harmonischen Schwingung mit der Fre-quenz f alle anderen Vorgänge im System ebenfalls harmonische Schwingungen mit der gleichen Frequenz darstellen. Wirkt auf ein zeitabhängiges System eine Sinusschwingung der Frequenz f_x, so können am Systemausgang Schwingungen mit unendlich vielen

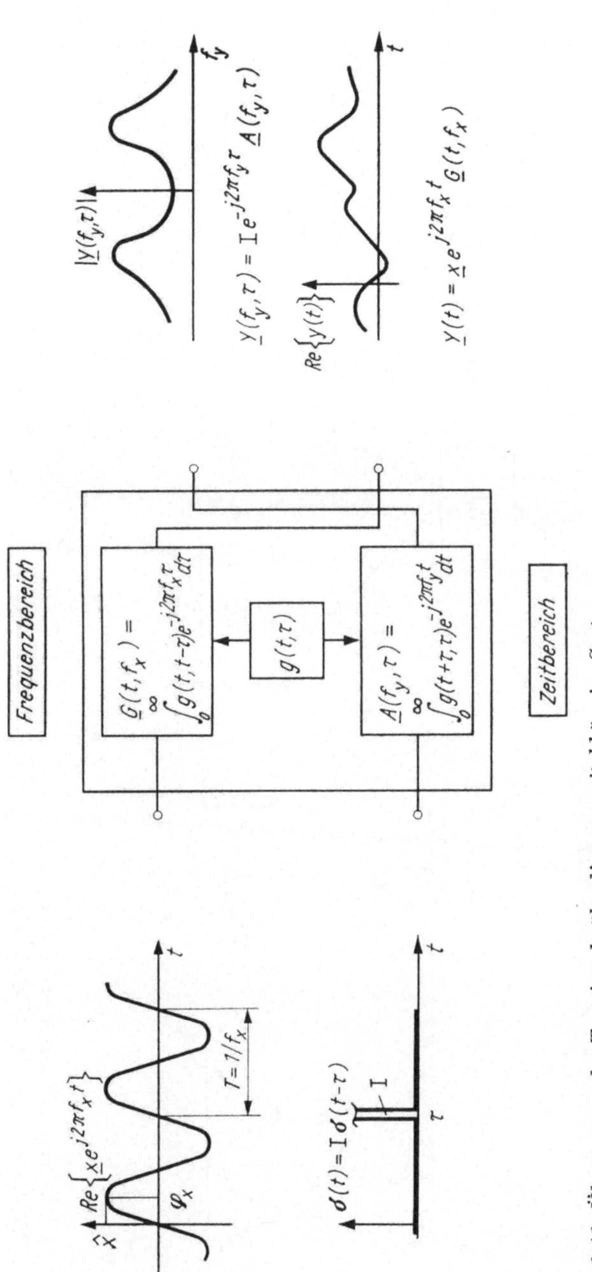

Bild 2.12. Übertragung der Testsignale über lineare, zeitabhängige Systeme

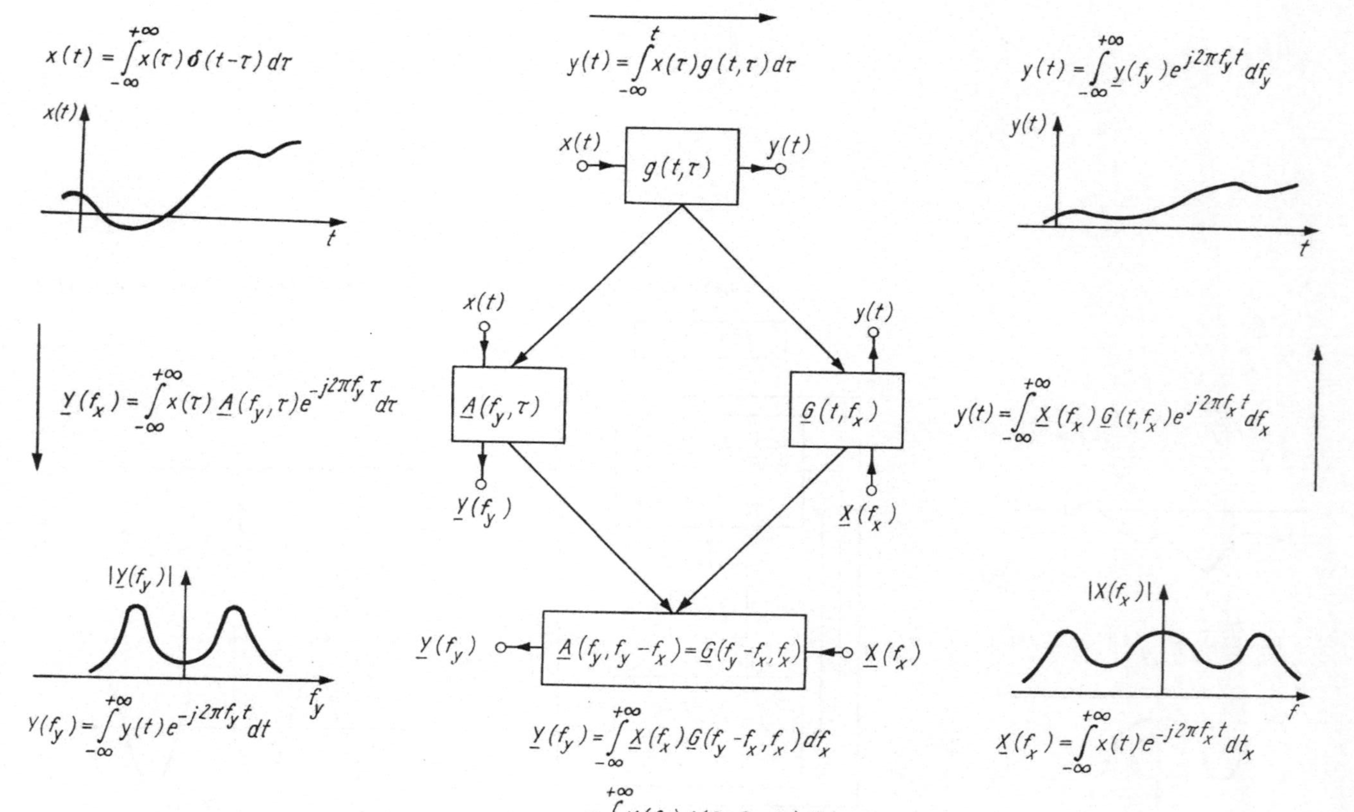

Bild 2.13. Übertragung beliebiger Signalzeitfunktionen über lineare, zeitabhängige Systeme

anderen Frequenzen auftreten. Die Eingangsfrequenz braucht nicht darin enthalten zu sein. Daraus folgt, daß es nicht sinnvoll ist — wie bei zeitinvarianten Systemen —, von einer Frequenz f zu sprechen, sondern man sich stets ausdrücklich auf den Eingang oder den Ausgang des Systems beziehen muß. Die Vorzugsstellung, die die spektrale Darstellungsweise bei der Analyse linearer zeitinvarianter Systeme aufgrund der einfachen multiplikativen Verknüpfung von Ausgangs- und Eingangsspektrum einnahm, ist für zeitabhängige Systeme nicht berechtigt.

Im folgenden wird das Systemverhalten für die im Abschn. 2.2.2. definierten Testsignale untersucht (Bild 2.12). Die Ergebnisse werden auf die Berechnung des Ausgangssignals und seiner Spektraldarstellung bei beliebiger Eingangserregung $x(t)$ angewendet (Bild 2.13).

Als Testfunktion für die Erregung durch eine Kreisfunktion wird nach den Gln. (2.18) und (2.19) die komplexe harmonische Schwingung $\underline{x}(t) = \underline{x}\,e^{j\,2\,\pi\,f_x t}$ verwendet. Für das Ausgangssignal ergibt sich dann im eingeschwungenen Zustand

$$y(t, f_x) = \underline{x} \int\limits_{-\infty}^{t} e^{j\,2\,\pi\,f_x \tau}\, g(t, \tau)\, \mathrm{d}\tau = \underline{x}\, e^{j\,2\,\pi\,f_x t} \int\limits_{0}^{\infty} g(t, t - \tau)\, e^{-j\,2\,\pi\,f_x \tau}\, \mathrm{d}\tau.$$

$$(2.34)$$

Das Integral in Gl. (2.34) wird als parametrischer Übertragungsfaktor $\underline{G}(t, f_x)$ bezeichnet.

$$\underline{G}(t, f_x) = \int\limits_{0}^{\infty} g(t, t - \tau)\, e^{-j\,2\,\pi\,f_x \tau}\, \mathrm{d}\tau$$

$$(2.35)$$

In Analogie zu den zeitinvarianten Systemen [Gl. (2.26)] gilt

$$\underline{G}(t, f_x) = \left. \frac{y(t, f_x)}{\underline{x}(t)} \right|_{\underline{x}(t)\,=\,\underline{x}\,e^{j\,2\,\pi\,f_x t}}.$$

$$(2.36)$$

Da $\underline{G}(t, f_x)$ selbst von der Zeit t abhängt, ist die Antwort $y(t, f_x)$ auf die sinusförmige Anregung $\underline{x}(t) = \underline{x}\,e^{j\,2\,\pi\,f_x t}$ selbst keine harmonische Schwingung.

Bei nichtsinusförmigen Eingangserregungen müssen diese durch eine Fourier-Reihe oder ein Fourier-Integral als Summe von sinusförmigen Teilschwingungen dargestellt werden [Gln. (2.20), (2.21)].

Für das resultierende Ausgangssignal erhält man

$$y(t) = \int\limits_{-\infty}^{+\infty} \underline{X}(f_x)\, \underline{G}(t, f_x)\, e^{j\,2\,\pi\,f_x t}\, \mathrm{d}f_x.$$

$$(2.37)$$

Gl. (2.37) beschreibt die Wirkung des Eingangsspektrums auf die Ausgangszeitfunktion. Dabei ist zu beachten, daß der Integrand keinerlei Aussagen über die Spektralzerlegung von $y(t)$ (d. h. Zerlegung nach Frequenzen f_y) zuläßt. Das ist nur bei zeitinvarianten Systemen möglich. Dieser Spezialfall ist in Gl. (2.37) enthalten. Nach Gl. (2.36) gilt dann

$$\underline{G}(t, f_x) = \underline{G}(f_x).$$

$$(2.38)$$

und Gl. (2.37) entspricht den Gln. (2.21) und (2.31).

Wird jetzt am Eingang die Funktion $x(t) = \sigma(t - \tau) = I\,\delta(t - \tau)$ angeschaltet. so ergibt sich nach Gl. (2.32) die Antwort $y(t, \tau)$

$$y(t, \tau) = I\,g(t, \tau).$$

Eine Fourier-Transformation bei festgehaltenem τ ergibt

$$\underline{Y}\,(f_y,\tau) = I \int\limits_{\tau}^{\infty} g\,(t,\tau)\,e^{-\,\mathrm{j}\,2\,\pi\,f_y t}\,\mathrm{d}\,t$$

$$= I\,e^{-\,\mathrm{j}\,2\,\pi\,f_y\tau} \int\limits_{0}^{\infty} g\,(t+\tau,\tau)\,e^{-\,\mathrm{j}\,2\,\pi\,f_y t}\,\mathrm{d}\,t. \tag{2.39}$$

Das Integral in Gl. (2.39) wird als parametrisches Stoßspektrum $\underline{A}\,(f_y,\tau)$ bezeichnet.

$$\underline{A}\,(f_y,\tau) = \int\limits_{0}^{\infty} g\,(t+\tau,\tau)\,e^{-\,\mathrm{j}\,2\,\pi\,f_y t}\,\mathrm{d}\,t \tag{2.40}$$

Beachtet man, daß in Gl. (2.39) vor dem Integral gerade die Fourier-Transformierte des Eingangstestsignals steht,

$$\int\limits_{-\infty}^{+\infty} x\,(t)\,e^{-\,\mathrm{j}\,2\,\pi\,f_y t}\,\mathrm{d}\,t = I \int\limits_{-\infty}^{+\infty} \delta\,(t-\tau)\,e^{-\,\mathrm{j}\,2\,\pi\,f_y t}\,\mathrm{d}\,t = I\,e^{-\,\mathrm{j}\,2\,\pi\,f_y\tau},$$

so läßt sich für $\underline{A}\,(f_y,\tau)$ in völliger Analogie zu Gl. (2.36), jetzt aber im Spektralbereich f_y, schreiben

$$\underline{A}\,(f_y,\tau) = \frac{\underline{Y}\,(f_y,\tau)}{\underline{X}\,(f_y)}\Bigg|_{\underline{X}\,(f_y)\,=\,I\,e^{-\,\mathrm{j}\,2\,\pi\,f_y\tau}}. \tag{2.41}$$

Wegen der Zeitabhängigkeit der Übertragungseigenschaften des Systems hängt das parametrische Stoßspektrum vom konkreten Zeitpunkt τ ab, zu dem das Testsignal auf den Systemeingang geschaltet wird.

Bei beliebiger Eingangserregung $x\,(t)$ ist einfach das Stoßintegral I durch den Ausdruck $x\,(\tau)\,\mathrm{d}\tau$ zu ersetzen und über alle τ zu integrieren:

$$\underline{Y}\,(f_y) = \int\limits_{-\infty}^{+\infty} x\,(\tau)\,\underline{A}\,(f_y,\tau)\,e^{-\,\mathrm{j}\,2\,\pi\,f_y\tau}\,\mathrm{d}\,\tau. \tag{2.42}$$

In Analogie zu Gl. (2.37) beschreibt Gl. (2.42) den Einfluß der Eingangszeitfunktion $x(t)$ auf das Spektrum des Ausgangssignals $y\,(t)$.

Im Fall zeitinvarianter Systeme gilt

$$\underline{A}\,(f_y,\tau) = \underline{G}\,(f_y), \tag{2.43}$$

und aus Gl. (2.42) wird Gl. (2.31).

Der parametrische Übertragungsfaktor $\underline{G}\,(t,f_x)$ und das parametrische Stoßspektrum $\underline{A}\,(f_y,\tau)$ sind streng zu unterscheidende Größen. $\underline{G}\,(t,f_x)$ ist das Verhältnis von Ausgangs- zu Eingangszeitfunktion, wenn am Eingang eine harmonische Schwingung wirkt. $\underline{A}\,(f_y,\tau)$ ist das Verhältnis von Ausgangs- zu Eingangsspektrum, wenn am Eingang eine Stoßfunktion wirkt. Besonders bedeutungsvoll wird dieser Unterschied bei der Betrachtung der Übertragung zufälliger Signale über zeitveränderliche Systeme werden.

In den Gln. (2.33) und (2.37) wurde $y\,(t)$ aus $x\,(t)$ bzw. aus $\underline{X}\,(f_x)$ berechnet, und Gl. (2.42) gestattet umgekehrt die Ermittlung des Spektrums $\underline{Y}\,(f_y)$ aus $x\,(t)$.

Den noch fehlenden Zusammenhang zwischen den Spektren erhält man aus Gl. (2.42), wenn man dort $x\,(\tau)$ durch sein Spektrum ersetzt. Nach Vertauschung der Integrationsreihenfolge wird

$$\underline{Y}\,(f_y) = \int\limits_{f_x\,=\,-\infty}^{+\infty} \underline{X}\,(f_x) \int\limits_{\tau\,=\,-\infty}^{+\infty} \underline{A}\,(f_y,\tau)\,e^{-\,\mathrm{j}\,2\,\pi\,(f_y-f_x)\,\tau}\,\mathrm{d}\,\tau\,\mathrm{d}f_x. \tag{2.44}$$

Das innere Integral ist die Fourier-Transformierte von $\underline{A}\,(f_y,\,\tau)$ bezüglich des Parameters τ an der Stelle $f' = f_y - f_x$.

Wählt man für diese zweifache Transformierte von $g\,(t,\,\tau)$ die Bezeichnung $\underline{A}\,(f_y,\,f_x)$ mit

$$\underline{A}\,(f_y,\,f_x) = \int\limits_{-\infty}^{+\infty} \underline{A}\,(f_y,\,\tau)\, e^{-j\,2\,\pi\,f_x\,\tau}\, d\tau,\tag{2.45}$$

so gilt

$$\underline{Y}\,(f_y) = \int\limits_{-\infty}^{+\infty} \underline{X}\,(f_x)\,\underline{A}\,(f_y,\,f_y - f_x)\, df_x.\tag{2.46}$$

Gl. (2.46) ist der allgemeinste Zusammenhang zwischen Eingangs- und Ausgangsspektrum bei linearen Systemen. Als Sonderfälle ergeben sich die Beziehungen für zeit-invariante Systeme [Gl. (2.31)] und für frequenzinvariante Systeme. (Nach [2.11] sind frequenzinvariante Systeme trägheitslose Modulationssysteme.)

Die Struktur von Gl. (2.46) entspricht der Struktur von Gl. (2.33), was noch einmal die vollkommene Gleichberechtigung von Zeit- und Frequenzbeschreibung ·bei zeitabhängigen linearen Systemen unterstreicht. Gl. (2.46) läßt sich auch ausgehend von Gl. (2.37) ableiten. Dabei muß man die Fourier-Transformierte des parametrischen Übertragungsfaktors $\underline{G}\,(t,\,f_x)$ bezüglich t bilden:

$$\underline{G}\,(f_y,\,f_x) = \int\limits_{-\infty}^{+\infty} \underline{G}\,(t,\,f_x)\, e^{-j\,2\,\pi\,f_y\,t}\, dt.\tag{2.47}$$

Man erhält für das Ausgangsspektrum:

$$\underline{Y}\,(f_y) = \int\limits_{-\infty}^{+\infty} \underline{X}\,(f_x)\,\underline{G}\,(f_y - f_x,\,f_x)\, df_x.\tag{2.48}$$

Die Gln. (2.46) und (2.48) können für *beliebige* $\underline{X}\,(f_x)$ nur dann gelten, wenn

$$\underline{A}\,(f_y,\,f_y - f_x) = \underline{G}\,(f_y - f_x,\,f_x)\tag{2.49}$$

ist.

Die im Abschn. 4. behandelten zeitabhängigen Systeme sind periodische Systeme. Aus diesem Grund soll auf diesen Sonderfall kurz eingegangen werden.

Ein zeitabhängiges System hat die Periode T, wenn die Systemantwort auf einen Stoß zum Zeitpunkt $\tau + nT$ der um nT verschobenen Stoßantwort auf einen Stoß zum Zeitpunkt τ gleicht:

$$g\,(t,\,\tau + nT) = g\,(t - nT,\,\tau)$$

bzw.

$$g\,(t + nT,\,\tau + nT) = g\,(t,\,\tau).\tag{2.50}$$

Aus Gln. (2.35) und (2.40) folgt sofort, daß in diesem Fall $\underline{G}\,(t,\,f_x)$ und $\underline{A}\,(f_y,\,\tau)$ periodische Funktionen in t bzw. τ sind, die durch ihre Fourier-Reihe entsprechend Gl. (2.20) dargestellt werden können:

$$\underline{A}\,(f_y,\,\tau) = \underline{A}\,(f_y,\,\tau + nT) = \sum_{\nu = -\infty}^{+\infty} \underline{A}_\nu\,(f_y)\, e^{j\,2\,\pi\,\nu\,f_0\,\tau}\tag{2.51 a}$$

$$\underline{G}\,(t,\,f_x) = \underline{G}\,(t + nT,\,f_x) = \sum_{\nu = -\infty}^{+\infty} \underline{G}_\nu\,(f_x)\, e^{j\,2\,\pi\,\nu\,f_0\,t}.\tag{2.51 b}$$

Die Fourier-Koeffizienten $\underline{A}_\nu$ und $\underline{G}_\nu$ werden nach Gl. (2.20 b) berechnet, hängen aber von f_y bzw. f_x ab. Einsetzen von Gl. (2.51) in die Gln. (2.46) und (2.48) liefert

$$\underline{Y}\,(f_y) = \sum_{\nu=-\infty}^{+\infty} \underline{A}_\nu\,(f_y)\,\underline{X}\,(f_y - \nu f_0) \tag{2.52}$$

$$= \sum_{\nu=-\infty}^{+\infty} \underline{G}_\nu\,(f_y - \nu f_0)\,\underline{X}\,(f_y - \nu f_0)\,. \tag{2.53}$$

Im Fall periodischer Systeme haben auf das Ausgangsspektrum bei der Frequenz f_y nur Werte des Eingangsspektrums bei den diskreten Frequenzen $f_y - \nu f_0$ Einfluß.

2.3. Zufällige Vorgänge

2.3.1. Meßtechnische Aufgabenstellung

Zufällige Vorgänge in elektronischen Meßwandlern oder die Einwirkung von zufälligen, mit der Eingangsgröße nicht korrelierten Störungen bewirken Fehler bei der Übertragung der Eingangsgröße, die im folgenden als Zufallsfehler bezeichnet werden sollen. Zur genaueren quantitativen Beschreibung wird wieder die Situation von Bild 2.2 herangezogen, die jetzt im Bild 2.14 präzisiert wird. Der Meßwandler wird bei diesen Überlegungen wieder als vollständig linear und frequenzunabhängig angenommen. Aus den weiteren Teilen des Abschnitts 2.3. ist zu erkennen, daß es ohne besondere Komplikationen möglich ist, eine der beiden Voraussetzungen fallenzulassen. Der störungsfrei gedachte Meßwandler (Bild 2.14a) ist durch seinen Übertragungsfaktor B gekennzeich-

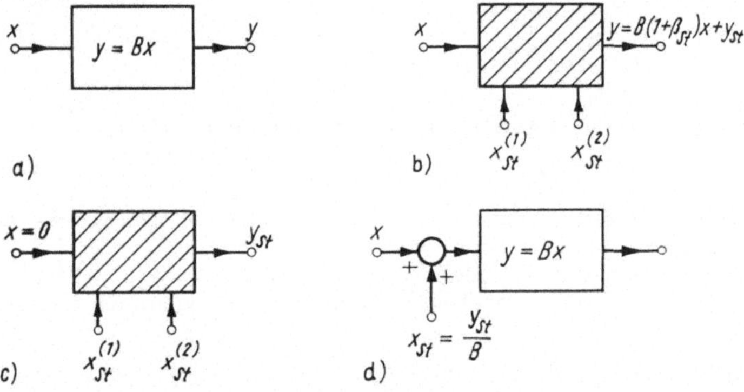

Bild 2.14. Systemmodelle von Meßwandlern
a) störungsfreier Wandler; b) Wandler mit Eingangsgröße und additiver und multiplikativer Störgröße; c) Wandler mit additiven Störkomponenten; d) störfreier Wandler mit äquivalenter Eingangsstörgröße

net, der am realen Wandler mit hinreichend großen Eingangssignalen bestimmt werden kann. Die Störgrößen $x_{\mathrm{St}}^{(\nu)}$ sind Zufallsgrößen, von denen nur statistische Kennwerte bekannt sind. Alle systematischen Fehler nach Abschn. 2.1.2. sollen als vollständig korrigiert angesehen werden.

Unter diesen Umständen ist am Ausgang des Meßwandlers eine Ausgangsgröße y entsprechend Bild 2.14b zu erwarten, die zwei Zufallskomponenten β_{St} und y_{St} enthält.

In der Regel wird bei Meßwandlern nur die additive Komponente betrachtet, weil sie bei üblichen Systemen den Gesamtfehler überwiegend bestimmt und weil die mathematische Behandlung der multiplikativen Komponente β_{St} wesentlich komplizierter ist. Die additive Komponente y_{St} kann leicht gemessen werden, wenn die Eingangsgröße zu $x = 0$ wird (Bild 2.14 c). Im weiteren soll auch nur die additive Komponente betrachtet werden. Es ist üblich, entsprechend Bild 2.14 d eine äquivalente Eingangsstörgröße x_{St} zu definieren, die die gleiche (additive) Ausgangsstörspannung hervorruft wie sämtliche äußeren und inneren Störquellen. Bei Beschränkung auf den additiven Anteil ist es dann möglich, den gestörten Wandler durch die Anordnung von Bild 2.14 d zu ersetzen. Am Ausgang des Wandlers hat man also ein additives Störsignal zu erwarten, dessen Eigenschaften durch statistische Kennwerte bestimmt sind, wie z.B. die spektrale Leistungsdichte und die Amplitudenverteilungsdichte (s. Abschn. 2.3.2.).

Das Ziel der Analyse zufälliger Vorgänge in Meßwandlern ist die Abschätzung eines Meßfehlers unter vorgegebenen Meßbedingungen. Dabei ist zu beachten, daß sich die spektrale Leistungsdichte von y_{St} bis zu beliebig tiefen Frequenzen erstreckt und in der Regel mit fallender Frequenz stark steigt. So wird die Leistungsdichte der Rauschspannungen von Operationsverstärkern für tiefe Frequenzen sehr genau durch eine hyperbolische Abhängigkeit von der Frequenz beschrieben (s. Abschn. 3.).

Außerdem muß beachtet werden, daß y_{St} nicht nur durch die inneren Störungen des Meßwandlers, sondern auch durch die Umgebungsbedingungen und deren Änderungen bestimmt wird.

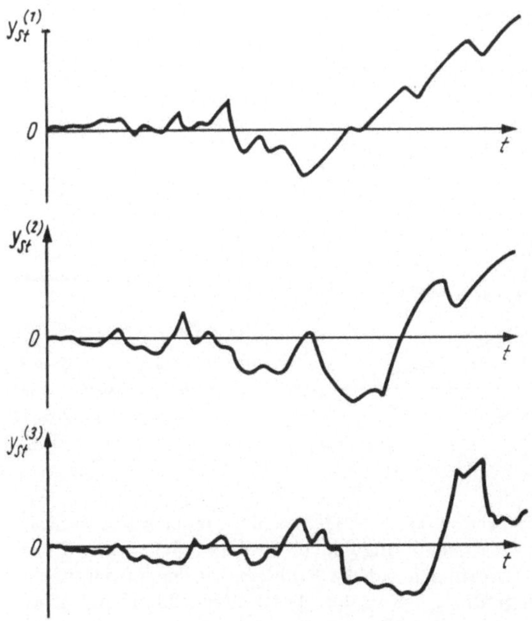

Bild 2.15. Proben des Zufallsprozesses $y_{\mathrm{St}}\,(t)$ *mit der Bedingung* $y_{\mathrm{St}}^{(\nu)}\,(0) = 0$

Für $y_{\mathrm{St}}\,(t)$ sind Zeitverläufe zu erwarten, wie sie im Bild 2.15 als verschiedene Realisierungen eines Zufallsprozesses dargestellt sind. Solche Vorgänge werden üblicherweise unscharf als zufällige Drift bezeichnet. Wenn die Messung zum Zeitpunkt $t = 0$ beginnt, dann wird stets vorher das Ausgangssignal, also $y_{\mathrm{St}}\,(t)$, durch eine entsprechende Korrektur zu Null gemacht. Die Momentanwerte von $y_{\mathrm{St}}\,(t)$ werden unter dieser Voraussetzung zunächst mit zunehmender Zeit im Mittel ansteigen, bis die durch die Anfangsbedingung

$y_{\mathrm{St}}\,(t = 0) = 0$ erzwungene Korrelation abgeklungen ist. Die Korrelationszeit T_{K} ist um so größer, je größer der Anteil tiefer Frequenzen im Spektrum von $y_{\mathrm{St}}\,(t)$ ist. Eine quantitative Abschätzung der Fehler, den diese tieffrequenten Zufallsprozesse verursachen, ist sehr kompliziert, da über den tatsächlichen Verlauf der Störspektren bei tiefsten Frequenzen Informationen nur mit unvertretbar hohem Aufwand (lange Meßzeiten) zu erhalten sind. Dagegen ist jede reale Meßaufgabe durch eine endliche Meßzeit T gekennzeichnet, nach der eine Abschaltung der Meßgröße ($x = 0$) und eine Korrektur des Nullpunktes $y_{\mathrm{St}} \to 0$ erfolgen kann. In vielen Fällen ist dabei $T \ll T_{\mathrm{K}}$. Aus dem stationären Zufallsprozeß $y_{\mathrm{St}}\,(t)$, der sich für $t \gg T_{\mathrm{K}}$ einstellen würde, wird bei realen Meßaufgaben eine Serie y^{*}_{St} von Proben der Länge T des Prozesses $y_{\mathrm{St}}\,(t)$, die alle mit $y^{*}_{\mathrm{St}} = 0$ beginnen. Dieser Übergang von $y_{\mathrm{St}}\,(t)$ zu $y^{*}_{\mathrm{St}}\,(t)$ entspricht im wesentlichen einer unteren Frequenzbandbegrenzung der wirksamen spektralen Leistungsdichte von $y_{\mathrm{St}}\,(t)$ bei $f \approx 1/T$ (Bild 2.16).

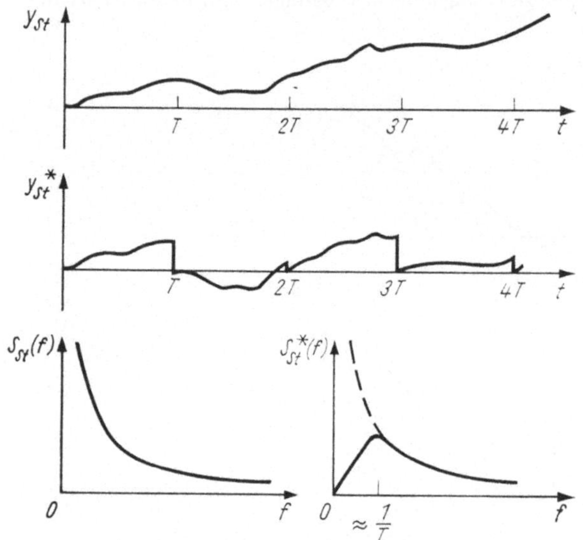

Bild 2.16. Periodische Nullpunktkorrektur — Zeitverlauf und wirksame spektrale Leistungsdichte $S^{*}_{\mathrm{St}}\,(t)$

Der genaue Verlauf von $S_{\mathrm{St}}\,(f)$ für Frequenzen $f \ll 1/T$ ist nicht mehr interessant.

Damit ist das in der Literatur weitgehend ungeklärte Problem der quantitativen Fehlerbehandlung bei „driftartigen" Störungen auf die Problematik der automatischen Korrektur von Meßwandlern zurückgeführt, das in den Abschnitten 2.3.5. und 4. ausführlich behandelt wird.

In den folgenden Abschnitten 2.3.2. und 2.3.3. werden die wesentlichen außerdem benutzten Begriffe zufälliger Vorgänge und ihrer Übertragung durch lineare frequenzabhängige Systeme zusammengestellt.

Ausführlicher werden in den Abschnitten 2.3.4. und 2.3.5. die für moderne meßtechnische Aufgabenstellungen wichtigen zeitveränderlichen Systeme und ihr Verhalten gegenüber zufälligen Vorgängen beschrieben, weil die hierfür erforderlichen Begriffsbildungen neu bzw. noch in Einzelveröffentlichungen verstreut sind: [2.13] bis [2.17].

2.3.2.   Kennwerte stationärer zufälliger Signale

Für die Betrachtungen dieses Buches sind nur drei statistische Kennfunktionen zufälliger Signale erforderlich:

- Wahrscheinlichkeitsverteilungsdichte $w(x)$
- Korrelationsfunktion $\psi(\tau)$
- spektrale Leistungsdichte $S(f)$.

Definitionen und Verknüpfungen dieser Kennfunktionen werden in den Standardwerken [2.1] [2.3] [2.6] [2.7] [2.8] ausführlich abgeleitet und diskutiert, so daß hier nur eine tabellarische Zusammenstellung und einige begriffliche Erläuterungen vorgenommen werden.

Alle auftretenden Grenzwerte sollen die Bedeutung von Häufigkeiten bzw. Schätzwerten der jeweiligen Erwartungswerte haben. Die Problematik der exakten Grenzübergänge soll hier nicht betrachtet werden. Die dadurch entstehenden Unsicherheiten sollen durch hinreichend kleine Intervalle bzw. große Anzahl von Ereignissen den Realitäten der jeweiligen technischen Situation angepaßt sein.

Die Definition der Wahrscheinlichkeitsverteilungsdichte ist im Bild 2.17 erläutert. Betrachtet man einen hinreichend langen Zeitraum T des Vorgangs, kann man die relative Zeit $\Delta t/T$ feststellen, in der sich die Funktion $x(t)$ im Intervall $x \cdots x + \Delta x$ befindet (Bild 2.17a). Diese relative Zeit ist der Intervallbreite Δx proportional, so daß der Quo-

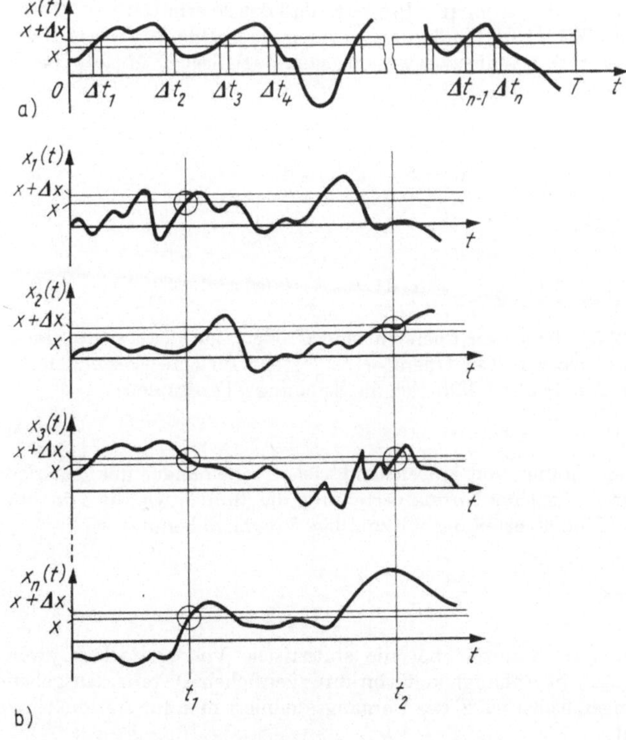

Bild 2.17. Definition der Wahrscheinlichkeitsdichte
a) als Zeitmittelwert
b) als Ensemblemittelwert

tient $\Delta t/(T\,\Delta x)$ für hinreichend kleine Δx und große T einem Grenzwert zustrebt, der Wahrscheinlichkeitsverteilungsdichte $w\,(x)$ genannt wird.

$$w\,(x) = \lim_{\substack{T\to\infty \\ \Delta x\to 0}} \frac{\Delta t}{T\,\Delta x}\,;\quad \Delta t = \sum_{\nu=1}^{n}\Delta t_\nu \tag{2.54}$$

Bild 2.17b zeigt eine zweite Möglichkeit der Bestimmung von $w\,(x)$. Aus dem zu untersuchenden Prozeß werden n Proben entnommen. Es muß dabei nicht näher festgelegt werden, wie diese Proben entstehen. Sie können z. B. Ausschnitte aus dem Prozeß oder auch die gleichzeitig entstehenden Ausgangsgrößen von n statistisch äquivalenten Prozessen sein, wie z. B. die Rauschspannung von n identischen Widerständen mit gleicher Temperatur. Zu einem bestimmten Zeitpunkt (z. B. für $t = t_1$) wird festgestellt, bei wie vielen Proben sich der Funktionswert im Intervall $x \cdots x + \Delta x$ befindet. Die relative Zahl k/n dieser Proben, bezogen auf die Intervallbreite, liefert dann wieder $w\,(x)$, wenn Δx hinreichend klein und n hinreichend groß ist:

$$w\,(x) = \lim_{\substack{n\to\infty \\ \Delta x\to 0}} \frac{k\,(\Delta x)}{n\,\Delta x}\,; \tag{2.55}$$

mit k Anzahl der Realisierungen, bei denen sich $x\,(t)$ zur Zeit $t = t_1\,(t_2)$ im Intervall $x\cdots x + \mathrm{d}x$ befindet.

Es ist eine spezielle Eigenschaft stationärer Prozesse, daß das so ermittelte $w\,(x)$ nicht von der festgelegten Zeit t abhängt und außerdem mit dem nach Bild 2.17a ermittelten Wert übereinstimmt. Aus $w\,(x)$ folgen die zwei wesentlichen statistischen Mittelwerte des Prozesses:

- linearer Mittelwert

$$\bar{x} = \mathrm{E}\,[x] = \lim_{T\to\infty}\frac{1}{T}\int_0^T x\,(t)\,\mathrm{d}t = \int_{-\infty}^{+\infty} w\,(x)\,x\,\mathrm{d}x \tag{2.56}$$

- quadratischer Mittelwert

$$\tilde{x}^2 = \overline{x^2} = \mathrm{E}\,[x^2] = \lim_{T\to\infty}\frac{1}{T}\int_0^T x^2(t)\,\mathrm{d}t = \int_{-\infty}^{+\infty} w\,(x)\,x^2\,\mathrm{d}x\,. \tag{2.57}$$

In den Gln. (2.56) und (2.57) bedeuten überstrichene Größen Zeitmittelwerte, die an *einer* Realisierung bestimmt werden. Der Operator $E\,[\,]$ steht für eine Ensemblemittelung bei einer festen Zeit t. Aus $\bar{x}^2$ und $\bar{x}$ läßt sich die Streuung σ bestimmen:

$$\sigma^2 = \mathrm{E}\,[(x - \bar{x})^2] = \overline{x^2} - \overline{x}^2\,. \tag{2.58}$$

Ein Vorgang, der aus einer Summe von hinreichend vielen voneinander unabhängigen Elementarvorgängen entsteht, hat die Normalverteilung, die ähnlich wie die Testfunktionen aus Abschn. 2.2. als Modellverteilung für zufällige Vorgänge benutzt wird:

$$w\,(x) = \frac{1}{\sigma\,\sqrt{2\,\pi}}\,\mathrm{e}^{-\frac{(x - \bar{x})^2}{2\,\sigma^2}}\,. \tag{2.59}$$

Die Korrelationsfunktion $\psi\,(\tau)$ kennzeichnet die statistische Verwandtschaft zweier Funktionswerte des Prozesses in Abhängigkeit von ihrer zeitlichen Distanz. Ausgehend von einem hinreichend langen Teilstück T des Vorgangs definiert man für stationäre Zufallsvorgänge (Bild 2.18a)

$$\psi\,(\tau) = \lim_{T\to\infty}\frac{1}{T}\int_0^T x\,(t)\,x\,(t - \tau)\,\mathrm{d}t\,. \tag{2.60}$$

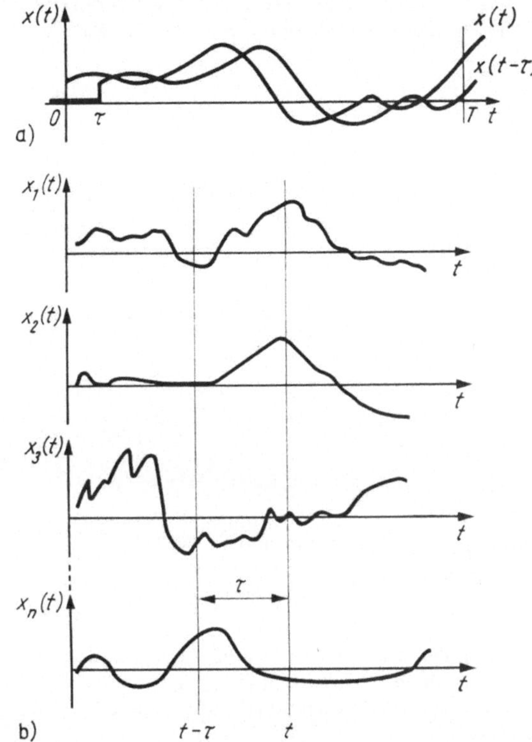

Bild 2.18. Definition der Korrelationsfunktion

a) als Zeitmittelwert
b) als Ensemblemittelwert

Analog zu Bild 2.17 existiert eine zweite Möglichkeit der Bestimmung von $\psi(\tau)$. Man geht wieder von einer hinreichend großen Anzahl von Realisierungen aus und bestimmt den Mittelwert des Produkts $x_i(t)\, x_i(t-\tau)$ über alle Realisierungen $x_i(t)$ (Bild 2.18b):

$$\psi(\tau) = \mathrm{E}\left[x_i(t)\, x_i(t-\tau)\right]$$

$$= \lim_{n \to \infty} \frac{1}{n} \sum_{i=1}^{n} x_i(t)\, x_i(t-\tau). \tag{2.61}$$

Für stationäre Vorgänge hängt die rechte Seite in Gl. (2.61) für hinreichend große n gar nicht von t ab und liefert denselben Wert wie Gl. (2.60).

Die in den Gln. (2.56), (2.57) und (2.58) definierten statistischen Mittelwerte ergeben sich aus $\psi(\tau)$ wie folgt:

$$\overline{x^2} = \psi(0) \tag{2.62}$$

$$\bar{x}^2 = \psi(\infty) \tag{2.63}$$

$$\sigma^2 = \psi(0) - \psi(\infty). \tag{2.64}$$

Die spektrale Leistungsdichte eines Zufallsvorgangs stellt einen statistischen Mittelwert in der Frequenzebene dar. Dieser beschreibt die Leistungsverteilung auf die im Prozeß enthaltenen Frequenzkomponenten. Meßtechnisch kann die Leistungsdichte als quadratischer Mittelwert am Ausgang eines schmalen Bandpasses mit der Mittenfrequenz f

und der Bandbreite Δf erfaßt werden (Bild 2.19). Dieser Mittelwert ist der Bandbreite direkt proportional, so daß der Quotient nach dem Grenzübergang nur von der Mittenfrequenz f abhängt:

$$S(f) = \lim_{\Delta f \to 0} \frac{\overline{\Delta y^2 (f, \Delta f)}}{2\,\Delta f}\,. \tag{2.65}$$

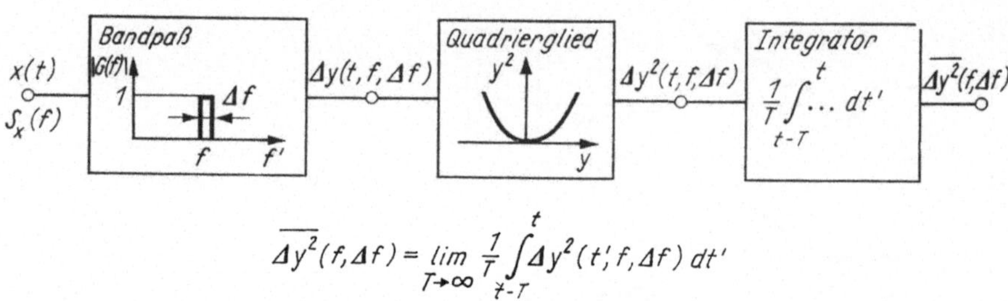

$$\overline{\Delta y^2}(f,\Delta f) = \lim_{T \to \infty} \frac{1}{T} \int_{t-T}^{t} \Delta y^2 (t', f, \Delta f)\, dt'$$

Bild 2.19. Messung der Leistungsdichte

Es ist zu beachten, daß $\overline{\Delta y^2}$ nach Gl. (2.57) selbst einen Grenzübergang für $T \to \infty$ darstellt. Bei Vorgabe einer endlichen Meßzeit (Integrationszeit) T hängt das Meßergebnis nur dann nicht von der laufenden Zeit t ab, wenn

$$\Delta f\, T \gg 1\,; \tag{2.66}$$

wobei die Bandbreite Δf gleichzeitig die Frequenz der Hüllkurvenschwingungen $\Delta y(t)$ angibt. Nach quadratischer Gleichrichtung erscheinen diese Schwingungen neben der interessierenden Gleichgröße im Ausgangssignal des Quadrierglieds und müssen vom nachfolgenden Integrator unterdrückt werden.

Die Größe Δf entspricht bei realen Messungen der Auflösung in der Frequenzachse, da innerhalb des Intervalls $[f - \Delta f/2,\, f + \Delta f/2]$ keine Änderungen von $S(f)$ festgestellt werden können. Gl. (2.66) stellt daher einen Zusammenhang zwischen erzielter Auflösung und Meßdauer her.

Nach Bild 2.19 gehen die Werte des laufenden Intervalls $[t - T, t]$ des Eingangsprozesses $x(t)$ in die Messung ein. Da das Meßergebnis gar nicht von t abhängt, muß die Information über $S(f)$ in jedem beliebigen Ausschnitt der Länge T enthalten sein.

Es reicht daher aus, *einen beliebigen* solchen Abschnitt zu untersuchen.

Um ein zeitlich unbegrenztes Signal zu erhalten, benutzt man die periodische Fortsetzung $x_T(t)$ dieses Abschnitts (Bild 2.20a). Nach Gl. (2.20a) wird dieser periodische Vorgang durch sein Linienspektrum gekennzeichnet. Die Linien haben den Abstand $f_0 = 1/T$. Schaltet man diesen Vorgang an die Meßanordnung nach Bild 2.19, so ergibt sich derselbe Wert für $S(f)$ wie im Fall einer unbegrenzt laufenden Realisierung, wenn

$$\Delta f \gg f_0 \tag{2.67}$$

Die obengenannte Bedingung verlangt nun, daß hinreichend viele Spektrallinien im Durchlaßbereich des Bandpasses auftreten.

Aus Gl. (2.24) läßt sich eine weitere Möglichkeit der Bestimmung von $S(f)$ ableiten. Man geht auch hier wieder von einer hinreichend großen Anzahl von Realisierungen $x_i(t)$ der Länge T_K aus. Nach Gl. (2.21b) gilt für das Spektrum dieser Realisierung

$$\underline{X}_i(f, T_K) = \int_0^{T_K} x_i(t)\, e^{-j\,2\,\pi\,ft}\, dt \tag{2.68}$$

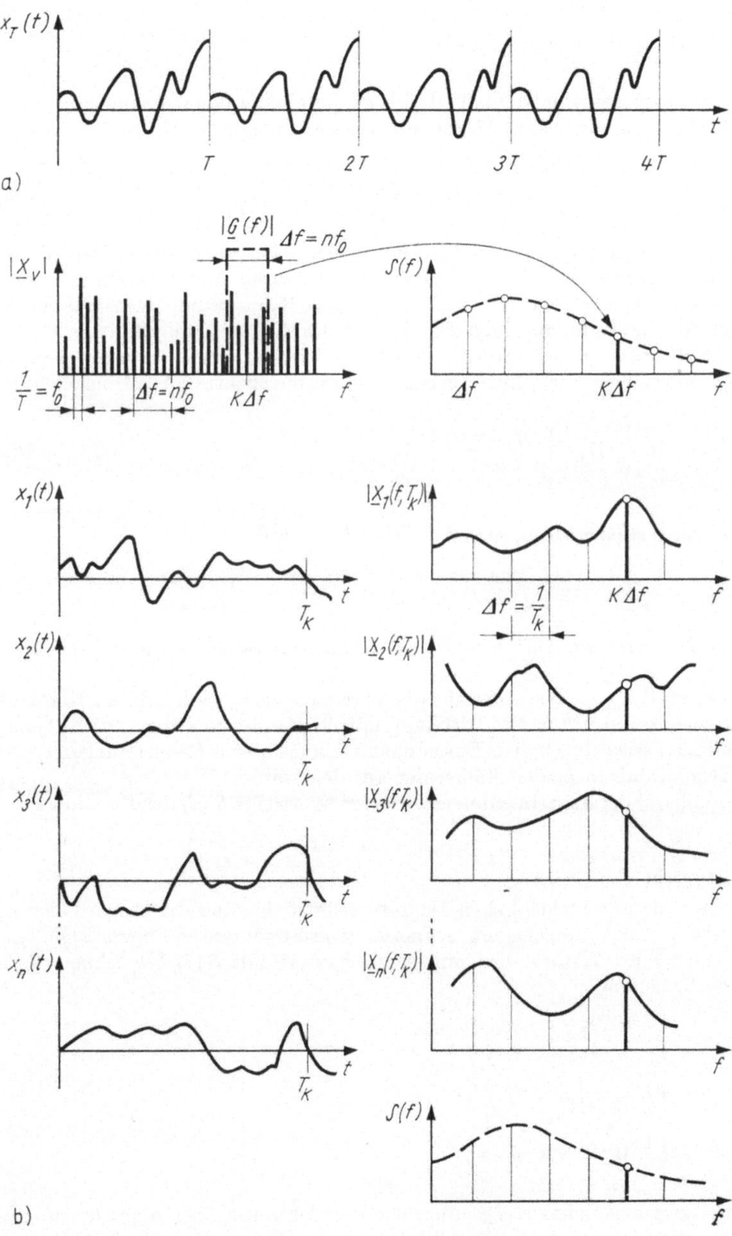

Bild 2.20. Definition der spektralen Leistungsdichte $(T = n\,T_{\mathrm{K}})$

a) Mitteilung über n benachbarte Spektrallinien einer langen Realisierung
b) Mitteilung über Spektrallinien von n Realisierungen

und nach Gl. (2.24)

$$\int_0^{T_K} x_i^2(t)\, \mathrm{d}t = \int_{-\infty}^{+\infty} |\underline{X}_i(f, T_K)|^2\, \mathrm{d}f. \tag{2.69}$$

Dividiert man beide Seiten von Gl. (2.59) durch T_K und bildet den Grenzübergang $T_K \to \infty$, so erhält man nach Gl. (2.57) die mittlere Leistung des Prozesses:

$$\overline{x^2} = \lim_{T_K \to \infty} \frac{1}{T_K} \int_0^{T_K} x_i^2(t)\, \mathrm{d}t = \lim_{T_K \to \infty} \int_{-\infty}^{+\infty} \frac{|\underline{X}_i(f, T_K)|^2}{T_K}\, \mathrm{d}f. \tag{2.70}$$

Das Ergebnis ist unabhängig davon, welche Realisierung betrachtet wird. Das gilt allerdings nur für die Integralausdrücke in Gl. (2.70). Der Integrand auf der rechten Seite von Gl. (2.70) stellt eine Spektralfunktion dar, die für jede Realisierung einen anderen Verlauf hat. [Nach Gl. (2.68) sind die $X_i(f, T_K)$ das vollständige spektrale Bild der $x_i(t)$ und unterscheiden sich untereinander genauso wie die zeitlichen Realisierungen.] Erst eine Mittelung über hinreichend viele Realisierungen liefert die spektrale Leistungsdichte des Prozesses:

$$S(f) = \lim_{T_K \to \infty} \mathrm{E}\left[\frac{|\underline{X}_i(f, T_K)|^2}{T_K}\right]. \tag{2.71}$$

Bei realen Messungen benutzt man natürlich stets eine endliche Meßzeit T_K und eine endliche Anzahl n von Realisierungen, so daß aus Gl. (2.71) wird:

$$S(f) \approx \frac{1}{n} \sum_{i=1}^{n} \frac{|\underline{X}_i(f, T_K)|^2}{T_K}. \tag{2.72}$$

Auch in diesem Fall wird die Auflösung in der Frequenzachse durch die Meßzeit T_K bestimmt.

Wählt man speziell $T_K = T/n$, so ergibt die Vorgehensweise nach Bild 2.20b die gleichen Werte wie nach Bild 2.20a. Die Mittelung mittels Bandpasses über n dicht benachbarte Spektrallinien wird durch eine Ensemblemittelung über n Realisierungen ersetzt. Es läßt sich zeigen, daß in beiden Fällen der auf den wahren Wert bezogene mittlere quadratische Fehler ε^2 der experimentell ermittelten Werte für $S(f)$ der Beziehung

$$\varepsilon^2 = 1/n$$

gehorcht [2.18] [2.19].

Es sei noch auf die unterschiedlichen Definitionsmöglichkeiten der Größe Leistungsdichte hingewiesen. Man unterscheidet technische (einseitige) und mathematische (zweiseitige) Leistungsdichte. Erstere wird mit $W(f)$, letztere mit $S(f)$ bezeichnet. Es bestehen folgende Beziehungen:

$$W(f) = \begin{cases} 2\, S(f); & f \geqq 0 \\ 0; & f < 0 \end{cases}$$

$$S(f) = \begin{cases} \dfrac{1}{2}\, W(f); & f \geqq 0 \\ \dfrac{1}{2}\, W(-f); & f < 0. \end{cases}$$

Die zweiseitige Leistungsdichte $S(f)$ entspricht der Aufteilung der Signalleistung auf negative und positive Frequenzen. Dies erklärt auch den Faktor 2 in Gl. (2.65).

Außerdem ist es möglich, die Leistung nicht auf ein Frequenzintervall Δf, sondern auf ein Intervall $\Delta \omega = 2\pi\, \Delta f$ der Kreisfrequenz ω zu beziehen. Von dieser Form wird hier kein Gebrauch gemacht.

Der Mittelwert des betrachteten Vorgangs wird im weiteren mit Null angenommen ($\bar{x} = 0$). Für die Streuung bzw. den quadratischen Mittelwert des Zufallssignals gilt dann

$$\sigma^2 = \overline{x^2} = \mathrm{E}[x^2] = \int_{-\infty}^{+\infty} S(f)\,\mathrm{d}f = \int_0^{\infty} W(f)\,\mathrm{d}f. \tag{2.73}$$

Leistungsdichte $S(f)$ und Korrelationsfunktion $\psi(\tau)$ sind über das Wiener-Chintchin-Theorem miteinander verknüpft:

$$S(f) = \int_{-\infty}^{+\infty} \psi(\tau)\,\mathrm{e}^{-\mathrm{j}2\pi f\tau}\,\mathrm{d}\tau = 2\int_0^{\infty} \psi(\tau)\cos(2\pi f\tau)\,\mathrm{d}\tau \tag{2.74}$$

$$\psi(\tau) = \int_{-\infty}^{+\infty} S(f)\,\mathrm{e}^{+\mathrm{j}2\pi f\tau}\,\mathrm{d}\tau = 2\int_0^{\infty} S(f)\cos(2\pi f\tau)\,\mathrm{d}f. \tag{2.75}$$

$S(f)$ und $\psi(\tau)$ sind vollkommen gleichberechtigte Kennfunktionen eines Prozesses, die sich ineinander umrechnen lassen.

Demgegenüber sind Leistungsdichte $S(f)$ [bzw. Korrelationsfunktion $\psi(\tau)$] und Wahrscheinlichkeitsverteilungsdichte $w(x)$ unabhängige Kennfunktionen eines Zufallsvorgangs. Sie stimmen lediglich in ihren integralen Mittelwerten überein:

$$\int_{-\infty}^{+\infty} x^2\,w(x)\,\mathrm{d}x = \int_{-\infty}^{+\infty} S(f)\,\mathrm{d}f. \tag{2.76}$$

Eine Berechnung von $w(x)$ aus $S(f)$ oder umgekehrt ist nicht möglich.

Ein ganz anderer Fall liegt vor, wenn als Art der Wahrscheinlichkeitsdichte die Gauß-Verteilung bereits vorgegeben ist oder in Näherung angenommen wird. Dann kann der fehlende Parameter σ über $S(f)$ bzw. $\psi(\tau)$ berechnet werden.

2.3.3. Übertragung stationärer Zufallsvorgänge über zeitinvariante Systeme

Wenn Signale, die mit zufälligen, additiven Störsignalen behaftet sind, über lineare, zeitinvariante Systeme übertragen werden, dann kann man aufgrund des Überlagerungssatzes (s. Abschn. 2.2.) zunächst die Wirkung des Systems auf das Störsignal allein betrachten. Bild 2.21 zeigt, wie sich die im Abschn. 2.3.2. definierten statistischen Kennfunktionen $S(f)$ und $\psi(\tau)$ beim Durchgang des zufälligen Signals durch das System ändern.

Hervorzuheben ist die einfache multiplikative Verknüpfung der Leistungsdichte $S_x(f)$ mit $S_y(f)$ über den komplexen Übertragungsfaktor.

$$S_y(f) = |\underline{G}(f)|^2\,S_x(f) \tag{2.77}$$

Gl. (2.77) ergibt sich unmittelbar durch Einsetzen von Gl. (2.31) in Gl. (2.71).

Die entsprechende Beziehung zwischen $\psi_x(\tau)$ und $\psi_y(\tau)$ im Zeitbereich ist wesentlich komplizierter.

Durch Einsetzen von Gl. (2.30) in Gl. (2.61) erhält man nach einigen Umformungen:

$$\psi_y(\tau) = \int_{-\infty}^{+\infty} \psi_x(\tau - t)\left[\int_0^{\infty} g(u)\,g(t+u)\,\mathrm{d}u\right]\mathrm{d}t. \tag{2.78}$$

$g(t)$ ist die Gewichtsfunktion des betrachteten Systems.

In der Mehrzahl der Fälle erweist es sich als günstig, mit der Beziehung für die Leistungsdichte nach Gl. (2.77) zu rechnen und im Bedarfsfall über die Wiener-Chintchin-Beziehung [Gl. (2.74) und (2.75)] auf die Korrelationsfunktion überzugehen.

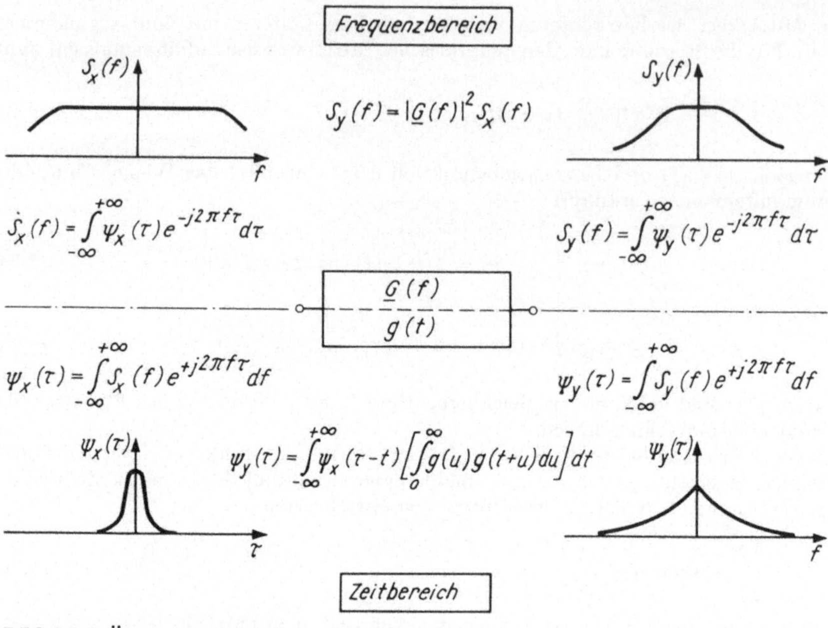

Bild 2.21. Übertragung zufälliger Signale über lineare, zeitinvariante Systeme

Die Berechnung der Wahrscheinlichkeitsverteilungsdichte $W_y(y)$ aus der Verteilungsdichte $W_x(x)$ sowie den Systemkenngrößen ist i. allg. sehr kompliziert. Nimmt man jedoch eine Gauß-Verteilung des Eingangsprozesses $x(t)$ nach Gl. (2.59) an, so ist der zugehörige Ausgangsprozeß $y(t)$ ebenfalls stets gaußverteilt — eine Folge der Linearität des Systems nach Gl. (2.30).

$$w_y(y) = \frac{1}{\sqrt{2\pi}\,\sigma_y}\, e^{-(y-\bar{y})^2/(2\sigma_y^2)} \tag{2.79}$$

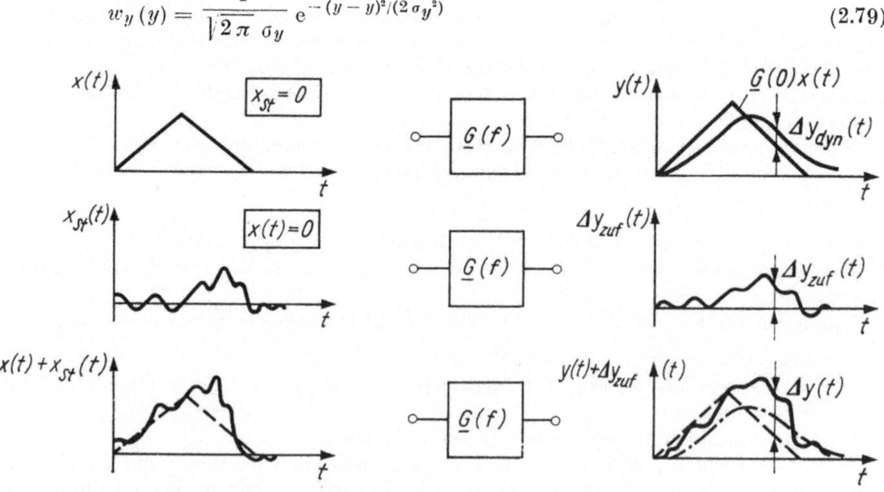

Bild 2.22. Ausgangssignal mit zufälligem und dynamischem Fehler

Die Parameter $\bar{y}$ und σ_y lassen sich mit Hilfe der Gln. (2.77), (2.78) und (2.56), (2.57), (2.58) bestimmen.

Ist $x(t)$ nicht gaußverteilt, so ist für Systeme mit Tiefpaßcharakter (typisch für Meßwandler) eine Verformung der Verteilungsdichte in Richtung Gauß-Verteilung zu beobachten. Diese „Normalisierung" ist um so stärker ausgeprägt, je geringer das Verhältnis von oberer Frequenzgrenze des Meßwandlers zu oberer Bandgrenze des Eingangsprozesses $x(t)$ ist [2.4].

Wirken Nutzsignale und additive, zufällige Störgrößen gleichzeitig auf einen Meßwandler ein, so enthält der Fehler des Ausgangssignals einen dynamischen und einen zufälligen Anteil (Bild 2.22):

$$\Delta y(t) = \Delta y_{\mathrm{dyn}}(t) + \Delta y_{\mathrm{zuf}}(t)\,.$$

Zur Charakterisierung des Gesamtfehlers wird der mittlere quadratische Fehler herangezogen:

$$\overline{\Delta y^2} = \Delta \overline{y^2}_{\mathrm{dyn}} + \Delta \overline{y^2}_{\mathrm{zuf}}\,. \tag{2.80}$$

Dabei werden Signal und Störung als unkorreliert angenommen.

Meist hängen Δy_{dyn} und Δy_{zuf} in unterschiedlicher Weise von den Parametern des Meßwandlers ab (z. B. sind bei hoher Grenzfrequenz des Meßwandlers die dynamischen Fehler klein, die zufälligen aber möglicherweise sehr groß; bei kleiner Grenzfrequenz ist es umgekehrt). Diese Tatsache führt zu dem Gedanken, ein optimales Meßsystem zu bestimmen, das die Bedingung

$$\overline{\Delta y^2} = \Delta \overline{y^2}_{\mathrm{dyn}} + \Delta \overline{y^2}_{\mathrm{zuf}} \rightarrow \text{Minimum}!$$

realisiert. Die hiermit verbundenen Probleme werden in der Theorie der Optimalfilter behandelt [2.6] [2.1] [2.7].

Bild 2.23 zeigt ein einfaches Beispiel, wie durch Wahl der optimalen Grenzfrequenz des eingesetzten Meßwandlers der Gesamtfehler stark verringert werden kann.

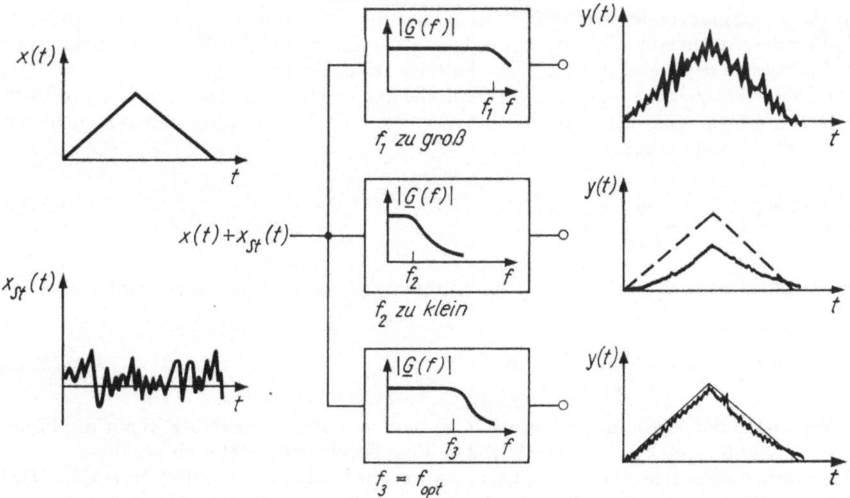

Bild 2.23. Verringerung des Gesamtfehlers durch Wahl der optimalen Grenzfrequenz

2.3.4. Signalkenngrößen nichtstationärer Zufallsvorgänge und ihre Verknüpfung

Bei stationären Prozessen hängen die im Abschn. 2.3.2. definierten Ensemblemittelwerte nicht von der laufenden Zeit t ab. Diese Eigenschaft der Stationarität haben die meisten für die praktische Meßtechnik interessanten Zufallsvorgänge.

Im Abschn. 2.3.3. wurde die Übertragung solcher stationärer Zufallsvorgänge über lineare, zeitinvariante Meßsysteme behandelt. Die Ausgangsprozesse sind in diesem Fall wieder stationär.

Das ändert sich, wenn man zeitlich veränderliche Meßsysteme zuläßt (s. Abschn. 2.2.2.).

In den Abschnitten 2.2.2. und 2.3.1. wurde bereits gesagt, daß es zur weiteren Verminderung des zufälligen Meßfehlers sowie zur korrekten Beschreibung von niedrigfrequenten Driftproblemen unerläßlich ist, solche zeitlich veränderlichen Meßwandler einzusetzen. Werden solche Systeme mit einem stationären Eingangssignal erregt, so ist der Ausgangsprozeß auch nach „unendlich" langer Zeit nicht stationär.

Im Abschn. 2.3.1. wurde als Beispiel für ein solches Meßsystem ein Meßwandler mit periodischer Nullpunktkorrektur erwähnt. Im Bild 2.15 sind verschiedene Realisierungen des Ausgangsprozesses eines solchen Meßwandlers dargestellt worden.

Berechnet man für diese Zeitfunktionen die in den Bildern 2.17b, 2.18b und 2.20b erklärten Ensemblemittelwerte zu verschiedenen Zeiten t, so ist offensichtlich, daß die Ergebnisse von dieser Zeit t abhängen werden. Zum Beispiel wird der quadratische (Ensemble-) Mittelwert von $y^*_{\mathrm{St}}(t)$ für $t = n\,T_{\mathrm{M}}$; $n = 0, 1, 2, \ldots$ gleich Null sein. Für Zeiten

$$nT \leqq t \leqq (n+1)\,T$$

wird er mehr oder weniger schnell ansteigen.

Im folgenden sollen in Analogie zu Abschn. 2.3.2. statistische Kennfunktionen und Mittelwerte für diese Art von Zufallsprozessen definiert werden. Dazu sind die im Abschnitt. 2.3.2. eingeführten Kennfunktionen $w(x)$, $S(f)$ und $\psi(\tau)$ auf den Fall der Zeitabhängigkeit zu erweitern. Insbesondere ist einleuchtend, daß zur Beschreibung des instationären, also zeitlichen Verhaltens zeitliche Mittelwerte nach den Bildern 2.17a, 2.18a und 2.20a nicht in Frage kommen. Zur quantitativen Beschreibung der Zeitabhängigkeit entsprechender Kennfunktionen sind nur Ensemblemittelwerte geeignet.

Vollkommen problemlos ist die Erweiterung der für stationäre Vorgänge definierten Kennfunktionen $w(x)$ und $\psi(\tau)$ auf den Fall instationärer Vorgänge.

Zur Definition zeitabhängiger Wahrscheinlichkeitsverteilungen $w(t, x)$ wird auf Bild 2.17 Bezug genommen. Die berechneten Werte k hängen nun außer von Δx auch von t ab: $k(\Delta x, t)$, und es ergibt sich

$$w(t, x) = \lim_{\substack{n \to \infty \\ \Delta x \to 0}} \frac{k(\Delta x, t)}{\Delta x\, n}. \tag{2.81}$$

Werden mittelwertfreie, normalverteilte Zufallsvorgänge betrachtet, so wird analog zu Gl. (2.59)

$$w(t, x) = \frac{1}{\sigma(t)\,\sqrt{2\pi}}\, \mathrm{e}^{-\frac{x^2}{2\sigma^2(t)}}. \tag{2.82}$$

Die Frage nach der Verteilungsdichte $w(t, x)$ reduziert sich in diesem Fall auf die Frage nach der zeitabhängigen Streuung $\sigma^2(t)$. Auf diese Größe wird später eingegangen.

Die zeitabhängige Korrelationsfunktion $\psi(t, \tau)$ wird anhand von Bild 2.18 erklärt. Der berechnete Mittwert in Gl. (2.61) hängt jetzt auch für $n \to \infty$, nicht mehr nur von τ, sondern auch von t ab:

$$\psi(t, \tau) = \mathrm{E}\left[x(t)\, x(t - \tau)\right]$$

$$= \lim_{n \to \infty} \frac{1}{n} \sum_{i=1}^{n} x_i(t)\, x_i(t - \tau). \tag{2.83}$$

Speziell für $\tau = 0$ erhält man aus dieser Definition den obengenannten, zeitlich veränderlichen quadratischen Mittelwert $\sigma^2(t)$

$$\psi(t, 0) = \sigma^2(t). \tag{2.84}$$

Eine zeitabhängige Leistungsdichte muß in einer geeigneten Form die Änderung der spektralen Zusammensetzung eines Zufallssignals kennzeichnen. Nach [2.13] kann man dazu vom gleitenden Spektrum der Realisierungen ausgehen. Dieses erhält man, wenn man in Gl. (2.68) die Zeit T_K durch die laufende Zeit t ersetzt:

$$\underline{X}_i(f, t) = \int\limits_0^t x_i(t')\, \mathrm{e}^{-\mathrm{j}\, 2\,\pi\, f t'}\, \mathrm{d}t'. \tag{2.85}$$

Nach dem Parseval-Theorem [Gl. (2.24)] folgt

$$\int\limits_0^t x_i{}^2(t')\, \mathrm{d}t' = \int\limits_{-\infty}^{+\infty} |\underline{X}_i(f, t)|^2\, \mathrm{d}f. \tag{2.86}$$

Differentiation ergibt die Momentanleistung der i-ten Realisierung

$$x_i{}^2(t) = \int\limits_{-\infty}^{+\infty} \frac{\partial}{\partial t}\, |\underline{X}_i(f, t)|^2\, \mathrm{d}f. \tag{2.87}$$

Die rechte Seite von Gl. (2.87) beschreibt diese Momentanleistung als Änderung der Signalenergie im Spektralbereich.

Nach Ensemblemittelung ergibt sich die mittlere Momentanleistung:

$$\mathrm{E}\left[x_i{}^2(t)\right] = \sigma^2(t) = \int\limits_{-\infty}^{+\infty} \mathrm{E}\left[\frac{\partial}{\partial t}\, |\underline{X}_i(f, t)|^2\right]\, \mathrm{d}f. \tag{2.88}$$

Analog zu Gl. (2.71) definiert man den Integranden als zeitabhängige Leistungsdichte $S(t, f)$:

$$S(t, f) = \mathrm{E}\left[\frac{\partial}{\partial t}\, |\underline{X}_i(f, t)|^2\right]. \tag{2.89}$$

Wie vorteilhaft die Definition (2.89) tatsächlich ist, erkennt man an den folgenden Überlegungen.

Gl. (2.89) läßt sich umformen:

$$S(t, f) = \mathrm{E}\left[\frac{\partial}{\partial t}\, (\underline{X}_i(f, t)\, \underline{X}_i(-f, t))\right]. \tag{2.90}$$

Einsetzen von Gl. (2.85) in Gl. (2.90) ergibt unter Anwendung der Produktregel der Differentiation:

$$S(t, f) = \mathrm{E}\left[x_i(t)\, \mathrm{e}^{+\mathrm{j}\, 2\,\pi\, f t}\, \underline{X}_i(f, t) + x_i(t)\, \mathrm{e}^{-\mathrm{j}\, 2\,\pi\, f t}\, \underline{X}_i(-f, t)\right]$$

$$= \mathrm{E}\left[\int\limits_0^t x_i(t)\, x_i(t')\, \mathrm{e}^{-\mathrm{j}\, 2\,\pi\, f(t-t')}\, \mathrm{d}t' + \int\limits_0^t x_i(t)\, x_i(t')\, \mathrm{e}^{+\mathrm{j}\, 2\,\pi\, f(t-t')}\, \mathrm{d}t'\right]. \tag{2.91}$$

Die Substitution $t - t' = \tau$ führt auf

$$S(t, f) = \mathrm{E}\left[\int_0^t x_i(t)\, x_i(t - \tau)\, \mathrm{e}^{-\mathrm{j}\, 2\,\pi\, f\tau}\, \mathrm{d}\tau + \int_0^t x_i(t)\, x_i(t - \tau)\, \mathrm{e}^{+\mathrm{j}\, 2\,\pi\, f\tau}\, \mathrm{d}\tau\right]$$

$$= 2\,\mathrm{E}\left[\int_0^t x_i(t)\, x_i(t - \tau)\, \cos(2\,\pi\, f\tau)\, \mathrm{d}\tau\right]. \tag{2.92}$$

Beachtet man jetzt noch Gl. (2.83), so folgt

$$S(t, f) = 2 \int_0^t \psi(t, \tau)\, \cos(2\,\pi\, f\, \tau)\, \mathrm{d}\tau. \tag{2.93}$$

Da die Korrelationsfunktion für große Werte von τ verschwindet, kann man für hinreichend große t schreiben:

$$S(t, f) = 2 \int_0^\infty \psi(t, \tau)\, \cos(2\,\pi f\tau)\, \mathrm{d}\tau. \tag{2.94}$$

Die umgekehrte Transformation existiert ebenfalls:

$$\psi(t, \tau) = 2 \int_0^\infty S(t, f)\, \cos(2\,\pi f\, \tau)\, \mathrm{d}f. \tag{2.95}$$

Die Gln. (2.94) und (2.95) stellen eine Verallgemeinerung des Theorems von *Wiener-Chintchin* für den Fall instationärer Prozesse dar; vgl. Gln. (2.74), (2.75) und [2.15].

Für den zeitabhängigen quadratischen Mittelwert nach Gl. (2.84) folgt analog zum Fall stationärer Prozesse

$$\mathrm{E}\,[x^2] = \psi(t, 0) = 2 \int_0^\infty S(t, f)\, \mathrm{d}f. \tag{2.96}$$

Die zeitlichen Mittelwerte von $S(t, f)$ und $\psi(t, \tau)$ sind ebenfalls durch die Fourier-Transformation verbunden. Besondere Bedeutung erhalten die zeitlichen Mittelwerte bei der Übertragung stationärer Prozesse über periodische Systeme. Die Ausgangsprozesse sind dann periodisch instationär:

$$w(t, x) = w(t + nT, x) \tag{2.97a}$$

$$\overline{w}(x) = \frac{1}{T} \int_0^T w(t, x)\, \mathrm{d}t \tag{2.97b}$$

$$S(t, f) = S(t + nT, f) \tag{2.98a}$$

$$\overline{S}(f) = \frac{1}{T} \int_0^T S(t, f)\, \mathrm{d}t \tag{2.98b}$$

$$\psi(t, \tau) = \psi(t + nT, \tau) \tag{2.99a}$$

$$\overline{\psi}(\tau) = \frac{1}{T} \int_0^T \psi(t, \tau)\, \mathrm{d}t. \tag{2.99b}$$

Die zeitlichen Mittelwerte $\overline{w}(x)$, $\overline{S}(f)$ und $\overline{\psi}(\tau)$ können wie bei stationären Prozessen ermittelt werden (s. Bilder 2.17b, 2.18b und 2.19), wenn man die zeitliche Mittelung über hinreichend viele Perioden T erstreckt. Speziell ergibt sich für den quadratischen Mittelwert periodisch instationärer Vorgänge

$$\overline{\mathrm{E}\,[x^2]} = \overline{\psi}\,(0) = 2 \int\limits_0^\infty \overline{S}\,(f)\,\mathrm{d}f = \int\limits_{-\infty}^{+\infty} x^2\,\overline{w}\,(x)\,\mathrm{d}\,x\,. \tag{2.100}$$

2.3.5. Übertragung stationärer Zufallssignale über lineare, zeitveränderliche Systeme

Hier wird der Fall untersucht, in dem das instationäre Verhalten von Zufallsstörungen im Meßergebnis durch den Meßwandler selbst hervorgerufen wird (zeitveränderliche Meßwandler).

Es wird zunächst nur die Übertragung der additiven, stationären Störgrößen $x_{St}\,(t)$ des Meßsignals allein betrachtet. Es wird angenommen, daß $x_{St}\,(t)$ — gegeben durch seine Leistungsdichte $S\,(f)$ bzw. seine Korrelationsfunktion $\psi\,(\tau)$ — bereits hinreichend lange auf den Meßwandler einwirkt.

In diesem Fall lassen sich die zeitabhängigen Kenngrößen des Ausgangsstörprozesses aus $S\,(f)$ bzw. $\psi\,(\tau)$ unter Zuhilfenahme der Systemkennfunktionen $G\,(t, f_x)$ und $A\,(f_y, \tau)$ berechnen. Auf die Ableitung der anzugebenden Beziehungen wird verzichtet. Sie ist ohne zusätzliche Hilfsmittel mit den in den Abschnitten 2.2.2. bis 2.3.4. angegebenen Gleichungen ausführbar. Zur Kennzeichnung von Ausgangs- und Eingangsgrößen werden die Buchstaben y und x als Indizes verwendet. Die Ergebnisse sind im Bild 2.24 zusammengefaßt.

Für die zeitabhängige Korrelationsfunktion $\psi_y\,(t, \tau)$ der instationären Ausgangsstörungen erhält man ([2.17)]:

$$\psi_y\,(t, \tau) = \int\limits_{-\infty}^{+\infty} S_x\,(f_x)\,\underline{G}\,(t, f_x)\,\underline{G}\,(t - \tau, -\overline{f_x})\,\mathrm{e}^{+\mathrm{j}\,2\,\pi\,f_x\,\tau}\,\mathrm{d}f_x$$

$$= 2 \int\limits_0^\infty S_x\,(f_x)\,\mathrm{Re}\,\{\underline{G}\,(t, f_x)\,\underline{G}\,(t - \tau, -f_x)\,\mathrm{e}^{+\mathrm{j}\,2\,\pi\,f_x\,\tau}\}\,\mathrm{d}f_x\,. \tag{2.101}$$

Analog zu Gl. (2.37) läßt der Integrand keine Schlüsse auf die (zeitabhängige) Leistungsdichte zu. Als wichtigster Anwendungsfall von Gl. (2.102) ergibt sich für $\tau = 0$ eine Beziehung für den zeitabhängigen quadratischen Mittelwert:

$$\psi_y\,(t, 0) = \mathrm{E}\,[y^2\,(t)] = \sigma_y{}^2\,(t) = \int\limits_{-\infty}^{+\infty} S_x\,(f_x)\,|\underline{G}\,(t, f_x)|^2\,\mathrm{d}f_x\,. \tag{2.102}$$

Im Fall periodischer Systeme interessiert der mittlere Wert von $\sigma_y{}^2\,(t)$ über eine Periode T:

$$\overline{\sigma_y{}^2} = \frac{1}{T} \int\limits_0^T \sigma_y{}^2\,(t)\,\mathrm{d}t = \int\limits_{-\infty}^{+\infty} S_x\,(f_x)\left[\frac{1}{T} \int\limits_0^T |\underline{G}\,(t, f_x)|^2\,\mathrm{d}t\right]\mathrm{d}f_x\,. \tag{2.103}$$

Bezeichnet man das innere Integral als $\overline{|G\,(f_x)|^2}$, so kann man schreiben

$$\overline{\sigma_y{}^2} = \int\limits_{-\infty}^{+\infty} S_x\,(f_x)\,\overline{|G\,(f_x)|^2}\,\mathrm{d}f_x\,. \tag{2.104}$$

$\overline{|G\,(f_x)^2|}$ stellt einen wirksamen Frequenzübergangsfaktor für die Eingangsleistungsdichte dar; s. auch [2.20].

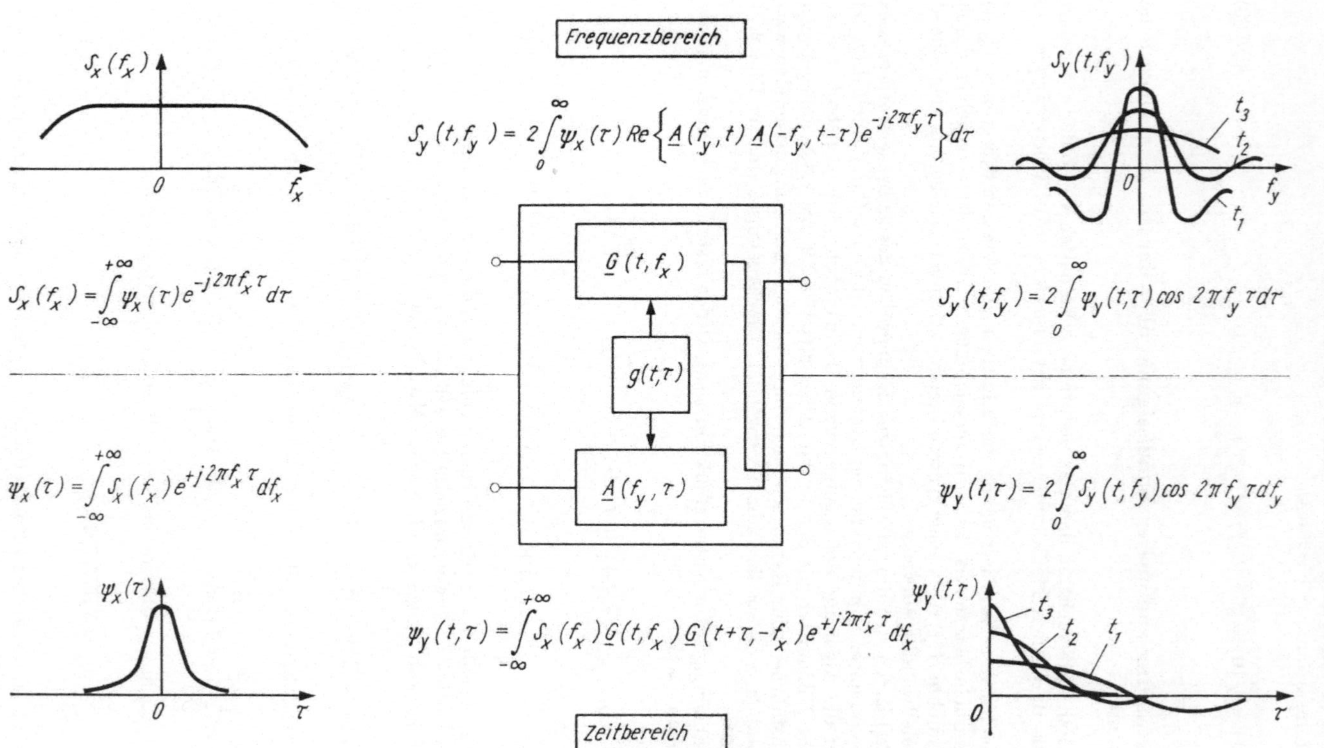

Bild 2.24. Übertragung zufälliger Signale über lineare, zeitabhängige Systeme

Leider wird der Integrand in Gl. (2.104) in der Literatur manchmal als Leistungsdichte des Ausgangsprozesses bezeichnet. Das ist aus den bereits erwähnten Gründen falsch.

Die zeitabhängige Leistungsdichte hängt, wie zu erwarten, über das parametrische Stoßspektrum $\underline{A}\,(f_y,\,\tau)$ mit der Korrelationsfunktion $\psi_x\,(\tau)$ zusammen:

$$S_y\,(t,f_y) = 2 \int\limits_0^\infty \psi_x\,(\tau)\,\mathrm{Re}\,\{\underline{A}\,(f_y,t)\,\underline{A}\,(-f_y,t-\tau)\,\mathrm{e}^{-\mathrm{j}\,2\,\pi\,f_y\tau}\}\,\mathrm{d}\tau. \qquad (2.105)$$

Ein wichtiger Spezialfall ist die Erregung mit weißem Rauschen: $S_x\,(f_x) = S_0 = \mathrm{konst.}$ Dann gilt $\psi_x\,(\tau) = S_0\,\delta\,(\tau)$, und aus Gl. (2.105) folgt

$$S\,(t,f_y) = S_0\,|\underline{A}\,(f_y,t)|^2. \qquad (2.106)$$

Beziehung (2.106) hat Ähnlichkeit mit Gl. (2.77), wenn man auch dort $S\,(f) = S_0$ einsetzt.

Bei periodischen Systemen interessieren wieder die zeitlichen Mittelwerte. Aus Gl. (2.105) läßt sich unter Benutzung von Gl. (2.51 a) und Gl. (2.75) eine anschauliche Beziehung zwischen $S_y\,(f_y)$ und $S_x\,(f_x)$ ableiten:

$$\overline{S_y}\,(f_y) = \sum_{\nu=-\infty}^{+\infty} |\underline{A}_\nu\,(f_y)|^2\,S_x\,(f_y - \nu f_0). \qquad (2.107)$$

Diese Beziehung entspricht in ihrer Struktur vollständig Gl. (2.52). Die Leistungsdichten der Zufallsvorgänge werden ähnlich wie die Spektren der determinierten Vorgänge verformt. In Gl. (2.107) fehlt jedoch eine Phaseninformation, da bei der Leistungsdichte nur die Amplituden eine Rolle spielen.

Aus Gl. (2.107) erhält man über das Parseval-Theorem noch eine einfache Beziehung für den Fall des weißen Rauschens $S_x\,(f_x) = S_0$:

$$\overline{S_y}\,(f_y) = S_0\,\frac{1}{T} \int\limits_0^T |\underline{A}\,(f_y,t)|^2\,\mathrm{d}t. \qquad (2.108)$$

Dieses Ergebnis folgt aus Gl. (2.106) auch sofort durch Integration und wurde — allerdings auf völlig anderem Wege — bereits von *Rice* [2.16] abgeleitet.

Die Wahrscheinlichkeitsverteilungsdichte $w_y\,(t,\,y)$ läßt sich wieder nur für gaußverteilte Eingangsprozesse einfach angeben. In diesem Fall ist Gl. (2.102) in Gl. (2.82) einzusetzen. Zur Berechnung von $w_y\,(y)$ ist der so entstehende Ausdruck über eine Periode T zu integrieren — Gl. (2.97 b). Das Integrationsergebnis $\overline{w_y}\,(y)$ weicht i. allg. von der Gauß-Verteilung ab. Setzt man dagegen $\sigma_y{}^2$ nach Gl. (2.104) in Gl. (2.59) ein, so erhält man stets eine Gauß-Verteilung, die jedoch denselben quadratischen Mittelwert $\overline{\sigma_y{}^2}$ wie $w_y\,(y)$ hat.

2.4. Anwendung der Signalgraphen bei der Analyse linearer elektrischer Meßwandler

In den Abschnitten 2.1. bis 2.3. wurden die Übertragungs- und Störeigenschaften elektronischer Meßwandler anhand verschiedener Modelle untersucht. Für die Modelle wurden entsprechende Kenngrößen (z. B. Übertragungsfunktion, Übertragungsfaktor) definiert.

Das Ziel der Analyse konkreter Meßwandlerschaltungen besteht nun darin, diesen Modellvorstellungen entsprechende Zusammenhänge zwischen festgelegten Eingangs- und Ausgangsgrößen als Funktion der Struktur und der Bauelementekennwerte aufzufinden.

In der Mehrzahl führt diese Analyse auf die Lösung eines linearen Gleichungssystems, das Ströme und Spannungen in linearen elektrischen Schaltungen verknüpft.

Zur Vereinfachung der Aufstellung und anschließenden Lösung solcher Gleichungssysteme bedient man sich zweckmäßigerweise der Methode der sog. Signalgraphen ([2.21] bis [2.24]).

2.4.1. Signalgraphen

Ein Signalgraph ist ein topologisches Modell eines Systems linearer Gleichungen, das eine anschauliche Darstellung der Beziehungen zwischen den Elementen dieses Systems gestattet.

Als Beispiel sei folgendes System, bestehend aus drei linearen Gleichungen, betrachtet:

$$a_{11} x_1 + a_{12} x_2 + a_{13} x_3 = b_1 \qquad (2.109\,\mathrm{a})$$

$$a_{21} x_1 + a_{22} x_2 + a_{23} x_3 = b_2 \qquad (2.109\,\mathrm{b})$$

$$a_{31} x_1 + a_{32} x_2 + a_{33} x_3 = b_3. \qquad (2.109\,\mathrm{c})$$

Die Gl. (2.109) lösen wir nach jeweils einer der unbekannten Variablen auf:

$$x_1 = \frac{1}{a_{11}} b_1 - \frac{a_{12}}{a_{11}} x_2 - \frac{a_{13}}{a_{11}} x_3 \qquad (2.110\,\mathrm{a})$$

$$x_2 = \frac{1}{a_{22}} b_2 - \frac{a_{21}}{a_{22}} x_1 - \frac{a_{23}}{a_{22}} x_3 \qquad (2.110\,\mathrm{b})$$

$$x_3 = \frac{1}{a_{33}} b_3 - \frac{a_{31}}{a_{33}} x_1 - \frac{a_{32}}{a_{33}} x_2. \qquad (2.110\,\mathrm{c})$$

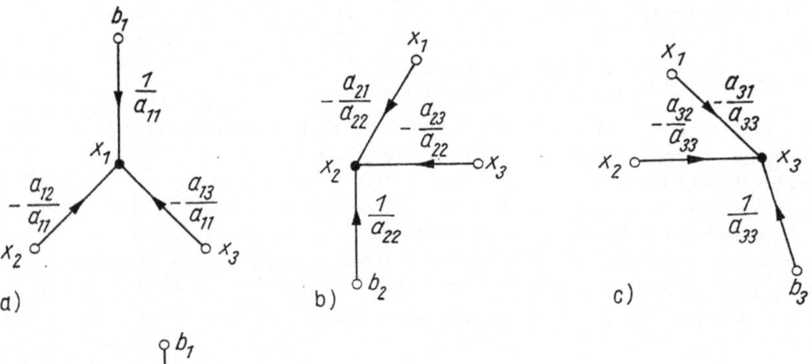

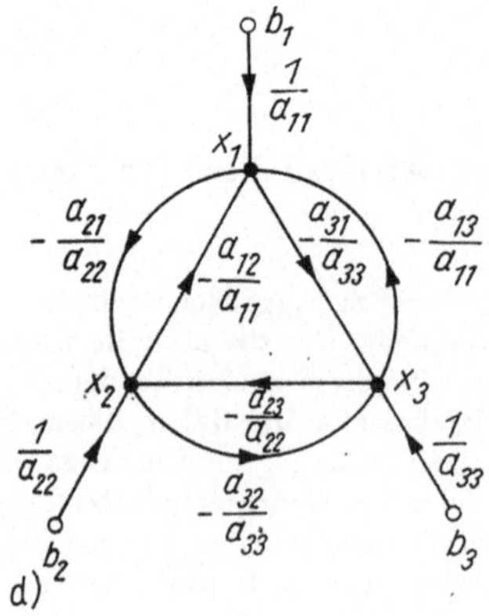

Bild 2.25. *Grafische Darstellung des Gleichungssystems (2.110)*

a) Gl. (2.110a); b) Gl. (2.110c); c) Gl. (2.110b); d) Graph des Gleichungssystems (2.110)

Bild 2.25 zeigt, wie man das Gleichungssystem (2.110) grafisch darstellen kann. Dabei entsprechen die so gefundenen Graphen in den Bildern 2.25a, b, und c der ersten, zweiten und dritten Gleichung von Gl. (2.110). Der Graph im Bild 2.25d entsteht durch Übereinanderlegen der Einzelgraphen und veranschaulicht das gesamte Gleichungssystem (2.110).

Die Knoten des Graphen entsprechen den Variablen x_1, x_2, x_3 sowie den Störgliedern b_1, b_2, b_3. Die gerichteten Zweige des Graphen verbinden die Knoten und veranschaulichen auf diese Weise die Zusammenhänge zwischen den einzelnen Variablen und Störgliedern. Der in Zahlen- oder Operationsform neben den Zweigen stehende Ausdruck wird als Gewicht oder besser als Übertragungsfaktor des entsprechenden Zweiges bezeichnet. Das so gefundene topologische Modell des Gleichungssystems (2.110) wird als Mason-Graph bezeichnet [2.21].

2.4.2. Verallgemeinerte Signalgraphen

Bei der praktischen Anordnung von Signalgraphen ist es jedoch vorteilhaft, alle abhängigen Knoten (Knoten, in die Zweige einlaufen) als gewichtete Knoten einzuführen.

Auf diese Weise gelangt man zu den verallgemeinerten Signalgraphen. Für das Gleichungssystem (2.110) ist der verallgemeinerte Graph im Bild 2.26 dargestellt.

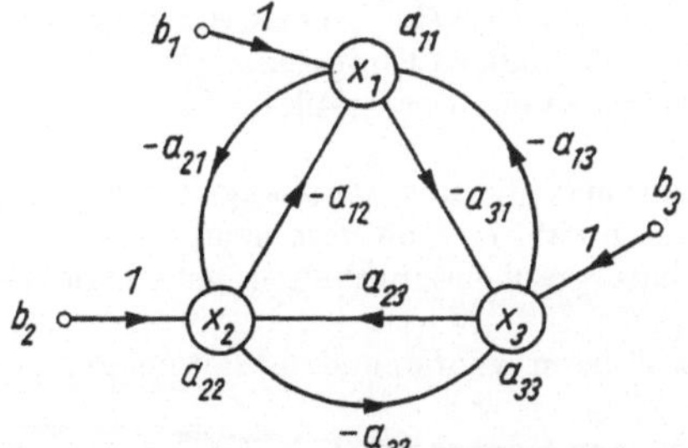

Bild 2.26. Verallgemeinerter Graph des Gleichungssystems (2.110) mit gewichteten Knoten

Ein Vergleich von Bild 2.25d und 2.26 zeigt, daß die Gewichte aller Zweige, die jeweils in einen Knoten einlaufen, denselben Nenner haben (Bild 2.25d). Im Bild 2.26 tritt dieser Nenner als Gewicht des entsprechenden Knotens auf. Dies gibt gleichzeitig die Möglichkeit an, wie von einem verallgemeinerten Graph auf den entsprechenden Mason-Graphen übergegangen werden kann. Es müssen die gewichteten Knoten in nichtgewichtete umgewandelt werden. Dazu dividiert man die Gewichte aller in den betreffenden Knoten einlaufenden Zweige durch das Gewicht des Knotens. Diese Regel erlaubt es dem an die Mason-Graphen gewöhnten Leser, die hier verwendeten allgemeinen Graphen schnell auf die gewohnte Form zu übertragen.

Das Gewicht eines Knotens gibt an, mit welchem Koeffizienten das jeweilige Argument in die entsprechende Gleichung eingeht.

Im weiteren soll nur mit den verallgemeinerten Signalgraphen gearbeitet werden [2.21]. Ihr Vorteil besteht in der Kompaktheit der anfallenden Zwischenergebnisse.

Der verallgemeinerte Signalgraph entspricht im gewählten Beispiel folgendem Gleichungssystem:

$$a_{11}\,x_1 = b_1 - a_{12}\,x_2 - a_{13}\,x_3$$
$$a_{22}\,x_2 = b_2 - a_{21}\,x_1 - a_{23}\,x_3 \qquad (2.111)$$
$$a_{33}\,x_3 = b_3 - a_{31}\,x_1 - a_{32}\,x_2.$$

Im Unterschied zu Gl. (2.110) sind hier die Koeffizienten der Variablen auf den linken Seiten der Gleichungen verschieden von eins. In [2.21] werden sie als zusätzliche Gewichtsfaktoren der entsprechenden Knoten des Signalgraphen dargestellt. Derartig gewichtete Knoten werden durch einen Kreis gekennzeichnet, in den die Knotenbezeichnung und neben den das Gewicht des Knotens eingetragen wird.

2.4.3. Bestandteile von Graphen

Hier werden Wege, Konturen, Schleifen und elementare Graphen betrachtet.

Weg. Ein Weg ist die kreuzungsfreie Aneinanderreihung gleichgerichteter Zweige. So können z. B. im Bild 2.26 zwei Wege gefunden werden, die vom Knoten b_2 zum Knoten x_3 führen: Der erste Weg besteht aus drei Zweigen mit den Gewichten $1, -a_{12}, -a_{31}$, der zweite Weg aus zwei Zweigen mit den Gewichten $1, -a_{32}$. Der Übertragungsfaktor (das Gewicht) eines Weges ist gleich dem Produkt der eingehenden Einzelgewichte, in diesem Fall für den ersten Weg a_{12}, a_{31} und für den zweiten Weg $-a_{32}$.

Kontur. Eine Kontur ist ein in sich geschlossener Weg. Der Graph im Bild 2.26 enthält fünf Konturen. Sie können durch Angabe der zugehörigen Zweige beschrieben werden:

$$| -a_{21}, -a_{32}, -a_{13} |; \quad | -a_{12}, -a_{31}, -a_{23} |; \quad | -a_{21}, -a_{12} |;$$
$$| -a_{31}, -a_{13} |; \quad | -a_{23}, -a_{32} |.$$

Konturen werden als unabhängig bezeichnet, wenn sie keine gemeinsamen Knoten haben. Im Graphen nach Bild 2.26 gibt es keine unabhängigen Konturen.

Schleife. Eine Schleife ist eine Kontur aus nur einem Zweig. Der Graph im Bild 2.26 enthält keine Schleifen.

Elementargraph. Elementargraphen sind Teilgraphen, die nur unabhängige Konturen und diejenigen Knoten enthalten, die von den ausgewählten Konturen nicht erfaßt werden. Um systematisch alle existierenden Elementargraphen zu erhalten, geht man wie folgt vor:

Der erste Elementargraph besteht aus allen gewichteten Knoten und enthält keine Konturen.

Die folgenden Elementargraphen enthalten je eine Kontur nebst denjenigen gewichteten Knoten, die nicht von dieser Kontur erfaßt werden. Enthält der Graph keine unabhängigen Konturen, so sind damit bereits alle Elementargraphen gefunden. Für den Graph im Bild 2.26 ist das der Fall. Bild 2.27 zeigt die zugehörigen Elementargraphen.

Im Fall der Existenz unabhängiger Konturen werden zusätzlich alle existierenden Kombinationen zwischen diesen Konturen gebildet und durch die nichterfaßten gewichteten Knoten ergänzt.

Man erkennt, daß die Anzahl der Elementargraphen bei Graphen mit mehreren unabhängigen Konturen sehr groß werden kann.

2.4.4. Formel von Mason

Diese Formel gestattet es, für einen vorhandenen Graphen den Übertragungsfaktor zwischen einem unabhängigen Knoten p und einem abhängigen (gewichteten) Knoten q zu berechnen. Für diesen Übertragungsfaktor K_{pq} gilt

$$K_{pq} = \frac{\sum\limits_{i=1}^{n} K_i \, \Delta_i}{\Delta}. \tag{2.112}$$

i ist der Index aller möglichen Wege zwischen den Knoten p und q (insgesamt n Wege).

K_i ist der Übertragungsfaktor des i-ten Weges. $\varDelta_i$ ist die Determinante des vom i-ten Wege unabhängigen Teilgraphen. Dieser entsteht durch Streichung aller gewichteten Knoten des i-ten Weges sowie der zugehörigen ein- und auslaufenden Zweige aus dem Gesamtgraphen. $\varDelta$ ist die Determinante des Gesamtgraphen.

Nach [2.21] ist die Determinante eines Graphen gleich der Summe der Determinanten aller möglichen Elementargraphen.

Die Determinante eines Elementargraphen ist gleich dem Produkt aus

— allen mit negativem Vorzeichen genommenen Übertragungsfaktoren der im Elementargraphen enthaltenen Konturen und

— allen mit unverändertem Vorzeichen genommenen Gewichten der im Elementargraphen enthaltenen Knoten.

Das Ergebnis wird mit $(-1)^s$ multipliziert (s Anzahl der unabhängigen Konturen im Elementargraphen). Wenn der i-te Weg vom Knoten p zum Knoten q durch alle gewichteten Knoten des Graphen läuft, dann ist $\varDelta_i = 1$.

Als Beispiel soll der Übertragungsfaktor zwischen der Störgröße b_2 und der Variablen x_3 nach Bild 2.26 berechnet werden. Die Determinanten $\varDelta_1$ bis $\varDelta_6$ der sechs möglichen Elementargraphen sind im Bild 2.27 angegeben. Dementsprechend gilt für die Determinante des Gesamtgraphen

$$\varDelta = a_{21}\,(a_{13}\,a_{32} - a_{12}\,a_{33}) + a_{22}\,(a_{11}\,a_{23} - a_{13}\,a_{31})$$
$$+ a_{23}\,(a_{12}\,a_{31} - a_{11}\,a_{32})\,. \tag{2.113}$$

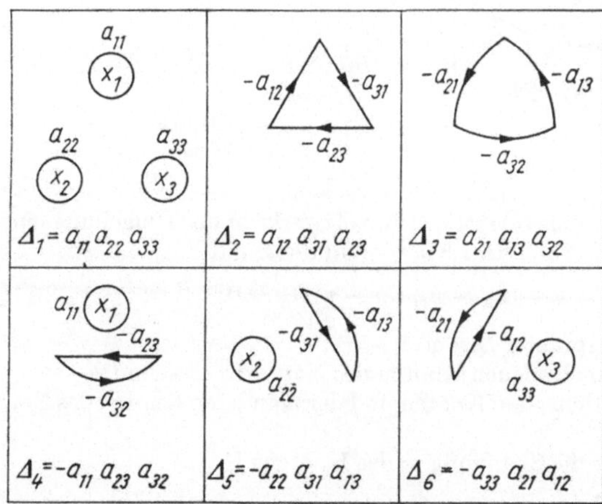

Bild 2.27. *Elementargraphen des Graphen von Bild 2.26*

Wie bereits festgestellt, führen von b_2 zu x_3 genau zwei Wege, die die Übertragungsfaktoren $a_{12}\,a_{31}$ und $-a_{32}$ haben. Der erste Weg verläuft durch alle gewichteten Knoten; die zugehörige Determinante ist gleich eins. Für den zweiten Weg kann ein von diesem Weg unabhängiger Teilgraph gefunden werden. Dazu werden zunächst alle die Knoten gestrichen, durch die dieser Weg verläuft, also x_2 und x_3. Außerdem werden alle Zweige weggelassen, die aus diesen oder die in diese Knoten laufen. Als unabhängiger Teilgraph bleibt nur der gewichtete Knoten x_1 übrig.

Die zugehörige Determinante ist gleich dem Gewicht des Knotens, also a_{11}.

Für das gewählte Beispiel ergibt sich

$$\sum_{i=1}^{2} K_i\,\varDelta_i = (a_{12}\,a_{31})\cdot 1 + (-a_{32})\,a_{11}\,. \tag{2.114}$$

Die Division von Gl. (2.114) durch Gl. (2.113) führt auf den gesuchten Übertragungsfaktor zwischen b_2 und x_3:

$$\frac{x_3}{b_2} = K_{2,3} = \frac{a_{12}\,a_{31} - a_{11}\,a_{32}}{a_{21}\,(a_{13}\,a_{32} - a_{12}\,a_{33}) + a_{22}\,(a_{11}\,a_{23} - a_{13}\,a_{31}) + a_{23}\,(a_{12}\,a_{31} - a_{11}a_{32})}.$$

$$(2.115)$$

2.4.5. Graphen elektrischer Netzwerke

Graphen solcher Netzwerke können auf der Grundlage derjenigen Gleichungssysteme aufgestellt werden, die der Maschenstrom- bzw. Knotenspannungsanalyse entsprechen. Dabei wird den Gleichungen der Knotenspannungen oft der Vorzug gegeben, da bei der Analyse von elektronischen Meßwertwandlern zunächst meist die Spannungen der verschiedenen Netzwerkpunkte gegenüber Masse interessieren.

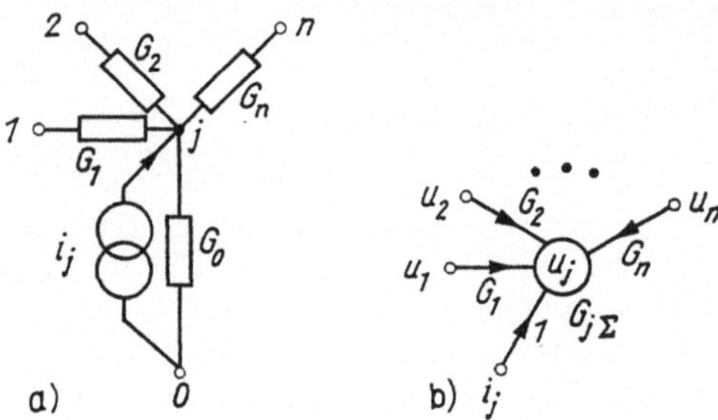

Bild 2.28. Graphen elektrischer Netzwerke

a) Netzwerkausschnitt;
b) zugehöriger Graph

Bild 2.28a zeigt einen Ausschnitt eines elektrischen Netzwerks in der Umgebung eines Knotens, der mit j bezeichnet wird. Nach dem Knotenpunktsatz gilt

$$i_j + (u_1 - u_j)\,G_1 + (u_2 - u_j)\,G_2 + \cdots + (u_n - u_j)\,G_n - u_j\,G_0 = 0; \qquad (2.116)$$

i_j in den Knoten eingeprägter Strom

$u_1, \ldots, u_n$ Spannungen der verschiedenen Knoten des Netzwerkausschnitts

$G_0, G_1, \ldots, G_n$ Leitwerte zwischen dem j-ten Knoten und der n anderen Knoten des Netzwerkausschnitts.

Ausgehend von Gl. (2.116) folgt für die Spannung u_j des Knotens j

$$G_{j\Sigma}\,u_j = i_j + G_1\,u_1 + G_2\,u_2 + \cdots + G_n\,u_n. \qquad (2.117)$$

$G_{j\Sigma} = G_0 + G_1 + G_2 + \cdots + G_n$ ist der Knotenleitwert des Knotens, der gleich der Summe der einzelnen angeschlossenen Leitwerte ist. Bild 2.28b stellt den Graph des Netzwerks von Bild 2.28a entsprechend Gl. (2.117) dar.

Ein Vergleich zeigt, daß ein Graph eines passiven elektrischen Netzwerks in der Struktur vollkommen mit dem Netzwerk übereinstimmt. Dies ermöglicht es, den Graph unmittelbar aus der Schaltung abzulesen und damit das Aufstellen eines Gleichungssystems zu überspringen. Die allgemeinen Regeln zur Erstellung des Graphen sind folgende:

1. Die Knoten des Graphen entsprechen den interessierenden Punkten (Knoten) des Netzwerks.
2. Die Zweige des Graphen entsprechen den Zweigen des Netzwerks. (Ausnahme: Diejenigen Netzwerkzweige, die einen betrachteten Punkt mit Masse verbinden, werden nicht als Zweige in den Graphen übernommen.)

3. Das Gewicht der Knoten des Graphen ist gleich der Summe aller vom entsprechenden Netzwerkpunkt abgehenden Leitwerte.
4. Der Übertragungsfaktor der Zweige des Graphen ist gleich dem Leitwert der entsprechenden Netzwerkzweige.

2.4.6. Graph eines Operationsverstärkers

Der Graph eines Operationsverstärkers kann auf der Grundlage des Operationsverstärkerersatzschaltbilds von Bild 3.1 aufgestellt werden. Mit diesem Ersatzschaltbild soll der Graph eines Inverterverstärkers nach Bild 2.29a betrachtet werden.

Bild 2.29b zeigt diesen Graph, wobei die eingetragenen Leitwerte den Widerständen im Bild 2.29a entsprechen:

$$G_\mathrm{d} = 1/R_\mathrm{d}, \ G_3 = 1/R_3 \ \text{usw.}$$

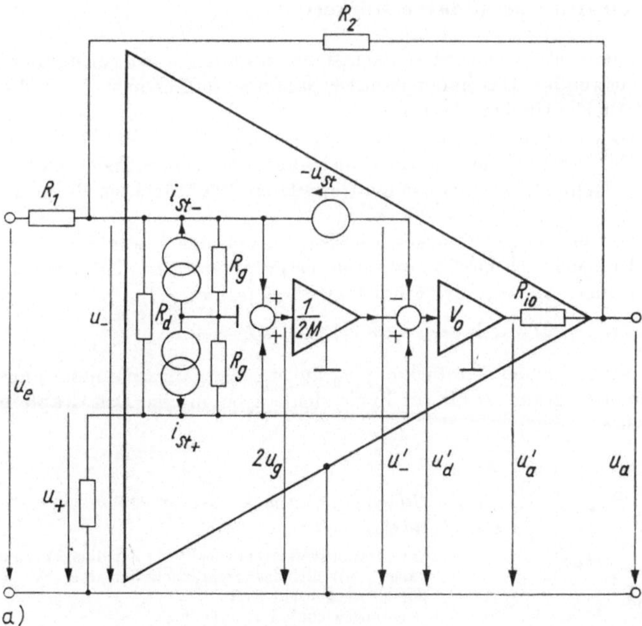

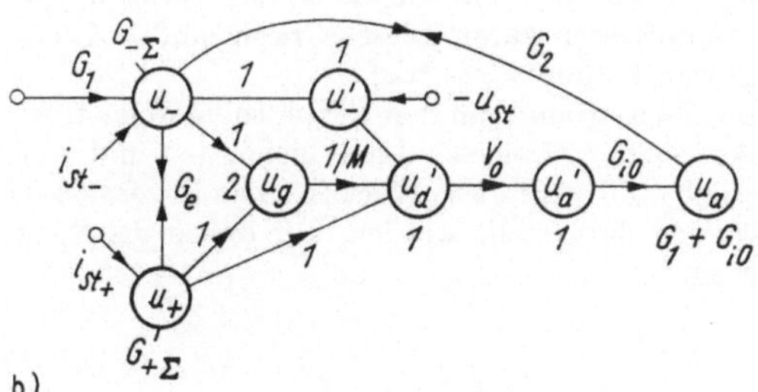

Bild 2.29. *Graph eines invertierenden Verstärkers*

a) Operationsverstärker mit Ersatzschaltung und Gegenkopplung;
b) zugehöriger Graph
(G_e lies G_d)

Für die eingetragenen Knotenleitwerte des invertierendenden und des nicht uninvertierenden Eingangs gilt

$$G_{-\Sigma} = G_1 + G_2 + G_d + G_g$$
$$G_{+\Sigma} = G_3 + G_d + G_g .$$

Zur Vereinfachung werden die beiden Zweige, die die Knoten u_+ und u_- verbinden und gleichen Übertragungsfaktor G_e, aber unterschiedliche Richtung haben, als ein Zweig mit einer Doppelorientierung gezeichnet. Diese Vereinfachung wird im weiteren noch öfter gebraucht werden.

Die Ersatzschaltung veranschaulicht — wie auch der Graph — die Wechselbeziehungen zwischen den einzelnen Variablen (Spannungen). Die Aufstellung eines Graphen direkt nach dem Ersatzschaltbild wird darum i. allg. keine Schwierigkeiten bereiten, wovon auch das behandelte Beispiel überzeugen konnte.

2.4.7. Graph eines idealen Operationsverstärkers

Der Graph eines Operationsverstärkers wird in den seltensten Fällen in der vollständigen Form nach Bild 2.29 b verwendet. Das hängt damit zusammen, daß es in vielen Fällen unnötig ist, den Einfluß aller möglichen Faktoren auf die Ausgangsspannung des Operationsverstärkers zu berücksichtigen.

Aber selbst wenn es Ziel der Analyse ist, alle Einflußfaktoren zu berücksichtigen, so geschieht dies häufig der Reihenfolge nach, indem jeweils ein vereinfachter Graph betrachtet wird.

Dies bedeutet, daß der Operationsverstärker als ideal hinsichtlich bestimmter Parameter und als nichtideal hinsichtlich bestimmter anderer Parameter betrachtet wird.

Der vollständig ideale Operationsverstärker hat folgende Parameter:

$$R_d, R_g \to \infty,; R_{io} = 0; V_0, M \to \infty; i_{St+}, i_{St-}, u_{St} = 0 .$$

Soll nun der Einfluß einer endlichen Verstärkung V_0 auf die Ausgangsspannung angegeben werden, so werden alle Parameter bis auf V_0 als ideal angenommen. Den Graph für diesen Fall zeigt Bild 2.30 a.

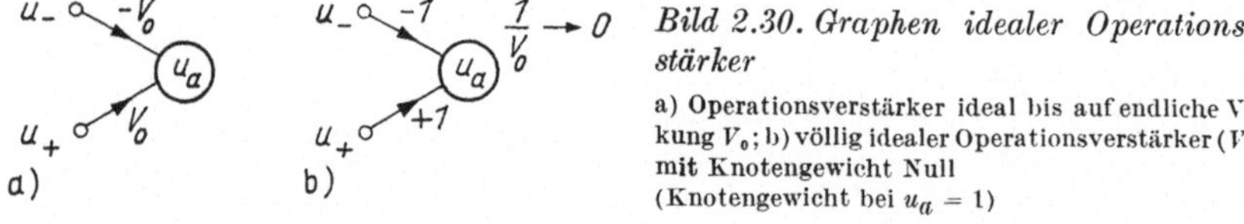

Bild 2.30. Graphen idealer Operationsverstärker

a) Operationsverstärker ideal bis auf endliche Verstärkung V_0; b) völlig idealer Operationsverstärker ($V_0 \to \infty$) mit Knotengewicht Null (Knotengewicht bei $u_a = 1$)

Es sei noch auf eine Schwierigkeit hingewiesen, die beim Aufstellen des Graphen eines vollständig idealen Operationsverstärkers auftreten kann. Dieser Graph müßte Zweige mit unendlich großem Übertragungsfaktor enthalten ($V_0 \to \infty$).

Diese Schwierigkeit läßt sich leicht umgehen, wenn man den Graph so verändert, wie es Bild 2.30 b zeigt. Die Übertragungsfaktoren der Zweige sind hier gleich $+1$ und -1; der Gewichtsfaktor des Knotens u_a ist gleich Null. Auf diese Weise können in verdeckter Form die unendlichen Übertragungsfaktoren dargestellt werden, mit denen die Spannungen u_+ und u_- auf den Ausgang wirken.

3.   Verstärkerschaltungen mit Operationsverstärkern

Elektronische Meßwertwandler sind Übertragungssysteme, an die vergleichsweise hohe Forderungen hinsichtlich der Anzahl der unterscheidbaren Stufen der Meßgröße bei einem großen Bereich störender Umgebungsbedingungen und an die vergleichsweise niedrige Forderungen hinsichtlich der Übertragungsgeschwindigkeit gestellt werden. Dieser Sachverhalt wurde schon im Zusammenhang mit Bild 2.1 erläutert. Solche Forderungen wurden in der Vergangenheit bei vollständigen Meßeinrichtungen in der Regel durch manuelle oder elektromechanische Kompensationseinrichtungen erfüllt. Das Grundprinzip dieser Meßeinrichtungen besteht darin, daß eine sehr genaue und umgebungsunabhängige Leistungsverstärkung durch Kombination eines sehr genauen Wandlerelements ohne Leistungsverstärkung und eines Verstärkers sehr hoher Verstärkung, aber mäßiger Genauigkeit und Stabilität erzielt wird. Quantitativ wird dieser Sachverhalt im Abschn. 3.2.1. beschrieben. Das zuerst genannte Systemelement kann ein Spannungsteiler, ein elektrodynamischer Kraft-Strom-Wandler, ein Kondensator als idealer Integrator oder ein anderer, sehr genau beschreibbarer und umweltstabiler Zusammenhang sein.

Die Fortschritte der elektronischen Schaltungstechnik, insbesondere der Gleichspannungsverstärker, in den letzten 10 bis 20 Jahren haben dazu geführt, daß nunmehr mit dem Operationsverstärker ein Bauelement vorliegt, mit dessen Hilfe das obengenannte Kompensationsprinzip bei elektronischen Meßwertwandlern in einer Vielzahl von Varianten angewendet werden kann. So ist es mit Hilfe von Operationsverstärkern möglich, Präzisionsverstärker, Funktionswandler, Integratoren, Oszillatoren, fast ideale Strom- bzw. Spannungsquellen zu realisieren, die nicht mehr wesentlich von den Kennwerten des Verstärkers, sondern fast nur noch von Übertragungseigenschaften passiver Bauelemente abhängen. In diesem Abschnitt werden zunächst die Eigenschaften von Operationsverstärkern im Sinne einer Bauelementebeschreibung zusammengestellt und anschließend die wichtigen Grundschaltungen und die damit verbundenen schaltungstechnischen Probleme dargestellt.

Die Gegenkopplung als Kompensationsverfahren wird sich dabei als der leitende Grundgedanke herausstellen. Die Darstellung hat, bis auf die schaltungstechnischen Besonderheiten aus dem Anwendungsbereich der Primärelektronik von Meßwertaufnehmern, den Charakter einer Zusammenstellung. Ausführliche Darstellungen der Problematik sind in der Standardliteratur, wie z. B. in [3.1] bis [3.6] enthalten.

3.1.   Kennwerte von Operationsverstärkern

3.1.1.   Statische Kennwerte

Die Ersatzschaltung eines Operationsverstärkers ist im Bild 3.1 dargestellt. Die dabei verwendeten Näherungen bestehen in der Linearität aller Verknüpfungen und der Nichtberücksichtigung der dynamischen Fehler. Die als Dreiecke gezeichneten Verstärkerelemente sind ideale lineare Spannungsverstärker mit unendlich hohem Eingangswiderstand und verschwindendem Quellwiderstand. Die Summierstellen sollen ideale Sum-

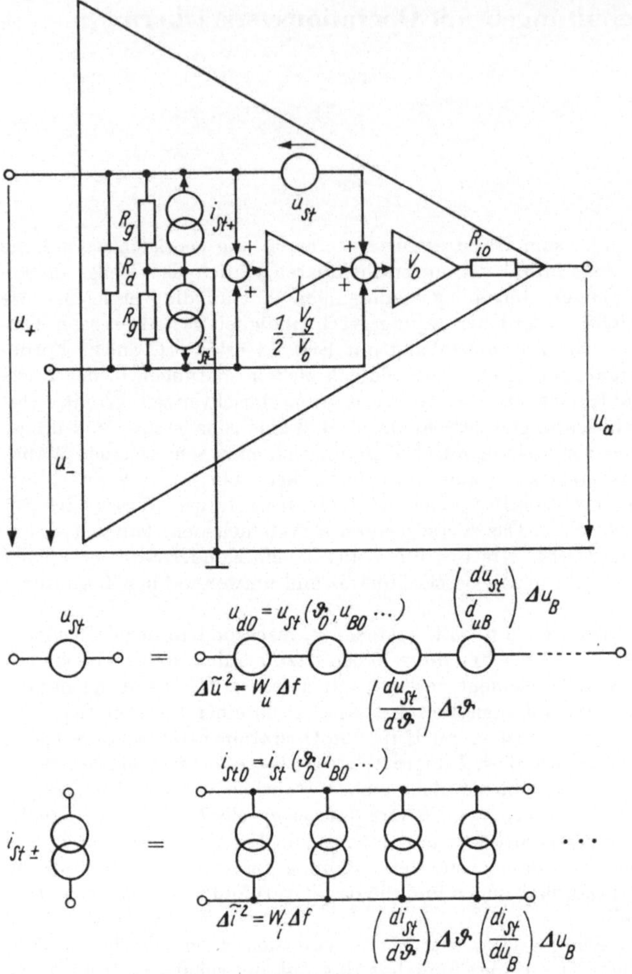

Bild 3.1. Kenngrößen von Operationsverstärkern, Differenzeingangsspannung $u_\mathrm{d} = u_+ - u_-$

mierer darstellen. Die Störspannungs- bzw. Störstromquellen enthalten die folgenden Anteile:

— Bezugswerte u_d0, $i_\mathrm{St0\,+}$, $i_\mathrm{St0\,-}$ bei äußeren Referenzbedingungen (Temperatur ϑ_0, Betriebsspannung u_B0)

— umgebungsbedingte Änderungen der Werte bei Bezugsbedingungen $\mathrm{d}u_\mathrm{St}/\mathrm{d}\vartheta$, $\mathrm{d}u_\mathrm{St}/\mathrm{d}u_\mathrm{B}$, $\mathrm{d}i_\mathrm{St\,\pm}/\mathrm{d}\vartheta$, $\mathrm{d}i_\mathrm{St\,\pm}/\mathrm{d}u_\mathrm{B}$

— zufallsbedingte Schwankungen $\Delta\tilde{u}^2$, $\Delta\tilde{i}^2$, gekennzeichnet durch ihre spektralen Leistungsdichten.

In den technischen Daten werden üblicherweise nicht die Kennwerte der Einzelstromquellen, sondern ihr Mittelwert i_e und ihre Differenz i_e0 sowie ihre Einflußkoeffizienten angegeben.

Im folgenden werden, Bezug nehmend auf das Ersatzschaltbild 3.1, die statischen Übertragungs- und Störkenngrößen zusammengestellt:

- *Leerlaufverstärkung* $V_0 = (u_a - u_{a0})/(u_+ - u_-)$

  unter der Bedingung $u_+ = - u_-; u_{a0} = u_a (u_+ = u_- = 0)$

  Übliche Werte sind $V = 10^4 \cdots 10^6$.

- *Gleichtaktverstärkung* $V_g = 2 (u_a - u_{a0})/(u_+ + u_-)$ für $u_+ = u_-$

  Übliche Werte sind $V_g = (10^{-3} \cdots 10^{-5}) V_0$.

- *Gleichtaktunterdrückung* $M = V_0/V_g$.

- *Offsetspannung* u_{d0}

Sie ist als die Differenzeingangsspannung bei Bezugsbedingungen ϑ_0 u_{B0} definiert, die unter der Bedingung $u_+ = - u_-$ die Ausgangsspannung zu Null macht.
Übliche Werte sind $(2 \cdots 5)$ mV für Bipolartechnik,
$(20 \cdots 50)$ mV für FET-Technik.

- *mittlerer Eingangsruhestrom* i_e
Er ist als Mittelwert der Störströme i_{St+} und i_{St-} bei Bezugsbedingungen und der Zusatzbedingung $u_a = 0$ definiert. Letztere Bedingung kann im Aussteuerungsbereich des Verstärkers auch verletzt sein, da sich bei $u_a \neq 0$ beide Ströme näherungsweise gegensinnig ändern.
Übliche Werte sind $i_e \approx (50 \cdots 500)$ nA für Bipolartechnik,
$i_e \approx (50 \cdots 500)$ pA für FET-Technik.

- *Eingangsstromdifferenz* i_{e0} (Eingangsoffsetstrom)
Er ist die Differenz $i_{St+} - i_{St-}$ der Eingangsruheströme bei Bezugsbedingungen ϑ_0, u_{B0} und der Zusatzbedingung $u_a = 0$. i_{e0} stellt ein Maß für die vorhandene Unsymmetrie der Eingangsstufen dar.
Übliche Werte sind $i_{e0} \approx (0,2 \cdots 0,5) i_e$.

- *Differenzeingangswiderstand* R_d
Übliche Werte sind 1 kΩ bis 1 MΩ für Bipolartechnik. Für FET-Technik lassen sich wesentlich höhere Eingangswiderstände erzielen.

- *Gleichtakteingangswiderstand* R_g
Übliche Werte sind $(10^8 \cdots 10^{12})$ Ω.

- *Ausgangswiderstand* R_i
Übliche Werte sind $R_i = (100 \cdots 200)$ Ω.

- *Temperaturkoeffizient der Offsetspannung* (Offsetspannungsdrift)
$\Delta u_{St}/\Delta \vartheta$
Übliche Werte sind $(2 \cdots 10)$ μV/K für Bipolartechnik, $10 \cdots 100$ μV/K für FET-Technik.

- *Einflußkoeffizient der Offsetspannung bezüglich der Betriebsspannung* $\Delta u_{St}/\Delta u_B$
Übliche Werte sind $(10 \cdots 200)$ μV/V für Bipolartechnik und für FET-Technik.

- *Temperaturabhängigkeit des Eingangsstroms*
Die Temperaturabhängigkeiten von i_e, i_{e0} lassen sich nur bedingt durch Einflußkoeffizienten beschreiben. Für Bipolartechnik ist $\Delta i_e/\Delta \vartheta$ negativ. Bei Temperaturänderungen von 20 bis 125 °C sinkt i_e auf ungefähr ein Drittel; bei Temperaturänderungen von 20 auf $- 60$ °C steigt er auf ungefähr das Dreifache des Ausgangswerts. Bei 20 °C hat i_e etwa einen Temperaturkoeffizienten $\dfrac{1}{i_e} \dfrac{\Delta i_e}{\Delta \vartheta} = (1 \cdots 8) \cdot 10^{-3}/\text{K}$.

Bei FET-Technik entspricht der Eingangsstrom dem Sperrstrom eines pn-Übergangs; er steigt mit der Temperatur und vergrößert sich etwa um den Faktor 2 je 10 K Temperaturänderung.

Die Temperaturabhängigkeit der Eingangsstromdifferenz trägt den Charakter der Temperaturabhängigkeit des Eingangsruhestroms, kann sich jedoch infolge vorhandener Unsymmetrien um den Faktor 1,5 bis 2 schneller mit $\Delta\vartheta$ ändern als i_e.

● *Temperaturabhängigkeit der Leerlaufverstärkung*

Sie kann sowohl mit der Temperatur steigen als auch fallen. Im gesamten zugelassenen Temperaturbereich kann sich V_0 um den Faktor 3 bis 5 ändern.

● *Grenzwerte*

Für einige Kennwerte von Operationsverstärkern können typische Grenzwerte angegeben werden:

Differenzeingangsspannung	$u_d < \pm 5 \text{ V}$
Gleichtakteingangsspannung	$u_g < 10 \text{ V}$
Ausgangsspitzenspannung	$\hat{u}_a = 12 \cdots 15 \text{ V}$
für $u_B = 15 \text{ V}$	$\check{u}_a = -12 \cdots -15 \text{ V}$

3.1.2. Dynamische Kennwerte

Bei den dynamischen Kennwerten des Operationsverstärkers muß zwischen denen für kleine und denen für große Aussteuerungen unterschieden werden. Ein Operationsverstärker hat prinzipiell die im Bild 3.2 gezeigte innere Struktur, die auch nur zwei oder

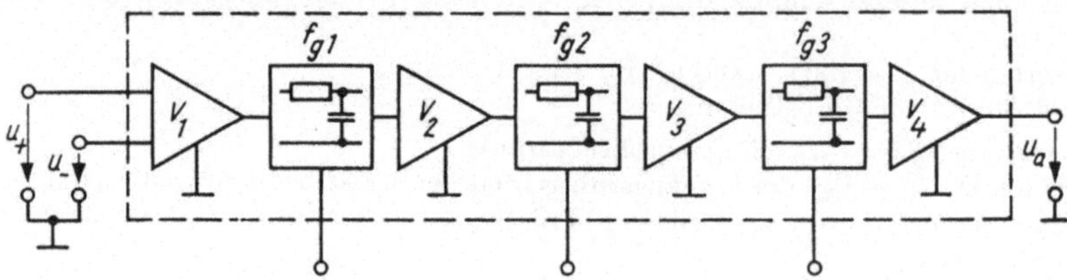

Bild 3.2. Grundstruktur eines Operationsverstärkers

drei Verstärkerstufen enthalten kann. Die Einzelgrenzfrequenzen f_{gr}, Einzelverstärkungen V_ν und die Aussteuerungsgrenzen der Einzelverstärker sind so ausgelegt, daß mit Hilfe äußerer Kompensationselemente, die am entsprechenden Ausgang angeschaltet werden können, jeweils optimale Bedingungen hinsichtlich bestimmter Eigenschaften einstellbar sind. In vielen Fällen entsteht bei den Standardkompensationsvarianten zwischen Eingangs- und Ansgangsspannung bei kleinen Aussteuerungen der durch Bild 3.3 dargestellte Übertragungsfaktor eines einfachen RC-Tiefpasses.

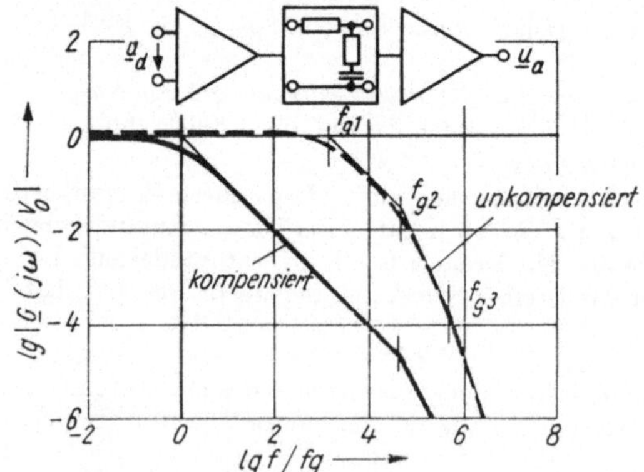

Bild 3.3. Übertragungsfaktor eines Operationsverstärkers bei kleinen Aussteuerungen $G\,(\mathrm{j}\omega) = \underline{u}_a/\underline{u}_d$

Die Grenzfrequenz f_g wird als Grenzfrequenz der Leerlaufverstärkung bezeichnet. Die Frequenz, bei der die Leerlaufverstärkung auf den Wert $V = 1$ abgesunken ist, wird als Transitfrequenz f_T bezeichnet. Sie liegt in der Größenordnung von $(1 \cdots 10)$ MHz. Daraus folgt $f_g \approx f_T/V_0$.

Wegen der unterschiedlichen Aussteuerungsgrenzen und Grenzfrequenzen der Teilverstärker (s. Bild 3.2) hängt die maximale Ausgangsspannung $u_{a\,max}$ von der Frequenz ab. Wenn man als Aussteuerungsgrenze einen bestimmten Linearitätsfehler der Ausgangsspannung $\hat{u}_a$ bei sinusförmiger Eingangsspannung $\hat{u}_e$ definiert (Bild 3.4 b), dann hängt

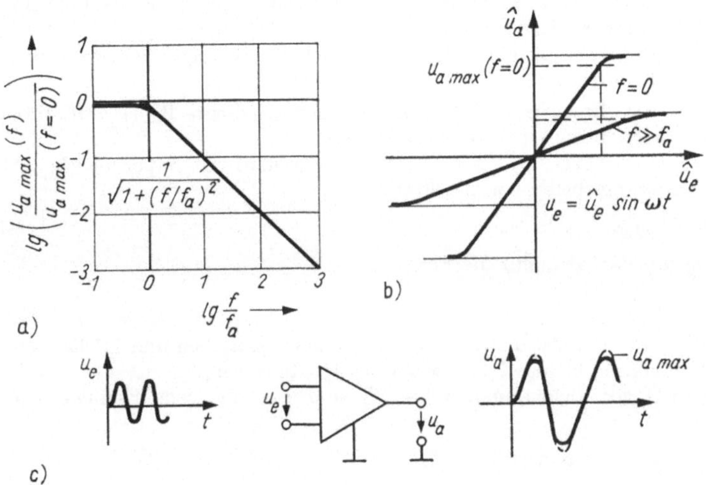

Bild 3.4. Maximale Ausgangsspannung und Großsignalbandbreite von Operationsverstärker n

$u_{a\,max}$ auf die im Bild 3.4 a dargestellte Weise von der Frequenz ab. Die dabei auftretende Grenzfrequenz f_a wird als Großsignalbandbreite bezeichnet. Eng mit dieser Kenngröße verknüpft ist die maximale Anstiegsgeschwindigkeit S der Ausgangsspannung bei einem Eingangsspannungssprung, der für $t \to \infty$, die maximale Ausgangsspannung $u_{a\,max}$ $(f = 0)$ erzeugt (Bild 3.5).

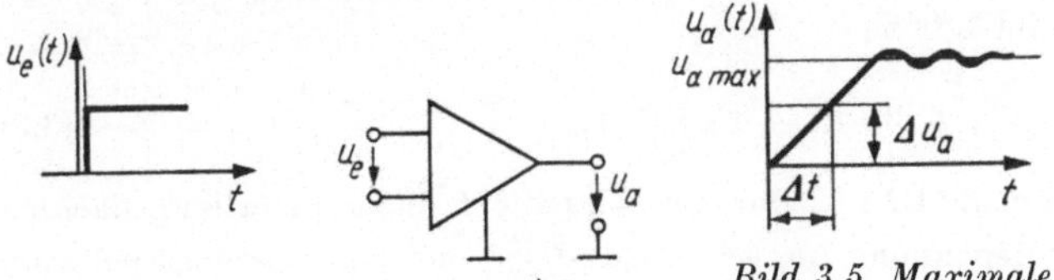

Bild 3.5. Maximale Anstiegsgeschwindigkeit S der Ausgangsspannung eines Operationsverstärkers

Die hier genannten Kennwerte und auch die äquivalente Eingangsrauschspannung hängen von der gewählten Kompensationsvariante ab. Die verschiedenen vom Hersteller angegebenen Kompensationsarten optimieren das Verhalten des Verstärkers hinsichtlich einer der genannten Kennwerte.

3.1.3. Rauschverhalten von Operationsverstärkern

Das Verstärkerrauschen wird durch auf den Eingang bezogene Rauschströme und -spannungen beschrieben. Nach Bild 3.1 treten als Rauschquellen die Eingangsströme $\Delta \tilde{i}_+^2$, $\Delta \tilde{i}_-^2$, sowie die Eingangsrauschspannung $\Delta \tilde{u}_{St}^2$ auf.

Diese Größen erzeugen damit neben den Störgrößen zusätzliche Fluktuationen (Rauschen).

Tatsächlich entsteht das Rauschen natürlich in allen Stufen des Verstärkers, d. h., es existieren sehr viele einzelne Rauschquellen. Im Ersatzschaltbild werden alle diese Quellen zu den im Bild 3.1 dargestellten Rauschquellen zusammengefaßt.

Die spektralen Leistungsdichten W_u und W_i lassen sich als Überlagerung zweier unabhängiger Rauschanteile darstellen:

- weißes Rauschen, d. h. Rauschen mit konstanter Leistungsdichte $W(f) = W_0$ im gesamten Frequenzbereich des Operationsverstärkers
- $1/f$-Rauschen (auch Flicker-Rauschen oder rosa Rauschen) mit hyperbolischer Abhängigkeit der Leistungsdichte von der Frequenz

$$W(f) = W_0 (f_0/f)^\alpha \ (\alpha \approx 1). \tag{3.1}$$

Die Gesamtleistungsdichte hat damit die Form

$$W(f) = W_0 [1 + (f_0/f)^\alpha]. \tag{3.2}$$

Bei der Frequenz f_0 sind die Leistungsdichten von weißem Rauschen und $1/f$-Rauschen gleich groß. Für Frequenzen kleiner f_0 überwiegt das $1/f$-Rauschen.

Die Beziehung (3.1) gilt gleichermaßen für W_u und W_i. Typische Kennwerte für $W_u(f)$ sind

$$W_{u0} = (5 \cdot 10^{-17} \cdots 5 \cdot 10^{-16}) \ V^2 \cdot Hz^{-1}$$

$$f_{u0} \ = 100 \ Hz \cdots 10 \ kHz.$$

W_{i0} hängt stark (näherungsweise quadratisch) vom mittleren Eingangsruhestrom ab. Dementsprechend können diese Werte sehr stark variieren, wie folgendes Beispiel zeigt:

Verstärker μA 702 $W_{i0} = 2 \cdot 10^{-24} \ A^2 \cdot Hz^{-1}$

Verstärker μA 709 $W_{i0} = 5 \cdot 10^{-26} \ A^2 \cdot Hz^{-1}.$

Die Eckfrequenz f_{i0} des Rauschstroms ist gewöhnlich höher als die der Rauschspannungen.

Wenn einer der beiden Eingänge kurzgeschlossen und der andere mit einem Widerstand R abgeschlossen ist, ergibt sich für $f < f_g$ die Leistungsdichte W_a der Ausgangsspannung entsprechend Bild 3.6a zu

$$W_a = \frac{\Delta \tilde{u}_a^2}{\Delta f} = (W_u + W_i R^2 + 4 \, kTR) \, V_0^2. \tag{3.3}$$

Analog zum Vorgehen beim Bild 2.14 kann man daraus auf eine am störfrei gedachten Verstärker anliegende Störspannung $\Delta \tilde{u}_{e\,St}^2 = \Delta \tilde{u}_{a\,St}^2 / V_0^2$ mit dem Leistungsspektrum W_e schließen (Bild 3.6c)

$$W_e = W_u + W_i R^2 + 4 \, kTR. \tag{3.4}$$

Im Bild 3.6d ist ein typisches Meßergebnis für W_u und W_i eines Operationsverstärkers aus [3.7] dargestellt. Die dargestellte Größe $W_e/4 \, kT$ ist der äquivalente Rauschwiderstand der Spannungsquelle $\Delta \tilde{u}_{e\,St}^2 = W_e \cdot \Delta f$. Ein Widerstand dieser Größe würde in einem Frequenzintervall Δf in der Umgebung von f die Spannung $\Delta \tilde{u}_e$ erzeugen.

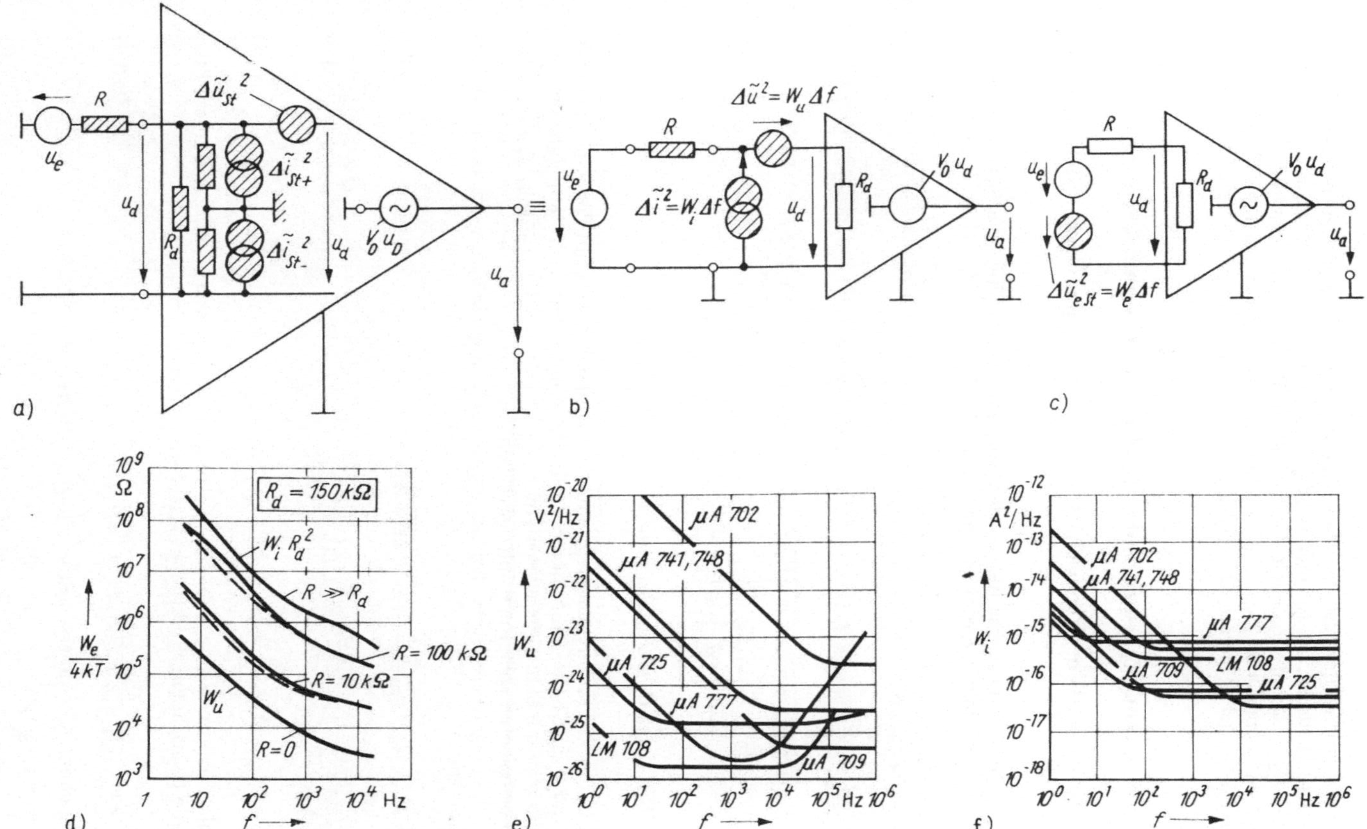

Bild 3.6. Zufallsstörungen bei Operationsverstärkern

a) Ersatzschaltbild des Verstärkers mit internen Störquellen; b) störfreier Verstärker mit externen Strom- und Spannungsstörquellen; c) eingangsbezogene Störquelle; d) äquivalenter Rauschwiderstand; e) Stromrauschen einiger Operationsverstärkertypen; f) Spannungsrauschen einiger Operationsverstärkertypen

Die ausgezogenen Kurven stellen Meßergebnisse dar. Die unterbrochenen Kurven wurden mit Gl. (3.4) aus W_u, W_i sowie R und R_d berechnet [3.7]. Dabei wurde angenommen, daß R_d und $R_g \gg R$ und wie üblich alle drei Störquellen unkorreliert sind.

In den Diagrammen Bild 3.6 e, f und aus [3.1] sind die Leistungsdichten W_u und W_i aus Bild 3.6 b für typische Operationsverstärker zusammengestellt.

3.2. Gegenkopplungsprinzipien bei Operationsverstärkern

3.2.1. Grundsätzliche Eigenschaften von Meßwertwandlern mit Gegenkopplung

Eine allgemeine Struktur, die die meisten vorkommenden Fälle von Gegenkopplungseinrichtungen abzubilden gestattet, wird im Bild 3.7 gezeigt. Dabei ist K der Übertra-

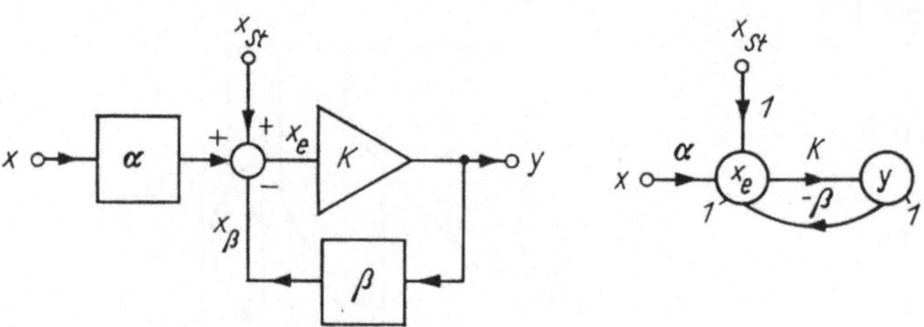

Bild 3.7. Allgemeine Gegenkopplungsstruktur

gungsfaktor des Verstärkerelements, β ein Gegenkopplungszweig mit dem Übertragungsfaktor β und α ein Übertragungsfaktor, der in Verbindung mit der Ankopplung der Eingangsgröße x an die Summierstelle entsteht. x_{St} ist eine additive Störquelle. Alle Übertragungskoeffizienten sollen multiplikative Fehleranteile haben, die sowohl durch Umgebungsbedingungen erzeugt werden können als auch innere Fehler, wie z. B. Linearitätsfehler, sein können.

$$K = K_0 \left(1 + \frac{\Delta K}{K_0}\right) = K_0 (1 + \delta_K) \tag{3.5}$$

$$\beta = \beta_0 \left(1 + \frac{\Delta \beta}{\beta_0}\right) = \beta_0 (1 + \delta_\beta) \tag{3.6}$$

$$\alpha = \alpha_0 \left(1 + \frac{\Delta \alpha}{\alpha_0}\right) = \alpha_0 (1 + \delta_\alpha) \tag{3.7}$$

Ohne Fehlereinwirkung (δ_K, δ_α, δ_β, $x_{St} = 0$) ergibt sich mit dem im Bild 3.7 dargestellten Graphen die Übertragungsfunktion $y_{Soll} = f(x)$

$$y_{Soll} = \frac{\alpha_0 K_0}{1 + K_0 \beta_0} \, x = B_0 \, x . \tag{3.8}$$

Bei Einbeziehung der additiven Störgröße x_{St} erweitert sich Gl. (3.8) zu

$$y = \frac{\alpha_0 K_0}{1 + \beta_0 K_0} \, x + \frac{K_0}{1 + \beta_0 K_0} \, x_{St} . \tag{3.9}$$

Werden jetzt noch die multiplikativen Fehleranteile δ_K, δ_α, δ_β berücksichtigt, so ergibt sich

$$y \approx \underbrace{\frac{\alpha_0 K_0}{1 + \beta_0 K_0}}_{B_0} x \left(1 + \underbrace{\delta_\alpha + \delta_K \frac{1}{1 + K_0 \beta_0} - \delta_\beta \frac{K_0 \beta_0}{1 + K_0 \delta_0}}_{\delta_m}\right)$$

$$+ \underbrace{\frac{K_0}{1 + K_0 \beta_0} x_{St}}_{\Delta y_0}.$$ (3.10)

Der Faktor $K_0 \beta_0$ wird üblicherweise als Kreisverstärkung V_K bezeichnet. Damit ergibt sich die Übertragungsfunktion des gegengekoppelten Verstärkerelements $y\,(x)$

$$y = B_0 \left((1 + \delta_m) x + \Delta x_0\right)$$ (3.11)

mit dem Übertragungsfaktor B_0, dem multiplikativen Fehler δ_m und dem additiven Fehler $\Delta x_0 = \Delta y_0/B_0$. Entsprechend den Definitionen im Bild 2.6 ergibt sich

$$B_0 = \frac{\alpha_0}{\beta_0} \frac{1}{1 + 1/V_K} \approx \frac{\alpha_0}{\beta_0}$$ (3.12)

$$\delta_m = \delta_\alpha + \delta_K \frac{1}{1 + V_K} - \delta_\beta \frac{1}{1 + 1/V_K} \approx \delta_\alpha - \delta_\beta + \frac{\delta_K}{V_K}$$ (3.13)

$$\Delta x_0 = (1/\alpha)\, x_{St} = \gamma_0\, x_N\,; \quad \gamma_0 = \frac{x_{St}}{x_N} \frac{1}{\alpha_0}.$$ (3.14)

Die Näherungen gelten für den praktisch anzustrebenden Fall $V_K \gg 1$. Zusammenfassend ist festzustellen:

- Der Übertragungsfaktor B_0 des gegengekoppelten Verstärkers hängt fast nicht mehr vom Verstärkungsfaktor K ab.
- In den multiplikativen Fehler des gegengekoppelten Verstärkers gehen die Fehler δ_α und δ_β voll und der Fehler δ_K des Verstärkers um den Faktor V_K vermindert ein.

3.2.2. Grundschaltungen gegengekoppelter Operationsverstärker

Die Abbildung eines gegengekoppelten Operationsverstärkers durch eine Modellstruktur von Bild 3.7 ist eine unvollständige Beschreibung, weil Eingänge und Ausgänge der Strukturelemente tatsächlich durch zwei Variable (Strom und Spannung) bestimmt sind. Je nachdem, welche der Variablen (Strom oder Spannung) am Eingang, Ausgang oder in der Summierstelle den Größen x, y zugeordnet werden, gibt es eine große Anzahl verschiedener Schaltungskonfigurationen aus Operationsverstärkern und ohmschen Widerständen, die durch die Modellstruktur von Bild 3.7 abgebildet werden können.

Entsprechende Klassifizierungen mit ausführlicher Analyse der Eigenschaften der entstehenden Schaltungen sind in [3.1] und [3.2] enthalten. Danach können die im Bild 3.8 dargestellten vier Grundschaltungen unterschieden werden. Die eingezeichneten Operationsverstärker sollen eine endliche Verstärkung, aber den Differenzeingangswiderstand $R_d = \infty$ und den Quellwiderstand $R_i = 0$ haben. Sie stellen die einfachsten Anordnungen dar, mit denen einer Eingangsspannung bzw. einem Eingangsstrom eine Ausgangsspannung bzw. ein Ausgangsstrom unter Einhaltung der folgenden, für die schaltungstechnische Praxis nützlichen Bedingungen zugeordnet wird:

- Der entstehende Übertragungsfaktor zwischen der ausgewählten Eingangs- und der Ausgangsgröße soll möglichst nicht von den Verstärkereigenschaften, sondern nur von Widerständen bzw. Widerstandsverhältnissen abhängen.

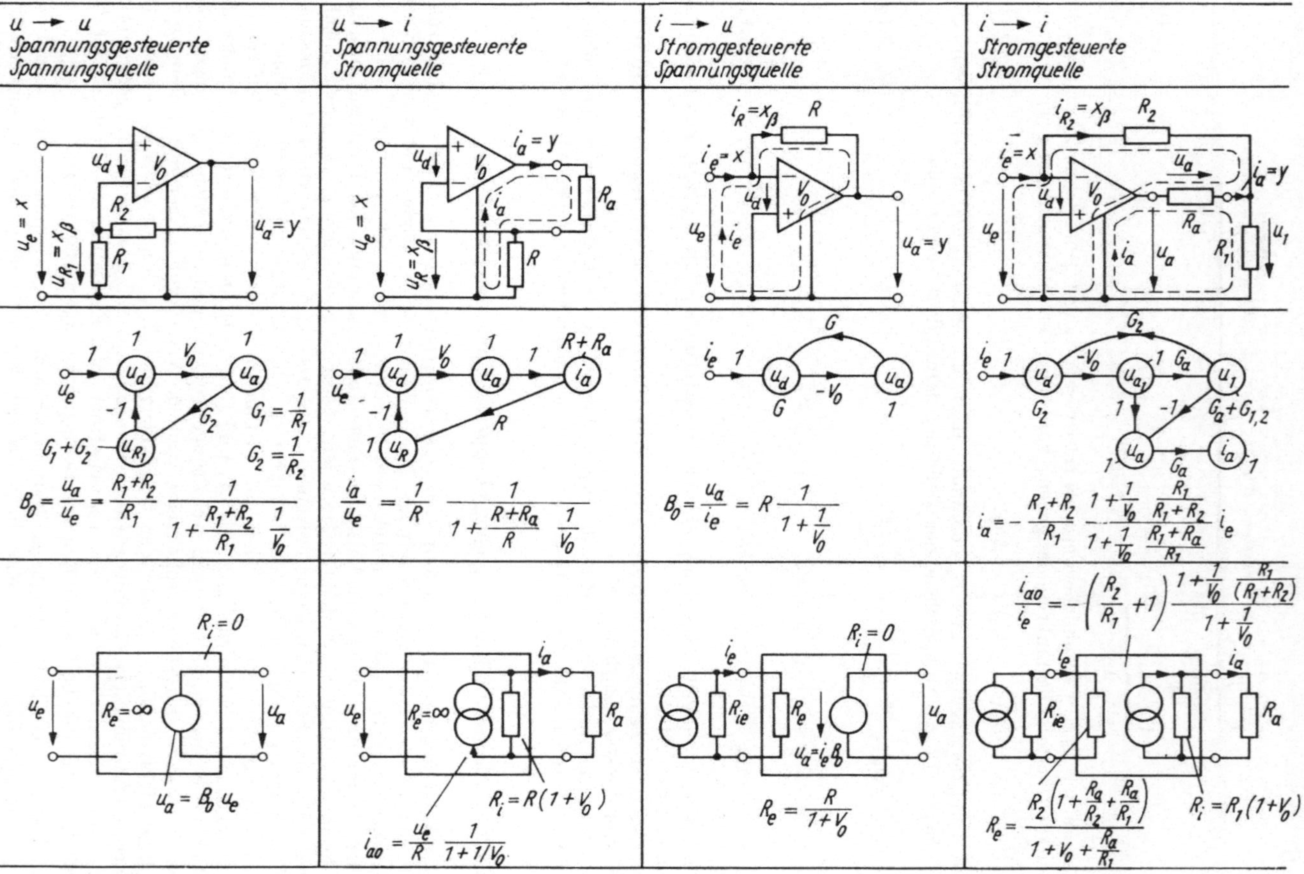

Bild 3.8. Grundschaltungen gegengekoppelter Operationsverstärker

- Eingänge für Ströme sollen möglichst einen Kurzschluß und Eingänge für Spannungen möglichst einen Leerlauf darstellen.

- Ausgänge für Spannungen sollen einen möglichst kleinen Innenwiderstand und Ausgänge für Ströme einen möglichst großen Innenwiderstand haben.

Unter diesen Bedingungen stellen die Schaltungen die vier möglichen Realisierungen der genannten Forderungen dar. Der am Operationsverstärker angegebene Bezugspunkt ist mit dem Mittelpunkt der beiden Speisespannungen $+ u_\mathrm{B}$ und $- u_\mathrm{B}$ identisch. Die in der dritten Zeile von Bild 3.8 dargestellten Schaltungen stellen im Rahmen der angegebenen Näherungen die vollständige Vierpolbeschreibung der darüber dargestellten Schaltungen dar. Sie enthalten über die in den Signalflußbildern dargestellten Relationen hinaus noch Informationen über das Zweipolverhalten von Ausgang und Eingang.

Aber auch bei weiterer Beschaltung der Grundschaltung mit Ergänzungselementen lassen sich alle praktisch als Meßwertwandler sinnvollen Schaltungen als Vierpole nach Bild 3.9 darstellen, die den Darstellungen der dritten Zeile im Bild 3.8 entsprechen. Der

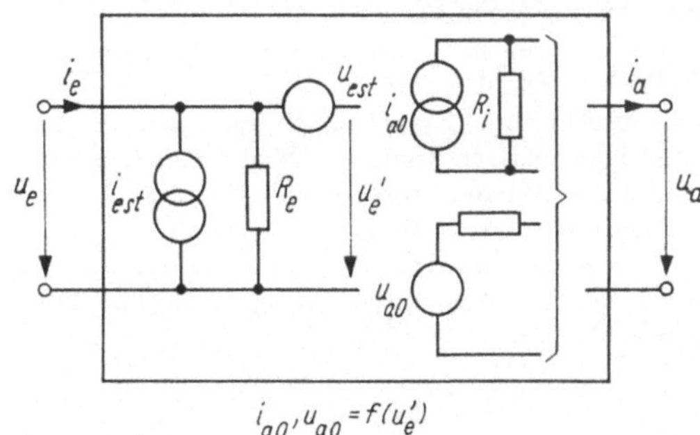

Bild 3.9. Allgemeine Ersatzstruktur eines elektronischen Meßwandlers

Ausgangskreis kann sowohl durch eine Stromquellen- als auch durch eine Spannungsquellenersatzschaltung beschrieben werden. Dabei sind die drei Parameter Leerlaufspannung u_{a0}, Kurzschlußstrom i_{a0} und Innenwiderstand R_i durch $u_{a0} = i_{a0} R_i$ verbunden. Gegenüber der für beliebige lineare Vierpole gültigen allgemeinen Darstellung ist hier mit Ausnahme der letzten Spalte von Bild 3.8 der Eingangskreis von den Abschlußbedingungen des Ausgangskreises vollständig entkoppelt. Damit ist auch das Störverhalten des Meßwertwandlers mit den beiden eingezeichneten Störquellen vollständig beschreibbar. Die Relation zwischen u_e und der Ausgangsquellgröße kann dann prinzipiell auch alle statischen und dynamischen Fehlerkenngrößen des Wandlers enthalten, obwohl deren gleichzeitige Beschreibung nach den zu Anfang von Abschn. 2. genannten Verfahrensweisen nicht sinnvoll ist.

Die eigentliche Aufgabe der Schaltungsanalyse von elektronischen Meßwertwandlern besteht in der Ableitung der Parameter der Struktur des Bildes 3.9 aus den Elementen der realen Schaltung. Von besonderer Bedeutung für elektronische Meßwertwandler sind die Schaltungen der ersten und dritten Spalte von Bild 3.8. Sie führen zu den nichtinvertierenden Verstärkern (Elektrometerverstärker), invertierenden Verstärkern (Umkehrverstärker) und Differenzverstärkern, die mit ihren typischen Anwendungen in den nächsten beiden Abschnitten näher beschrieben werden.

3.3.   Invertierender Verstärker

3.3.1.   Statisches Übertragungsverhalten des invertierenden Verstärkers

Ein invertierender Verstärker entsteht aus der stromgesteuerten Spannungsquelle von
Bild 3.8 durch Reihenschaltung eines weiteren Widerstands zum Eingang (Bild 3.10).
Wegen des sehr kleinen Eingangswiderstands der Grundschaltung von Bild 3.8 ist der

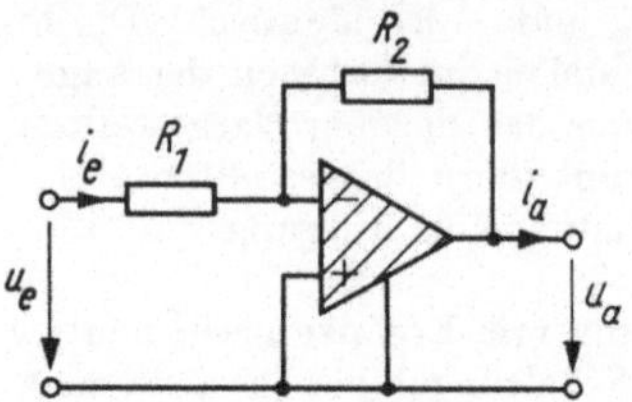

Bild 3.10. Invertierender Verstärker

Eingangsstrom $i_e \approx u_e/R$. Die Ausgangsspannung ergibt sich dann zu $u_a \approx i_e R_2$
$= u_e R_2/R_1$. Der Eingangswiderstand ist näherungsweise $R_e \approx R_1$ und der Innenwiderstand sehr klein. Tatsächlich befindet sich an der Stelle des idealen Operationsverstärkers
von Bild 3.8 jedoch ein realer Verstärker, der im allgemeinen Fall durch Bild 3.1 und
alle darin befindlichen Kennwerte beschrieben werden muß. Die Aufgabe der Schaltungsanalyse besteht dann, wie schon im Zusammenhang mit Bild 3.9 erwähnt, in der Auf-
findung der Parameter dieses Ersatzschaltbilds. Es ist jedoch nicht sinnvoll, alle Über-
tragungs- und Fehlereigenschaften gleichzeitig in einer Ersatzschaltung zu analysieren.
Bei der genauen Analyse der Übertragungseigenschaften können z. B. die Störungen unberücksichtigt bleiben. Dagegen ist es bei der Analyse der Störeigenschaften ausreichend,
die einfachsten Näherungen für die Übertragungseigenschaften zu verwenden.

Im Bild 3.11a ist die Struktur dargestellt, die alle das Übertragungsverhalten wesentlich beeinflussenden Einflußgrößen enthält. Sie läßt sich durch ein Signalflußbild (Bild
3.11c) oder den Graphen von Bild 3.11d beschreiben.

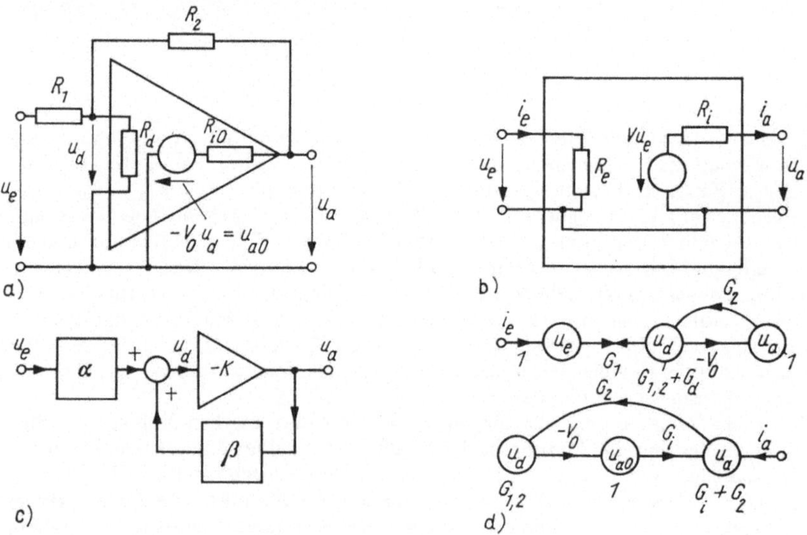

Bild 3.11. Modelle eines invertierenden Verstärkers

a) Grundschaltung mit den wesentlichsten Einflußgrößen; b) Vierpolersatzschaltung; c) Signalflußbild; d) Graph

Für die Werte α, β und K des Signalflußbilds, das bis auf die Vorzeichenfestlegungen mit der im Abschn. 3.2.1. behandelten allgemeinen Struktur übereinstimmt, ergeben sich die folgenden Werte:

$$\alpha_1 = \left(\frac{u_\mathrm{d}}{u_\mathrm{e}}\right)_{u_a = 0} = \underbrace{\frac{R_2}{R_2 + R_1}}_{\alpha_0} \; \frac{1}{1 + \dfrac{R_1}{R_\mathrm{d}}\dfrac{R_2}{R_2 + R_1}} \tag{3.15}$$

$$\beta_1 = \left(\frac{u_\mathrm{d}}{u_\mathrm{a}}\right)_{u_e = 0} = \underbrace{\frac{R_1}{R_1 + R_2}}_{\beta_0} \; \frac{1}{1 + \dfrac{R_2}{R_\mathrm{d}}\dfrac{R_1}{R_1 + R_2}} \tag{3.16}$$

$$K = -\left(\frac{u_\mathrm{a}}{u_\mathrm{d}}\right)_{u_e = 0} \approx V_0 \, \frac{1}{1 + \dfrac{R_{i0}}{R_1 + R_2}}; \qquad R_\mathrm{d} \gg R_1. \tag{3.17}$$

Unter den praktisch immer erfüllten Bedingungen $R_\mathrm{d} \gg R_1, R_2$; $R_{i0} \ll R_1, R_2$ reduzieren sich diese Werte auf die der untersten Näherungsstufe, die mit dem Index (0) gekennzeichnet sind.

Für die Gesamtverstärkung $V = (u_\mathrm{a}/u_\mathrm{e})_{i_a = 0}$ ergibt sich entsprechend Gl. (3.8) aus dem Signalflußbild

$$V = -\frac{\alpha}{\beta} \, \frac{1}{1 + \dfrac{1}{K\beta}} \approx -\frac{R_2}{R_1} \, \frac{1}{1 + \dfrac{1}{V_0 R_1/(R_1 + R_2)}} \approx -\frac{R_2}{R_1}. \tag{3.18}$$

Mit den Gln. (3.15), (3.16), (3.17) lassen sich entsprechend den Überlegungen von Abschnitt 3.2.1. alle multiplikativen Fehlerkennwerte ableiten.

Für die Ableitung des Eingangswiderstands R_e und des Innenwiderstands R_i nach Bild 3.11 b ist der im Bild 3.11 d dargestellte Graph erforderlich. Damit ergibt sich

$$R_\mathrm{e} = \left(\frac{u_\mathrm{e}}{i_\mathrm{e}}\right)_{i_a = 0} = R_1 + \left(\frac{R_2}{V_0} \| R_\mathrm{d}\right) \approx R_1 + \frac{R_2}{V_2} \approx R_1 \tag{3.19}$$

$$\frac{1}{R_\mathrm{i}} = -\left(\frac{i_\mathrm{a}}{u_\mathrm{a}}\right)_{u_e = 0} = \frac{1}{R_1 \| R_\mathrm{d} + R_2} + \frac{1 + V_0 \beta_0}{R_{i0}} \approx \frac{1}{R_{i0}} \, V_0 \beta_0. \tag{3.20}$$

Aus Gründen der weiter unten diskutierten Kompensation von Eingangsstörgrößen ist es sinnvoll, auch den nichtinvertierenden Eingang mit einem Widerstand R_3, der in der Größenordnung $R_1 \| R_2$ liegt, abzuschließen (Bild 3.12 a). Entsprechend den Gln. (3.15) und (3.16) ergibt sich

$$\alpha_2 \approx \alpha_1 \, \frac{1}{1 + R_3/R_\mathrm{d}} \tag{3.21}$$

$$\beta_2 = \beta_1 \, \frac{1}{1 + R_3/R_\mathrm{d}} \tag{3.22}$$

$$\frac{1}{R_\mathrm{i}} \approx \frac{V_0 \beta_0}{R_{i0}} \tag{3.23}$$

$$R_\mathrm{e} \approx R_1 + \frac{R_2}{V_0}. \tag{3.24}$$

In den Gln. (3.15) und (3.16) ist R_d durch $R_\mathrm{d} + R_3$ zu ersetzen, was den Wert der Korrektur eines Korrekturglieds hat, und es entsteht der in den Gln. (3.21) und (3.22) angegebene Faktor, der ebenfalls nur um einige Hundertstel von eins verschieden ist.

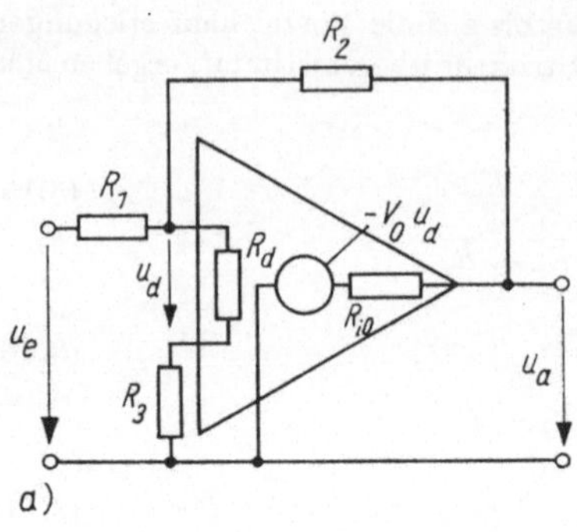
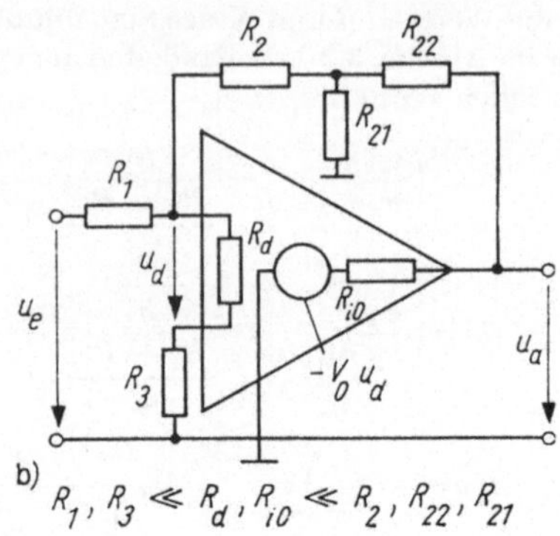

$$\alpha_3 \approx \alpha_0$$

$$K_3 \approx V_0$$

$$\beta_3 \approx \frac{R_{21}}{R_{21}+R_{22}}\,\beta_0$$

$$(R_{21} \ll R_{22})$$

Bild 3.12. *Invertierender Verstärker mit Symmetriewiderstand*
a) im nichtinvertierenden Eingang; b) mit erweitertem Gegenkopplungszweig

Für den Fall, daß ein Verstärker mit einer verhältnismäßig großen Verstärkung zu realisieren ist, muß das Verhältnis R_2/R_1 groß sein. Wenn außerdem noch ein großer Eingangswiderstand erforderlich ist, dann kann R_2 sehr große Werte annehmen. In einem solchen Fall ist es zweckmäßig, den kleinen Wert von β durch einen zusätzlichen Spannungsteiler zu realisieren (Bild 3.12b). Die angegebene Gl. (3.25) gilt für den Fall, daß die beiden in Kette geschalteten Spannungsteiler R_1/R_2, R_{21}/R_{22} als entkoppelt angesehen werden können.

3.3.2. Dynamisches Übertragungsverhalten des invertierenden Verstärkers

Die dynamischen Fehler der Schaltung von Bild 3.10 werden durch die Frequenzabhängigkeit der Verstärkung V_0 des Operationsverstärkers bestimmt (s. Bild 3.3). Zur Analyse dieser Eigenschaften reicht es aus, die nullte Näherung für die α, β und K in Verbindung mit

$$\underline{V}_0 = V_0 \frac{1}{1 + p\,\tau}; \qquad \tau = \frac{1}{\omega_g}$$

anzunehmen. Damit ergibt sich für die Gesamtverstärkung (Bild 3.13)

$$\underline{V} = \frac{\underline{u}_a}{\underline{u}_e} = -\frac{R_2}{R_1}\,\frac{1}{1 + \dfrac{1}{V_0}\left(1 + \dfrac{R_2}{R_1}\right)(1 + p\,\tau)}$$

$$= -\frac{R_2}{R_1}\,\frac{1}{1 + \dfrac{1}{V_0}\left(1 + \dfrac{R_2}{R_1}\right)}\,\frac{1}{1 + p\,\tau\,\underbrace{\dfrac{(1 + R_2/R_1)/V_0}{1 + (1 + R_2/R_1)/V_0}}_{\tau'}} \tag{3.25}$$

$$\frac{|\underline{V}|}{|V\,(\omega=0)|} = \frac{1}{\sqrt{1+(\omega/\omega_\mathrm{g}')^2}}$$

$$\omega_\mathrm{g}' = \frac{1}{\tau'} = \omega_\mathrm{g}\,\frac{V_0}{R_2/R_1}\,\frac{1+R_2/R_1}{1+(1+R_2/R_1)/V_0} \approx \omega_\mathrm{g}\,\frac{V_0}{R_2/R_1}\;.$$

Durch die Einführung der Gegenkopplung vergrößert sich die obere Grenzfrequenz etwa um den gleichen Faktor, um den sich der Übertragungsfaktor verringert.

Die im Bild 3.13 dargestellten Zusammenhänge gelten jedoch nur unter der Annahme, daß durch eine gegebene Kompensation des Operationsverstärkers der angegebene Fre-

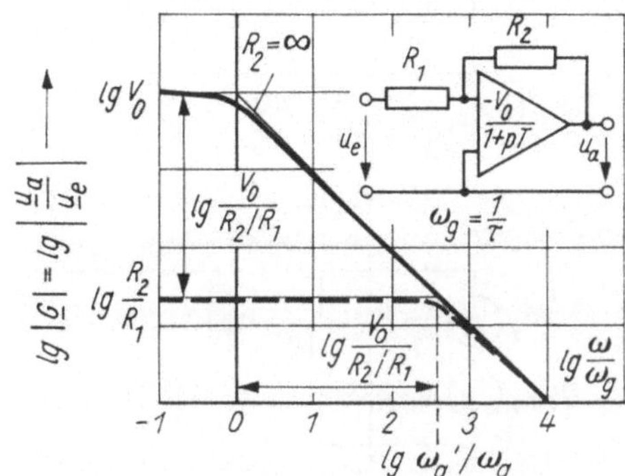

Bild 3.13. Übertragungsfaktor $|\underline{G}| = |\underline{u}_\mathrm{a}/\underline{u}_\mathrm{e}|$ eines invertierenden Verstärkers

quenzgang in dem betrachteten Frequenzbereich gewährleistet ist. Diese Bedingung kann jedoch nicht bis zu beliebig hohen Frequenzen erfüllt werden. Oberhalb einer durch die Art der Frequenzkompensation bestimmten Grenzfrequenz fällt die Verstärkung des kompensierten, aber nicht gegengekoppelten Verstärkers stärker als $1/\omega$ ab, und es entstehen größere Phasendrehungen $\Delta\varphi$ als die durch den angenommenen Frequenzgang bedingten $\pi/2$. Das kann bei starken Gegenkopplungen dazu führen, daß an der oberen Frequenzbandgrenze resonanzartige Überhöhungen bis zur Selbsterregung auftreten. Im einzelnen sind diese Zusammenhänge in [3.1] und [3.2] dargestellt.

3.3.3. Störverhalten bei determinierten Störungen

Um das Störverhalten des Verstärkers vollständig zu beschreiben, müßten die beiden Störquellen $u_\mathrm{e\,St}$ und $i_\mathrm{e\,St}$ des Bildes 3.9 unter Berücksichtigung der inneren Störquellen des realen Verstärkers von Bild 3.1 bestimmt werden (Bild 3.14a). Invertierende Gleichspannungsverstärker werden jedoch üblicherweise an Signalquellen angeschlossen, die einen ohmschen Quellwiderstand R_0 haben. Dieser kann entsprechend Bild 3.14b mit dem Widerstand R_1 zu einem neuen Widerstand R_1' zusammengefaßt werden. Als Verstärker ist nunmehr die Kombination R_1', R_2, V_0 anzusehen, die jetzt von einer reinen Spannungsquelle eingespeist wird. Von diesem Ersatzverstärker könnten ebenfalls die Eingangsstörquellen $u_\mathrm{e\,St}$ und $i_\mathrm{e\,St}$ nach Bild 3.9 bestimmt werden. Wegen der Einspeisung dieses Ersatzverstärkers mit einer Spannungsquelle entfällt aber die Wirkung von $i_\mathrm{e\,St}$, so daß alle Störungen in einer äquivalenten Eingangsstörspannung zusammengefaßt werden können, die in Reihe mit der Signalquelle liegt (Bild 3.14b). Diese Störspannung ergibt sich zu

$$u_\mathrm{e\,St} = \left(\frac{u_\mathrm{a}}{V}\right)_{u_\mathrm{e\,0}=0}\;.$$

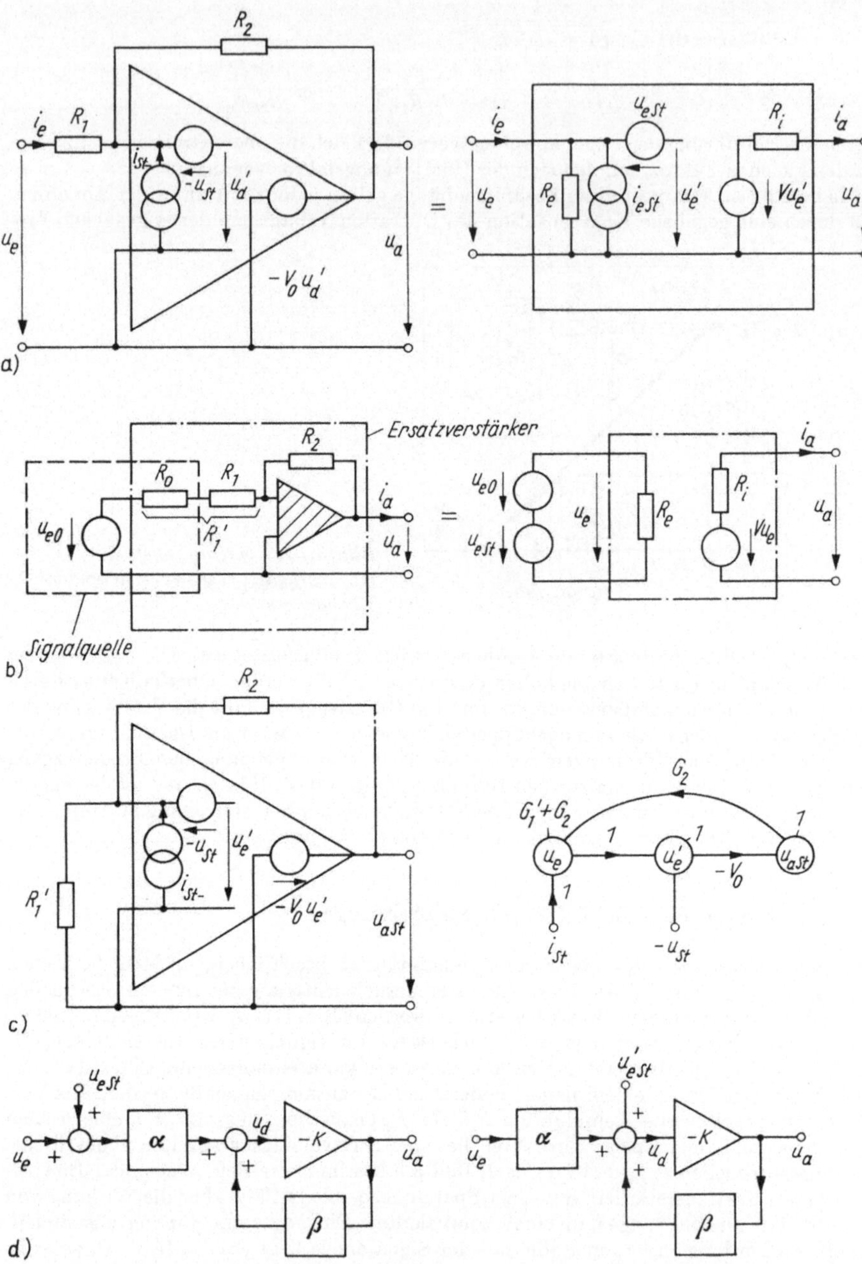

Bild 3.14. Äquivalente Eingangsstörspannung von invertierenden Verstärkern

Zur Berechnung von $u_{e\,St}$ reicht es aus, die Übertragungskenngrößen der nullten Näherung zu verwenden. Eine genauere Analyse zeigt, daß R_g, R_d bei den üblichen Relationen $R_g \gg R_d > R_1$, R_2 keinen Einfluß auf das Ergebnis haben. Mit Bild 3.14c ergibt sich $u_{e\,St}$ zu

$$u_{e\,St} = -\frac{u_{a\,St}}{R_2/R_1'} = -\frac{R_1' + R_2}{R_2}\,u_{St} + R_1'\,i_{St\,-}. \tag{3.26}$$

Der Sachverhalt kann auch noch durch die beiden Signalflußbilder Bild 3.14d interpretiert werden. Die Störspannung $u_{e\,St}$ wirkt am Eingang der Kette. Transformiert man sie an die Summierstelle, so ergibt sich dort ein additiver Störanteil $u_{e\,St}'$, der sich um den Faktor α' von $u_{e\,St}$ unterscheidet.

$$u_{e\,St}' = \alpha'\,u_{e\,St}; \quad \alpha' = \frac{R_2}{R_1' + R_2}$$

$$u_{e\,St}' = -u_{St} + (R_1' \parallel R_2)\,i_{St\,-} \tag{3.27}$$

Dieser Störanteil entspricht der Störgröße x_{St} aus Bild 3.7 und den Gln. (3.8) bis (3.14). Damit sind alle im Abschn. 2.3.1. angegebenen Fehlerbeziehungen hier anwendbar.

Die wesentlichen Schlußfolgerungen dieser Fehlerausdrücke auf die Übertragungsfunktion $u_a = f(u_e)$ der Schaltung von Bild 3.11 bzw. Bild 3.14 sind:

— Die Fehler des inneren Verstärkers $(K = V_0)$ gehen um den Faktor $K\beta$ verringert in die Übertragungsfunktion ein.

— Die Störspannung u_{St} des inneren Verstärkers geht voll und der Störstrom $i_{St\,-}$ mit dem Gewicht $(R_1' \parallel R_2)$ in den additiven Fehler der Eingangsgröße u_e ein.

— Die Fehler von Rückkopplungszweig β und Eingangszweig α gehen mit dem Anteil $\delta_\alpha - \delta_\beta$ in den multiplikativen Fehler der Übertragungsfunktion ein [Gl. (3.14)]

$$\delta_\alpha - \delta_\beta = \delta_{R\,2} - \delta_{R\,1}.$$

Dieser Teilfehler hängt von der Differenz der beiden relativen Widerstandsfehler ab und verschwindet für $\delta_{R1} = \delta_{R2}$.

Zur Abschätzung der beiden Summanden in Gl. (3.27) können die folgenden typischen Werte für u_{St}, i_{St} des Operationsverstärkers B 109 und $R_1 \parallel R_2$ verwendet werden:

$$\left.\begin{array}{l} u_{St} \quad = 0{,}5\,\text{mV} \\[2ex] i_{St\,+,\,-} = 280\,\text{nA} \\[2ex] R_1 \parallel R_2 = 1\,\text{k}\Omega \end{array}\right| \quad \begin{array}{l} u_{e\,St} = 0{,}5\,\text{mV} \\[2ex] i_{St\,-}\,(R_1 \parallel R_2) = 0{,}28\,\text{mV}\,. \end{array}$$

Die Störspannung $u_{e\,St}'$ läßt sich durch Einschalten eines geeigneten Widerstands R_3 nach Bild 3.12 für die Bezugsbedingungen $(\vartheta_0,\ u_{B0})$ vollständig und bezüglich ihres Temperaturkoeffizienten weitgehend kompensieren. Unter den gleichen Voraussetzungen wie im Bild 3.14 $(V_0 \gg 1;\ R_d \gg R_1,\ R_2;\ R_g \gg R_d;\ R_1'$ enthält den Innenwiderstand der Signalquelle) ergibt sich bei vorhandenem Widerstand R_3 die Situation von Bild 3.15:

$$u_{a\,St} = \frac{R_1' + R_2}{R_1'}\,u_{St} - i_{St\,-}\,R_1'\,\frac{R_2}{R_1'} + i_{St\,+}\,R_3\,\frac{R_2 + R_1'}{R_1'}\,. \tag{3.28}$$

Die Störausgangsspannung $u_{a\,St}$ enthält nunmehr drei Summanden, von denen die ersten beiden dem Bild 3.14 entsprechen und der dritte auf die Quelle $i_{St\,+}\,R_3$ zurückgeht. Die Verstärkung für diese Quelle entspricht der eines Spannungsfolgers (erste Spalte von

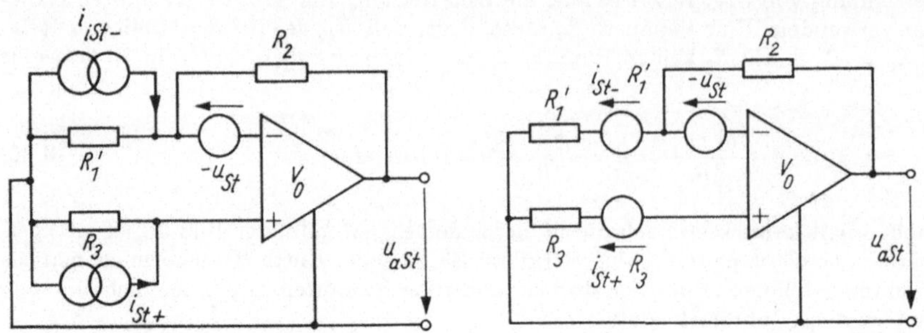

Bild 3.15. Störspannungen beim invertierenden Verstärker mit Symmetriewiderstand im nichtinvertierenden Eingang

Bild 3.8). Die auf den Eingang entsprechend Bild 3.14b bezogene Störspannung $u_{\mathrm{e\,St}}$ ergibt sich mit der Verstärkung R_2/R_1' zu

$$u_{\mathrm{e\,St}} = -\,\frac{u_{\mathrm{a\,St}}}{R_2/R_1'} = -\,\underbrace{\frac{R_1' + R_2}{R_2}}_{\alpha}\,u_{\mathrm{St}} + i_{\mathrm{St}\,-}\,R_1' - i_{\mathrm{St}\,+}\,R_3\,\underbrace{\frac{R_2 + R_1'}{R_2}}_{\alpha}\,.$$

$$(3.29)$$

Die Störspannung an der Summierstelle des Flußbilds 3.15d ist schließlich durch Gl. (3.30) gegeben, die mit Gl. (3.27) zu vergleichen ist:

$$u_{\mathrm{e\,St}}' = \frac{1}{\alpha}\,u_{\mathrm{e\,St}} = -\,u_{\mathrm{St}} + i_{\mathrm{St}\,-}\,(R_1'\,\|\,R_2) - i_{\mathrm{St}\,+}\,R_3\,. \tag{3.30}$$

Es ist zu erkennen, daß für eine Temperatur durch geeignete Wahl von R_3 eine vollständige Kompensation von $u_{\mathrm{e\,St}}$ zu erreichen ist. Diese Möglichkeit ist jedoch nicht von vorrangiger Bedeutung, weil die meisten Operationsverstärker die Möglichkeit haben, mit Hilfe eines zusätzlich anzuschaltenden Widerstands diese Kompensation vorzunehmen. Wichtiger ist die Kompensation der Temperaturabhängigkeit der Eingangsstörspannung.

Führt man in Gl. (3.30) die Eingangsstromdifferenz i_{e0} und den mittleren Eingangsruhestrom i_{e} ein, so ergibt sich

$$u_{\mathrm{e\,St}}' = u_{\mathrm{St}} + i_{\mathrm{e}}\,(R_1\,\|\,R_2 - R_3) + \frac{1}{2}\,i_{\mathrm{e\,0}}\,(R_1\,\|\,R_2 + R_3) \tag{3.31}$$

$$\frac{\mathrm{d}\,u_{\mathrm{e\,St}}'}{\mathrm{d}\,\vartheta} = \frac{\mathrm{d}\,u_{\mathrm{St}}}{\mathrm{d}\,\vartheta} + \frac{\mathrm{d}\,i_{\mathrm{e}}}{\mathrm{d}\,\vartheta}\,(R_1\,\|\,R_2 - R_3) + \frac{1}{2}\,\frac{\mathrm{d}\,i_{\mathrm{e\,0}}}{\mathrm{d}\,\vartheta}\,(R_1\,\|\,R_2 + R_3)\,. \tag{3.32}$$

Wegen $i_{\mathrm{e}} = (2\cdots20)\,i_{\mathrm{e0}}$ ist auch $(\mathrm{d}i_{\mathrm{e}}/\mathrm{d}\,\vartheta) \gg (\mathrm{d}i_{\mathrm{e0}}/\mathrm{d}\,\vartheta)$. Wenn man als erste Näherung $R_1\,\|\,R_2 = R_3$ macht, so ergibt sich z. B. für typische Werte eines Operationsverstärkers (B 109) [3.3] und $R_1\,\|\,R_2 + R_3 = 10\ \mathrm{k\Omega}$:

$$\frac{\mathrm{d}\,u_{\mathrm{e\,St}}'}{\mathrm{d}\,\vartheta} = 1{,}8\ \mu\mathrm{V/K} \pm \underbrace{0{,}35\ \mathrm{nA/K} \cdot 10\ \mathrm{K\Omega}}_{0{,}03\ \mu\mathrm{V/K}}\,.$$

Durch geringfügige Abweichung ΔR_3 von dem obengenannten Wert $R_1\,\|\,R_2$ läßt sich $\mathrm{d}u_{\mathrm{e\,St}}'/\mathrm{d}\,\vartheta$ mit Hilfe des zweiten Summanden von Gl. (3.32) noch wesentlich unter den Wert der Eingangsspannungsdrift $\mathrm{d}u_{\mathrm{St}}/\mathrm{d}\,\vartheta$ des Operationsverstärkers bringen.

3.3.4. Störverhalten bei zufälligen Störungen

Die Überlegungen des vorhergehenden Abschnitts gelten grundsätzlich auch für die zufallsbestimmten Störanteile W_u, W_{i+} und W_{i-} des allgemeinen Ersatzschaltbilds 3.1. Es ist jedoch zu beachten, daß hier die Effektivwertquadrate der Störspannungen bzw. -ströme zu addieren sind und nicht ihre Momentanwerte, wie im vorhergehenden Abschnitt. Voraussetzung ist dafür, daß alle drei Störanteile untereinander unkorreliert sind.

Zur Abschätzung der äquivalenten Eingangsstörspannung $\Delta\tilde{u}_e{}^2$ bzw. des Eingangsstörleistungsspektrums

$$W_e = \frac{\Delta\tilde{u}_e{}^2}{\Delta f}$$

wird die Schaltung von Bild 3.16 benutzt. Dabei soll $R = R_1{}'$ als Quellwiderstand der Signalquelle angesehen werden. Die Störquellen $W_{i+} = W_{i-} = W_i$ und W_u sind die

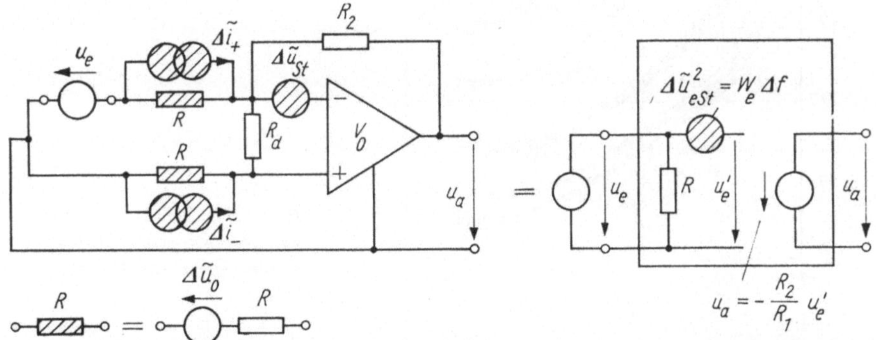

Bild 3.16. Eingangsstörleistungsdichte eines gegengekoppelten Operationsverstärkers

des Operationsverstärkers. Es wird angenommen, daß $R_2 \gg R$, $R_d \ll R_g$ und $V_0 \gg 1$ ist. Außerdem wird angenommen, daß die Widerstände R nach der Nyquist-Beziehung rauschen. Das Rauschen des Eingangswiderstands R_d ist in W_i enthalten. Das Rauschen des Widerstands R_2 kann vernachlässigt werden, weil der von R_2 hervorgerufene Anteil $\Delta\tilde{u}_a{}^{2\prime}$ für $V \gg 1$ wesentlich kleiner ist als der von R und $\Delta\tilde{u}_{St}{}^2$ hervorgerufene Anteil $\Delta\tilde{u}_a{}^{2\prime\prime}$.

Der Widerstand R kann hinsichtlich seiner Eigenstörungen als parallel zum Ausgang liegend angesehen werden, wohingegen $\Delta\tilde{u}_{St}$ und $\Delta\tilde{u}_0{}^2$ mit der Verstärkung $V^2 \approx (R_2/R_1)^2$ am Ausgang erscheinen. Damit ergibt sich die Leistungsdichte der Ausgangsspannung u_a zu

$$W_{u_a} = W_u\left(1 + \frac{R_2}{R}\right)^2 + (2\,W_i\,R^2 + 4\,k\,T\,(2\,R))\left(\frac{R_2}{R}\right)^2. \tag{3.33}$$

Bezogen auf den Signaleingang ergibt das eine Eingangsleistungsdichte

$$W_e = W_u\left(1 + \frac{R}{R_2}\right)^2 + 2\,W_i\,R^2\left(1 + \frac{4\,k\,T}{W_i\,R}\right). \tag{3.34}$$

Bild 3.17 zeigt die gemessenen Leistungsdichten der äquivalenten Störeingangsspannung eines gegengekoppelten Operationsverstärkers mit Bipolartransistoren in der Schaltung von Bild 3.16 nach Meßergebnissen aus [3.7]. Die ausgezogenen Linien stellen die Meßergebnisse dar. Die äquivalenten Eingangsstörspannungen hängen fast nicht von der

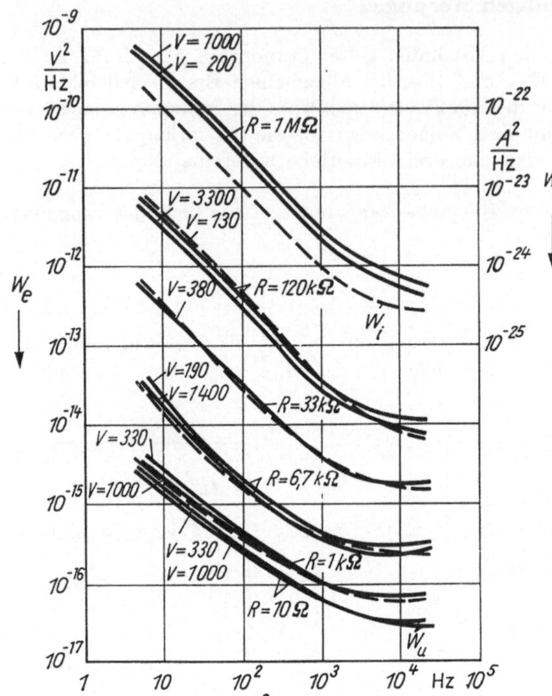

Bild 3.17. Eingangsstörleistungsdichte eines gegengekoppelten Verstärkers nach Bild 3.16

eingestellten Verstärkung V, d. h. vom Widerstand R_2 ab. Das gilt jedoch nur unter der hier erfüllten Bedingung $V \ll V_0$. Von den drei Summanden läßt sich W_u leicht durch Messung von W_e bei $R \ll R_d$ bestimmen. Für $R \gg 100$ kΩ wird W_e nur durch den Anteil $(W_i/2)\,(2\,R)^2$ bestimmt. Daraus läßt sich W_i abschätzen. Der dritte Summand, der das Eigenrauschen der Widerstände abbildet, hat für hohe Frequenzen und große R Bedeutung. Die unterbrochen gezeichneten Kurven im Bild 3.17 wurden aus W_u, W_i und R mit Hilfe von Gl. (3.34) berechnet.

Abgesehen davon, daß sich W_i bei verschiedenen Operationsverstärkern um Größenordnungen unterscheiden kann, sind die im Bild 3.16 dargestellten Relationen charakteristisch für gegengekoppelte Operationsverstärker.

Im Fall der Schaltung von Bild 3.16 ist infolge des unvermeidlichen Rauschens des Quellwiderstands R der Signalquelle, selbst bei rauschfreien übrigen Systemelementen, eine untere Grenze für W_e gegeben ($W_{e0} = 4\,kTR$). Der Rauschfaktor F beschreibt, um welchen Faktor die gesamte Schaltung diese untere Grenze verschlechtert.

$$F\,(f) = 1 + W_e/(4\,\mathrm{k}\,T\,R).$$

Bild 3.18 zeigt F für die Meßwerte aus Bild 3.17. Bei der Annahme $R \ll R_d$ folgt aus Gl. (3.33) ein Minimum von F für

$$R_{\mathrm{opt}} = \sqrt{W_u/W_i}\,. \tag{3.35}$$

Bei $f = 100$ Hz ergibt sich aus Bild 3.17 ein Wert $R_{\mathrm{opt}} = 5$ kΩ, der mit den Werten von Bild 3.18 in Übereinstimmung steht.

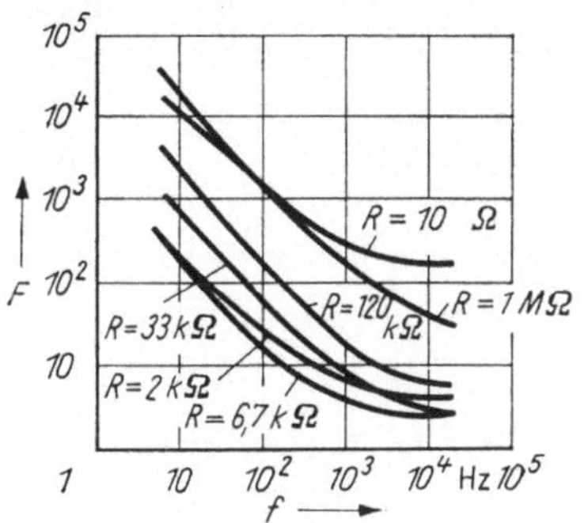

Bild 3.18. Rauschfaktor eines gegengekoppelten Operationsverstärkers nach den Bildern 3.16 und 3.17

Es ist zunächst nicht ohne weiteres erkennbar, ob bei der Auslegung eines elektronischen Meßwertwandlers der Rauschfaktor oder z. B. die äquivalente Eingangsstörspannung minimiert werden sollte. Diese Frage hängt von den Eigenschaften der Signalquelle ab. Dabei ist zu beachten, daß die eigentliche Optimierung der Meßkette hinsichtlich der Störeigenschaften darin besteht, die äquivalente Störgröße bezüglich der zu messenden Größen zu minimieren. Die zu messende Größe wird in der Regel durch einen primären Wandler in die elektrische Eingangsgröße übergeführt. Bild 3.19 zeigt zwei Beispiele. Im Bild 3.19a ist eine Vollbrücke dargestellt, deren Widerstände jeweils paarweise durch eine Meßgröße verändert werden. Zur Verringerung der Störungen ist es

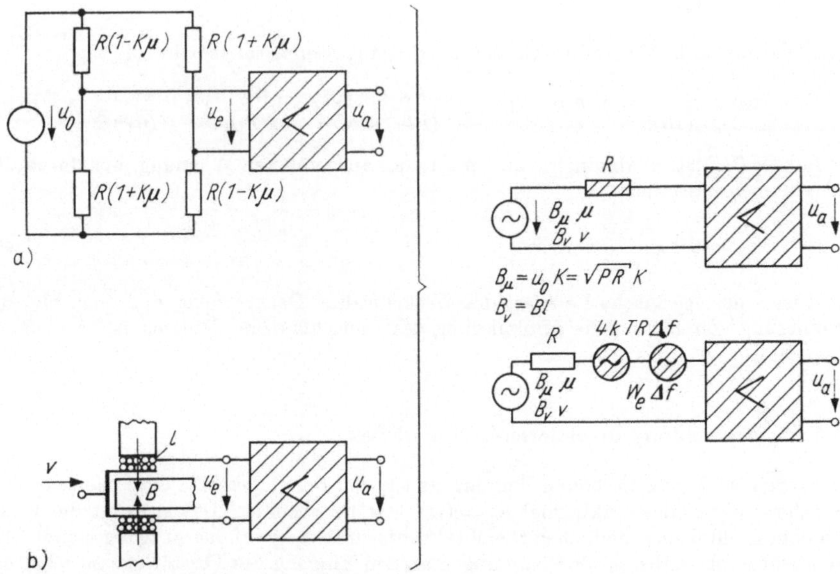

Bild 3.19. Minimierung des Eingangsleistungsspektrums bei primären Meßwandlern
a) Brückenschaltung bei relativen Wandlern
b) elektrodynamischer Wandler

zweckmäßig, die Speisespannung so groß wie möglich zu machen. Die Grenze dafür ist in der Regel durch die insgesamt in der Brücke umgesetzte Verlustleistung P gegeben. Daraus ergibt sich der Übertragungsfaktor der Brücke zu

$$\frac{u_e}{\mu} = B_\mu = K u_0 = K \sqrt{P R} \,. \tag{3.36}$$

Die insgesamt wirksame Eingangsstörspannung setzt sich aus der des Verstärkers und der des Brückeninnenwiderstands zusammen:

$$\Delta \tilde{u}_{e\,St}^2 = 4\,kTR\,\Delta f + W_e\,\Delta f = B_\mu^2\,W_\mu\,\Delta f. \tag{3.37}$$

Die auf die Meßgröße μ bezogene Eingangsstörgröße ist $\Delta \mu_{St} = u_{e\,St}/B_\mu$, und daraus folgt das durch Gl. (3.38) definierte Störleistungsspektrum

$$W_\mu = \frac{1}{B_\mu^2}\,(4\,k\,T\,R + W_e) = \frac{1}{K^2 P R}\,(4\,k\,T\,R + W_e)$$

$$W_\mu = \frac{4\,k\,T}{K^2 P}\left(1 + \frac{W_e}{4\,k\,T\,R}\right) = \frac{4\,k\,T}{K^2 P}\,F\,. \tag{3.38}$$

Daraus folgt wiederum, daß zur Minimierung von W_μ tatsächlich der Rauschfaktor F minimiert werden muß. Ursache dafür ist der mit $\sqrt{R}$ ansteigende Übertragungsfaktor des primären Wandlers.

Im Bild 3.19b wird ein elektrodynamischer Wandler zur Messung einer Geschwindigkeit v gezeigt. Ein nicht gezeichneter Hartmagnet erzeugt im Luftspalt, der vollständig mit der Kupferwicklung in der Drahtlänge l ausgefüllt sein soll, die Induktion B. Der Übertragungsfaktor des primären Wandlers ist

$$B_v = \frac{u_e}{v} = Bl\,.$$

Entsprechend Gl. (3.37) ergibt sich hier die Eingangsstörleistungsdichte W_v zu

$$W_v = \frac{1}{(Bl)^2}\,(4\,k\,T\,R + W_e) = \frac{4\,k\,T}{(Bl)^2/R}\left(1 + \frac{W_e}{4\,k\,T\,R}\right) = \frac{4\,k\,T}{(Bl)^2/R}\,F\,. \tag{3.39}$$

Der Faktor l^2/R ist, unabhängig von der Art der ausgeführten Wicklung, nur durch das Spaltvolumen bestimmt

$$\frac{l^2}{R} = \varkappa\,V_{Sp}\,. \tag{3.40}$$

Dabei ist $\varkappa$ der spezifische Leitwert des Wickeldrahts. Daraus folgt, daß auch hier die Minimierung von W_v mit der Minimierung des Rauschfaktors identisch ist, weil $B_v = Bl \sim \sqrt{R}$ ist.

3.3.5. Anwendung invertierender Verstärker

Der Vorteil eines invertierenden Verstärkers ist, daß der eingesetzte Operationsverstärker nahezu ohne Gleichtaktsignal $u_g = (u_+ + u_-)/2$ arbeitet. Das erübrigt die Frage nach dem Einfluß einer endlichen Gleichtaktunterdrückung auf das Ausgangssignal. Das ermöglicht es ebenfalls, große Spannungen an den Eingang des Verstärkers zu schalten, z. B. Spannungen, die größer als die Speisespannung sind. Dabei muß der Verstärkungsfaktor V so gewählt werden, daß die Ausgangsspannung im linearen Bereich der Kennlinie verbleibt. Der scheinbare Kurzschluß am invertierenden Eingang gestattet die

Summation der Signale mehrerer Signalquellen, ohne daß sie sich gegenseitig beeinflussen. Ein Nachteil des invertierenden Verstärkers ist sein geringer Eingangswiderstand R_1.

Aus dem Gesagten folgt, daß der invertierende Verstärker hauptsächlich in folgenden Fällen angewendet wird:

— Invertierung (Vorzeichenumkehr) von Signalen
— Verstärkung von Signalquellen niedrigen (ohmschen) Innenwiderstands
— Summation von Signalen.

Wenn im Verstärker ein Operationsverstärker mit geringen Eingangsströmen eingesetzt wird, dann gestattet dies — nach Gl. (3.19) durch Erhöhung von R_1 — einen relativ hohen Eingangswiderstand zu erreichen. In diesem Fall ist es zweckmäßig, die Schaltung mit Spannungsteiler nach Bild 3.12b zu verwenden. Diese Schaltung erlaubt es, auch für große Werte von R_1 noch hohe Verstärkungen V einzustellen, ohne daß der Widerstand R_2 des Gegenkopplungszweigs übermäßig vergrößert werden muß.

Zur Addition von Signalen kann die Schaltung 3.20a verwendet werden. Aus dem Graphen 3.20b ergibt sich die Ausgangsspannung u_a

$$u_\mathrm{a} = -\left(\frac{R_2}{R_{11}}\, u_1 + \frac{R_2}{R_{12}}\, u_2 + \frac{R_2}{R_{13}}\, u_3 \right) \frac{1}{1 + 1/(V_0\,\beta)}\,. \qquad (3.41)$$

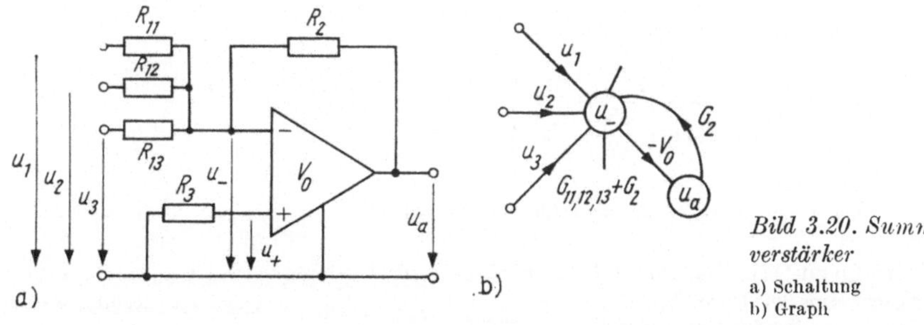

Bild 3.20. Summierverstärker
a) Schaltung
b) Graph

Für den Koeffizienten des Gegenkopplungsnetzwerks erhält man in diesem Fall

$$\beta = \frac{R_{11}\,\|\,R_{12}\,\|\,R_{13}}{R_2 + (R_{11}\,\|\,R_{12}\,\|\,R_{13})}\,. \qquad (3.42)$$

wobei $(R_{11}\,\|\,R_{12}\,\|\,R_{13})$ die Parallelschaltung von R_{11}, R_{12} und R_{13} darstellt. Aus den Gln. (3.41) und (3.42) folgt, daß bei erhöhter Anzahl der Eingänge der invertierenden Additionsschaltung der Faktor β und damit die Kreisverstärkung $V_0\,\beta$ sinken. Das führt gemäß Gl. (3.13) zu einem erhöhten Fehler des Summators infolge von relativen Fehlern δ_{V0} der Verstärkung V_0. Zur Kompensation des von den Eingangsstörströmen hervorgerufenen additiven Fehlers ist es zweckmäßig, den Widerstand R_3 derart zu wählen, daß

$$R_3 = (R_{11}\,\|\,R_{12}\,\|\,R_{13}\,\|\,R_2)$$

wird; s. Gl. (3.22).

Wenn ein Verstärker mit einer zu Bild 3.13 zusätzlichen unteren Frequenzbandbegrenzung erforderlich ist, dann kann die Schaltung nach Bild 3.21 verwendet werden, bei der die untere Grenzfrequenz — unabhängig von den Verstärkerparametern — nur durch R_1 und C bestimmt ist. Unter Berücksichtigung der oberen Frequenzbandbegrenzung

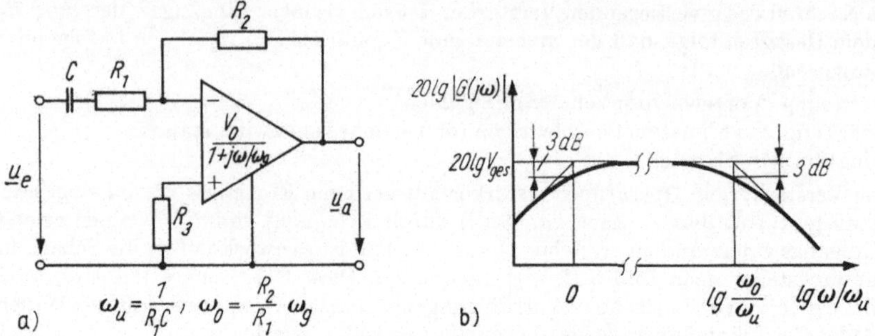

Bild 3.21. Frequenzabhängigkeit eines gegengekoppelten Verstärkers mit unterer Frequenz-bandbegrenzung

a) Schaltung
b) Übertragungsfaktor

durch die Frequenzabhängigkeit von V_0 [Bild 3.13, Gl. (3.21)] ergibt sich für den komplexen Übertragungsfaktor der Schaltung von Bild 3.21 a

$$\frac{u_\mathrm{a}}{u_\mathrm{e}} = \underline{G}\,(\mathrm{j}\,\omega) = |\underline{G}\,(\mathrm{j}\,\omega)|\;\mathrm{e}^{\mathrm{j}\,\varphi_\mathrm{G}}$$

$$= -\frac{R_2}{R_1}\;\frac{1}{1+\left(1+\dfrac{R_2}{R_1}\right)/V_0}\;\frac{1}{1+\mathrm{j}\,\dfrac{\omega}{\omega_0}}\;\frac{\mathrm{j}\,\omega/\omega_\mathrm{u}}{1+\mathrm{j}\,\omega/\omega_\mathrm{u}}\,; \tag{3.43}$$

$$\omega_0 \approx \frac{V_0}{R_2/R_1}\,\omega_\mathrm{g}\,;\quad \omega_\mathrm{u} = 1/(R_1\,C)\,.$$

Der Betrag von $\underline{G}\,(\mathrm{j}\omega)$ ist im Bild 3.21 b dargestellt. Üblicherweise ist $\omega_0 \gg \omega_\mathrm{u}$, und es interessiert nur der Bereich, in dem $\underline{G}\,(\mathrm{j}\omega)$ annähernd konstant ist. In diesem Bereich $\omega_\mathrm{gu} < \omega < \omega_\mathrm{g0}$ gilt

$$|\underline{G}\,(\mathrm{j}\,\omega)| \approx V_\mathrm{ges}\left(1 - \frac{1}{2}\,\frac{1}{(\omega/\omega_\mathrm{u})^2} - \frac{1}{2}\left(\frac{\omega}{\omega_0}\right)^2\right); \tag{3.44}$$

$$\varphi \approx \frac{\omega_\mathrm{u}}{\omega} - \frac{\omega}{\omega_0}\,,\quad V_\mathrm{ges} \approx -\frac{R_2}{R_1}\,. \tag{3.45}$$

Für einen Phasenfehler von $\Delta\varphi = 1°$ an den Bandgrenzen ergeben sich die Grenzfrequenzen zu $\omega_\mathrm{gu} = 57\,\omega_\mathrm{u}$, $\omega_\mathrm{g0} = \omega_0/57$.

3.4. Nichtinvertierender Verstärker

3.4.1. Übertragungsverhalten des nichtinvertierenden Verstärkers

Die Grundschaltung der ersten Spalte von Bild 3.8 stellt einen nichtinvertierenden Verstärker dar, der sich vom invertierenden Verstärker des vorhergehenden Abschnitts im wesentlichen durch seinen sehr hohen Eingangswiderstand unterscheidet (Bild 3.22). Für $R_2 \gg R_1$ sind beide Verstärkungen durch $V = R_2/R_1$ gegeben. Für den Sonderfall $R_1 = \infty$, oder $R_2 = 0$ wird die Verstärkung und die unter diesen Umständen als Span-

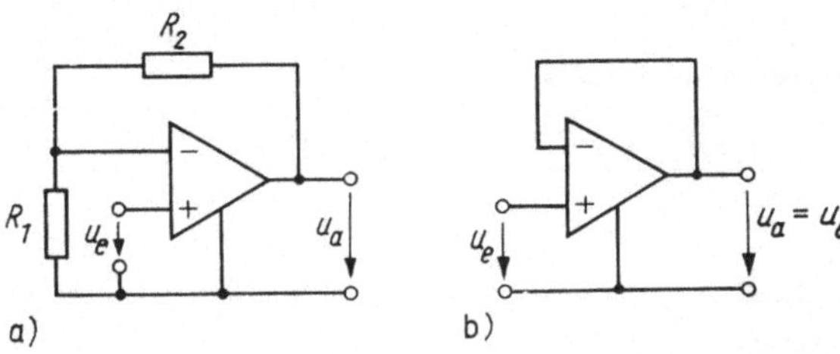

*Bild 2.22. Nichtinvertieren-
der Verstärker*

a) Verstärkung $V = 1 + R_2/R_1$;
b) Spannungsfolger

nungsfolger bezeichnete Schaltung (Bild 3.22 b) zur Anpassung von Signalquellen mit hohem Innenwiderstand an Verbraucher niedrigen Lastwiderstands benutzt.

Es wird im folgenden zunächst der quasistatische Fall betrachtet, bei dem die Verstärkung des inneren Verstärkers als frequenzunabhängig angesehen wird.

Zur genaueren Analyse realer Schaltungen ist hier jedoch über den Differenzeingangswiderstand hinaus noch die Berücksichtigung der Gleichtaktverstärkung und des Gleichtakteingangswiderstands erforderlich. Bild 3.23 zeigt die verschiedenen möglichen Mo-

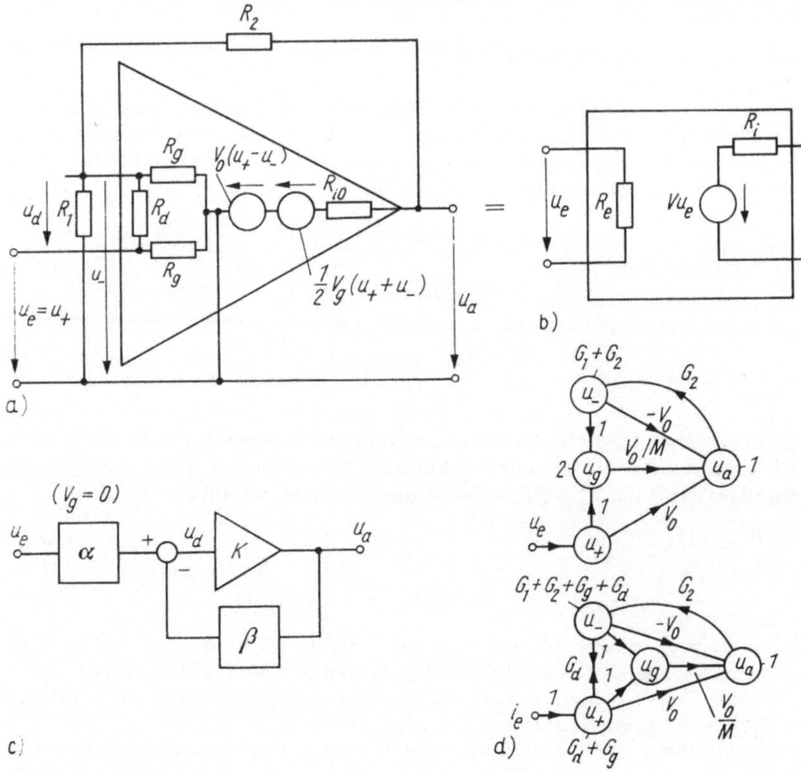

Bild 3.23. Modelle eines nichtinvertierenden Verstärkers

a) Grundschaltung mit wesentlichen Einflußgrößen; b) Vierpolersatzschaltung; c) Signalflußbild; d) Graph
(Knoten u_+ im oberen Graph hat das Gewicht 1)

delle eines realen nichtinvertierenden Verstärkers. Das einfache Signalflußbild 3.23 c gilt nur unter der Voraussetzung $V_g = 0$ ($M = \infty$). Mit dieser Annahme und $R_g \gg R_d$ ergeben sich die folgenden Gleichungen für α, β und K:

$$\alpha_1 = \left(\frac{u_d}{u_e}\right)_{u_a = 0} = \frac{R_d}{R_d + (R_1 \| R_g \| (R_2 + R_{i0}))} \approx \frac{R_d}{R_d + \dfrac{R_1 R_2}{R_1 + R_2}}$$

$$= \frac{1}{1 + \dfrac{R_2}{R_1}\beta_0} \approx 1 \qquad (3.46)$$

$$\beta_1 = \left(\frac{u_d}{u_a}\right)_{u_e = 0} = \underbrace{\frac{R_1}{R_1 + R_2}}_{\beta_0} \frac{1}{1 + \dfrac{R_2}{R_d}\dfrac{R_1}{R_1 + R_2}} = \beta_0 \frac{1}{1 + \dfrac{R_2}{R_d}\beta_0} \qquad (3.47)$$

$$K = \left(\frac{u_a}{u_d}\right)_{u_e = 0} = V_0 \frac{1}{1 + R_{i0}/(R_1 + R_2)} ; \qquad R_d \gg R_1 . \qquad (3.48)$$

Daraus ergibt sich für die Verstärkung V entsprechend Gl. (3.8)

$$V = \frac{\alpha}{\beta} \frac{1}{1 + 1/(K\beta)} = \left(1 + \frac{R_2}{R_1}\right) \frac{1}{1 + (1 + R_2/R_1)/V_0} \approx 1 + \frac{R_2}{R_1} . \qquad (3.49)$$

Die Ausdrücke für die multiplikativen Fehler lassen sich aus Gl. (3.10) entnehmen.

Wenn der Einfluß der Gleichtaktunterdrückung $M = V_0/V_g$ auf die Verstärkung untersucht werden soll, dann muß der Graph von Bild 3.23 d oder die vollständige Schaltung von Bild 3.23 a benutzt werden. Es ergibt sich

$$V = \left(\frac{u_a}{u_e}\right)_{i_a = 0} = \frac{1 + 1/2\,M}{\dfrac{1}{V_0} + \dfrac{R_1}{R_1 + R_2}\left(1 - \dfrac{1}{2\,M}\right)}$$

$$\approx \left(1 + \frac{R_2}{R_1}\right)\left(1 + \frac{1}{M}\right) \frac{1}{1 + \left(1 + \dfrac{R_2}{R_1}\right)/V_0} . \qquad (3.50)$$

Daraus ist zu erkennen, daß hier im Gegensatz zum invertierenden Verstärker der Einfluß der Gleichtaktunterdrückung mit zunehmender Verstärkung V_0 nicht verschwindet.

Der Eingangswiderstand R_e ergibt sich aus dem Graphen von Bild 3.23 d zu

$$\frac{1}{R_e} = \frac{1}{R_g} + \frac{1}{R_d} \frac{1}{1 + \dfrac{K\beta}{1 - K\beta/(2\,M)}} \approx \frac{1}{R_g} + \frac{1}{R_d} \frac{1}{1 + K\beta}\left(1 - \frac{K\beta}{2\,M}\right) . \qquad (3.51)$$

Der Differenzeingangswiderstand wirkt also um die Kreisverstärkung $K\beta \approx V_0 R_1/$ $(R_1 + R_2)$ vergrößert parallel zum Gleichtakteingangswiderstand. Beide Anteile können in der gleichen Größenordnung liegen, so daß der Eingangswiderstand in die Größenordnung von R_g gebracht werden kann.

Der Innenwiderstand R_i ergibt sich wie beim invertierenden Verstärker aus dem Graphen Bild 3.11 d zu

$$R_i = -\left(\frac{u_a}{i_a}\right)_{u_e = 0} = \frac{R_{i0}}{1 + K\beta} . \qquad (3.52)$$

Die dynamischen Eigenschaften des nichtinvertierenden Verstärkers werden wie beim invertierenden Verstärker durch die Trägheitseigenschaften des inneren Verstärkers bestimmt. Bei Annahme des Übertragungsfaktors

$$\underline{V}_0 = V_0 \frac{1}{1 + p\,\tau} \; ; \quad \tau = \frac{1}{\omega_g}$$

ergibt sich analog zum Abschn. 3.3.2. für die Gesamtverstärkung:

$$\underline{V} = \frac{u_a}{u_e} = \underbrace{\left(1 + \frac{R_2}{R_1}\right)}_{1/\beta} \underbrace{\frac{1}{1 + V_0 \dfrac{R_1}{R_1 + R_2}}}_{K\,\beta} \; \frac{1}{1 + p\,\tau \underbrace{\dfrac{1 + R_2/R_1}{V_0} \dfrac{1}{1 + \dfrac{1 + R_2/R_1}{V_0}}}_{\tau'}}$$

$$\frac{|\underline{V}|}{|\underline{V}_0|} = \frac{1}{\sqrt{1 + (\omega/\omega_g')^2}} \; ; \quad \omega_g' = \frac{1}{\tau'} \approx \frac{V_0}{1 + R_2/R_1}\,\omega_g \,.$$

3.4.2. Störverhalten des nichtinvertierenden Verstärkers

Das Störverhalten des nichtinvertierenden Verstärkers wird wieder unter der Annahme betrachtet, daß die an den nichtinvertierenden Eingang angeschlossene Quelle einen ohmschen Innenwiderstand $R_0 = R_3$ aufweist, der jetzt mit zum Verstärker gerechnet wird (Bild 3.24). Für das Übertragungsverhalten wird die unterste Näherungsstufe ver-

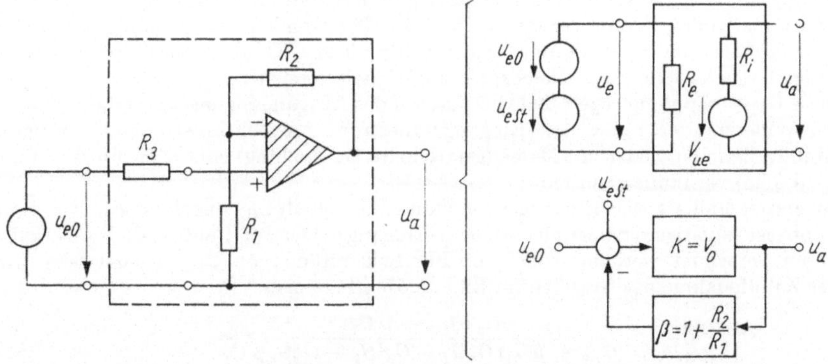

Bild 3.24. Äquivalente Eingangsstörspannung eines nichtinvertierenden Verstärkers

wendet. Dann besteht die Aufgabe wieder darin, die in Reihe zur Signalquelle wirkende Eingangsstörspannung aufzufinden. Für determinierte Störungen ist die Störausgangsspannung auch in diesem Fall entsprechend Bild 3.15 durch Gl. (3.28) gegeben.

Die Verstärkung bezüglich des Eingangs ist jedoch hier

$$V = u_a/u_e = 1 + R_2/R_1 \,. \tag{3.53}$$

Daraus folgt mit $R_1 = R_1'$ aus Gl. (3.28) die äquivalente Störeingangsspannung des nichtinvertierenden Verstärkers:

$$u_{e\,\mathrm{St}} = u_{\mathrm{St}} - i_{\mathrm{St}\,-}\,(R_1 \parallel R_2) + i_{\mathrm{St}\,+}\,R_3 \,. \tag{3.54}$$

Im Signalflußbild wirkt sie wegen $\alpha \approx 1$ beim nichtinvertierenden Verstärker unmittelbar am Verstärkereingang. Damit gelten alle Überlegungen von Abschn. 3.3.3. auch für nichtinvertierende Verstärker.

Für die zufälligen Störanteile des Verstärkers und der Widerstände im Eingangskreis gelten hinsichtlich der Berechnung der Ausgangsstörleistungsdichte wieder Bild 3.16 und Gl. (3.33). Die äquivalente Eingangsstörleistungsdichte muß nun aber auf eine Quelle am nichtinvertierenden Eingang bezogen werden, d. h., es gilt die Verstärkung von Gl. (3.53). Damit ergibt sich W_e zu

$$W_e = W_u + W_i \, 2 \, R^2 \left(1 + \frac{4 \, k \, T}{W_i \, R} \right) \frac{1}{(1 + R_1/R_2)^2}. \tag{3.55}$$

Folglich gelten auch hier alle Betrachtungen vom Abschn. 3.3.4., weil auch bei nichtinvertierenden Verstärkern die Widerstände im Eingang etwa gleich groß gemacht werden.

3.4.3.   Anwendung des nichtinvertierenden Verstärkers

Wegen seines hohen Eingangswiderstands wird der nichtinvertierende Verstärker zur Verstärkung von Signalen verwendet, deren Quellen einen hohen Innenwiderstand haben.

Der hohe Eingangs- und der niedrige Ausgangswiderstand gestatten den Einsatz auch dann, wenn lediglich eine Leistungsverstärkung, nicht aber eine Spannungsverstärkung des Signals gefordert wird. In diesem Fall wird zwischen Signalquelle und Last ein Spannungsfolger geschaltet (Bild 3.22 b).

Den prinzipiellen Aufbau eines Wechselspannungsverstärkers auf der Grundlage eines nichtinvertierenden Verstärkers zeigt Bild 3.25. Der Kondensator C_2 hält den Gleichanteil des Signals vom Verstärkereingang fern. Durch den Kondensator C_1 wird eine vollständige Gegenkopplung für Gleichspannungssignale erreicht.

Diese Gegenkopplung regelt den Gleichanteil des Ausgangssignals auf nahezu Null.

Der Widerstand R_3, der den Eingangsruhestrom des nichtinvertierenden Eingangs aufnimmt, kann entweder mit Masse (gestrichelte Darstellung) oder aber mit dem Punkt A (Bild 3.25) verbunden werden.

Im ersten Fall ist der Eingangswiderstand der Schaltung ungefähr R_3. Die zweite Variante ist günstiger, da sie einen hohen Eingangswiderstand aufweist. Dieser soll im weiteren berechnet werden, wobei der Blindwiderstand von C_2 vernachlässigt wird. Unter Zuhilfenahme des Graphen im Bild 3.25 b erhält man

$$\underline{R}_e{}' = \frac{\underline{u}_+}{\underline{i}_e} = \frac{G_2 \, (G_{1,3} + p \, C_1)}{(G_{1,3} + p \, C_1) \, G_3 \, G_2 - G_3{}^2 \, G_2 - G_2 \, G_3 \, p \, C_1}$$
$$R_e' = R_1 + R_2 + p C_1 \, R_1 \, R_3. \tag{3.56}$$

Die mit wachsender Frequenz unbegrenzt wachsende induktive Komponente von R_e' ist an die Annahme eines idealen Operationsverstärkers gebunden. Der Übertragungsfaktor u_a/u_+ der Schaltung von Bild 3.25 ergibt sich aus

$$\underline{V}' = \frac{\underline{u}_a}{\underline{u}_+} = \frac{1 + p \, C_1 \, (R_1 + R_2)}{1 + p \, C_1 \, R_1} = \frac{1 + p/\omega_0}{1 + p/\omega_1}. \tag{3.57}$$

Bild 3.25 c zeigt $|\underline{V}' \, (\omega)|$. Durch den Kondensator C_2 entsteht ein Unterschied zwischen u_e und u_+:

$$\frac{\underline{u}_+}{\underline{u}_e} = \cfrac{1}{1 + \cfrac{1}{p \, C_2 \, (R_1 + R_3)} \; \cfrac{1}{1 + p \, C_1 \, (R_1 \| R_3)}} = \cfrac{1}{1 + \cfrac{1}{p/\omega_2} \; \cfrac{1}{1 + p/\omega_3}}.$$
$$\tag{3.58}$$

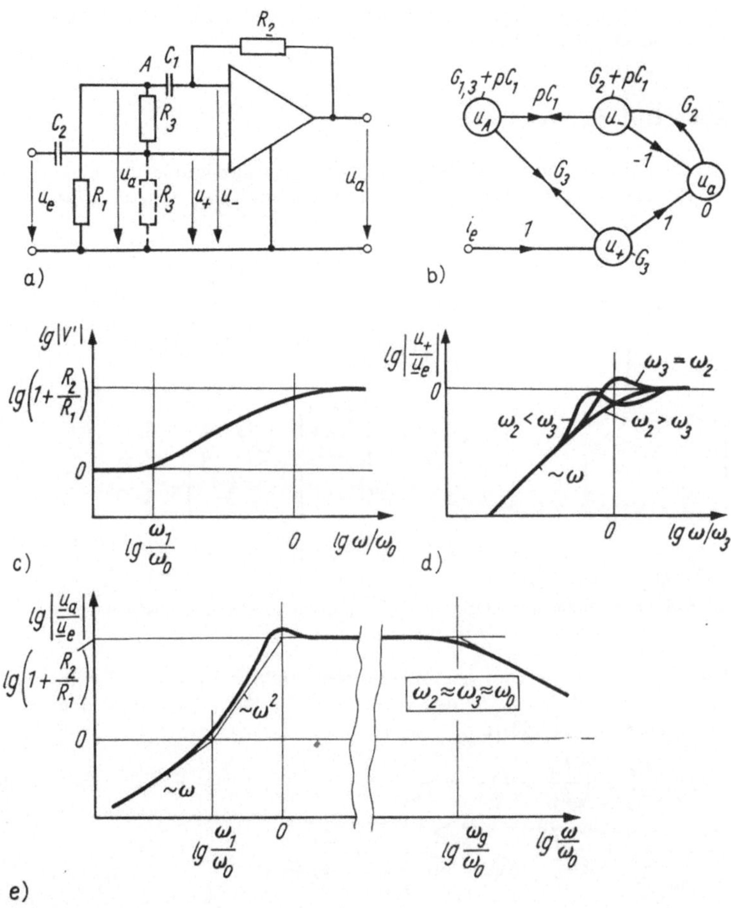

Bild 3.25. Nichtinvertierender Verstärker als Wechselspannungsverstärker

a) Grundschaltung; b) Graph; c) Übertragungsfaktor $\underline{u}_a/\underline{u}_+$; d) Übertragungsfaktor $\underline{u}_+/\underline{u}_e$; e) Gesamtübertragungsfaktor $\underline{u}_a/\underline{u}_e$

Der Betrag von $\underline{u}_+/\underline{u}_e$ ist im Bild 3.25d dargestellt. Um die resonanzartige Überhöhung klein zu halten, darf ω_2 nicht wesentlich größer als ω_3 sein. Im Bild 3.25e ist der Gesamtfrequenzgang des Verstärkers unter der Annahme $\omega_2 \approx \omega_3 \approx \omega_0$ sowie unter Annahme einem Tiefpaß erster Ordnung mit der Grenzfrequenz ω_g dargestellt.

3.5. Differenzverstärker

Die Übertragungs- und Fehlereigenschaften der in diesem Abschnitt behandelten Differenzverstärker lassen sich auf die der beiden vorhergehenden Grundschaltungen zurückführen. Es werden deshalb im folgenden zunächst nur die einfachsten Näherungsbeziehungen dieser Grundschaltungen angewendet. Der Schwerpunkt des Abschnitts liegt

bei der Erläuterung der speziellen Eigenschaften von Differenzverstärkern und modernen
Methoden zur Verbesserung der Kennwerte.

3.5.1. Einfache Differenzverstärker

Einfache Differenzverstärker, die die Differenz zweier Eingangssignale mit einem vorgegebenen Verstärkungsfaktor verstärken, können mit Schaltungen nach Bild 3.26 a
realisiert werden.

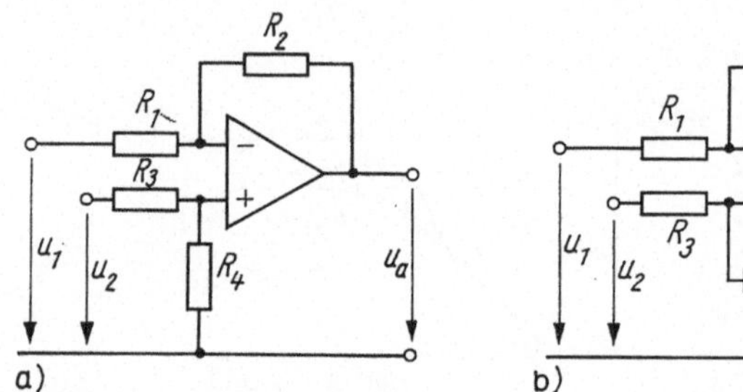

Bild 3.26. Einfache Differenzverstärker
a) einfachste Grundschaltung; b) Differenzverstärker mit vereinfachter Verstärkungseinstellung (R_5)

Für die Ausgangsspannung eines solchen Verstärkers erhält man durch Überlagerung
der früher abgeleiteten Beziehungen für den invertierenden [Gl. (3.18)] und den nichtinvertierenden Verstärker [Gl. (3.49)]:

$$u_\mathrm{a} = u_2 \frac{R_4}{R_3 + R_4} \left(\frac{R_2}{R_1} + 1 \right) - u_1 \frac{R_2}{R_1} \tag{3.59}$$

$$u_\mathrm{a} = \underbrace{(u_2 - u_1)}_{u_\mathrm{d}} \frac{R_4}{2\,(R_3 + R_4)} \left(2\frac{R_2}{R_1} + 1 + \frac{R_2\,R_3}{R_1\,R_4} \right)$$

$$+ \underbrace{\frac{u_2 + u_1}{2}}_{u_\mathrm{g}} \cdot \frac{R_4}{R_3 + R_4} \left(1 - \frac{R_2\,R_3}{R_1\,R_4} \right). \tag{3.60}$$

Es ist zu erkennen, daß der Verstärker nach Bild 3.26 a im allgemeinen Fall sowohl das
Differenzsignal $u_\mathrm{d} = u_2 - u_1$ als auch das Gleichtaktsignal $u_\mathrm{g} = (u_2 + u_1)/2$ verstärkt.
Setzt man

$$R_3/R_4 = R_1/R_2 \tag{3.61}$$

so verschwindet der Übertragungsfaktor für das Gleichtaktsignal, und es ergibt sich

$$u_\mathrm{a}\,(u_2 - u_1)\,R_2/R_1 = u_\mathrm{d}\,R_2/R_1. \tag{3.62}$$

Die Regulierung des Verstärkungsfaktors der angegebenen Schaltung ohne Verletzung
der Bedingung (3.61) ist nur durch gleichzeitige und gleichwertige Veränderung zweier
Widerstände möglich (R_1, R_3 oder R_2, R_4).
Eine Anordnung, in der dieser Nachteil beseitigt ist und in der nur ein Widerstand
R_5) zur Verstärkungsregelung benötigt wird, zeigt Bild 3.26 b.

Gewährleistet man für diesen Verstärker

$$R_1 = R_3, \; R_2' = R_4', \; R_2' = R_4'',$$

so gilt

$$u_a = (u_2 - u_1)\left(\frac{R_2}{R_1} + 2\,\frac{R_2'\,R_2''}{R_1\,R_5}\right); \tag{3.63}$$

dabei ist $R_2 = R_2' + R_2''$.

Eine weitere Möglichkeit eines Differenzverstärkers, bei dem die Verstärkung nur mit einem Widerstand eingestellt werden kann, enthält Bild 3.27a. Im Unterschied zur Struktur im Bild 3.26a dient hier ein ohmscher Spannungsteiler (R_3, R_4) als Summator für das Eingangssignal und einen Teil des Ausgangssignals.

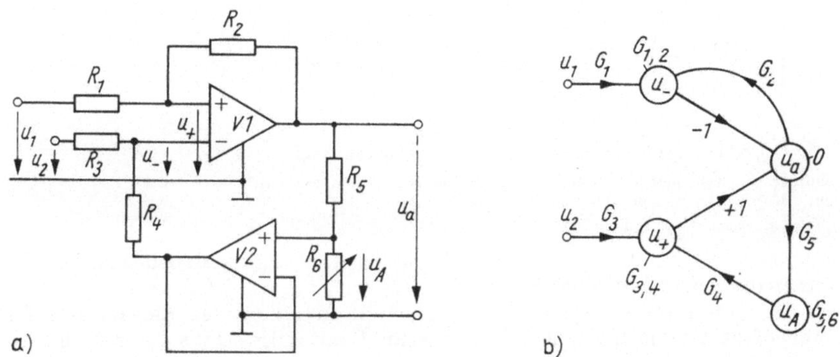

Bild 3.27. Differenzverstärker mit Verstärkungseinstellung durch einen Widerstand
a) Schaltung; b) Graph
(Im Verstärker $V1$ sind + und − vertauscht.)

ʹ Dieser Teil wird seinerseits über Spannungsteiler (R_5, R_6) und den Spannungsfolger $V2$ aus dem Ausgangssignal gebildet. Mit Hilfe des Graphen im Bild 3.27b ergibt sich, daß für $R_1\,R_4 = R_2\,R_3$ für die Ausgangsspannung folgt:

$$u_a = (u_2 - u_1)\,\frac{R_2}{R_1}\,\frac{R_6}{R_5}.$$

Auf diese Weise läßt sich durch Veränderung von R_5 und R_6 die Verstärkung einstellen, wobei der Übertragungsfaktor für Gleichtaktgrößen ständig gleich Null ist.

Derselbe Effekt kann erzielt werden, wenn anstelle des Spannungsfolgers ein invertierender Verstärker eingesetzt wird. So wird anstelle der positiven Rückkopplung durch den Spannungsfolger eine zusätzliche Gegenkopplung eingeführt.

Die Veränderung des Gegenkopplungsgrads führt dann zur gewünschten Verstärkereinstellung der Gesamtschaltung.

Ein Nachteil der in den Bildern 3.26 und 3.27 beschriebenen Differenzverstärker ist der geringe Eingangswiderstand bezüglich der Signalquellen u_1 und u_2. Das führt dazu, daß der Übertragungsfaktor für Gleichtaktsignale $u_g = (u_1 + u_2)/2$ nur für bestimmte Innenwiderstände der Signalquellen u_1 und u_2 zu Null gemacht werden kann.

3.5.2. Verbesserung der Parameter von Differenzverstärkern

Zwei Differenzverstärker mit hohen Eingangswiderständen und einfacher Verstärkungseinstellung zeigt Bild 3.28. Das Grundelement dieses Verstärkers bildet jeweils ein Paar von Operationsverstärkern ($V1$ und $V2$), die als nichtinvertierende Verstärker geschal-

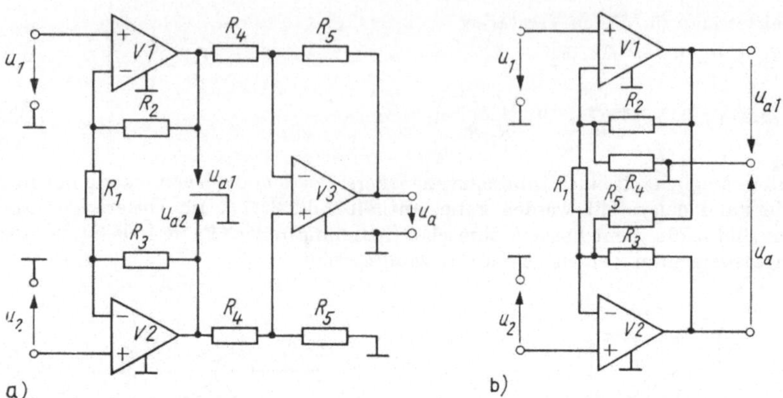

Bild 3.28. Differenzverstärker mit hohem Eingangswiderstand

a) Verwendung von zwei nichtinvertierenden Operationsverstärkern mit zusätzlichem Differenzverstärker;
b) Verzicht auf den zusätzlichen Differenzverstärker

tet und deren invertierende Eingänge über den Widerstand R_1 verbunden sind. Im weiteren werden die Ausgangsspannungen $u_{a\,1}$ und $u_{a\,2}$ der gezeigten Schaltungen bestimmt.

Wegen der vorhandenen Gegenkopplung liegen am invertierenden Eingang von $V1$ bzw. $V2$ ebenfalls die Eingangssignale u_1 bzw. u_2 an. Demzufolge setzt sich die Ausgangsspannung für jeden der beiden Operationsverstärker aus zwei Anteilen zusammen, die jeweils den beiden Eingangsspannungen u_1 und u_2 entsprechen und die unterschiedliche Vorzeichen haben:

$$u_{a\,1} = u_1 \left(\frac{R_2}{R_1} + 1 \right) - u_2 \frac{R_2}{R_1} \tag{3.64}$$

$$u_{a\,2} = u_2 \left(\frac{R_3}{R_1} + 1 \right) - u_1 \frac{R_3}{R_1}. \tag{3.65}$$

Die Differenz der Ausgangsspannungen $(u_{a\,1} - u_{a\,2})$ ist der Eingangsspannungsdifferenz $(u_1 - u_2)$ proportional

$$u_{a\,1} - u_{a\,2} = (u_1 - u_2) \left(\frac{R_2}{R_1} + \frac{R_3}{R_4} + 1 \right). \tag{3.66}$$

Um eine auf Masse bezogene Ausgangsspannung zu erhalten, die der Differenz $(u_1 - u_2)$ proportional ist, wird ein einfacher Differenzverstärker verwendet (Bild 3.28a).

Als endgültige Ausgangsspannung ergibt sich

$$u_{a} = (u_{a\,2} - u_{a\,1}) \frac{R_5}{R_4} = (u_2 - u_1) \frac{R_5}{R_4} \left(\frac{R_2}{R_1} + \frac{R_3}{R_4} + 1 \right). \tag{3.67}$$

Interessant ist dabei, daß man aus der Struktur im Bild 3.28a unter der Bedingung $R_2 = R_3 = 0$ und $R_1 = \infty$ die Schaltung nach Bild 3.26a erhält, deren Eingänge jetzt aber mit je einem Spannungsfolger beschaltet sind. Allerdings bietet die Struktur im Bild 3.27a gegenüber der Schaltung der Verstärker $V1$ und $V2$ als Spannungsfolger zwei Vorteile:

— Sie weist eine höhere Gleichtaktunterdrückung auf. Das erkennt man aus den Gln. (3.64) und (3.65). Aus ihnen folgt, daß der Quotient $(u_{a\,1} - u_{a\,2})/u_{e\,1} - u_{e\,2})$ größer ist als $(u_{a\,1} + u_{a\,2})/(u_{e\,1} + u_{e\,2})$.

— Durch Veränderung von R_1 läßt sich die Verstärkung der Gesamtschaltung einfach regeln. Aus Symmetriegründen (Verbesserung der Gleichtaktunterdrückung) wählt man $R_2 = R_3$ und erhält

$$u_a = u_d \frac{R_5}{R_4} \left(2 \frac{R_2}{R_1} + 1 \right); \quad u_d = u_2 - u_1 .$$

Mit Hilfe des im Bild 3.28a gezeigten Operationsverstärkerpaars läßt sich auch ohne dritten Operationsverstärker ein Differenzverstärker aufbauen, wenn $u_{a\,2}$ als Ausgangsspannung verwendet wird (Bild 3.28b).

Es ist

$$u_a = u_2 \left(\frac{R_3}{R_1 \| R_5} + 1 \right) - u_1 \frac{R_3}{R_1} - u_{a\,1} \frac{R_3}{R_5} .$$

Für $u_{a\,1}$ selbst gilt

$$u_{a\,1} = u_1 \left(\frac{R_2}{R_1 \| R_4} + 1 \right) - u_2 \frac{R_2}{R_1} .$$

Nach Einsetzen erhält man

$$u_a = (u_2 - u_1) \left(\frac{R_3}{R_1} + \frac{R_3}{R_5} + \frac{R_2 R_3}{R_1 R_5} + \frac{R_2 R_3}{2 R_4 R_5} + \frac{1}{2} \right)$$

$$+ \frac{u_1 + u_2}{2} \left(1 - \frac{R_2 R_3}{R_4 R_5} \right). \tag{3.68}$$

Unter der Bedingung $R_2 R_3 = R_4 R_5$ verschwindet der Einfluß der Gleichtaktspannung auf u_a, und es wird

$$u_a = (u_2 - u_1) \left(\frac{R_3}{R_1} + \frac{R_3}{R_5} + \frac{R_2 R_3}{R_1 R_5} + 1 \right).$$

Für $R_2 = R_3 = R_4 = R_5$ ergibt sich schließlich

$$u_a = (u_2 - u_1) \, 2 \left(\frac{R_2}{R_1} + 1 \right). \tag{3.69}$$

Die Verstärkung kann in diesem Fall mit dem Widerstand R_1 eingestellt werden.

Ohne eine genaue Fehleranalyse der Schaltungen in den Bildern 3.28a und b vorzunehmen, ist doch zu erwarten, daß deren additive Fehler (bei gleichen übrigen Bedingungen) im Mittel größer sein werden als die in den Schaltungen nach Bild 3.26.

Tatsächlich wirkt hier anstelle der Drift eines Operationsverstärkers die Überlagerung der Driften von $V1$ und $V2$ als Störgrößen.

Zur Verringerung des additiven Fehlers können Differenzverstärker nach dem Beispiel von Bild 3.29a aufgebaut werden. Hier werden zwei Transistorpaare (T_1, T_2 und T_3, T_4) verwendet. Dabei müssen die Transistoren T_1 und T_2 im Bereich niedriger Kollektorströme arbeiten und kleine Störspannungen u_{St} aufweisen. T_3 und T_4 haben eine Hilfsfunktion; an sie werden keine besonderen Forderungen gestellt.

Die Transistoren T_1 und T_2 bilden zusammen mit den Widerständen R_K, $R_1' = R_1''$ $= R_1$ die parallelsymmetrische Verstärkungsstufe, die an den Eingang eines Operationsverstärkers angeschlossen ist. Die Transistoren T_3 und T_4 bilden eine Stromquelle, die an die Emitter von T_1 und T_2 angeschlossen ist. Mit Hilfe von Bild 3.29b wird der Verstärkungsfaktor der Schaltung bestimmt. Wegen der Gegenkopplung über den Widerstand R_2'' stellt der Operationsverstärker an den Transistoren T_1 und T_2 die gleiche Kollektorspannung ein. Bei gleichen Kollektorwiderständen führt die Gleichheit der Kollektorspannungen zur Gleichheit der Emitterströme und der Basis-Emitter-Span-

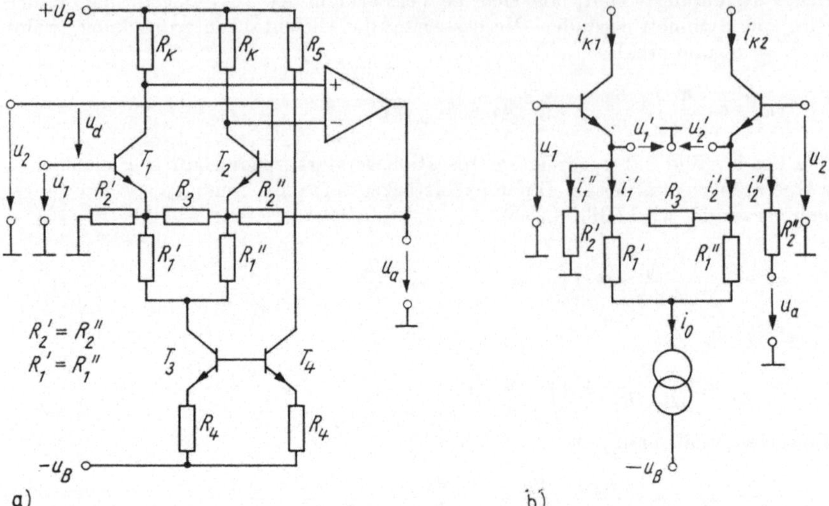

Bild 3.29. Differenzverstärker mit verringerten additiven Störungen
a) Schaltung; b) Ersatzschaltung zur Bestimmung der Verstärker

nungen von T_1 und T_2. Daraus folgt sofort, daß die Differenz der Emitterspannungen $u_1' - u_2'$ gleich der Differenz der Eingangsspannungen $u_1 - u_2 = - u_\mathrm{d}$ ist. Demzufolge fließt zwischen den Emittern ein Strom

$$i_\mathrm{E} = u_\mathrm{d} \left(\frac{1}{R_3} + \frac{1}{R_1' + R_1''} \right); \quad u_\mathrm{d} = u_2 - u_1 .$$

Wenn i_0 den Kollektorstrom von T_3 bezeichnet, können die Ströme i_1' und i_2' nach Bild 3.29 b wie folgt bestimmt werden:

$$i_1' = \frac{i_0}{2} - i_\mathrm{E} , \quad i_2' = \frac{i_0}{2} + i_\mathrm{E} .$$

Für die Emitterströme der Transistoren T_1 und T_2 gilt dann

$$i_{\mathrm{E}\,1} = i_1' + i_1'' = \frac{i_0}{2} - \frac{u_\mathrm{d}}{R_3} - \frac{u_\mathrm{d}}{2\,R_1} + \frac{u_1'}{R_2'} \tag{3.70}$$

$$i_{\mathrm{E}\,2}' = i_2' + i_2'' = \frac{i_0}{2} + \frac{u_\mathrm{d}}{R_3} + \frac{u_\mathrm{d}}{2\,R_1} + \frac{u_2' - u_\mathrm{a}}{R_2''} . \tag{3.71}$$

Das Gleichsetzen der Gln. (3.70) und (3.71) ergibt unter Beachtung von $u_2' - u_1' = u_\mathrm{d}$ und $i_{\mathrm{E}\,1} = i_{\mathrm{E}\,2}$:

$$u_\mathrm{a} = u_\mathrm{d} \left(2\,\frac{R_2}{R_3} + \frac{R_2}{R_1} + 1 \right). \tag{3.72}$$

Dabei ist $R_2 = R_2' = R_2''$.

Zur Verstärkungseinstellung wird der Widerstand R_3 verwendet. Die Eingangswiderstände des Verstärkers nach Bild 3.29 a für Differenz- und Gleichtaktsignale lassen sich leicht aus (3.70) und (3.71) finden:

$$R_{\text{ed}} = \beta_i \left(\frac{\mathrm{d}\, i_{e\,2}}{\mathrm{d}\, u_{\mathrm{d}}} \right)^{-1} = -\beta_i \left(\frac{\mathrm{d}\, i_{e\,1}}{\mathrm{d}\, u_{\mathrm{d}}} \right)^{-1} \approx \beta_i \left(\frac{1}{R_3} + \frac{1}{2\,R_1} \right)^{-1} \tag{3.73}$$

$$R_{\text{eg}} = \beta_i \left[\frac{\mathrm{d}\,(i_{e\,1} + i_{e\,2})}{\mathrm{d}\,(u_1 + u_2)} \right]^{-1} \approx \beta_i\, R_2. \tag{3.74}$$

Dabei ist β_i der Stromverstärkungsfaktor der Transistoren T_1 und T_2.

Zur Erzielung eines hohen Eingangswiderstands für das Differenzsignal empfiehlt es sich, Differenzverstärker nach dem Beispiel von Bild 3.30 aufzubauen.

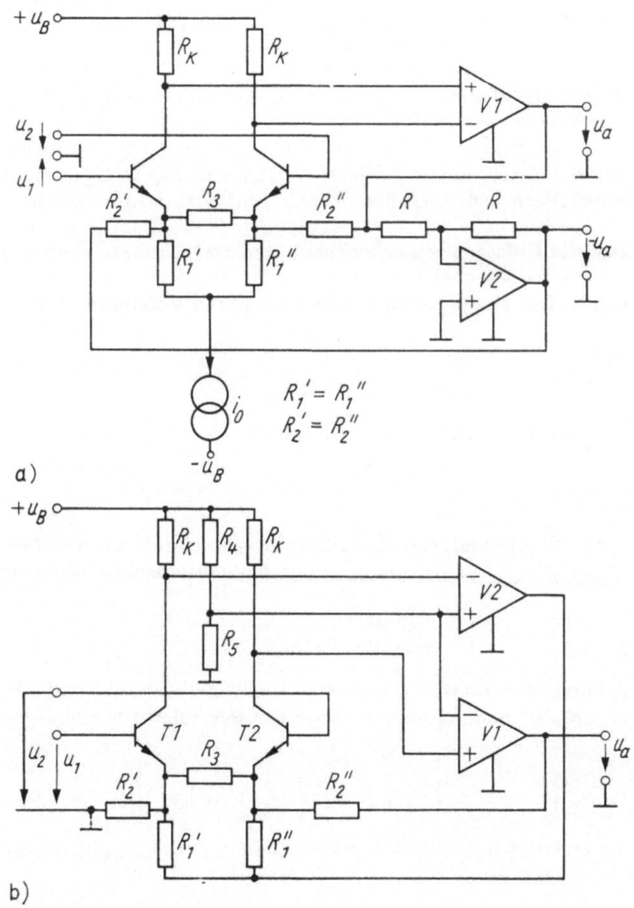

Bild 3.30. Differenzverstärker mit hohem Eingangswiderstand

a) wie im Bild 3.29a, aber mit zusätzlichem Inverter $V2$; b) wie im Bild 3.29a, aber Transistor-Konstantstromquelle durch Verstärker $V\,2$ ersetzt

Die Schaltung nach Bild 3.30a unterscheidet sich von der im Bild 3.29a durch einen Inverter der Ausgangsspannung ($V\,2$ mit Beschaltung), der für eine zweite Gegenkopplungsschleife sorgt. Die Verstärkung für diese Anordnung kann genauso berechnet wer-

den wie für den Verstärker im Bild 3.29a, wobei allerdings in Gl. (3.70) anstelle von u_1'/R_2' einzusetzen ist: $(u_1 + u_a)/R_2'$.
Es ergibt sich

$$u_a = u_d \left(\frac{R_2}{R_3} + \frac{R_2}{2\,R_1} + 1 \right). \tag{3.75}$$

Aus Gl. (3.75) lassen sich nun die Emitterströme für die Transistoren T_1 und T_2 berechnen. Es ergibt sich, daß diese nicht von der Eingangsdifferenzspannung abhängen. Dasselbe gilt dann auch für die Basisströme, was der Ausdruck für einen sehr großen (theoretisch unendlich großen) Differenzeingangswiderstand ist.

Der Differenzverstärker nach Bild 3.30b unterscheidet sich von dem im Bild 3.29a dadurch, daß statt einer Transistorkonstantstromquelle ein zweiter Verstärker $V2$ eingesetzt wird. Dieser regelt den Strom durch die Widerstände R_1' und R_1'' derart, daß ein konstanter Kollektorstrom des Transistors T_1 die Folge ist. Auf diese Weise wird eine Gegenkopplung des Eingangs-Gleichtaktsignals erreicht. Der Verstärker $V1$ realisiert — wie auch schon vorher — die Gegenkopplung für das Differenzsignal. Im Zusammenwirken von $V1$ und $V2$ wird die Konstanz der Kollektorströme von T_1 und T_2 erreicht. Eine Folge davon ist der theoretisch unendlich hohe Eingangswiderstand für Differenz- und Gleichtaktsignal.

Da der Verstärkungsfaktor des Differenzverstärkers nach Bild 3.29a, wie zu sehen war, nicht vom Strom i_0 der Konstantstromquelle abhängt, gilt für die Ausgangsspannung auch hier die Beziehung (3.72). Der entsprechende Strom wird vom Verstärker $V2$ auf den Wert

$$i_0 = 2\,\frac{u_B\,R_4}{(R_4 + R_5)\,R_K}$$

eingestellt.

Für den relativen Fehler erhält man mit $\delta_K = \Delta K/K$ und $K = u_a/(u_2 - u_1)$

$$\delta_{u_a}\,(\delta_K) = \frac{\delta_K}{1 + \overline{K\beta}}.$$

Im weiteren wird betrachtet, wie die endliche Gleichtaktunterdrückung auf das Ausgangssignal wirkt. Unter Beachtung von Gl. (3.50) erhält man für die Schaltung im Bild 3.26

$$u_a = u_2 \cdot \frac{R_4}{R_3 + R_4} \cdot \left(\frac{R_2}{R_1} + 1 \right) \frac{1 + 1/(2\,M)}{1 - 1/(2\,M)} - u_1\,\frac{R_2}{R_1}.$$

Um zu erreichen, daß der Verstärker tatsächlich nur auf des Differenzsignal reagiert, müssen die Widerstände R_1, R_2, R_3 und R_4 entsprechend der folgenden Gleichung gewählt werden:

$$\frac{R_3}{R_4} = \frac{R_1}{R_2}\,\frac{1 + 1/(2\,M)}{1 - 1/(2\,M)} + \frac{1/M}{1 - 1/(2\,M)} \approx \frac{R_1}{R_2}\left(1 + \frac{1}{M} \right) + \frac{1}{M}.$$

Erfüllt man statt dessen die bereits früher angegebene Bedingung (3.61), so gilt für die Ausgangsspannung

$$u_a = (u_2 - u_1)\,\frac{R_2}{R_1}\left(1 + \frac{1}{2\,M} \right) + \frac{u_1 + u_2}{2}\,\frac{R_2}{R_1}\,\frac{1}{M}.$$

3.5.3. Anwendung von Differenzverstärkern

Differenzverstärker werden zur Verstärkung von Spannungsdifferenzen verwendet. Eine typische Aufgabe dieser Art ist die Verstärkung des Ausgangssignals einer Brücke mit geerdeter Speisequelle. Differenzverstärker finden daher breite Anwendung in der Auswerteelektronik resistiver, kapazitiver und induktiver Wandler. Beispiele werden in den Abschnitten 7., 8. und 9. behandelt. Die große Bedeutung genauer Differenzverstärker für die Meßtechnik hat dazu geführt, daß diese Verstärker häufig überhaupt als Meßverstärker bezeichnet werden.

Differenzverstärker werden auch dann verwendet, wenn nur eine Spannung verstärkt werden soll, es dabei aber besonders auf die Unterdrückung von Gleichtaktstörsignalen ankommt. In solchen Fällen benutzt man Differenzverstärker mit symmetrischem Eingang, die gegenüber den erwähnten Störungen sehr wenig empfindlich sind. In der Meßtechnik werden häufig Summierschaltungen für mehr als zwei Summanden benötigt. Auch dafür eignen sich Differenzverstärker. Auf den nichtinvertierenden Eingang des Operationsverstärkers wirken dabei alle Spannungen, die mit positivem Vorzeichen in die Summe eingehen, und auf den invertierenden Eingang alle die Spannungen, die mit negativem Vorzeichen eingehen.

3.5.4. Fehler von Differenzverstärkern

Additive und multiplikative Fehler entstehen in Differenzverstärkern auf dieselbe Weise wie in den bereits besprochenen invertierenden und nichtinvertierenden Verstärkern. Speziell rühren die additven Fehler von den Störspannungen und -strömen der verwendeten Operationsverstärker her. Die genaue Analyse dieser Fehler geschieht analog zur Fehleranalyse beim invertierenden bzw. nichtinvertierenden Verstärker. Dazu wird wieder auf Bild 3.14d Bezug genommen. Die Störspannung des inneren Verstärkers wird mit dem Faktor $1/\alpha$ an den Eingang der Gesamtschaltung transformiert. Für den Verstärker im Bild 3.26a gilt

$$\alpha = R_2/(R_1 + R_2) \; .$$

Bei dem komplizierteren Differenzverstärker nach Bild 3.28 müssen die α-Werte für die verschiedenen Operationsverstärker unterschieden werden. Für $V1$ und $V2$ gilt $\alpha_{1,\,2} = 1$. Für $V3$ gilt $\alpha_3 = KR_5 \parallel (R_4 + R_5)$, wobei K der Verstärkungsfaktor der ersten Verstärkerstufe, bestehend aus $V1$ und $V2$ ist:

$$K = 1 + R_2/R_1 + R_3/R_1.$$

In den Differenzverstärkern, die in den Bildern 3.29 und 3.30 gezeigt werden, wird die eingangsbezogene Störspannung hauptsächlich von der Störspannung der Transistoreingangsstufe (T_1, T_2) bestimmt.

Die von den Eingangsstörströmen verursachte Störspannung ist das Produkt aus Störstrom und äquivalentem Abschlußwiderstand des entsprechenden Eingangs. Die entsprechende eingangsbezogene Störspannung erhält man dann wieder durch Multiplikation mit $1/\alpha$.

Da als Nutzsignal des Differenzverstärkers die Eingangsspannungsdifferenz $u_2 - u_1$ $= u_d$ wirkt, müssen bei der Berechnung relativer Fehler die oben berechneten absoluten Störspannungen auf den Momentanwert bzw. Nennwert dieser Differenzspannung bezogen werden.

Die Ursachen für das Auftreten multiplikativer Fehler sind:

— Toleranzen der verwendeten Widerstände

— endliche Leerlaufverstärkung, endlicher Eingangswiderstand

— endliche Gleichtaktunterdrückung.

Die durch die Widerstandstoleranzen entstehenden Fehler lassen sich leicht durch Differentiation der entsprechenden Gln. (3.62), (3.63), (3.67), (3.69), (3.72) und (3.75) ableiten. Die Übertragungsfehler, die durch die nichtidealen Eigenschaften des Operationsverstärkers verursacht werden, lassen sich unter Verwendung des erweiterten Ersatzschaltbilds der entsprechenden Schaltung bestimmen. Näherungswerte erhält man durch Verwendung der Fehlereigenschaften des invertierenden und des nichtinvertierenden Verstärkers (s. Abschn. 3.4.). Dabei wird der Differenzverstärker vereinfacht als Zusammenschaltung eines invertierenden und eines nichtinvertierenden Verstärkers betrachtet.

Die Durchführung der angedeuteten Analyse soll dem Leser überlassen werden.

Im weiteren soll jedoch auf einen Fehler eingegangen werden, der speziell für die Verwendung von Differenzverstärkern von Bedeutung ist. Dieser Fehler entsteht durch endliche Gleichtaktunterdrückung der Verstärker.

Im allgemeinen Fall gilt für die Ausgangsspannung eines Differenzverstärkers

$$u_\mathrm{a} = V_2\, u_2 - V_1\, u_1, \tag{3.76}$$

wobei V_2 und V_1 die Übertragungsfaktoren bezüglich des jeweiligen Eingangs sind, die natürlich möglichst gleich groß sein sollen. V_1 und V_2 sind als Übertragungsfaktoren des gesamten Verstärkers anzusehen, der seinerseits aus mehreren Operationsverstärkern aufgebaut sein kann. Eine Abweichung der Übertragungsfaktoren untereinander führt dazu, daß der Verstärker außer dem Differenzsignal $u_\mathrm{d} = u_2 - u_1$ noch das Gleichtaktsignal $u_\mathrm{g} = (u_2 + u_1)/2$ verstärkt. Gl. (3.76) läßt sich umschreiben:

$$u_\mathrm{a} = (1/2)\,(V_1 + V_2)\,u_\mathrm{d} + (V_1 - V_2)\,u_\mathrm{g}$$

$$u_\mathrm{a} = V_\mathrm{d}\,u_\mathrm{d} + V_\mathrm{g}\,u_\mathrm{g} = V_\mathrm{a}\,(u_\mathrm{d} + u_\mathrm{g}\,[V_\mathrm{d}/V_\mathrm{g}]). \tag{3.77}$$

Die Größe

$$M_\mathrm{V} = V_\mathrm{d}/V_\mathrm{g}$$

wird als Gleichtaktunterdrückung bezeichnet. Der endliche Wert dieser Größe wird zu einem relativen Fehler von

$$\delta\,(u_\mathrm{d}) = \frac{V_\mathrm{g}\,u_\mathrm{g}}{V_\mathrm{d}\,u_\mathrm{d}} = \frac{1}{M_\mathrm{V}}\,\frac{u_\mathrm{g}}{u_\mathrm{d}}. \tag{3.78}$$

$u_\mathrm{g}/M_\mathrm{V}$ stellt die eingangsbezogene Differenzstörspannung dar.

Wenn ein Differenzverstärker an eine Brückenschaltung angeschlossen ist, dann kann die auftretende Gleichtaktspannung die auszuwertende Signaldifferenzspannung um ein vielfaches überschreiten. Bei Dehnmeßbrücken kann das Verhältnis von $u_\mathrm{g}/u_\mathrm{d}$ zwischen 100 und 1000 liegen. Um den Fehler entsprechend Gl. (3.78) klein zu halten, muß M_V hinreichend große Werte annehmen.

In einer konkreten Schaltung gibt es stets mehrere Ursachen für die unerwünschte Übertragung des Gleichtaktsignals. Quantitativ lassen sich diese Ursachen durch die jeweilige Gleichtaktverstärkung V_{g1}, V_{g2}, ... erfassen.

Für die wirksame Gleichtaktunterdrückung $M_{\mathrm{V}\,\varSigma}$ erhält man durch Überlagerung:

$$M_{\mathrm{V}\,\varSigma} = \frac{V_\mathrm{d}}{V_{g1} + V_{g2} + \cdots} = \left(\frac{1}{M_{\mathrm{V}1}} + \frac{1}{M_{\mathrm{V}2}} + \cdots\right)^{-1}. \tag{3.79}$$

Dabei sind

$$M_{\mathrm{V}1} = \frac{V_\mathrm{d}}{V_{g1}}, \quad M_{\mathrm{V}2} = \frac{V_\mathrm{d}}{V_{g2}}, \quad \cdots$$

Im weiteren soll der Fehler im Ausgangssignal des Verstärkers nach Bild 3.26a, der durch das Gleichtaktsignal entsteht, berechnet werden.

Bei Verletzung der Bedingung $R_1\,R_4 = R_2\,R_3$ [Gl. (3.61)] kommt es zur Übertragung des Gleichtaktsignals mit der Verstärkung

$$V_{g1} = \frac{R_4}{R_3 + R_4}\left(1 - \frac{R_2\,R_3}{R_1\,R_4}\right). \tag{3.80}$$

Setzt man in Gl. (3.80) $R_1 = R_1 (1 + \delta_{R1})$; $\cdots$; $R_4 = R_4 (1 + \delta_{R4})$, so ergibt sich mit Gl. (3.61)

$$V_{g1} = \frac{R_4}{R_3 + R_4} \left[1 - \frac{R_2 (1 + \delta_{R2}) R_3 (1 + \delta_{R3})}{R_1 (1 + \delta_{R1}) R_4 (1 + \delta_{R4})} \right] \approx \frac{\delta_{R2} + \delta_{R3} - \delta_{R1} - \delta_{R4}}{1 + R_1/R_2}.$$

Da $V_d = R_2/R_1$, erhält man für die Gleichtaktunterdrückung

$$M_{V1} = \frac{V_d}{V_{g1}} = \frac{1 + R_2/R_1}{\delta_{R2} + \delta_{R3} - \delta_{R1} - \delta_{R4}}. \tag{3.81}$$

Man erkennt, daß die Gleichtaktunterdrückung in diesem Fall mit zunehmender Differenzverstärkung V_d verbessert wird.

Ein weiterer Grund für die unerwünschte Übertragung des Gleichtaktsignals im Verstärker nach Bild 2.26a ist die endliche Gleichtaktunterdrückung der verwendeten Operationsverstärker. Entsprechend Gl. (3.50) führt eine endliche Gleichtaktunterdrückung M zu einer zusätzlichen Verstärkung des Signals am nichtinvertierenden Eingang von $1 + 1/M$. Für die Ausgangsspannung ergibt sich:

$$u_a = u_2 \frac{R_2}{R_1} \left(1 + \frac{1}{M} \right) - u_1 \frac{R_2}{R_1} \approx \frac{R_2}{R_1} u_d + \frac{1}{M} \frac{R_2}{R_1} u_g.$$

Die von der endlichen Gleichtaktunterdrückung M des Operationsverstärkers hervorgerufene Gleichtaktunterdrückung des gesamten Differenzverstärkers ist demnach

$$M_{V2} = M. \tag{3.82}$$

Die Kenntnis von M_{V1} [Gl. (3.81)] und M_{V2} [Gl. (3.82)] gestattet die Berechnung der Gleichtaktunterdrückung entsprechend Gl. (3.79):

$$M_{V\Sigma} = \frac{M (1 + R_2/R_1)}{M + (\delta_{R2} + \delta_{R3} - \delta_{R1} - \delta_{R4})}. \tag{3.83}$$

Beim Verstärker nach Bild 3.28a gibt es drei Gründe für die Übertragung des Gleichtaktsignals

— die Abweichung der (endlichen) Verstärkungsfaktoren V_1 und V_2 der Eingangsverstärker $V1$ und $V2$
— die endliche Gleichtaktunterdrückung M_1 und M_2 dieser Operationsverstärker
— die endliche Gleichtaktunterdrückung M_{V3} des Ausgangsverstärkers $V3$.

Den Einfluß der endlichen und voneinander abweichenden Verstärkungen V_1 und V_2 ergibt die Gleichtaktunterdrückung

$$M_{V1} = \left(\frac{1}{V_1} - \frac{1}{V_2} \right)^{-1}. \tag{3.84}$$

Dabei ist $u_{a2} - u_{a1}$ das Ausgangsnutzsignal der Eingangsstufe, bestehend aus den Verstärkern $V1$ und $V2$.

Zur Beachtung der endlichen Gleichtaktunterdrückung M_1 und M_2 sind die Verstärkungskoeffizienten für die Eingangssignale u_1 und u_2 mit den Faktoren $1 + 1/M_1$ bzw. $1 + 1/M_2$ zu multiplizieren. Das führt im Ergebnis auf

$$M_{V2} = \left(\frac{1}{M_1} - \frac{1}{M_2} \right)^{-1}. \tag{3.85}$$

Die Gleichtaktunterdrückung eines einfachen Differenzverstärkers, wie ihn $V3$ bildet, wurde bereits in Gl. (3.83) berechnet. Im betrachteten Fall wird sie mit M_{V3}' bezeichnet. M_{V3}' bezieht sich jedoch auf ein Gleichtaktsignal $(u_{a1} + u_{a2})/2$. Bezüglich des wirklichen Eingangs-Gleichtaktsignals ist die Gleichtaktunterdrückung noch wesentlich besser, wie die Gln. (3.64) und (3.63) zeigen. Für $R_2 = R_3$ erhält man

$$u_{a2} - u_{a1} = (u_2 - u_1)\,(1 + 2\,R_2/R_1)$$

$$(u_{a1} + u_{a2})/2 = (u_1 + u_2)/2\;.$$

Für die Gleichtaktunterdrückung des Verstärkers $V3$ ergibt sich damit

$$\dot{M}_{V3} = M_{V3}'\,(1 + 2\,R_2/R_1). \tag{3.86}$$

Die insgesamt wirksame Gleichtaktunterdrückung $M_{V\,\Sigma}$ erhält man entsprechend Gl. (3.79) durch Einsetzen der Gln. (3.84), (3.85) und (3.86).

Im Differenzverstärker nach Bild 3.28b wird der vom Gleichtaktsignal hervorgerufene Fehler ebenfalls durch drei Ursachen bestimmt. Dies sind die endliche Leerlaufverstärkung V_0 und die endliche Gleichtaktunterdrückung M_V der verwendeten Operationsverstärker sowie die Verletzung der Bedingung $R_2 R_3 = R_4 R_5$. Die Analyse ergibt, daß sich die entsprechenden Teilgleichtaktunterdrückungen wie folgt berechnen lassen:

$$M_{V1} = \frac{V_{01}}{1 + R_5/R_3} \tag{3.87}$$

$$M_{V2} = \frac{M_1 M_2}{M_2 - M_1} \tag{3.88}$$

$$M_{V3} = \frac{1 + R_3/R_5 + (R_3 + R_4)/R_1}{\delta_{R_2} + \delta_{R_3} - \delta_{R_4} - \delta_{R_5}}. \tag{3.89}$$

Bei den Differenzverstärkern mit Transistoreingangsstufe entsprechend den Bildern 3.29 und 3.30 wird die Gleichtaktunterdrückung hauptsächlich durch die Symmetrie dieser Stufe bestimmt. Es ist auf gleiche Widerstände $R_1' = R_1''$ und $R_2' = R_2''$ sowie auf gleiche Parameter der Transistoren zu achten (Kollektorströme). Bei hinreichend großer Verstärkung der Transistorstufe haben die nachfolgenden Operationsverstärker praktisch keinen Einfluß auf die Genauigkeit des Gesamtverstärkers.

3.6. Stromverstärker

Die bisher betrachteten Verstärker benutzten als Eingangs- und Ausgangsgrößen elektrische Spannungen. Bei der Lösung einiger praktischer Aufgaben werden jedoch Verstärker benötigt, bei denen entweder das Eingangs- oder das Ausgangssignal oder beide ein Stromsignal darstellen. Sie entsprechen den Grundschaltungen der zweiten bis vierten Spalte des Bildes 3.8.

3.6.1. Stromgesteuerte Spannungsquelle

Die Grundschaltung dieses Verstärkers entspricht der dritten Spalte von Bild 3.8. Er hat einen sehr kleinen Eingangswiderstand. Bei der Anschaltung realer Quellen werden diese zweckmäßig durch die Stromquellenersatzschaltung dargestellt.

Ohne Berücksichtigung der inneren Störungen gestattet der Graph im Bild 3.31 die Ableitung der Übertragungseigenschaften. Die Parameter a, β, K und $i_{e\,st}$ des darunter befindlichen Signalflußbilds ergeben sich entsprechend Abschn. 3.3. zu

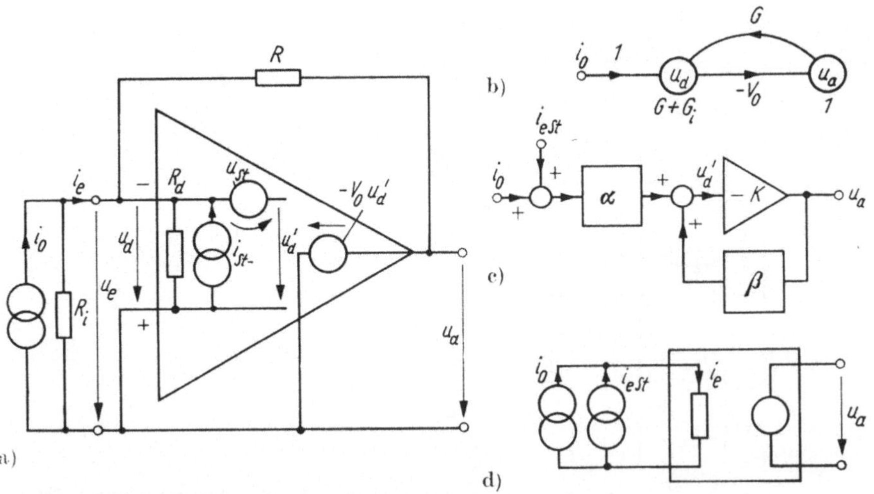

Bild 3.31. *Modelle eines Strom-Spannungs-Verstärkers*
a) Grundschaltung; b) Vierpolersatzschaltung; c) Signalflußbild; d) Graph

$$K = -\left(\frac{u_a}{u_d}\right)_{i_a = 0} = V_0 \tag{3.91}$$

$$\alpha = \left(\frac{u_d}{i_0}\right)_{u_a = 0} = R\,\|\,R_i\,\|\,R_d \tag{3.92}$$

$$\beta = \left(\frac{u_d}{u_a}\right)_{i_0 = 0} = \frac{R_i\,\|\,R_d}{R + R_i\,\|\,R_d} \tag{3.93}$$

$$i_{e\,St} = \frac{u_e{}'_{St}}{\alpha} = -\frac{u_{St}}{R\,\|\,R_i\,\|\,R_d} + i_{St-}. \tag{3.94}$$

Der Eingangswiderstand R_e folgt aus der Schaltung von Bild 3.31 zu

$$R_e = \left(\frac{u_e}{i_e}\right)_{i_a = 0} = \frac{R}{V_0}\,\|\,R_d. $$

Aus den Gln. (3.91), (3.92) und (3.93) folgt der Übertragungsfaktor u_1/i_0 der gesamten Schaltung

$$\frac{u_a}{i_0} = \frac{\alpha}{\beta}\,\frac{1}{1 + \dfrac{1}{K\beta}} = R\,\frac{1}{1 + \dfrac{1}{V_0}\left(1 + \dfrac{R}{R_d} + \dfrac{R}{R_i}\right)} \tag{3.95}$$

Der relative multiplikative Fehler von u_a wird durch den Fehler von V_0 verursacht:

$$\delta u_a\,(V_0) = \delta V_0/(1 + K\,\beta). \tag{3.96}$$

Der reduzierte additive Fehleranteil von u_a wird hervorgerufen von

$$\gamma u_a = -\frac{u_{St}}{i_{0\,N}\,R}\left(1 + \frac{R}{R_d} + \frac{R}{R_i}\right) + \frac{i_{St-}}{i_{0\,N}}. \tag{3.97}$$

Dabei ist i_{0N} der Nennwert des Eingangsstroms i_0. Die Schaltung von Bild 3.31 ist geeignet zur Messung von einseitig geerdeten Quellen. Fließt der Strom in einem nicht ge-

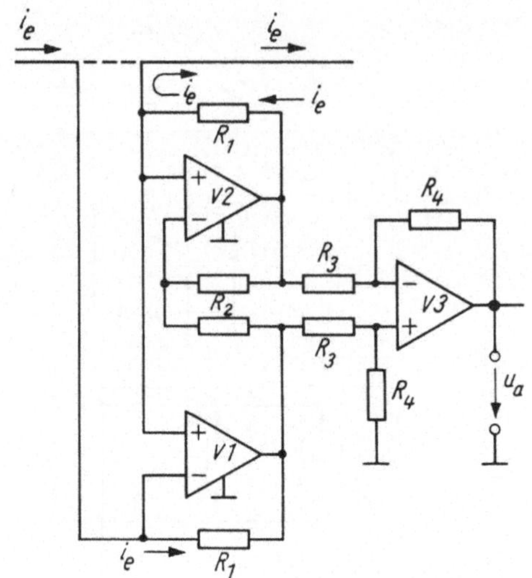

Bild 3.32. Strom-Spannungs-Verstärker mit erdfreiem Eingangskreis

erdeten Zweig, so kann die Schaltung nach Bild 3.32 angewendet werden. Der Meßwandler, bestehend aus drei Operationsverstärkern, wird in den stromführenden Zweig eingeschaltet. $V1$ arbeitet in derselben Schaltung wie im Bild 3.31. $V2$ realisiert zusammen mit zwei Widerständen R_2 einen Inverter mit dem Übertragungsfaktor -1. Mit Hilfe des Widerstands R_1, der in Reihe zum Ausgang des Verstärkers $V2$ liegt, wird ein Strom in die Leitung eingespeist, der genauso groß ist, wie der Eingangsstrom des Stromverstärkers, d. h. wie der zu messende Strom. Der Differenzverstärker dient dazu, die Ausgangsspannung auf das Nullpotential zu beziehen. Insgesamt gilt für die Ausgangsspannung des Meßwandlers von Bild 3.32

$$u_a = 2\, i_e\, R_1\, R_3/R_4 .$$

3.6.2. Verstärker mit Stromausgang

Verstärker mit Stromausgang haben die Aufgabe, im Lastwiderstand einen Strom einzustellen, der proportional der Eingangsspannung oder dem Eingangsstrom ist. Die zweite Spalte von Bild 3.8 zeigt eine spannungsgesteuerte Stromquelle mit ihren Übertragungseigenschaften. Die Störungen des Operationsverstärkers können durch eine zusätzliche Störspannungseinspeisung $u_{e\,st}$ am Summationspunkt entsprechend Gl. (3.34) mit $R_3 = 0$, $R_1 = R$ und $R_2 = R_a$ abgebildet werden.

Es ist entsprechend Bild 3.33 auch möglich, den invertierenden Eingang des Verstärkers zur Einspeisung zu benutzen. Dann verringert sich der Eingangswiderstand auf $R_e = R_1$; anstelle von V_0 ist in der zweiten Spalte von Bild 3.8 $1 + V_0$ einzusetzen, und R_1 nimmt die Stelle von R ein. Wenn als Eingangsgröße ein Strom auf einen sehr kleinen Eingangswiderstand wirken soll, erzeugt die Schaltung der letzten Spalte von Bild 3.8 einen Ausgangsstrom, der dem Eingangsstrom proportional ist (stromgesteuerte Stromquelle).

Bei den genannten Schaltungen hat der Lastwiderstand keine direkte Verbindung zur Masse. In den Fällen, in denen die Last geerdet sein muß, findet ein Verstärker nach Bild 3.34 Anwendung.

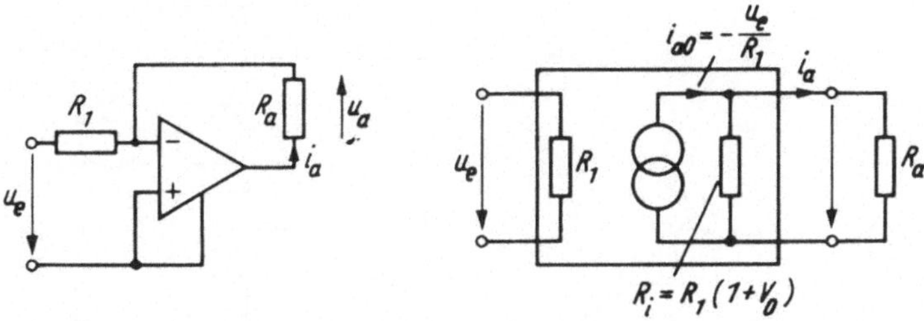

Bild 3.33. Spannungsgesteuerte Stromquelle mit invertierendem Verstärker
a) Schaltung; b) Graph

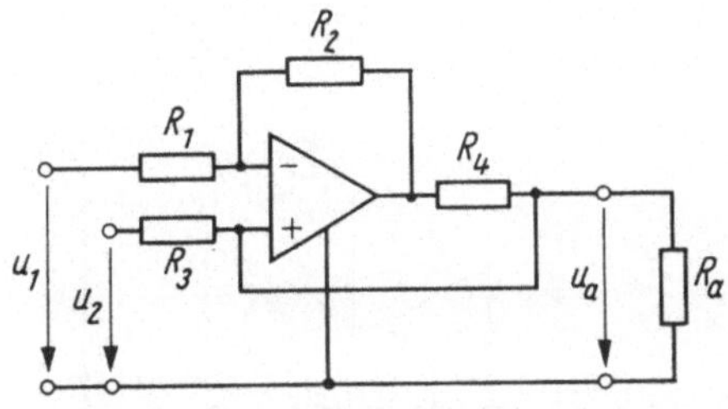

Bild 3.34. Spannungsgesteuerte Stromquelle mit geerdetem Lastwiderstand

Für den Strom i_a gilt in diesem Fall ($V_0 \gg 1$)

$$i_a = \frac{u_2\,R_1\,R_4 - u_1\,R_2\,R_3}{R_1\,R_3\,R_4 + R_a\,(R_1\,R_4 - R_2\,R_3)}\,.$$

Damit dieser Strom nicht vom Lastwiderstand abhängt, muß folgende Bedingung eingehalten werden:

$$R_1\,R_4 = R_2\,R_3;$$

dann erhält man

$$i_a = (u_2 - u_1)/R_3\,.$$

Damit ist der im Bild 3.34 vorgeschlagene Verstärker ein Differenzverstärker mit Stromausgang und geerdeter Last.

3.6.3. Verstärker mit Stromausgang sowie mit Operationsverstärker und Transistoren

In einigen Fällen gestattet der Einsatz von Transistoren die Verbesserung von Verstärkern mit Stromausgang (Erdung mit Last, Verringerung der Anzahl genauer Widerstände). Bild 3.35 zeigt Beispiele solcher Verstärker. Hier wird die Tatsache ausgenutzt, daß Kollektor- und Emitterstrom praktisch gleich groß sind.

Im Verstärker entsprechend Bild 3.35a wird die Eingangsspannung am Emitter des Transistors reproduziert. Das bedeutet, daß der Emitterstrom u_e/R_0 ist. (Der Eingangsstrom des Operationsverstärkers wird vernachlässigt.) Bei großer Stromverstärkung des Transistors wird dessen Kollektorstrom die gleiche Größe haben, also

$$i_a = u_e/R_0\,.$$

Damit der Basisstrom des Transistors, der ja gleich der Differenz zwischen Emitter- und Kollektorstrom ist, möglichst klein wird, kann man anstelle des Transistors eine Darling-

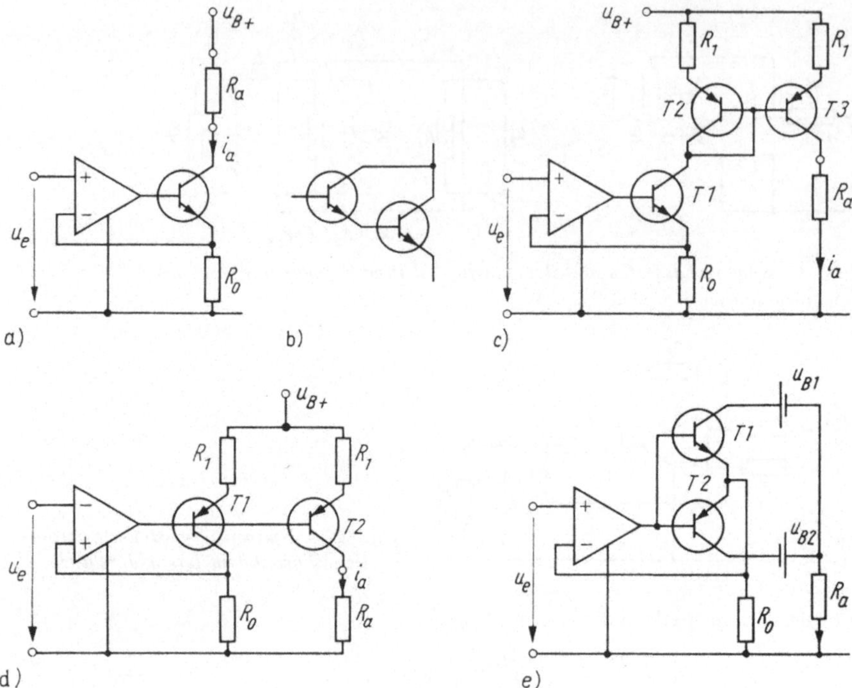

Bild 3.35. *Spannungsgesteuerte Stromquellen aus Operationsverstärkern mit Zusatztransistoren*

a) mit erdfreier Last; b) Ersetzen des Einzeltransistors durch eine Darlington-Schaltung; c) mit Stromspiegel (geerdete Last); d) mit Transistor T_1 in der Gegenkopplungsschleife; e) mit galvanisch getrennten Speisespannungen

ton-Schaltung (Bild 3.35 b) oder einen Feldeffekttransistor verwenden. Es sei darauf hingewiesen, daß der Verstärker nach Bild 3.35 a nur bei positiver Eingangsspannung arbeitet. Für die Verarbeitung negativer Eingangsspannungen muß ein pnp-Transistor verwendet werden. Der Lastwiderstand R_a ist bei dem beschriebenen Verstärker mit der positiven Betriebsspannung verbunden.

Um die einseitige Erdung der Last zu erreichen, verwendet man sog. Stromspiegel. Eine entsprechende Schaltungsvariante wird im Bild 3.35 c gezeigt. Der Stromspiegel wird von den Transistoren $T2$ und $T3$ gebildet. Diese Transistoren sollten möglichst gleiche Parameter haben. Sie könnten z. B. zwei Transistoren eines Transistorarrays sein.

Da die Basisklemmen dieser Transistoren verbunden sind und den gleichen Emitterwiderstand R_1 haben, stellen sich auch die gleichen Kollektorströme ein. Das führt im Ergebnis auch zur Gleichheit der Kollektorströme von $T1$ und $T3$, und es wird

$$i_\mathrm{a} = u_\mathrm{e}/R_0 . \tag{3.98}$$

Den mit dem Ausgang des Operationsverstärkers verbundenen Transistor kann man als Inverter in die Gegenkopplungsschleife einbeziehen. Eine aufgebaute Schaltung mit Stromausgang wird im Bild 3.35 d gezeigt. Da der Transistor das Signal bereits invertiert, wird die Gegenkopplungsschleife über den nichtinvertierenden Eingang geschlossen. Der Transistor $T2$ wiederholt den Strom von $T1$, also gilt auch in diesem Fall Gl. (3.98).

Den Aufbau von Verstärkern mit Stromausgang kann man vereinfachen, wenn das Eingangssignal nicht auf Masse, sondern auf eine der beiden Speisespannungen bezogen wird. So können im Bild 3.35a die unteren Anschlüsse von R_0 und u_e mit der Speisespannung u_{B-} und dafür der obere Lastanschluß mit Masse verbunden werden. (Dabei wird $|u_{B-}| > u_e + i_a R_a$ vorausgesetzt.)

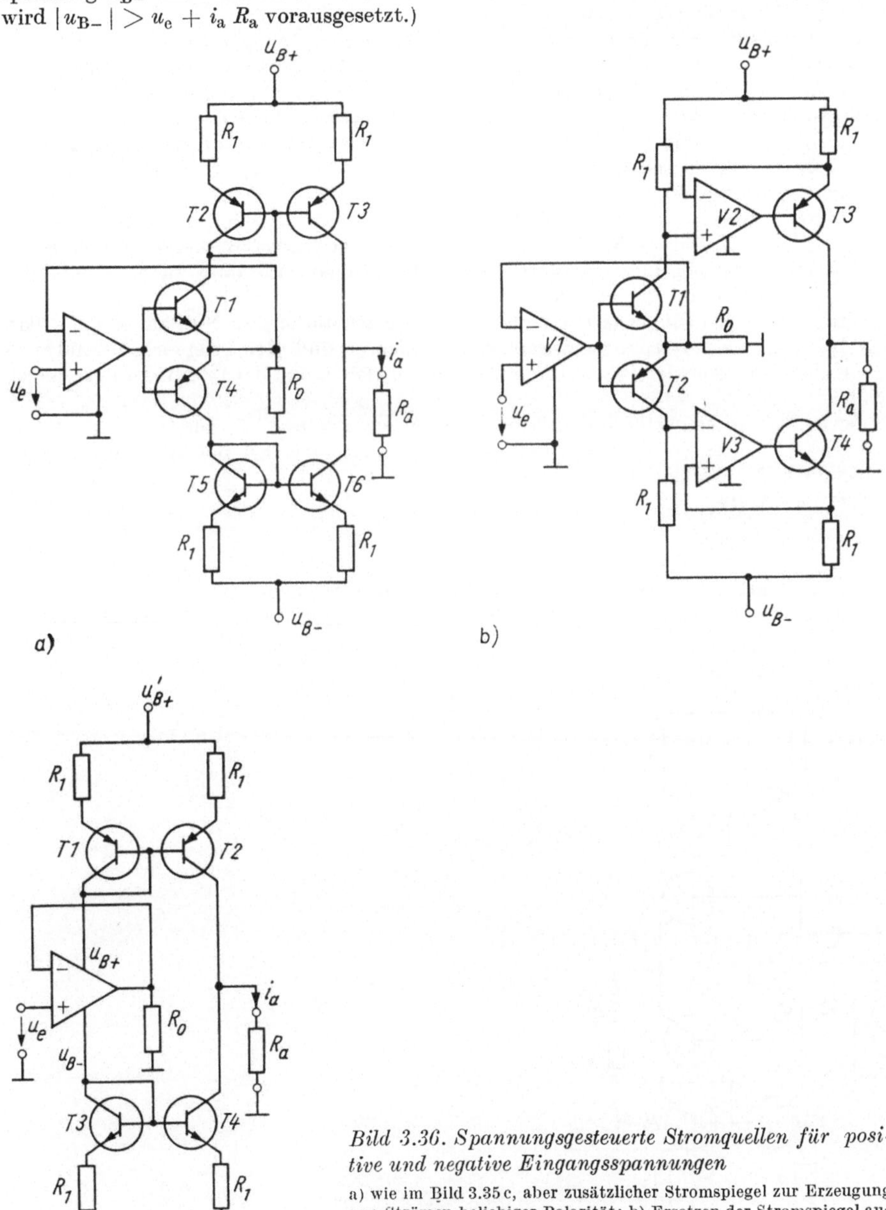

Bild 3.36. Spannungsgesteuerte Stromquellen für positive und negative Eingangsspannungen

a) wie im Bild 3.35c, aber zusätzlicher Stromspiegel zur Erzeugung von Strömen beliebiger Polarität; b) Ersetzen der Stromspiegel aus a) durch Operationsverstärker; c) Einbeziehung der Speiseströme des Operationsverstärkers in die Stromspiegel

Vereinfachte Schaltungen ergeben sich auch bei der Verwendung zusätzlicher, von Masse galvanisch getrennter Speisespannungen. Bild 3.35e zeigt die Schaltung eines Verstärkers mit Stromausgang. Die Verwendung zweier solcher galvanisch von Masse getrennter Speisespannungen gestattet es, den Lastwiderstand zu erden und Eingangsspannungen beliebiger Polarität zuzulassen.

Zur Verstärkung positiver und negativer Eingangsspannungen dienen ebenfalls die Schaltungen nach Bild 3.36. Der Verstärker im Bild 3.36a entspricht dem im Bild 3.35c, wobei ein zusätzlicher Eingangstransistor ($T\,4$) und ein zweiter Stromspiegel ($T\,5$, $T\,6$) dafür sorgen, daß der Ausgangsstrom in beiden Richtungen fließen kann. Im Verstärker nach Bild 3.36b sind die Stromspiegel mittels Operationsverstärker aufgebaut ($V\,2$ und $V\,3$). Dementsprechend müssen Transistoren ($T\,3$ und $T\,4$) mit möglichst gleichen Parametern verwendet werden.

Ein Stromspiegel, der es erlaubt, einen Ausgangsstrom beliebiger Polarität zu erzeugen, wird ebenfalls in der Struktur nach Bild 3.36c verwendet. In diesem Fall reproduzieren die Stromspiegel die Speiseströme des Operationsverstärkers. Für $u_\mathrm{e} = 0$ ist der Strom im Widerstand R_0 gleich Null.

Nimmt man die Eingangsströme des Operationsverstärkers zu Null an, so folgt, daß die Speiseströme des Operationsverstärkers gleich groß sind. Dementsprechend sind auch die Kollektorströme der Transistoren $T\,2$ und $T\,4$ gleich, und der Laststrom i_a ist gleich Null.

Ist $u_\mathrm{e} \neq 0$, so fließt durch den Widerstand R_0 ein Strom u_e/R_0. Die vom Operationsverstärker benötigten Speiseströme unterscheiden sich um den Betrag u_e/R_0. Um die gleiche Größe weichen die Kollektorströme von $T\,2$ und $T\,4$ voneinander ab, was zu einem Laststrom

$$i_\mathrm{e} = u_\mathrm{e}/R_0$$

führt.

Der Verstärker nach Bild 3.37 kann als Stromfolger bezeichnet werden. Der Ausgangsstrom i_a folgt nach Betrag und Vorzeichen dem Eingangsstrom i_e. Dabei ist der Ein-

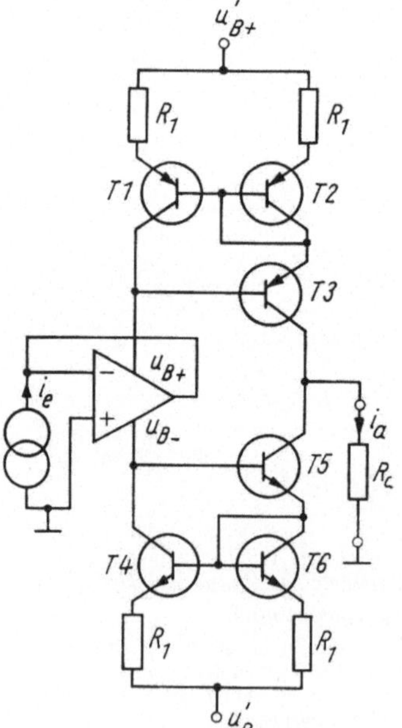

Bild 3.37. Stromgesteuerte Stromquelle mit Ausnutzung der Speisestromänderung eines Operationsverstärkers

gangswiderstand des Verstärkers nahezu Null und der Ausgangswiderstand sehr hoch. Der Verstärker arbeitet mit verbesserten Stromspiegeln. In den einfachen Stromspiegeln nach Bild 3.36c unterscheiden sich Eingangs- und Ausgangsstrom der Spiegel — selbst bei völliger Übereinstimmung aller Parameter der Transistoren ($T1$, $T2$ und $T3$, $T4$) — um mindestens das Doppelte des Basisstroms. Tatsächlich ist der Eingangsstrom des Stromspiegels bei Gleichheit der Kollektorströme der Transistoren $T1$ und $T2$ größer als der Kollektorstrom des Transistors $T2$ (Ausgangsstrom des Stromspiegels). Er unterscheidet sich von diesem gerade um die Größe der Basisströme beider Transistoren. In dem verbesserten Stromspiegel nach Bild 3.37 (Transistoren $T1$, $T2$, $T3$) sind — bei idealer Übereinstimmung der Transistorparameter — Eingangs- und Ausgangsstrom gleich groß und gleich den Emitterströmen von $T1$ und $T2$.

Häufig werden beim Aufbau von Stromspiegeln die Emitterwiderstände weggelassen (R_1 in den Bildern 3.35, 3.37). Dabei können sich Eingangs- und Ausgangsströme des Verstärkers bis zu 1 % unterscheiden. Setzt man Emitterwiderstände ein, so kann diese Abweichung bis zu 0,1 % gesenkt werden.

3.7. Verstärker mit galvanisch getrennten Speisespannungen

3.7.1. Eigenschaften von Verstärkern mit galvanisch getrennten Speisespannungen

In einigen Fällen werden beim Aufbau elektrischer Meßwandler Verstärker mit galvanisch getrennten Speisespannungen benutzt. Das bedeutet, daß jeder der eingesetzten Verstärker einen eigenen Speiseblock enthält, wobei diese Speiseblöcke voneinander galvanisch getrennt sind. Im einfachsten Fall wäre dies die Speisung der Verstärker aus jeweils eigenen Batterien. Praktisch wendet man statt Batteriespeisung meist getrennte Sekundärwicklungen der Speisetransformatoren (oder überhaupt getrennte Transformatoren) mit anschließender Gleichrichtung, Filterung und Stabilisierung an. Bei der Anwendung solcher Verstärker gibt es einige Besonderheiten, die im weiteren untersucht werden sollen.

Bild 3.38a zeigt die Schaltung eines Operationsverstärkers mit Gegenkopplungsnetzwerk und Speisespannungen. Es wird angenommen, daß die Speisespannungen galvanisch getrennt sind. Aus diesem Grunde darf ein beliebiger Punkt der Schaltung geerdet werden. Wird für mehrere Verstärker ein und dieselbe Speisespannungsquelle benutzt, so wird gewöhnlich deren mittlerer Punkt geerdet. Die Ausgangsgröße des Verstärkers ist dann die Änderung der Operationsverstärkerausgangsspannung bezüglich dieses Punktes. Wenn ein anderer Punkt der Schaltung geerdet ist, dann steuert die Differenzeingangsspannung des Operationsverstärkers außerdem die Spannung zwischen dem Operationsverstärkerausgang (Punkt A) und dem Mittelpunkt der Speisespannungen (Punkt B). Auch der Strom durch die Widerstände R_1, R_2 und R_3 (Bild 3.38a) verändert sich dabei nicht. (Die Eingangsströme des Operationsverstärkers werden vernachlässigt.)

Die Bilder 3.38b, c, d, e zeigen die möglichen Varianten der Erdung verschiedener Punkte der Schaltung 3.38a. Der Mittelpunkt B der Speisespannungen wird dabei als zusätzlicher Ausgang des Operationsverstärkers aufgefaßt. Die Ausgangsgröße des Verstärkers ist die von der Eingangsspannung abhängige Spannung zwischen den beiden Ausgängen A und B: $u_A - u_B$. Die Zeichen — und + des invertierenden bzw. nichtinvertierenden Eingangs beziehen sich dabei auf den Ausgang A. Bezüglich des Ausgangs B vertauschen die Eingänge ihre Beziehungen. Der +-Eingang wirkt für den Punkt B als invertierender und der —-Eingang als nichtinvertierender Operationsverstärkereingang.

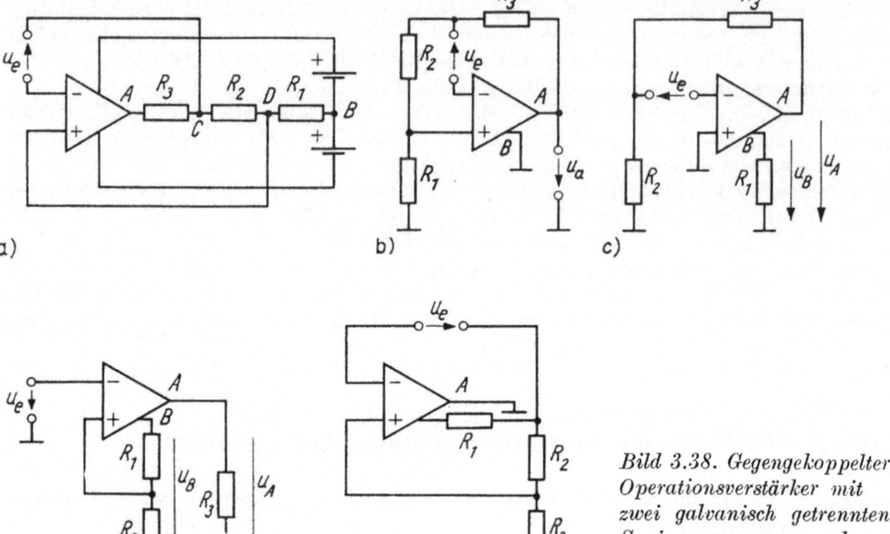

Bild 3.38. Gegengekoppelter Operationsverstärker mit zwei galvanisch getrennten Speisespannungen und verschiedenen Erdpunkten

Bild 3.38 b entspricht der Erdung des Punktes B ($u_B = 0$). Es ergibt sich

$$u_A = u_e\,(R_1 + R_2 + R_3)/R_2\,.$$

Dieses Ergebnis erhält man leicht, wenn man beachtet, daß das Differenzsignal des Operationsverstärkers nur dann gleich Null ist, wenn die Spannung über dem Widerstand R_2 gleich der Eingangsspannung u_e ist.

Wird der Punkt D geerdet, so ergibt sich die Schaltung nach Bild 3.38 c. Für die Ausgangsspannung gilt

$$u_A = u_e\,(R_2 + R_3)/R_3\,.$$

Da die Ströme in den Ausgängen A und B gleich groß sind, aber entgegengesetztes Vorzeichen haben, gilt

$$u_B = -\,u_e\,R_1/R_2\,.$$

Die Vorzeichen der Spannungen u_A und u_B tragen hier bedingten Charakter, da Eingangs- und Ausgangsspannung keinen gemeinsamen Punkt haben.

Es sollte beachtet werden, daß die Ausgänge A und B im betreffenden Fall nicht gleichwertig sind. Da das Signal im Gegenkopplungsnetzwerk am Punkt A abgegriffen wird, ist der Ausgangswiderstand an diesem Punkt nahezu Null. Bezüglich des B-Ausgangs wirkt der Operationsverstärker als Stromquelle. Der Ausgangswiderstand der Schaltung im Punkt B ist gleich R_1.

Der im Bild 3.38 d dargestellte Verstärker entsteht aus der Ausgangsschaltung (Bild 3.38 a) durch Erdung des Punktes C. Hier wird die Gegenkopplung dadurch gebildet, daß ein Teil der Ausgangsspannung vom Ausgang B auf den nichtinvertierenden Eingang des Operationsverstärkers geschaltet wird. Es sei daran erinnert, daß dieser Eingang für den Ausgang B als invertierender Eingang wirkt. In diesem Fall wird

$$u_B = u_e\,(R_1 + R_2)/R_2,\quad u_A = -\,u_e\,R_3/R_2\,.$$

Jetzt hat der Ausgang B einen niedrigen Ausgangswiderstand, da von ihm das Gegenkopplungssignal abgegriffen wird. Der Ausgangswiderstand am Punkt A ist R_3. Prinzipiell stellt die Schaltung nach Bild 3.38 d das Analogon zu einem gewöhnlichen, nichtinvertierenden Verstärker (Bild 3.10 a) dar. Der Unterschied besteht lediglich darin, daß als Hauptausgang hier der Ausgang B verwendet wird.

Zum Schluß wird der Punkt A der Schaltung geerdet (Bild 3.38 e). Hier gilt $u_A = 0$ und

$$u_B = u_e \, (R_1 + R_2 + R_3)/R_1 \, .$$

Obige Ausführungen zeigen, daß die Verwendung von Verstärkern mit galvanisch getrennten Speisespannungen den Kreis der Schaltungsmöglichkeiten beträchtlich erweitert. Das liegt daran, daß neben den beiden Verstärkereingängen nun auch zwei Ausgänge vorhanden sind.

3.7.2. Anwendung von Verstärkern mit galvanisch getrennten Speisespannungen

Die genannten Verstärker werden für die verschiedensten Zwecke eingesetzt. Beispielsweise erweist es sich oft als günstig, einen Meßwandler zu verwenden, der gleichzeitig einen Strom- und einen Spannungsausgang hat. So wird in der Schaltung nach Bild 3.38 d das Spannungssignal vom Ausgang B abgegriffen ($R_i \rightarrow 0$). Die Last für den Stromausgang wird an die Stelle des Widerstands R_3 geschaltet ($R_i \rightarrow \infty$).

Allerdings muß bemerkt werden, daß das Anschalten einer Last an den Spannungsausgang B auf den Strom am Stromausgang A einwirkt.

Ein invertierender Verstärker mit zwei Ausgangssignalen (Strom und Spannung) wird im Bild 3.39 a gezeigt. Hier ist die Ausgangsspannung $u_B = - u_e \, R_2/R_1$ und der Strom bei Last am Stromausgang

$$i_A = u_e \left(\frac{1}{R_1} + \frac{R_2}{R_1 \, R_3} \right).$$

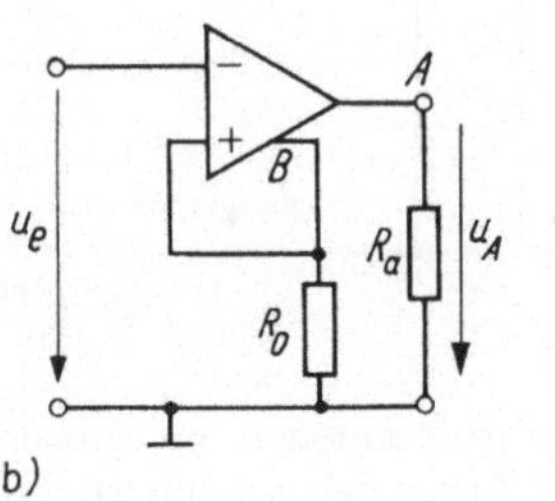
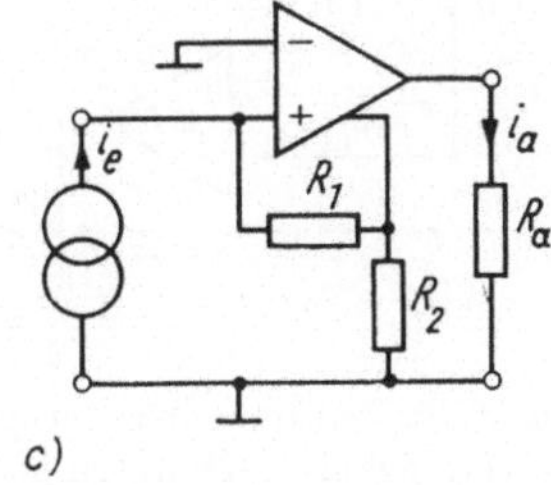

a)   b)   c)

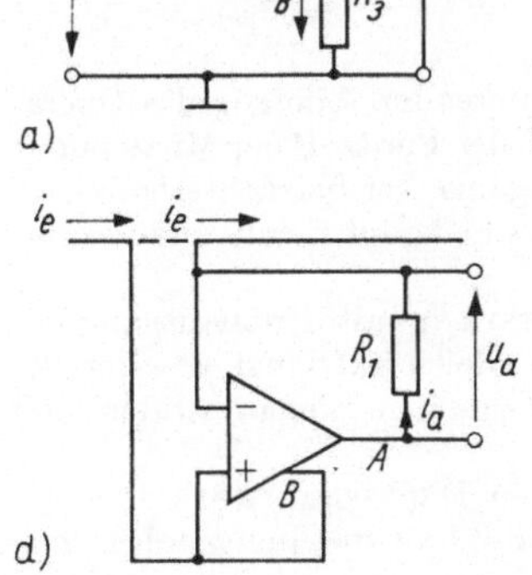

d)

Bild 3.39. *Meßwandler mit Operationsverstärkern und galvanisch getrennten Speisespannungen*

a) Verstärker mit Strom- und Spannungsausgang
b) Verstärker mit Stromausgang für geerdete Last und Eingangsspannungen beliebiger Polarität
c) Verstärker mit Stromeingang und Stromausgang
d) Einsatz bei der Strommessung in erdfreien Leitungen

Der Widerstand R_3 dient zum Einstellen des Übertragungsfaktors zwischen Eingangsspannung u_e und Ausgangsstrom i_A. Besonders günstig lassen sich mit den beschriebenen Verstärkern Meßwandler mit Stromausgang aufbauen. Bild 3.39 b stellt eine entsprechende Schaltung dar. Die Last ist geerdet, und es können Eingangsspannungen beliebiger Polarität verarbeitet werden. Vergleicht man diese Schaltung mit denen in den Bildern 3.35 e sowie 3.36 a und c, so wird offensichtlich, wie sehr die Anwendung von Operationsverstärkern mit galvanisch getrennten Speisespannungen die Struktur vereinfacht.

Bild 3.39 c zeigt einen Verstärker mit Stromeingang und -ausgang. Der Ausgangsstrom ist $i_a = i_e\,(R_1 + R_2)/R_2$. Im Unterschied zur entsprechenden Schaltung im Bild 3.8, vierte Spalte, kann hier die Last geerdet werden.

In der Schaltung nach Bild 3.39 d wird ein Verstärker mit galvanisch getrennten Speisespannungen zur Strommessung in erdpotentialfreien Leitungen verwendet. Die sich über dem Widerstand R_1 einstellende Spannung beträgt $i_e\,R_1$. Ein Vergleich mit Bild 3.32 c zeigt, daß hier auf den zweiten Operationsverstärker, der für die Kompensation des Meßstroms sorgt, verzichtet werden kann.

Der Vorteil von Verstärkern mit galvanisch getrennten Speisespannungen besteht auch darin, daß der eingesetzte Operationsverstärker so geschaltet werden kann, daß er ohne Gleichtaktansteuerung arbeitet. So ist z. B. im Bild 3.40 a ein Spannungsfolger ($u_B = u_e$)

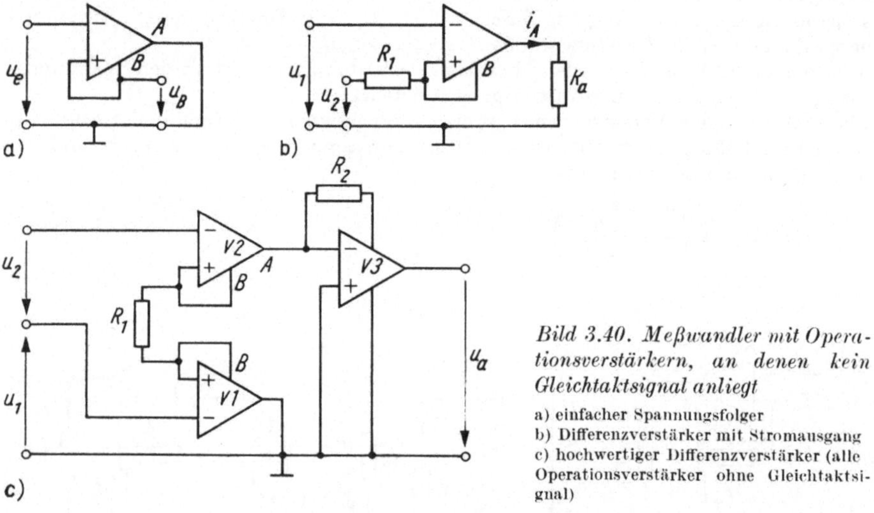

Bild 3.40. Meßwandler mit Operationsverstärkern, an denen kein Gleichtaktsignal anliegt

a) einfacher Spannungsfolger
b) Differenzverstärker mit Stromausgang
c) hochwertiger Differenzverstärker (alle Operationsverstärker ohne Gleichtaktsignal)

dargestellt, bei dem der Ausgang B mit dem nichtinvertierenden Eingang des Operationsverstärkers verbunden ist. Es sei daran erinnert, daß der Punkt B der Mittelpunkt der Speisespannungen ist. Auf diese Weise haben die Eingänge der betrachteten Schaltung das Potential des Speisespannungsmittelpunkts. Das bedeutet nichts anderes, als daß das Gleichtaktsignal gleich Null ist.

Im Bild 3.40 b wird eine Schaltung eines Differenzverstärkers mit Stromausgang angegeben, in der der Operationsverstärker ebenfalls ohne Gleichtaktsignal arbeitet. Es gilt $i_a = (u_2 - u_1)/R_1$. Der Nachteil dieser Schaltung ist der geringe Eingangswiderstand für die Quelle u_2.

Zum Schluß sei noch die Schaltung eines hochwertigen Differenzverstärkers angegeben (Bild 3.40 c). Hier arbeitet der Operationsverstärker $V1$ als Spannungsfolger entsprechend der Schaltung im Bild 3.40 a und der Operationsverstärker $V\,2$ als Differenzverstärker entsprechend 3.40 b. Der Operationsverstärker $V\,3$ bildet einen Verstärker mit Stromeingang. Für die Ausgangsspannung gilt

$$u_\mathrm{a} = (u_2 - u_1)\, R_2/R_1 .$$

In diesem Verstärker arbeiten alle Operationsverstärker mit gleichtaktfreiem Eingang, was Fehler aufgrund der endlichen Gleichtaktunterdrückung ausschließt.

Wenn man beachtet, daß im dargestellten Fall keinerlei Widerstandsverhältnisse oder dergleichen einzuhalten sind, so wird verständlich, daß sich in diesem Fall ein sehr hoher Wert der Gleichtaktunterdrückung der Gesamtschaltung ergibt.

4. Verringerung zufälliger Fehler in Meßketten

4.1. Aufgabenstellung

In diesem Abschnitt werden Maßnahmen zur Verminderung zufälliger additiver Fehler elektronischer Meßwandler beschrieben. Additive Störungen in solchen Meßketten entstehen im wesentlichen in den ersten Verstärkerstufen nach der Signalquelle. Deshalb werden hier vorzugsweise die Verfahren beschrieben, mit denen das Störverhalten hochempfindlicher Gleichspannungsverstärker verbessert werden kann.

Im Abschn. 2.3. wurde bereits erläutert, daß sowohl die Eigenstörungen von Verstärkern als auch die von der Umgebung auf die ersten Verstärkerstufen wirkenden Störgrößen eine äquivalente Störeingangsspannung erzeugen, deren Leistungsspektrum mit abnehmender Frequenz stark ansteigt.

Bei quasistatischen Messungen äußern sich diese Störungen in einem sehr langsamen zufälligen Schwanken des Nullpunkts.

Bei Vorgabe einer endlichen Meßzeit im Sinne der Überlegungen von Abschn. 2.3.1. ist es nicht möglich, zwischen zufälligen und möglicherweise vorhandenen determinierten Anteilen der Störspannung des Meßwandlers zu unterscheiden.

Eine solche Unterscheidung ist aber auch gar nicht nötig, da sich die im Abschn. 4.2. untersuchten Prinzipien der Fehlerkorrektur auf beliebige additive Fehler beziehen. Die Eingangs- und Ausgangsgrößen im Abschn. 4.2. werden mit x und y bezeichnet. Die zugehörigen Signalkenngrößen werden entsprechend indiziert. Diese Bezeichnungen deuten an, daß es sich bei den untersuchten Strukturen um Modelle mit teilweise idealen Eigenschaften handelt (z. B. ideale Abtast- und Halteglieder, ideale Modulatoren).

Außerdem wird die Bezugnahme auf Abschn. 2. erleichtert, wo dieselben Bezeichnungen verwendet werden.

4.2. Gleichspannungsverstärker

4.2.1. Verstärker mit Driftkorrektur

Die durch den Begriff Driftkorrektur gekennzeichneten Verfahren gehen von der prinzipiellen Annahme aus, daß es möglich ist, zur Zeit $t = nT$ die Eingangsspannung des Verstärkers kurzzeitig abzuschalten und während dieser Zeit durch eine geeignete Korrektur die Ausgangsspannung wieder zu Null zu machen.

Es liegt also die im Bild 2.16 erläuterte Situation vor. Eine technische Realisierung wird im Bild 4.1. gezeigt. Jeweils zum Zeitpunkt nT wird die Störgröße $y_{\mathrm{St}}(t)$ am Ausgang des Verstärkers festgestellt und im folgenden Zeitintervall von der Ausgangsgröße des Verstärkers abgezogen. Dadurch weicht die Ausgangsgröße $y(t)$ im zeitlichen Mittel wesentlich weniger vom Sollwert ab als ohne Korrektur.

Häufig wird das Fehlersignal $y_{\mathrm{St}}(t)$ auch über einen entsprechenden Teiler $1/K$ auf den Verstärkereingang zurückgeführt. Ein prinzipieller Unterschied zu der im Bild 4.1 dargestellten Situation besteht nicht.

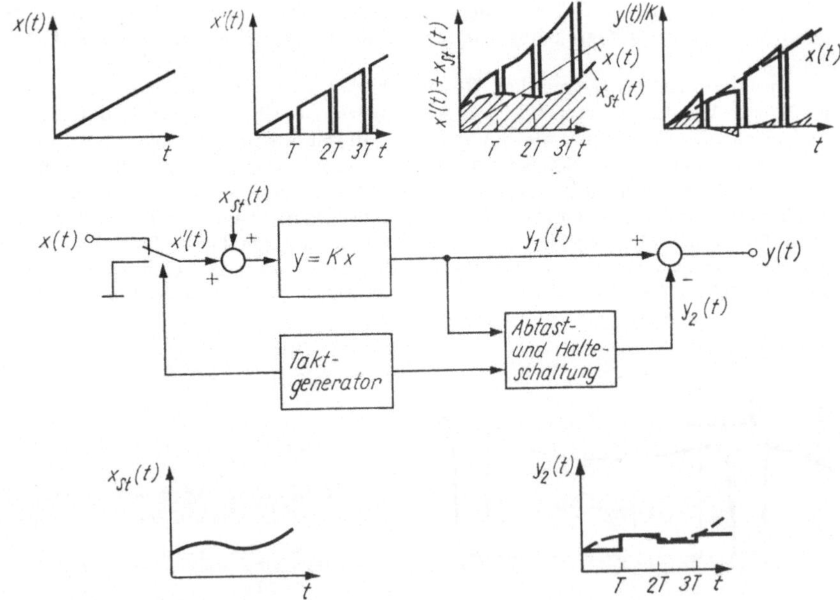

Bild 4.1. Idealer Verstärker mit automatischer Driftkorrektur

Es soll im folgenden angenommen werden, daß die Zeitintervalle zur Feststellung der Störgröße $x_{\text{St}}(t)$ so klein sind, daß die Änderung von $x(t)$ in diesem Zeitintervall vernachlässigbar ist. Dazu unterscheidet sich auch die Zeitfunktion $x'(t)$ von $x(t)$ nur durch spektrale Anteile, die oberhalb des Signalspektrums von $x(t)$ liegen und die deshalb nach der Korrektur wieder ausgefiltert werden können. Die weiteren Betrachtungen können sich deshalb auf die Störgrößen, d. h. auf die Vorgänge in der Anordnung für $x(t) = 0$, beschränken. Der Einfluß, den ein zusätzlicher Tiefpaß auf die Übertragungseigenschaften der Meßkette hat, wird zum Schluß gesondert untersucht.

Die Wirkung der Korrekturanordnung kann dann auch so aufgefaßt werden, als ob anstelle der ohne Korrektur zu erwartenden Ausgangsstörgröße $K\,x_{\text{St}}(t)$ die Störgröße $y_{\text{St}}(t)$ erscheint. Ist $x_{\text{St}}(t)$ eine durch $S_x(f_x)$ beschriebene Zufallsgröße, so besteht die Aufgabe der Analyse der Störunterdrückung darin, die statistischen und spektralen Parameter der Ausgangsgröße $y_{\text{St}}(t)$ zu bestimmen. Die ganze Anordnung stellt also jetzt ein periodisch zeitveränderliches System dar, dessen Kenngrößen im Abschn. 2.2.4. definiert worden sind. Um die Zusammenhänge im einzelnen kennenzulernen, soll der im

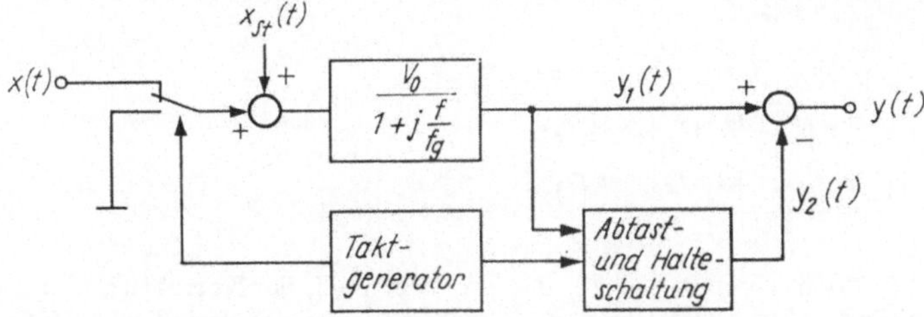

Bild 4.2. Realer Verstärker mit automatischer Driftkorrektur

Bild 4.2 dargestellte konkrete Fall näher betrachtet werden. Der Verstärker hat jetzt eine obere Frequenzbandbegrenzung vom Typ eines Tiefpasses erster Ordnung (Grenzfrequenz f_g).

Diese Annahme ist der technischen Realität besser angepaßt als der frequenzunabhängige lineare Verstärker nach Bild 4.1. Als Folgerung ergibt sich jedoch, daß die Abschaltzeiten für das Nutzsignal nun nicht mehr von der Ansprechzeit der Abtast- und Halteschaltung, sondern von der Einschwingzeit T_E des Verstärkers bestimmt werden. Nach dem Abschalten des Nutzsignals darf nicht sofort abgetastet werden, da man sonst zusätzlich zu den Störungen den Ausschwingvorgang des Nutzsignals mit erfaßt und die Korrektur fehlerhaft wird. Gleiches gilt für den Meßvorgang, da das Meßsignal nach dem Zuschalten nicht sofort am Ausgang des Verstärkers anliegt. Die Übergangsprozesse sind nach einer Zeit $\Delta t > T_E \approx (1 \cdots 5)\, 1/f_g$ praktisch abgeklungen. Soll Δt sehr klein sein, so ist f_g entsprechend groß zu wählen (Bild 4.3).

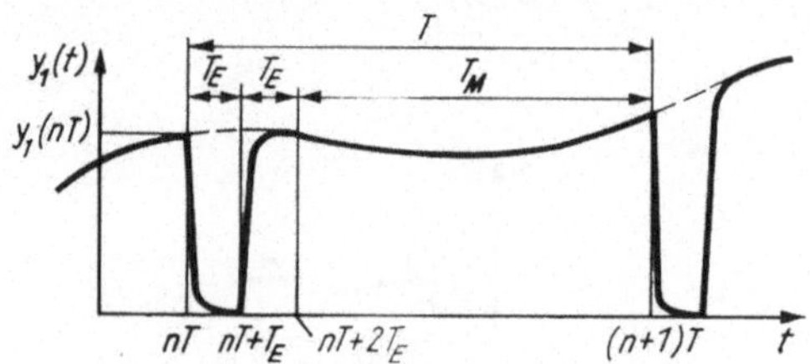

Bild 4.3. Einschwingvorgänge beim Ab- und Zuschalten des Nutzsignals

T Korrekturperiode; T_E Einschwingzeit des Verstärkers $T_E = (1\cdots 5)\,(1/f_g)$; T_M Meßzeit $T_M = T - 2\,T_E$

Die Störgröße im Bild 4.2 ist durch die typische Leistungsdichte nach Gl. (3.2) gekennzeichnet. Dabei wird der Einfluß der frequenzunabhängigen Komponente S_0 und der des $1/f$-Rauschens $S_0 f_C /|f_x|$ zunächst gesondert untersucht.

Zunächst wird der parametrische Frequenzgang $\underline{G}\,(t, f_x)$ berechnet. Dazu wird entsprechend Gl. (2.35) die Störquelle $x_{St}\,(t)$ im Bild 4.2 durch eine komplexe harmonische Schwingung $\underline{x}\,e^{j\,2\,\pi f_x t}$ ersetzt und die Antwort der Meßkette auf diese Erregung bestimmt. Für $y_1\,(t)$ folgt sofort

$$y_1\,(t) = \frac{\underline{x} V_0\, e^{j\,2\,\pi f_x t}}{1 + j\,f_x/f_g}\,. \tag{4.1a}$$

$y_1\,(t)$ wirkt auf den Eingang der Abtast- und Halteschaltung. Für das Ausgangssignal gilt dann

$$y_2\,(t) = y_1\,(nT) = \frac{\underline{x}\,V_0\, e^{j\,2\,\pi f_x n T}}{1 + j\,f_x/f_g}\,;\ nT \leq t \leq (n+1)\,T\,. \tag{4.1b}$$

Nach Gl. (2.36) erhält man für $\underline{G}\,(t, f_x)$:

$$\begin{aligned}
\underline{G}\,(t, f_x) &= \frac{y_1\,(t) - y_2\,(t)}{\underline{x}\, e^{j\,2\,\pi f_x t}} \\[2mm]
&= \frac{\underline{x}\,V_0\, e^{j\,2\,\pi f_x t} - \underline{x}\,V_0\, e^{j\,2\,\pi f_x n T}}{\underline{x}\, e^{j\,2\,\pi f_x t}\,(1 + j\,f_x/f_g)} \\[2mm]
&= \frac{V_0\,(1 - e^{-j\,2\,\pi f_x (t - n T)})}{1 + j\,f_x/f_g}\,;\ nT \leq t \leq (n+1)\,T\,,
\end{aligned} \tag{4,2}$$

Man erkennt, daß $\underline{G}\,(t, f_x)$ nur von $(t - nT)$, d. h. von der nach der Korrektur vergangenen Zeitspanne abhängt. $\underline{G}\,(t, f_x)$ ist demnach — wie aufgrund des periodischen Korrekturmechanismus zu erwarten — eine periodische Funktion in t. Im weiteren wird daher nur das Intervall $0 \leq t \leq T$ betrachtet, also $n = 0$. Für das Betragsquadrat von $\underline{G}(t, f_x)$ ergibt sich

$$|\underline{G}(t, f_x)|^2 = \frac{4 \, V_0^2 \sin^2 (\pi f_x t)}{1 + (f_x/f_g)^2} \,. \tag{4.3}$$

$|\underline{G}(t, f_x)|^2$ ist entsprechend Gl. (2.102) zur Berechnung des zeitveränderlichen (in diesem Fall periodischen) quadratischen Ensemblemittelwerts $\sigma_y^2 (t)$ geeignet. Soll das Ergebnis experimentell überprüft werden, so ist dazu ein Vorgehen entsprechend Abschn. 2.3., Bild 2.17 b erforderlich.

Für die frequenzunabhängige Komponente S_0 ergibt sich mit Gl. (4.3)

$$\sigma_{y0}^2 (t) = S_0 \int_{-\infty}^{+\infty} |\underline{G}(t, f_x)|^2 \, \mathrm{d}f_x = 2\,\pi\,S_0 f_g (1 - \mathrm{e}^{-2\pi f_g t}) \, V_0^2 \,. \tag{4.4}$$

Gl. (4.4) gilt vereinbarungsgemäß für $0 \leq t \leq T$. Danach wird $\sigma_{y0}^2 (t)$ periodisch wiederholt (Bild 4.4 a).

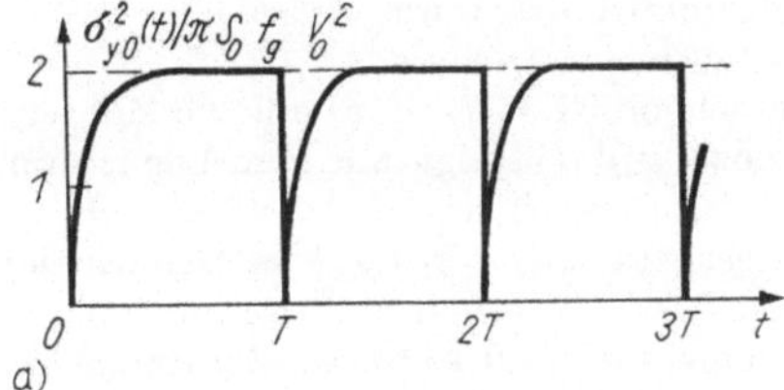

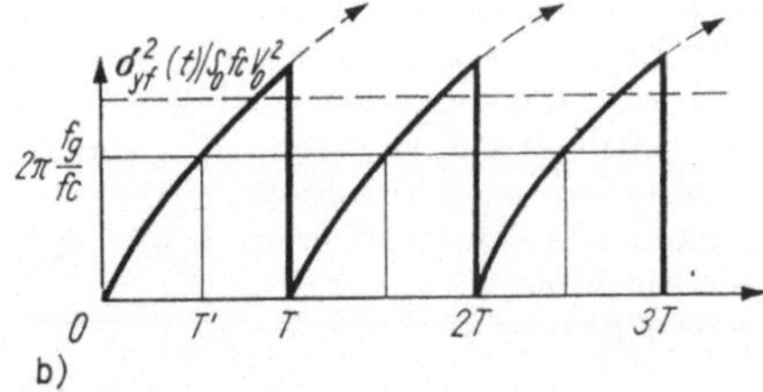

Bild 4.4. Zeitabhängige quadratische Mittelwerte der Ausgangsstörgröße beim Verstärker mit automatischer Driftkorrektur

a) weißes Rauschen $S_x (f_x) = S_0$; b) $1/f$-Rauschen $S_x (f_x) = S_0 f_c/f_x$

Gl. (4.4) läßt folgende wesentliche Schlüsse zu:
Der quadratische Ensemblemittelwert $\sigma_{y0}^2 (t)$, der vom weißen Rauschen S_0 am Ausgang der Korrekturschaltung hervorgerufen wird, ist im Moment der Korrektur gleich Null und steigt dann sehr rasch an auf den Wert

$$2\,\pi\,S_0 f_g\,V_0^2 \,.$$

Die Zeitkonstante dieses Einschwingens ist gleich der Einschwingzeit des Verstärkers — also sehr klein gegenüber der Meßzeit T. Man wird daher im wesentlichen mit einem zeitlich konstanten quadratischen Mittelwert $\sigma_{y0}^2 \approx 2\,\pi\,S_0 f_g\,V_0^2$ während der gesamten Meßzeit T zu rechnen haben.

Dieser Wert ist gerade doppelt so groß wie der entsprechende Wert bei demselben Verstärker *ohne* Korrektur:

$$\sigma_{y0}^2 \Big|_{\text{ohne Korrektur}} = S_0 \, V_0^2 \int_{-\infty}^{+\infty} \frac{\mathrm{d}f_x}{1 + (f_x/f_g)^2} = \pi\,S_0 f_g\,V_0^2 \,. \tag{4.5}$$

Diese Tatsache ist eine Folge der geringen inneren Korrelation des breitbandigen Rauschens am Verstärkerausgang. Dadurch werden festgehaltener Wert $y_1 (nT)$ und laufender Wert $y_1\,(t)$ (Bild 4.2) bereits nach kurzer Zeit unkorreliert, und ihre gleichen quadratischen Mittelwerte addieren sich. Damit erweist sich die verwendete Methode der Korrektur bezüglich des weißen Rauschens als ungünstig. (Im Abschn. 4.2.2. wird gezeigt, daß ein Zerhackerverstärker diesen Nachteil nicht hat, da hier das weiße Rauschen wie im Verstärker ohne Korrektur übertragen wird.)

Der Vorteil des Verfahrens wird deutlich bei der Berechnung von $\sigma_{yf}^2\,(t)$, das vom $1/f$-Rauschen verursacht wird:

$$\sigma_{yf}^2\,(t) = S_0\,V_0^2 \int\limits_{-\infty}^{+\infty} \frac{f_C}{|f_x|}\,\frac{4\sin^2(\pi f_x\,t)}{1+(f_x/f_\mathrm{g})^2}\,\mathrm{d}f_x\,. \tag{4.6}$$

Dieses Integral läßt sich nur unter Zuhilfenahme der tabellierten Integralexponentialfunktionen lösen. Hier wird nur die sich für $t \gg 1/f_\mathrm{g}$ ergebende Näherung angegeben [2.20]:

$$\sigma_{yf}^2\,(t) = 4\,V_0^2\,S_0 f_C \ln(2\,\pi f_\mathrm{g}\,t)\,. \tag{4.7}$$

Gl. (4.7) ist richtig für $t \leq T$; außerhalb dieses Intervalls wird $\sigma_{yf}^2\,(t)$ periodisch wiederholt. Außerdem gilt $\sigma_y^2\,(0) = 0$, wie sich unmittelbar durch Einsetzen von $t = 0$ in Gl. (4.6) bestätigt.

Bild 4.4 b zeigt den Verlauf der Kurve entsprechend Gl. (4.7). Für endliche Meßzeiten T ist der quadratische Mittelwert $\sigma_{yf}^2\,(t)$ begrenzt. $\sigma_{yf}^2\,(t)$ steigt mit dem Logarithmus von t, also sehr langsam. Eine endliche Meßzeit T (Korrekturperiode) wirkt sich nach Gl. (4.6) als Begrenzung des wirksamen Eingangsspektrums $S_0 f_C/|f_x|$ im Bereich tiefer Frequenzen aus. Schwingungen mit Frequenzen $f_x \ll 1/T$ gehen praktisch nicht in den quadratischen Mittelwert der Ausgangsstörungen ein (s. Bild 2.16). Im Zusammenhang mit Bild 2.15 war von einem stationären Endzustand der Ausgangsstörungen nach einmaliger Korrektur gesprochen worden. Im Bild 4.4 entspricht dieser stationäre Zustand dem Grenzübergang $t \Rightarrow T \to \infty$. Man erkennt, daß die Existenz eines solchen Endzustands vom angenommenen physikalischen Modell $S_x\,(f_x)$ der Eingangsstörungen abhängt.

Speziell für $S_x\,(f_x) = S_0 f_C/\,|f_x|$ existiert kein stationärer Endzustand. Die im Abschnitt 2.3.1. erwähnte Korrelationszeit ist in diesem Fall unendlich groß.

Aus Bild 4.4 ist zu erkennen, daß in Abhängigkeit von den Parametern f_g und $S_0 f_C$ eine maximale Meßzeit T' bestimmt werden kann, für die $\sigma_{yf} < \sigma_{y0}$ ist.

Gleichsetzen der Gln. (4.7) und (4.5) ergibt $(T \gg 1/f_\mathrm{g})$:

$$2\,\pi\,S_0 f_\mathrm{g} = 4\,S_0 f_C \ln(2\,\pi f_\mathrm{g}\,T') \tag{4.8}$$

$$T' = \frac{1}{2\,\pi f_\mathrm{g}}\,\mathrm{e}^{(\pi/2)\,f_\mathrm{g}/f_C}\,. \tag{4.9}$$

Als Beispiel wird $f_C = 200$ Hz angenommen. Wählt man $f_\mathrm{g} = 2000$ Hz, so folgt $T' \approx 530$ s. Dieser große Wert für die Korrekturperiode mag zunächst verwundern, wird aber durch die Meßpraxis bestätigt. Bei Gleichspannungsverstärkern mit Grenzfrequenzen von einigen Kilohertz reicht eine einmalige Korrektur des Nullpunkts (meist per Hand) völlig aus, um für Meßzeiten von Minuten bzw. Stunden den Einfluß der tieffrequenten Störungen hinter dem des Breitbandrauschens verschwinden zu lassen.

Will man die in den Gln. (4.7) und (4.4) angegebenen zeitabhängigen quadratischen Mittelwerte durch einen einzigen Wert charakterisieren, so gibt es zwei Möglichkeiten:

1. Angabe der Wert am Ende der Korrekturperiode, d. h. für $t = T$. Dieser Werte gilt dann als obere Grenze für die tatsächlichen Werte im gesamten Meßzeitraum. Man erhält

$$\sigma_{y0}^2\,(T) = 2\,\pi\,S_0 f_\mathrm{g}\,V_0^2\,(1 - \mathrm{e}^{-2\,\pi f_\mathrm{g}\,T})$$

$$\approx 2\,\pi\,S_0 f_\mathrm{g}\,V_0^2 \tag{4.10a}$$

$$\sigma_{yf}^2\,(T) = 4\,S_0 f_C\,V_0^2 \ln(2\,\pi f_\mathrm{g}\,T)\,. \tag{4.10b}$$

2. Angabe des zeitlichen Mittelwertes von $\sigma_y{}^2\,(t)$ in einer Meßperiode. Man erhält

$$\overline{\sigma_{y0}{}^2} = \frac{1}{T} \int\limits_0^T \sigma_{y0}{}^2\,(t)\,\mathrm{d}t = 2\,\pi\,S_0\,f_g\,V_0{}^2 \left[1 - \frac{(1 - \mathrm{e}^{-2\,\pi\,f_g\,T})}{2\,\pi\,f_g\,T} \right]$$

$$\approx 2\,\pi\,S_0\,f_g\,V_0{}^2;\ f_g\,T \gg 1 \tag{4.11a}$$

$$\overline{\sigma_{yf}{}^2} = \frac{1}{T} \int\limits_0^T \sigma_{yf}{}^2\,(t)\,\mathrm{d}t \approx 4\,S_0\,f_C\,V_0{}^2 \int\limits_{1/(2\pi f_g)}^T \ln\,(2\,\pi\,f_g\,t)\,\mathrm{d}t$$

$$= 4\,S_0\,f_C\,V_0{}^2 \ln\,(2\,\pi\,f_g\,T);\ f_g\,T \gg 1\;. \tag{4.11b}$$

Die mittleren Werte von $\sigma_y{}^2\,(t)$ stimmen damit für große Meßzeiten T praktisch mit den Maximalwerten überein.

Für den gesamten quadratischen Mittelwert der Störgröße am Ausgang gilt nach den Gln. (4.11) bzw. (4.10)

$$\overline{\sigma_y{}^2} = \overline{\sigma_{y0}{}^2} + \overline{\sigma_{yf}{}^2}$$

$$= 2\,S_0\,f_C\,V_0{}^2\,[2\ln\,(2\,\pi\,f_g\,T) + \pi\,f_g/f_C]. \tag{4.12}$$

Für $f_t \gg f_C$ läßt sich nach Gl. (4.8) eine Meßzeit T bestimmen, innerhalb der das weiße Rauschen den Fehler allein bestimmt. Für diese Meßzeiten ist

$$\overline{\sigma_y{}^2} \approx 2\,\pi\,S_0\,f_g\,V_0{}^2. \tag{4.13}$$

Ist $f_g < f_C$, so geht der Anteil des weißen Rauschens stark zurück. Eine geringe Grenzfrequenz bedeutet aber entsprechend den Ausführungen zu Bild 4.3 eine hohe Einschwingzeit des Verstärkers und damit große Meßzeiten ($f_g\,T \gg 1 \to \ln 2\,\pi\,f_g\,T \geqq 1$). $\overline{\sigma_y{}^2}$ hängt in diesem Fall nicht mehr von f_g ab, und es gilt

$$\overline{\sigma_y{}^2} > 4\,S_0\,f_C\,V_0{}^2. \tag{4.14}$$

Gl. (4.14) stellt damit eine Grenze des Korrekturverfahrens nach Bild 4.2 dar.

Die mittleren Werte von $\sigma_y{}^2$ entsprechend Gl. (4.11a) und (4.11b) können mit Hilfe von Gl. (2.104) auch direkt aus $S_x\,(f_x)$ berechnet werden, ohne daß vorher die Zeitabhängigkeiten $\sigma_y{}^2\,(t)$ ermittelt werden müssen. Dazu wird der Mittelwert des Betragsquadrats des parametrischen Übertragungsfaktors $\underline{G}\,(t,f_x)$ über eine Periode T benötigt:

$$\overline{|\underline{G}\,(f_x)|^2} = \frac{1}{T} \int\limits_0^T |\underline{G}\,(t,f_x)|^2\,\mathrm{d}t\;. \tag{4.15}$$

Für die Anordnung nach Bild 4.2 folgt mit Gl. (4.3)

$$\overline{|\underline{G}\,(t,f_x)|^2} = \frac{V_0{}^2}{1 + (f_x/f_g)^2}\,2\,[1 - \mathrm{si}\,(2\,\pi\,f_x\,T)]\;. \tag{4.16}$$

Dabei ist $\mathrm{si}\,(x) = \sin\,(x)/x$. Da $V_0/(1 + \mathrm{j}f_x/f_g)$ gerade der Übertragungsfaktor des verwendeten Verstärkers ist, kann man entsprechend Gl. (4.16) ein wirksames Eingangsstörspektrum $S_x^*\,(f_x)$ definieren:

$$S_x^*\,(f_x) = S_x\,(f_x)\,|\underline{G}^*\,(f_x)|^2$$

$$= S_x\,(f_x)\,2\,[1 - \mathrm{si}\,(2\,\pi\,f_x\,T)]\;. \tag{4.17}$$

Gl. (4.17) entspricht den Überlegungen im Abschn. 2.3., Bild 2.16. Der wirksame Übertragungsfaktor $|\underline{G}^*\,(f_x)|^2$ ist im Bild 4.5 dargestellt.

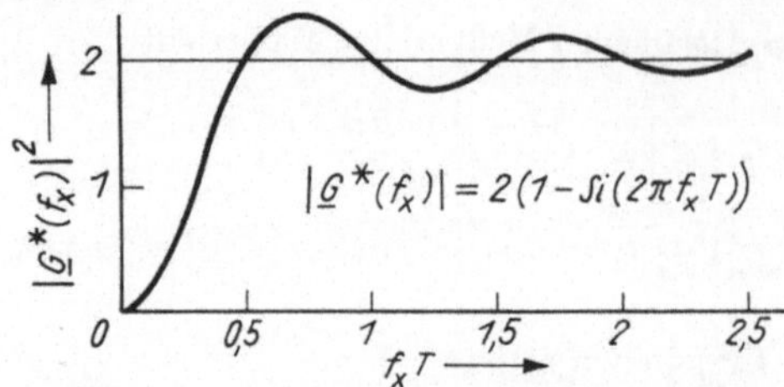

Bild 4.5. Wirksamer Übertragungs-. faktor für Störleistungsdichte $S_x (f_x)$ beim Verstärker mit automatischer Driftkorrektur nach Bild 4.2

$|\underline{G}^* (f_x)|^2$ stellt eine Frequenzfunktion dar, die angibt, mit welchem Gewicht die einzelnen Spektralanteile der eingangsseitigen Störungen $S_x (f_x)$ in das wirksame Eingangsstörspektrum $S_x^* (f_x)$ eingehen.

Man erkennt deutlich, wie die tiefen Frequenzen unterdrückt, die hohen Frequenzen jedoch mit dem Faktor 2 bewertet werden. Das wirksame Eingangsspektrum $S_x^* (f_x)$ für beliebige Eingangsstörungen $S_x (f_x)$ ergibt sich einfach als Produkt von $S_x (f_x)$ und $|\underline{G}^* (f_x)|^2$. Für die Komponente S_0 stellt $|\underline{G}^* (f_x)|^2$ nach Bild 4.5 demnach bis auf den Faktor S_0 auch die wirksame Eingangsleistungsdichte dar. Für $S_0 f_C / |f_x|$ ist die Kurve für die wirksame Eingangsleistungsdichte im Bild 4.6 dargestellt.

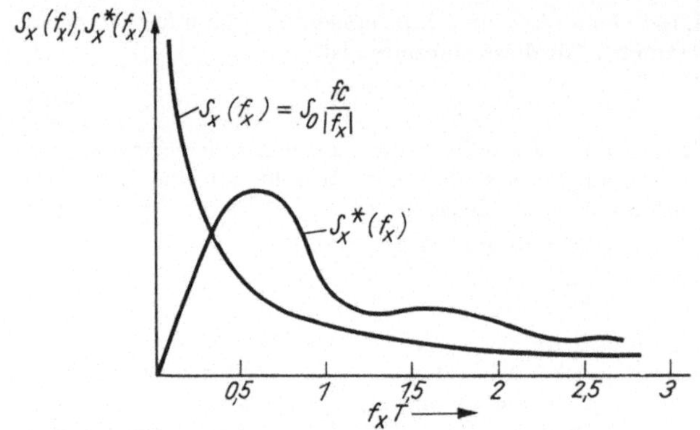

Bild 4.6. Wirksame Leistungsdichte der 1/f-Rauschkomponente

Offenbar hängt $|\underline{G}^* (f_x)|^2$ nur von der Art der vorgenommenen Korrektur, nicht aber vom konkreten Übertragungsfaktor des verwendeten Verstärkers ab. Die Ersatzschaltung zur Berechnung von σ_y^2 der Ausgangsstörungen eines beliebigen Verstärkers mit periodischer Driftkorrektur wird im Bild 4.7 gezeigt. Ausdrücklich sei darauf hinge-

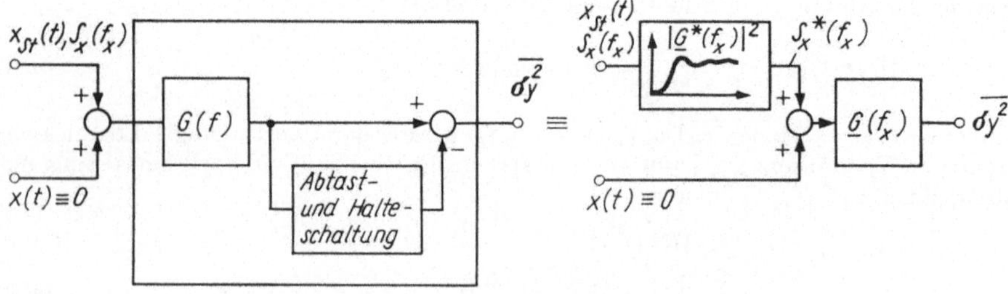

Bild 4.7. Ersatzschaltung des Verstärkers mit automatischer Driftkorrektur zur Berechnung von $\overline{\sigma_y^2}$

wiesen, daß die wirksame Übertragungsfunktion keine Aussagen über die Spektralverteilung $S_y(f_y)$ des Ausgangsprozesses $y_{St}(t)$ zuläßt. Diese Spektren unterscheiden sich wesentlich von den wirksamen Eingangsspektren.

Dagegen ist die Kenntnis der tatsächlichen Spektren $S_y(f_y)$ erforderlich, wenn der Einfluß weiterer Übertragungsglieder diskutiert werden soll (etwa Anschluß eines Tiefpasses zur Glättung des bei $t = nT$ unterbrochenen Eingangssignals).

Aus diesem Grund wird auf die Berechnung von $S_y(f_y)$ näher eingegangen. Nach Gl. (2.105) hängt das zeitveränderliche Spektrum $S_y(t, f_y)$ mit dem parametrischen Stoßspektrum $\underline{A}(f_y, \tau)$ zusammen. $\underline{A}(f_y, \tau)$ erhält man entsprechend Gl. (2.39) als Spektraldichte der Antwortzeitfunktion des Systems auf einen Dirac-Stoß:

$$x_{St}(t) = I\,\delta(t - \tau)\,.$$

Dazu wird wieder Bild 4.2 betrachtet. Für $y_1(t)$ erhält man als Gewichtsfunktion des Verstärkers

$$y_1(t) = I\,g(t - \tau) = I\,2\,\pi f g\,\mathrm{e}^{-2\,\pi f g(t - \tau)}\,; t \geq \tau\,. \tag{4.18}$$

$y_1(t)$ wirkt am Eingang der Abtast- und Halteschaltung. Für $y_2(t)$ wird dann

$$y_2(t) = I\,2\,\pi f_g\,\mathrm{e}^{-2\,\pi f g(nT - \tau)}\,; nT \leq t \leq (n+1)\,T\,, t \geq \tau\,. \tag{4.19}$$

Für die gesuchte Gewichtsfunktion $g(t, \tau)$ erhält man damit

$$g(t, \tau) = \frac{y(t)}{I} = \frac{y_1(t) - y_2(t)}{I}\,. \tag{4.20}$$

Bild 4.8 zeigt die entsprechenden Zeitverläufe von $x_{St}(t)$, $y_1(t)$, $y_2(t)$ und $y(t)$. Mit Gl. (2.40) ergibt sich nach Fourier-Transformation von Gl. (4.20)

$$\underline{A}(f_y, \tau) = \frac{1}{1 + \mathrm{j}\dfrac{f_y}{f_g}} - \frac{\mathrm{e}^{+2\,\pi(f_g + \mathrm{j}f_y)(\tau - nT)}\,(1 - \mathrm{e}^{-\mathrm{j}2\,\pi f_y T})}{\mathrm{j}\dfrac{f_y}{f_g}\quad[1 - \mathrm{e}^{-2\,\pi(f_g + \mathrm{j}f_y)T}]}\,. \tag{4.21}$$

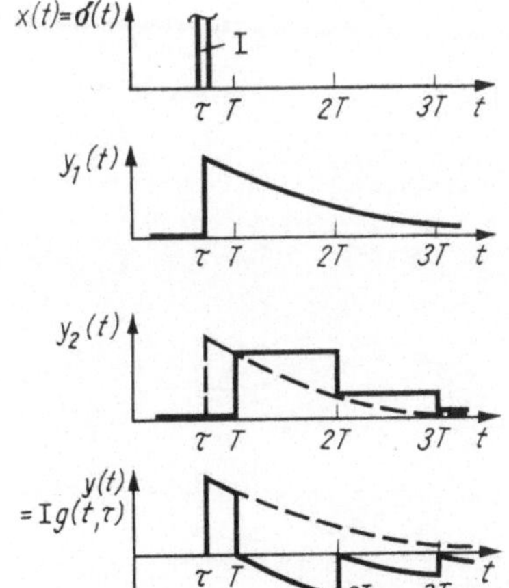

Bild 4.8. Zur Bestimmung der Gewichtsfunktion des Verstärkers mit automatischer Driftkorrektur nach Bild 4.2

$\underline{A}(f_y, \tau)$ hängt nur vom Wert $(\tau - nT)$, nicht aber von τ selbst ab. $\underline{A}(f_y, \tau)$ ist daher eine periodische Funktion mit der Periode T. Im weiteren wird $n = 0$ gesetzt, d. h., es wird nur das Intervall $0 \leq \tau \leq T$ betrachtet.

Zur Berechnung von $S_y\,(t, f_y)$ nach Gl. (2.105) ist die Kenntnis der Korrelationsfunktion $\psi_x\,(\tau)$ der Eingangserregung erforderlich. Für die verwendete Beziehung $S_x\,(f_x)$ $= S_0\,(1 + f_C/|f_x|)$ läßt sich jedoch keine Korrelationsfunktion angeben, da das Integral in der Gl. (2.75) nicht konvergiert. Dies zeigt noch einmal, daß das verwendete Modell eigentlich nur für einen bestimmten Frequenzbereich gilt.

Nimmt man trotzdem die Gültigkeit dieser Beziehung für die Leistungsdichte für beliebig hohe und beliebig tiefe Frequenzen an, so muß man sicherstellen, daß die betrachtete Meßanordnung selbst für eine obere und eine untere Bandbegrenzung sorgt. Bei dem Meßwertwandler nach Bild 4.2 ist dies der Fall: Der Verstärker begrenzt das Spektrum für hohe Frequenzen, und der Korrekturmechanismus unterdrückt die tiefen Frequenzen (s. Bild 4.5).

Ein anschaulicher Zusammenhang zwischen Eingangs- und Ausgangsspektrum ergibt sich, wenn man sich auf den zeitlichen Mittelwert $\overline{S}_y\,(f_y)$ des Ausgangsspektrums entsprechend Gl. (2.107) beschränkt. Nach Reihenentwicklung von $\underline{A}\,(f_y, \tau)$ entsprechend Gl. (2.51 a) ergeben sich die komplexen Fourier-Koeffizienten $\underline{A}_\nu\,(f_y)$, mit denen sich das mittlere Ausgangsspektrum $S_y\,(f_y)$ wie folgt berechnen läßt [Gl. (2.107)]:

$$\overline{S}_y\,(f_y) = \sum_{-\infty}^{+\infty} |\,\underline{A}_\nu\,(f_y)\,|^2\, S_x\,(f_y - \nu f_0)\,; f_0 = \frac{1}{T}\,.$$

Bild 4.9 demonstriert den komplizierten Zusammenhang zwischen $S_x\,(f_x)$ und $\overline{S}_y\,(f_y)$.

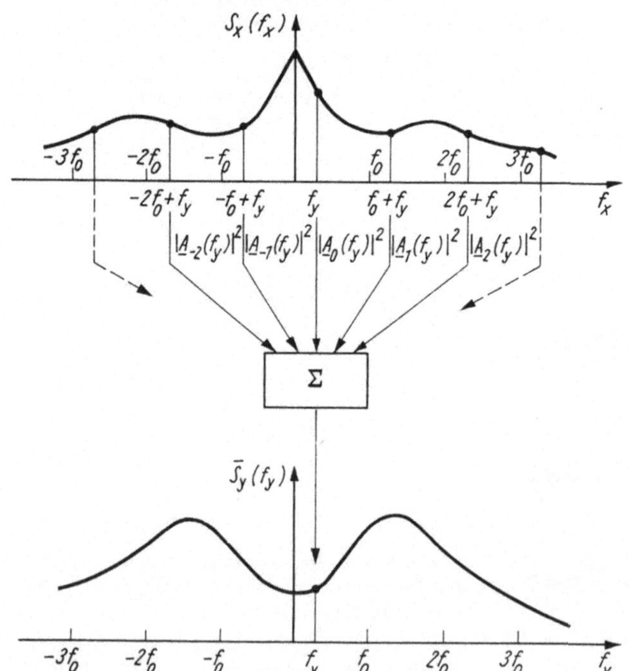

Bild 4.9. Zusammenhang zwischen Eingangs- und Ausgangsspektren bei Meßwandlern mit periodischer Korrektur

Unter Benutzung von $\underline{A}\,(f_y,\,\tau)$ nach Gl. (4.21) folgt für $\overline{S_y}\,(f_y)$

$$\frac{\overline{S_y}(f_y)}{V_0^{\,2}} = \frac{\left[\mathrm{si}^2\left(\pi\frac{f_y}{f_0}\right) + 1 - 2\,\mathrm{si}\left(2\,\pi\frac{f_y}{f_0}\right)\right]}{\left[1 + \left(\frac{f_y}{f_\mathrm{g}}\right)^2\right]}\,S_x\,(f_y)$$

$$+\,\mathrm{si}^2\left(\pi\frac{f_y}{f_0}\right)\sum_{\substack{\nu=-\infty\\ \nu\neq 0}}^{+\infty}\frac{S_x\,(f_y - \nu f_0)}{\left[1 + \left(\frac{f_y - \nu f_0}{f_\mathrm{g}}\right)^2\right]}\;. \tag{4.22}$$

Dabei ist wieder $\mathrm{si}\,(x) = \sin\,(x)/x$.

Gl. (4.22) läßt folgende Schlüsse zu:

Für $f_y \gg f_0$ verschwinden alle Spaltfunktionen, und es gilt die Näherung

$$\overline{S_y}\,(f_y) \approx \frac{V_0^{\,2}}{\left[1 + \left(\frac{f_y}{f_\mathrm{g}}\right)^2\right]}\,S_x\,(f_y)\;. \tag{4.23}$$

Dabei ist zu beachten, daß $f_0 = 1/T$ möglicherweise eine sehr kleine Frequenz ist. Für $T = 10\cdots1000$ s ergeben sich für f_0 Werte von $10^{-1}\cdots10^{-3}$ Hz. Für höhere Frequenzbereiche verursacht die Driftkorrektur keine Verformungen des Spektrums $S_x\,(f_x)$.

Für $f_y = k\,f_0$; $k = 1, 2, 3, \ldots$ stimmen $S_x\,(f_y)$ und $S_y\,(f_y)$ überein. Das ist eine Folge der Tatsache, daß für $f_x = l\,f_0$; $f_0 = 1, 2, 3, \ldots$ das Ausgangssignal der Abtast- und Halteschaltung konstant ist.

Im folgenden wird der Einfluß der beiden Komponenten von $S_x\,(f_x)$ auf das Ausgangsspektrum untersucht.

Weißes Rauschen. Für $f_y \gg f_0$ folgt entsprechend Gl. (4.23)

$$\overline{S_y}\,(f_y) = \frac{S_0\,V_0^{\,2}}{1 + (f_y/f_\mathrm{g})^2}\;. \tag{4.24}$$

Für $f_y \ll f_0$ bleibt nur die Summe in Gl. (4.22) übrig, die sich wie folgt abschätzen läßt

$$\overline{S_y}\,(f_y) \approx \mathrm{si}^2\left(\pi\frac{f_y}{f_0}\right)\cdot\sum_{\substack{\nu=-\infty\\ \nu\neq 0}}^{+\infty}\frac{S_0\,V_0^{\,2}}{\left[1 + \left(\frac{f_y - \nu f_0}{f_\mathrm{g}}\right)^2\right]}$$

$$\approx S_0\,\pi\,f_\mathrm{g}\,\frac{\mathrm{si}^2\left(\pi\frac{f_y}{f_0}\right)}{f_0}\,V_0^{\,2}\;. \tag{4.25}$$

Beachtet man noch die Beziehung

$$\lim_{f_0 \to 0}\frac{\mathrm{si}^2\,(\pi f_y/f_0)}{f_0} = \delta\,(f_y)\;, \tag{4.26}$$

so kann man für große T statt der Gln. (4.25) und (4.24) einfacher schreiben

$$\overline{S_y}\,(f_y) \approx \pi\,S_0\,f_\mathrm{g}\,V_0^{\,2}\,\delta\,(f_y) + \frac{S_0\,V_0^{\,2}}{1 + (f_y/f_\mathrm{g})^2}\;. \tag{4.27}$$

Gl. (4.27) läßt sich anhand von Bild 4.2 interpretieren: Der Summand

$$V_0^{\,2}\,S_0/[1 + (f_y/f_g)^2]$$

entspricht der Leistungsdichte des Vorgangs $y_1\,(t)$. Der Ausgangsprozeß $y_2\,(t)$ der Abtast- und Halteschaltung ist für große T praktisch konstant, was sich im Dirac-Stoß der

Leistungsdichte nach Gl. (4.27) äußert. Die Abtast- und Halteschaltung wirkt demnach wie eine zeitliche Dehnung auf den Eingangsprozeß, was zu einer entsprechenden Kontraktion des zugehörigen Spektrums führt. Der Faktor $\pi\,S_0\,f_g$ stellt gerade den quadratischen Mittelwert von $y_1\,(t)$ und damit auch von der Abtastfolge $y_1\,(n\,T)$ dar. Tatsächlich erhält man durch Integration von Gl. (4.27) über alle f_y

$$\overline{\sigma_{y0}{}^2} = V_0{}^2 \int\limits_{-\infty}^{+\infty} \left[\pi\,S_0 f_g\,\delta\,(f_y) + \frac{S_0}{1 + (f_y/f_g)^2} \right]\,\mathrm{d}f_y = 2\,\pi\,S_0 f_g\,V_0{}^2\,. \qquad (4.28)$$

Dieses Ergebnis entspricht dem von Gl. (4.11 a). Die Leistungsdichte $\overline{S}_y\,(f_y)$ entsprechend Gl. (4.27) ist im Bild 4.10 a grafisch dargestellt.

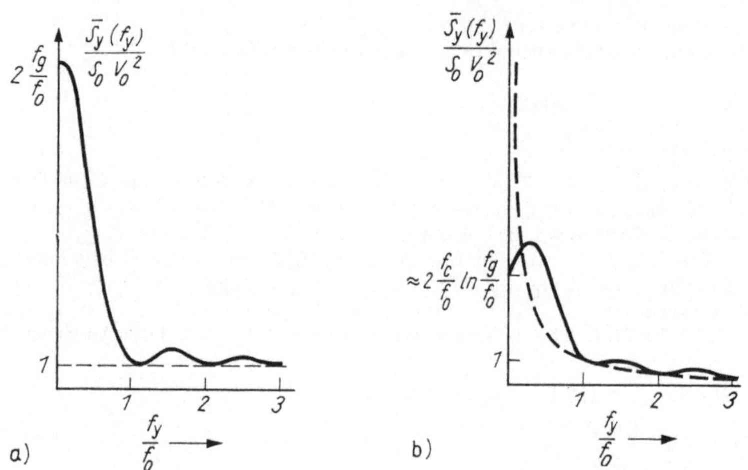

Bild 4.10. Mittlere Ausgangsspektren beim Verstärker mit automatischer Driftkorrektur für typische Eingangsspektren

a) weißes Rauschen $S_x\,(f_x) = S_0$; $\left(\text{Ordinate}: \pi\,\dfrac{f_g}{f_0}\ \text{statt}\ 2\,\dfrac{f_g}{f_0}\right)$; b) $1/f$-Rauschen $S_x\,(f_x) = S_0\,f_C\,'|f_x|$

Frequenzabhängige Komponente. Für die frequenzabhängige Komponente $S_0 f_C/|f_x|$ läßt sich keine Vereinfachung von Gl. (4.22) finden. Für $f_y \gg f_0$ gilt wieder, daß sich die Korrektur nicht auf das Spektrum auswirkt

$$\overline{S}_y\,(f_y) \approx S_0\,\frac{f_C}{|f_y|}\,\frac{V_0{}^2}{[1 + (f_y/f_g)^2]}\,. \qquad (4.29)$$

Bei niedrigen Frequenzen $f_y \approx 0$ ist der Wert der Leistungsdichte begrenzt (Bild 4.10 b). Es bliebe zu zeigen, daß der aus Gl. (4.22) für die $1/f$-Komponente zu berechnende quadratische Mittelwert $\overline{\sigma_{yf}{}^2}$ gleich dem nach Gln. (2.11 b) ermittelten Wert ist.

Beschränkt man sich nur auf die Angabe von quadratischen Mittelwerten, so ist offensichtlich die Methode nach Gl. (2.104) der Berechnung der Spektren und anschließender Integration vorzuziehen. Will man dagegen den Einfluß weiterer Elemente auf die Übertragungseigenschaften des Meßwertwandlers untersuchen, so ist die Kenntnis der Spektren von großem Nutzen.

Bei gaußverteilten Störungen $x_{St}\,(t)$ gestatten die Gln. (4.4), (4.7) und (4.11) außerdem die Berechnung der Wahrscheinlichkeitsverteilungsdichte $w_y\,(t, y)$ und $\overline{w_y}\,(y)$ [Gln. (2.79) und (2.97)].

Im folgenden wird gezeigt, wie sich ein zusätzlicher Tiefpaß am Ausgang der Schaltung nach Bild 4.2 auf die Übertragung der Nutz- und Störsignale auswirkt. Ein solcher Tiefpaß dient der Glättung des bei $t = n\,T$ kurzzeitig unterbrochenen Verstärkerausgangs-

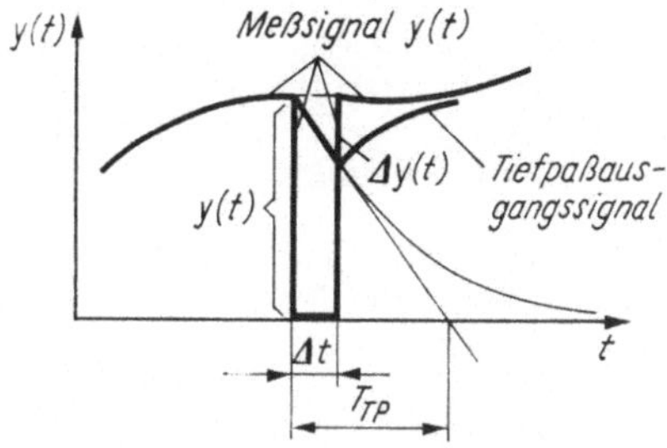

Bild 4.11. Glättung der Unterbrechungen im Meßsignal mittels Tiefpasses

signals. Bild 4.11 zeigt den Signalverlauf am Tiefpaßausgang. Wenn die Abschaltzeit Δt viel kleiner als die Tiefpaßzeitkonstante T_{TP} ist, dann sinkt das Ausgangssignal während der Signalabschaltung linear mit der Zeit t ab. Für den relativen Fehler ergibt sich

$$\Delta y\,(t)/y\,(t) = \Delta t/T_{\mathrm{TP}} \; . \tag{4.30}$$

Nach Bild 4.3 hängt die notwendige Abschaltzeit Δt mit der Einschwingzeit T_{E} bzw. der Grenzfrequenz des Verstärkers zusammen. Mit $f_{\mathrm{TP}} = 1/(2\,\pi\,T_{\mathrm{TP}})$ erhält man aus Gl. (4.30) als Näherung

$$\Delta y\,(t)/y\,(t) \approx f_{\mathrm{TP}}/f_{\mathrm{g}} \; . \tag{4.31}$$

Um den Fehler klein zu halten, muß demnach $f_{\mathrm{TP}} \ll f_{\mathrm{g}}$ gewählt werden. Dann können die kurzzeitigen Unterbrechungen im Meßsignal auf Kosten einer verringerten Signalbreite vollständig unterdrückt werden.

Im weiteren ist zu untersuchen, wie der Tiefpaß auf die Übertragung der zufälligen Störungen wirkt. Dazu wird zur Vereinfachung angenommen, daß T der Bedingung $T < T'$ nach Gl. (4.9) gehorcht, daß der quadratische Mittelwert $\overline{\sigma_y{}^2}$ also im wesentlichen vom weißen Rauschen S_0 bestimmt wird.

Man könnte nun vermuten, daß zur Berechnung dieses Mittelwerts in Abhängigkeit von der Grenzfrequenz des Tiefpasses f_{TP} in Gl. (4.17) einfach ein weiterer Faktor $1/[1 + (f_x/f_{\mathrm{TP}})^2]$ einzuführen und dann zu integrieren sei. Das wäre aber ein Trugschluß. Der parametrische Übertragungsfaktor müßte für die gesamte Anordnung Verstärker — Korrekturnetzwerk — Tiefpaß neu berechnet werden. Auf diese umfangreiche Rechnung wird verzichtet, da das Ergebnis mit Hilfe von Gl. (4.27) sofort angegeben werden kann. Der Zufallsvorgang $y\,(t)$ mit dem Leistungsspektrum nach Gl. (4.27) wirkt auf den Tiefpaß. Dessen Ausgangsprozeß $y'\,(t)$ hat dann die Leistungsdichte

$$S_{y'}\,(f_y) = \pi\,S_0 f_{\mathrm{g}} \frac{V_0{}^2\,\delta\,(f_y)}{\left[1 + \left(\dfrac{f_y}{f_{\mathrm{TP}}}\right)^2\right]} + \frac{S_0\,V_0{}^2}{\left[1 + \left(\dfrac{f_y}{f_{\mathrm{g}}}\right)^2\right]\left[1 + \left(\dfrac{f_y}{f_{\mathrm{TP}}}\right)^2\right]} \; . \tag{4.32}$$

Beachtet man die Bedingung $f_{\mathrm{g}} \gg f_{\mathrm{TP}}$, so erhält man nach Integration über f_y für den quadratischen Mittelwert am Ausgang des Tiefpasses

$$\overline{\sigma_{y'}{}^2} = \int\limits_{-\infty}^{+\infty} S_{y'}\,(f_y)\,\mathrm{d}f_y \approx \pi\,S_0 f_{\mathrm{g}}\,V_0{}^2 + \pi\,S_0\,f_{\mathrm{TP}}\,V_0{}^2$$

$$= \pi\,S_0\,f_{\mathrm{g}}\,V_0{}^2\left(1 + \frac{f_{\mathrm{TP}}}{f_{\mathrm{g}}}\right) \approx \pi\,S_0 f_{\mathrm{g}}\,V_0{}^2 \; . \tag{4.33}$$

$\overline{\sigma_y{}^2}$ hängt damit gar nicht von der Grenzfrequenz des Tiefpasses, sondern nur von der Grenzfrequenz des Verstärkers ab. Das wird aber verständlich, wenn man noch einmal an die Wirkung der Abtast- und Halteschaltung auf das einwirkende Spektrum denkt. Für große Meßzeiten T ist der Ausgangsvorgang eine (zufällige) Konstante, die vom Tiefpaß nicht unterdrückt wird.

Der Einsatz eines Tiefpasses zur Signalglättung ist daher ungünstig, da er die Signalbandbreite stark verkleinert, ohne aber die Störunterdrückung wesentlich zu verbessern. Man wird daher möglichst einen Verstärker mit Driftkorrektur *ohne* Tiefpaß verwenden, dafür aber in Kauf nehmen, daß das Meßsignal jeweils zu den Zeitpunkten nT abgeschaltet wird.

Außer der Tiefpaßfilterung gibt es noch weitere Möglichkeiten, ein stetiges Ausgangssignal zu erzeugen. Mit Hilfe einer Abtast- und Halteschaltung kann das Meßsignal selbst vor Beginn der Korrektur gespeichert und während der Korrektur auf diesem Wert gehalten werden [3.2].

Möglich ist auch der Parallelbetrieb zweier Operationsverstärker, die sich bei der Signalverstärkung und Korrektur abwechseln. Solche Verstärker werden in [4.1] als CAZ-Verstärker bezeichnet (CAZ commutating auto zero).

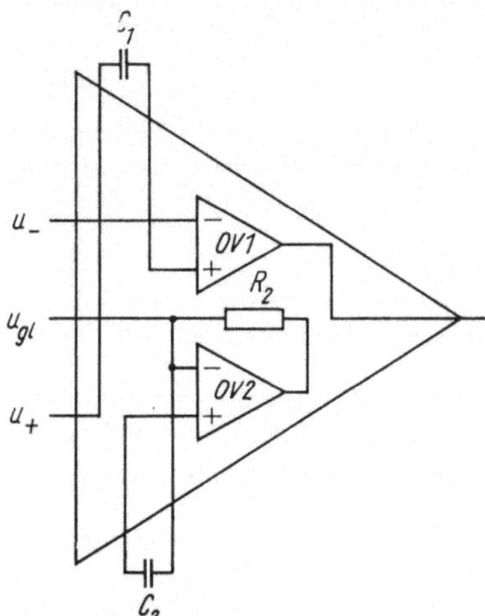

Bild 4.12. CAZ-Verstärker in einem der zwei möglichen Zustände

Bild 4.12 zeigt einen solchen CAZ-Verstärker in einem der beiden möglichen Zustände. Im dargestellten Fall arbeitet $OV1$ als Signalverstärker, während $OV2$ die Driftkorrektur durchführt. Im zweiten Zustand tauschen die Verstärker die Funktionen; jetzt verstärkt $OV2$ und $OV1$ korrigiert sich selbst (Autokorrektur). Der in [4.1] beschriebene Verstärker ist voll integriert. Neben den Operationsverstärkern sind auf dem Chip noch die entsprechenden kontaktlosen Analogschalter zur Umschaltung zwischen den beschriebenen Zuständen sowie deren Ansteuerschaltung enthalten. Auf diese Weise können Offsetspannungen von $u_{d0} \leqq 5$ μV und Temperaturdriften dieser Spannung $\leqq 0{,}1$ μV/ K erreicht werden. Der Nachteil der beschriebenen CAZ-Verstärker ist ihre geringe Bandbreite. Die nichtidealen Analogschalter erfordern die Begrenzung der Frequenzen des Eingangssignals auf etwa ein Zehntel der Umschaltfrequenz. Der mittlere Eingang des Verstärkers nach Bild 4.12 ist mit u_{gl} bezeichnet. Legt man an diesen Eingang die Gleichtaktspannung des zu korrigierenden Verstärkers an, so wird neben der bestehenden Offsetspannung auch der Nullpunktfehler, verursacht durch endliche Gleichtaktunterdrückung der Operationsverstärker, korrigiert.

Besondere Bedeutung hat die automatische Nullpunkt- bzw. Driftkorrektur für Integrierschaltungen. Hier ist der von Drift- bzw. Offsetspannungen im Ausgangssignal verursachte Fehler zusätzlich von der Integrationszeit abhängig. Besonders bei kleinen Nutzsignalen und großen Integrationszeiten kann es dabei zu sehr großen Fehlern kommen.

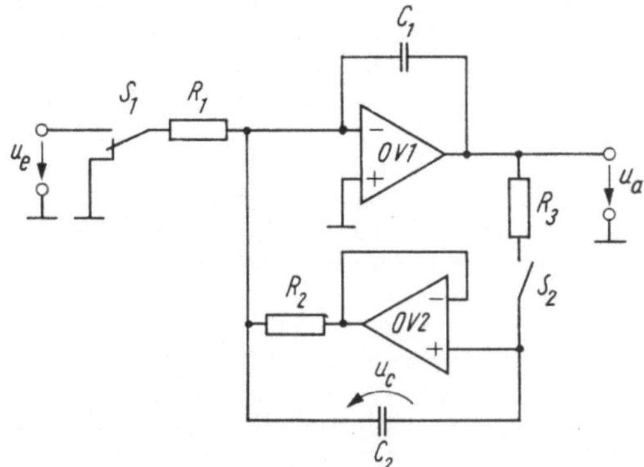

Bild 4.13. Integrierverstärker mit automatischer Driftkorrektur

Einige Ausführungen sind dazu in den Abschnitten 5. und 8. enthalten. Im Bild 4.13 ist eine solche Integrierschaltung mit automatischer Driftkorrektur dargestellt. Hier wurde zur Erhöhung der Genauigkeit der Korrektur ein zusätzlicher Verstärker in das Korrekturnetzwerk eingeführt.

Die verwendeten Transistoranalogschalter wurden zur Vereinfachung der Darstellung durch mechanische Schalter ersetzt. In den folgenden Erläuterungen bedeutet ein offener (geschlossener) Schalter eine nichtleitende (leitende)Verbindung.

Während des Korrekturvorgangs ist S_2 geschlossen, und S_1 befindet sich in der unteren Stellung nach Bild 4.13. Gleichzeitig bilden der Operationsverstärker $V2$ und die Widerstände R_2 und R_3 eine starke Gleichstromgegenkopplung für den Operationsverstärker $V1$. Dessen Eingangspotential wird auf nahezu Null eingestellt. Der Strom, der dieses Potential einstellt, fließt vom Ausgang des Operationsverstärkers $V2$ über R_2 zum invertierenden Eingang des Operationsverstärkers $V1$.

Da der zweite Operationsverstärker als Spannungsfolger geschaltet ist, lädt sich der Kondensator C_2 auf eine Spannung u_C auf, die der Spannung über R_2 entspricht. Nach derart erfolgter Korrektur öffnet der Schalter S_2, und S_1 steht in der oberen Position.

Die Spannung u_C des Kondensators wird über den Spannungsfolger $V2$ an den Widerstand R_2 gelegt und erzwingt einen Strom u_C/R_2, der die Drift des Operationsverstärkers $V1$ kompensiert.

Der Vorteil der Schaltung nach Bild 4.13 besteht darin, daß durch den Einsatz eines zweiten Operationsverstärkers die Widerstände, mit denen die Eingänge des ersten Verstärkers abgeschlossen sind, konstant bleiben.

Damit ist gleichzeitig die Korrektur des Nullpunktfehlers, der durch die Eingangsströme hervorgerufen wird, möglich. Es ist zu bemerken, daß am Eingang des Operationsverstärkers $V2$ bereits das verstärkte Signal anliegt. Damit wirkt sich die Drift des Korrekturverstärkers $V2$ praktisch nicht auf die Genauigkeit der Korrektur aus.

In [4.2] sind Berechnung und Aufbau eines Integrierverstärkers mit automatischem Nullabgleich beschrieben.

4.2.2. Verstärker nach dem Zerhackerprinzip

Die Aufgabenstellung entspricht völlig der im Abschn. 4.2.1. beschriebenen: Die additiven Störgrößen, die im Verstärker selbst bzw. durch Umgebungseinflüsse entstehen, sind bezüglich ihrer Auswirkung auf das Ausgangssignal möglichst klein zu halten.

Im Abschn. 4.1.1. wurde die Methode der automatischen Nullpunktkorrektur beschrieben. Dieses Korrekturverfahren stellt eine zeitliche Trennung von Signal und Störgröße dar (Abschalten des Meßsignals, Messen und *Speichern* der Störgröße, Kompensation).

Wirkt die Störgröße, wie vorausgesetzt, additiv auf das Meßsignal ein, so gilt dies auch für die Kenngrößen des Frequenzbereichs: Signal- und Störspektren überlagern sich ungestört. Das eigentliche Problem besteht nun — wie bereits mehrfach erwähnt — darin, daß sich Arbeitsfrequenzbereich ($f \approx 0$) und Frequenzbereich der wesentlichen Störungen (Drift) überdecken. Eine Störunterdrückung durch einfache Filterung scheidet daher aus. In Analogie zu Abschn. 4.2.1. ist es möglich, eine Spektralverschiebung des Störsignals gegenüber dem Nutzsignal vorzunehmen und anschließend die Störungen auszufiltern. Dieser Gedanke führt zum Prinzip der Modulation.

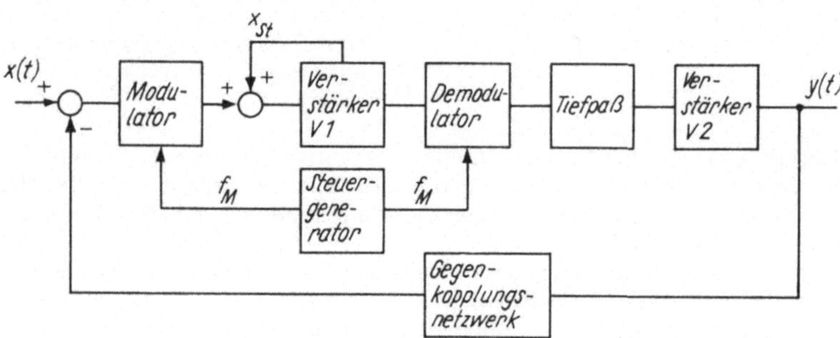

Bild 4.14. Blockschaltbild eines Zerhackerverstärkers

Gleichspannungsverstärker, die nach diesem Prinzip arbeiten, heißen Zerhackerverstärker. Bild 4.14 zeigt das Blockschaltbild eines solchen Verstärkers. Das Meßsignal $x(t)$ wird moduliert, verstärkt und phasenrichtig gleichgerichtet. Durch die Einführung des Verstärkers $V2$ werden ein niedriger Ausgangswiderstand und eine zusätzliche Verstärkung erreicht. Wenn der Verstärkungsfaktor des ersten Verstärkers groß genug ist, dann beeinflußt die Drift des Gleichspannungsverstärkers $V2$ die Stabilität des Nullpunkts der Gesamtschaltung praktisch nicht. Das Filter und der Verstärker $V2$ können in einem Modul — einem aktiven Filter — vereinigt werden.

Modulatoren und Demodulatoren sind im Idealfall trägheitslose Multiplizierglieder. Aufgrund der einfachen Realisierbarkeit mittels Feldeffekttransistoren werden heute fast ausschließlich Schalternetzwerke als Modulatoren und Demodulatoren verwendet. Diese bewirken ein periodisches Ab- bzw. Umschalten des Eingangssignals. Bild 4.15 zeigt die entsprechenden Modulationsfunktionen $\varphi(t)$ und ihre Wirkung auf ein Eingangssignal. Im Bild 4.16 sind verschiedene Schaltungen zur Realisierung dieser Modulationsfunktionen dargestellt. Die Transistorschalter wurden zur Vereinfachung durch mechanische Schalter ersetzt.

Alle Anordnungen haben zwei Eingänge, einen für das Eingangssignal, den anderen für das Gegenkopplungssignal. Im Bedarfsfall kann einer der Eingänge kurzgeschlossen werden.

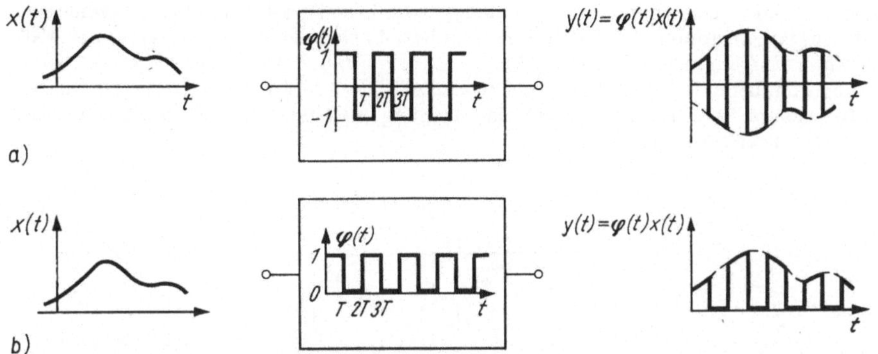

Bild 4.15. Gebräuchliche Modulationsfunktionen und ihre Wirkung auf ein Eingangssignal

a) periodische Umpolfunktion; b) periodische Abschaltfunktion

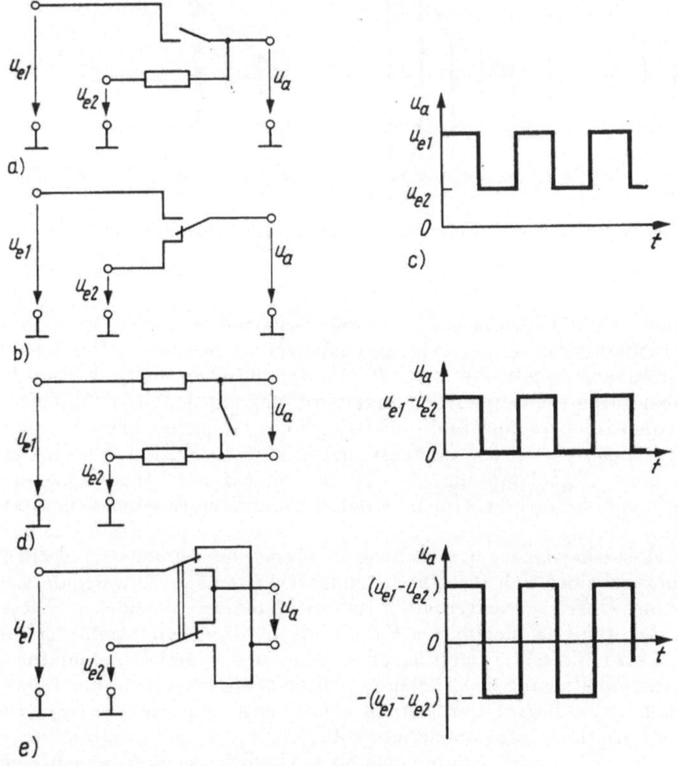

Bild 4.16. Schalternetzwerke als Modulatoren

a) Reihenmodulator für u_{e1} und Parallelmodulator für u_{e2}; b) Reihen-Parallel-Modulator; c) Modulationsfunktion für a) und b); d) Parallelmodulator; e) Brückenmodulator

Die Schaltung nach Bild 4.16a wirkt für das Signal u_{e1} als Reihen- und für u_{e2} als Parallelmodulator. Der Widerstand dient der Strombegrenzung bei geschlossenem Schalter.

Der Modulator nach Bild 4.16 b wird häufig als Reihen-Parallel-Modulator bezeichnet.

Die Ausgangsspannung beider Modulatoren bezieht sich auf Masse. Sie ist für den Fall konstanter Eingangsspannungen ($u_{e1} > u_{e2} > 0$) im Bild 4.16 c dargestellt.

Demgegenüber haben die Modulatoren nach den Bildern 4.16 d und e (Parallelmodulator und Brückenmodulator) einen massefreien Ausgang; sie sind daher nur für den Aufbau mit Differenzverstärkern geeignet.

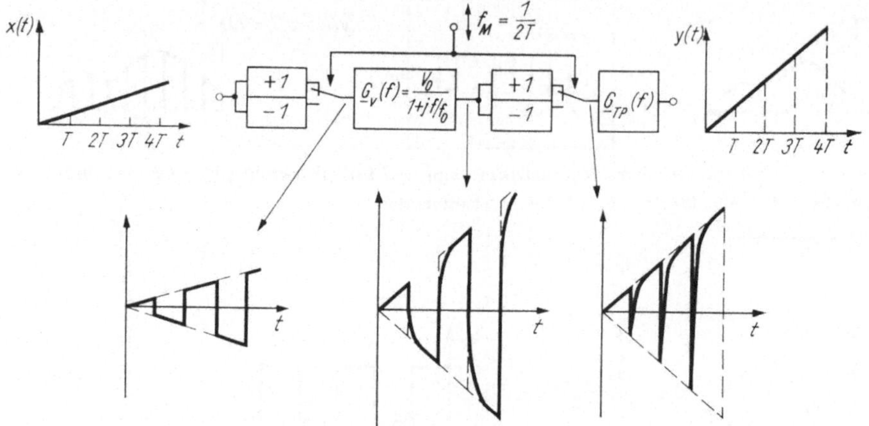

Bild 4.17. *Typische Signalverläufe beim Zerhackerverstärker mit realem Verstärker*

Im weiteren wird ein vereinfachtes Zerhackerverstärkermodell nach Bild 4.17 analysiert. Modulator und Demodulator werden als ideale Umpoler angenommen (s. Bild 4.15 a). Für die Modulationsfrequenz f_M gilt: $f_\mathrm{M} = 1/2\,T$. Die dynamischen Eigenschaften des Verstärkers $V1$ werden durch ein Tiefpaßglied erster Ordnung mit der Grenzfrequenz f_0 beschrieben. Die Frequenzübertragungsfunktion $\underline{G}_{\mathrm{TP}}\,(f)$ des Tiefpasses bzw. die zugehörige Gewichtsfunktion $g_{\mathrm{TP}}\,(t)$ werden zunächst nicht näher spezifiziert. Es wird ein Zerhackerverstärker ohne Gegenkopplung ($\beta = 0$) und ohne zusätzlichen Ausgangsverstärker $V2$ ($\underline{G}_{\mathrm{V2}}\,(f) \equiv 1$) betrachtet. (Im Bedarfsfall können die Ergebnisse entsprechend ergänzt werden.)

Obwohl Zerhackerverstärker ein typisches Beispiel für periodisch zeitveränderliche Meßwandler sind, unterscheidet sich ihr Übertragungsverhalten für Nutzsignale $x\,(t)$ im Idealfall nicht vom Übertragungsverhalten zeitunabhängiger Verstärker. Dieser Idealfall tritt dann ein, wenn als Verstärker $V1$ ein idealer Breitbandverstärker mit $\underline{G}_{\mathrm{V}}\,(f) \equiv V_0$ benutzt wird (Bild 4.17). Dann heben sich Modulator und Demodulator in ihrer Wirkung auf, und am Eingang des Tiefpasses würde das unverzerrte, um V_0 verstärkte Eingangssignal $x\,(t)$ anliegen. Der Tiefpaß könnte entfallen, und die Grenzfrequenz der Anordnung wäre theoretisch unendlich groß.

Praktisch ist jedoch jeder Verstärker durch eine obere Grenzfrequenz f_0 gekennzeichnet. Diese Grenzfrequenz bewirkt eine Dämpfung der hohen Frequenzanteile im modulierten Signal. Die Folge davon sind dynamische Verzerrungen im demodulierten Signal. Aufgabe des Tiefpasses ist es, diese Verzerrungen, die Frequenzen von Vielfachen der Modulationsfrequenz f_M enthalten, auszufiltern. Bild 4.17 zeigt qualitativ typische Spannungsverläufe. Die erwähnten Verzerrungen sind multiplikative Fehler, da sie der Signalamplitude proportional sind.

Um die Verzerrungen klein zu halten, muß $f_0/f_M \gg 1$ und $f_{TP}/f_M \ll 1$ gewählt werden. Dann wird die Übertragungsfunktion $\underline{G}(f)$ des gesamten Zerhackerverstärkers nur durch V_0 und den Tiefpaß mit der Grenzfrequenz f_{TP} bestimmt:

$$\underline{G}(f) = V_0 \, \underline{G}_{TP}(f) \, . \tag{4.34}$$

Völlig anders als auf das Nutzsignal wirkt der Zerhackerverstärker auf die additiven Störungen, die der Verstärker $V1$ in den Übertragungskanal einbringt. Für diese wirkt der Demodulator als Modulator; er verursacht so die bereits erwähnte Frequenzverschiebung und -vervielfachung des Störspektrums. Zur genaueren Analyse dieses Vorgangs wird das Modell von Bild 4.18 betrachtet. Es beschreibt die Entstehung der Ausgangsstörgröße $y(t)$ für den Fall, daß die Eingangsgröße $x(t) = 0$ ist. Wegen der vorausgesetzten additiven Überlagerung von Signal und Störungen ist die Analyse des Übertragungsproblems von Bild 4.18 ausreichend für die quantitative Beschreibung der Störunterdrückung. Die Eingangsstörgröße $x_{st}(t)$ wird wie im Abschn. 4.2.1. durch die für Verstärker typische Leistungsdichte $S_x(f_x) = S_0 \, (1 + f_C/|f_x|)$ beschrieben.

Zur Berechnung der spektralen Kennwerte von $y(t)$ aus $S_x(f_x)$ wird zunächst das Störspektrum $S_x'(f_x)$ am Eingang des Demodulators berechnet [Gl. (2.77)]:

$$S_x'(f_x) = S_x(f_x) \, |\underline{G}_V(f_x)|^2 = S_0 \left(1 + \frac{f_C}{|f_x|} \right) |\underline{G}_V(f_x)|^2 \, . \tag{4.35}$$

Entsprechend den Ausführungen im Abschn. 2.3.5. wird $y(t)$ durch das zeitabhängige Spektrum $S_y(t, f_y)$ beschrieben. Wie im Abschn. 4.2.1. soll auch hier nur der zeitliche Mittelwert $\overline{S_y}(f_y)$ dieser Größe angegeben werden. $\overline{S_y}(f_y)$ ergibt sich nach Gl. (2.107) als Verknüpfung des Spektrums $S_x'(f_x)$ mit dem parametrischen Stoßspektrum $\underline{A}(f_y, \tau)$ der betrachteten Anordnung. Zur Berechnung von $\underline{A}(f_y, \tau)$ geht man von der Gewichtsfunktion des Teiles von Bild 4.18 aus, der die Größen $x'(t)$ und $y(t)$ verknüpft (Demodulator und Tiefpaß).

Anstelle von $S_x'(f_x)$ wird ein Dirac-Stoß $x'(t) = I \, \delta(t - \tau)$ auf den Eingang des Demodulators geschaltet. (Um die Ergebnisse auf beliebige Modulationsfunktionen anwenden zu können, wird der Demodulator hier wieder als ideales Multiplizierglied dargestellt.)

Als Gewichtsfunktion $g(t, \tau)$ erhält man

$$g(t, \tau) = \frac{y(t)}{I} = \varphi(\tau) \, g_{TP}(t - \tau) \, . \tag{4.36}$$

Für $\underline{A}(f_y, \tau)$ kann man nach Gl. (2.40) schreiben.

$$\underline{A}(f_y, \tau) = \int\limits_0^\infty g(t + \tau, \tau) \, e^{-j 2 \pi f_y t} \, dt = \varphi(\tau) \int\limits_0^\infty g_{TP}(t) \, e^{-j 2 \pi f_y t} \, dt \, . \tag{4.37}$$

Das Integral in Gl. (4.37) stellt gerade den komplexen Übertragungsfaktor $\underline{G}_{TP}(f_y)$ dar, so daß sich ergibt

$$\underline{A}(f_y, \tau) = \varphi(\tau) \, \underline{G}_{TP}(f_y) \, . \tag{4.38}$$

Entsprechend Bild 4.17 soll für $\varphi(t)$ eine periodische Umpolfunktion verwendet werden. Deren Fourier-Reihenentwicklung lautet nach Gl. (2.20)

$$\varphi(\tau) = \sum_{\nu = -\infty}^{+\infty} \underline{C}_\nu \exp\left(+ j \, 2 \pi \, \nu f_M \, \tau \right) , \tag{4.39}$$

wobei

$$\underline{C}_\nu = \begin{cases} 0 & \text{für} \quad \nu = 0 \\[2mm] \dfrac{1 - (-1)^\nu}{j \, \pi \, \nu} & \text{für} \quad \nu = \pm 1, \pm 2, \pm 3 \, . \end{cases}$$

Einsetzen von Gl. (4.39) in Gl. (4.38) zeigt, daß $\underline{A}\,(f_y, \tau)$, wie zu erwarten, ebenfalls periodisch in τ ist

$$\underline{A}\,(f_y,\tau) = \underline{G}_{\mathrm{TP}}\,(f_y)\sum_{\nu=-\infty}^{+\infty}\underline{C}_\nu\,e^{+j\,2\,\pi\,\nu f_{\mathrm{M}}\tau}\,. \tag{4.40}$$

Unter Benutzung von Gl. (4.40) ergibt sich aus Gl. (2.107) für ein beliebiges Eingangsspektrum $S_x{'}\,(f_x)$:

$$\overline{S_y}\,(f_y) = |\,\underline{G}_{\mathrm{TP}}\,(f_y)|^2\sum_{\nu=-\infty}^{+\infty}|\,\underline{C}_\nu|^2\,S_x{'}\,(f_y - \nu f_{\mathrm{M}})\,. \tag{4.41}$$

Gl. (4.41) läßt sich leicht interpretieren: Das Eingangsspektrum $S_x{'}\,(f_x)$ wird mit dem diskreten Spektrum von $\varphi\,(t)$ gefaltet und anschließend mit $|\,\underline{G}_{\mathrm{TP}}\,(f)|^2$ tiefpaßbewertet. Die Summe in Gl. (4.41) stellt damit das Spektrum $\overline{S}_{\mathrm{DM}}\,(f_y)$ am Ausgang des Demodulators dar. Man erkennt, daß der Multiplikation der Zeitfunktionen (s. Bild 4.18) die Fal-

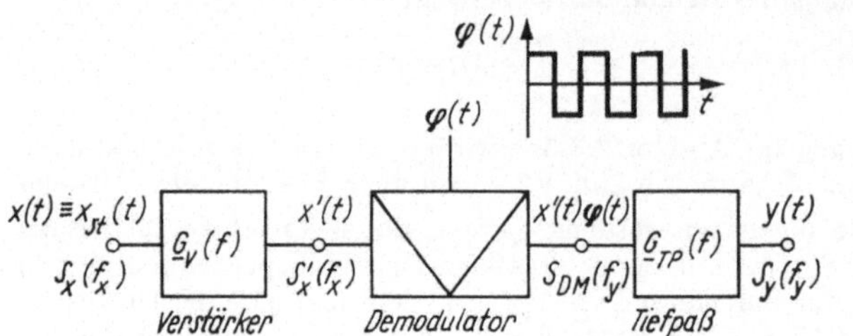

Bild 4.18. Modell zur Analyse der Störübertragung im Zerhackerverstärker

tung der zugehörigen Spektren entspricht. Der beschriebene Demodulator ist ein Beispiel für die bereits im Abschn. 2.2.4. erwähnten frequenzinvarianten Systeme nach [2.11]. Diese stellen eine Analogie zu den zeitinvarianten Systemen dar, bei denen einer Faltung der Zeitsignale eine multiplikative Verknüpfung der Spektren entspricht [Gln. (2.30), (2.77)].

Um den Einfluß der konstanten und der $1/f$-Komponente von $S_x\,(f_x)$ auf das Ausgangsspektrum zu untersuchen, wird zunächst $\underline{G}_\mathrm{V}\,(f) = V_0$ angenommen, d. h.,

$$S_x{'}\,(f_x) = V_0^2\,S_x\,(f_x)\,.$$

Weißes Rauschen. Aus Gl. (4.41) folgt

$$\overline{S_y}\,(f_y) = \underbrace{S_0\,V_0^2}_{S_0{'}}\,|\,\underline{G}_{\mathrm{TP}}\,(f_y)|^2\sum_{\nu=-\infty}^{+\infty}|\,\underline{C}_\nu|^2\,. \tag{4.42}$$

Nach dem Parseval-Theorem erhält man für das Spektrum am Ausgang des Demodulators

$$\overline{S}_{\mathrm{DM}}\,(f_y) = \overline{\varphi^2}\,(t)\,\underbrace{S_0\,V_0^2}_{S_0{'}}\,. \tag{4.43}$$

Gl. (4.43) gilt für beliebige periodische Modulationsfunktionen und läßt folgende wichtige Schlußfolgerung zu: Das weiße Rauschen S_0 ändert seinen Charakter beim Durchgang durch einen Modulator nicht. Die Leistungsdichte $S_0{'} = S_0\,V_0^2$ am Eingang wird mit dem quadratischen Mittelwert der Modulationsfunktion $\varphi\,(t)$ bewertet. Im Fall der Umpolfunktion ist $\overline{\varphi^2}\,(t) = 1$, und das Spektrum am Modulatorausgang wird

$$\overline{S}_{\mathrm{DM}}\,(f_y) = S_0{}' = S_0\,V_0{}^2\,. \tag{4.44}$$

Das Zerhackerprinzip ist daher zur Unterdrückung von Breitbandrauschen nicht geeignet. Eine Verminderung dieses Rauschanteils ist nur durch entsprechende Verringerung der Bandbreite durch Tiefpaßfilterung entsprechend Gl. (4.42) möglich

$$\overline{S_y}\,(f_y) = S_0\,V_0{}^2\,|\underline{G}_{\mathrm{TP}}\,(f_y)|^2\,. \tag{4.45}$$

Frequenzabhängige Komponente. Aus Gl. (4.41) erhält man

$$\overline{S_y}\,(f_y) = S_0\,V_0{}^2\,|\underline{G}_{\mathrm{TP}}\,(f_y)|^2 \sum_{\nu=-\infty}^{+\infty}|\underline{C}_\nu|^2\,\frac{f_C}{|f_{\dot y} - \nu f_{\mathrm{M}}|}\,. \tag{4.46}$$

Nach Einsetzen der Fourier-Koeffizienten $\underline{C}_\nu$ aus Gl. (4.39) wird aus Gl. (4.46)

$$\overline{S_y}\,(f_y) = S_0\,V_0{}^2\,|\underline{G}_{\mathrm{TP}}\,(f_y)|^2 \sum_{\substack{\nu=-\infty \\ \nu \neq 0}}^{+\infty}\frac{[1-(-1)^\nu]^2}{\pi^2\,\nu^2|f_y - \nu f_{\mathrm{M}}|}\,. \tag{4.47}$$

Auch Gl. (4.47) gilt unter der Annahme eines idealen Verstärkers $\underline{G}_{\mathrm{V}}\,(f) = V_0$.

Für $f_y \ll f_{\mathrm{M}}$, speziell für $f_y = 0$, ergibt sich ein endlicher Wert für $\overline{S_y}\,(f_y)$, obwohl $S_x\,(f_x)$ bei niedrigen Frequenzen sehr große Werte annimmt:

$$\overline{S_y}(0) = \underbrace{|\underline{G}_{\mathrm{TP}}\,(0)|^2}_{=\,1}\,S_0{}'\,\frac{f_C}{f_{\mathrm{M}}}\,\frac{2}{\pi^2}\,\underbrace{\sum_{\nu=1}^{\infty}\frac{[1-(-1)^\nu]^2}{\nu^3}}_{\approx\,4\,\cdot\,1{,}05\,=\,4{,}2} \tag{4.48}$$

$$\overline{S_y}(0) = \frac{8{,}4}{\pi^2}\,S_0{}'\,\frac{f_C}{f_{\mathrm{M}}}\,.$$

Ebenfalls endlich ist das Spektrum für die Frequenzen $f_y = 2\,k f_{\mathrm{M}}$; $k = 1, 2, 3, \ldots$, wobei die Werte $\overline{S_y}\,(2\,k f_{\mathrm{M}})$ mit steigendem k abnehmen.

Für $f_y = (2\,k + 1) f_{\mathrm{M}}$; $k = 1, 2, 3, \ldots$ wird das Ausgangsspektrum unbegrenzt. Das ist eine Folge der Frequenzumsetzung des bei $f_x = 0$ unbegrenzten Eingangsspektrums. Bild 4.19 zeigt qualitativ das Spektrum am Demodulatorausgang.

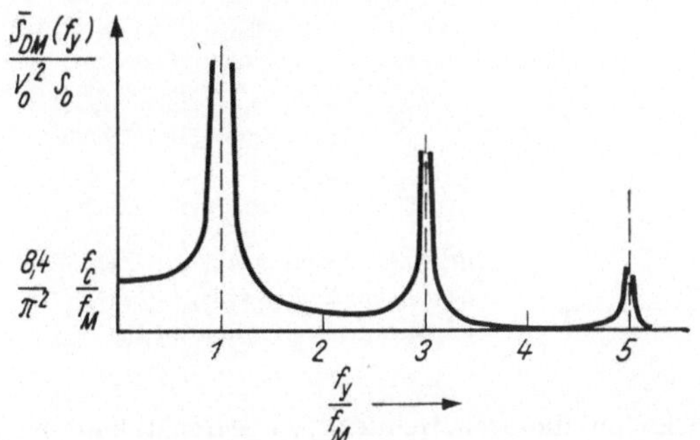

Bild 4.19. Spektrum am Modulatorausgang bei $S_x\,(f) = S_0 f_C/f_x$

Dieses Spektrum wird mit $|\underline{G}_{\mathrm{TP}}\,(f)|^2$ frequenzbewertet. Im allgemeinen ist die Grenzfrequenz f_{TP} des Tiefpasses sehr viel kleiner als die Zerhackerfrequenz f_{M}: $f_{\mathrm{TP}} \ll f_{\mathrm{M}}$. Dann ist $|\underline{G}_{\mathrm{TP}}\,(k f_{\mathrm{M}})| \ll 1$ für $k = 1, 3, 5, \ldots$, und das Spektrum wird für diese Frequenzen sehr stark gedämpft. Dennoch gilt weiterhin $\overline{S_y}\,(kf_\mathrm{M}) \to \infty$, $(k = 1, 3, 5, \ldots)$, und es lassen sich keine quantitativen Aussagen über zu erwartende Fehler machen. Frequenzverschiebung des Störspektrums im Demodulator und anschließende Tiefpaßfilterung führen demnach zu ungenügender Störunterdrückung. Bild 4.20 zeigt das Spektrum am Ausgang des Tiefpasses für $f_\mathrm{TP} \ll f_\mathrm{M}$.

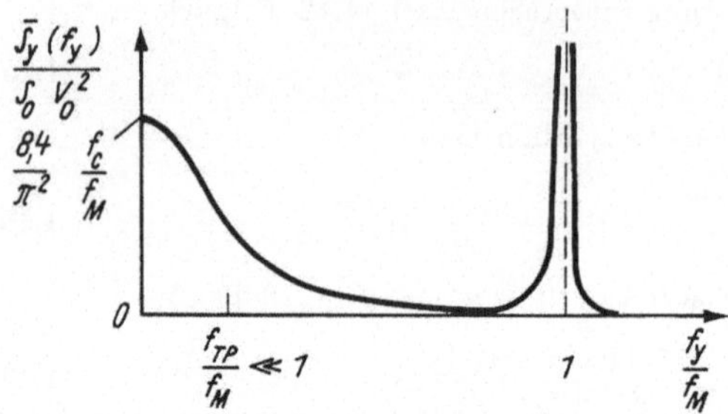

Bild 4.20. Spektrum am Tiefpaßausgang bei
$$S_x\,(f_x) = S_0 f_\mathrm{c}/f_x;\, f_\mathrm{TP} \ll f_\mathrm{M}$$

Der starke Anstieg der Leistungsdichte bei der Frequenz $f_y = f_\mathrm{M}$ ist, wie bereits erwähnt, eine Folge des bei $f_x = 0$ unbegrenzten Spektrums $S_x\,(f_x)$.

Durch Einführung einer zusätzlichen unteren Grenzfrequenz f_u in den Übertragungsfaktor $\underline{G}_\mathrm{V}\,(f)$ des Verstärkers nach Bild 4.17 können die Spitzen im Spektrum nach Bild 4.19 unterdrückt werden. Das Störspektrum $S_x'\,(f_x)$ am Eingang des Demodulators hat die Form

$$S_x'\,(f_x) = \frac{S_0\,V_0^2 f_C}{|f_x|}\;\frac{\left(\dfrac{f_x}{f_\mathrm{u}}\right)^2}{\left[1 + \left(\dfrac{f_x}{f_\mathrm{u}}\right)^2\right]\left[1 + \left(\dfrac{f_a}{f_0}\right)^2\right]}. \tag{4.49}$$

Bild 4.21 zeigt den Verlauf von $S_x'\,(f_x)$ für zwei verschiedene Werte von f_u. Offensichtlich sollte zur besseren Rauschunterdrückung f_u so groß wie möglich gewählt werden.

Dagegen darf f_u keinen störenden Einfluß auf die Übertragung der Nutzsignale haben. Bild 4.22 zeigt, wie man aus der Betrachtung der Signalspektren eine obere Grenze für f_u ableiten kann.

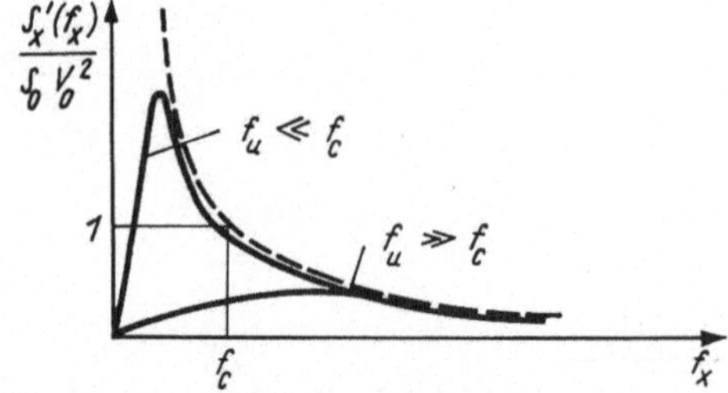

Bild 4.21. Spektrum am Verstärkerausgang bei $S_x\,(f) = S_0 f_\mathrm{c}/f_x\,||$ für verschiedene Grenzfrequenzen f_u

Da der Tiefpaß die Bandbreite ohnehin auf die Grenzfrequenz f_TP begrenzt, kann man das Nutzsignal $x\,(t)$ von vornherein als frequenzbegrenzt auffassen.

Nach Gl. (4.39) enthält die Modulationsfunktion sinusförmige Trägerschwingungen bei den Frequenzen $f = \nu f_\mathrm{M}$; $\nu = \pm 1, \pm 3, \ldots$ Jede dieser Trägerschwingungen wird mit dem bandbegrenzten Eingangssignal moduliert, dessen positive und negative Frequenzbereiche als obere und als untere Seitenbänder erscheinen. Die Trägerschwingung selbst fehlt. Um das modulierte Signal möglichst unverzerrt demodulieren zu können, darf das Spektrum bei der Verstärkung nur gering verändert werden. Bild 4.22 zeigt, daß der Verstärker eine möglichst hohe obere Grenzfrequenz $f_0 \gg f_M$ haben muß. Die Einführung einer unteren Grenzfrequenz ist möglich, da das modulierte Signal für $f_M \gg f_{TP}$ keinen Gleichanteil enthält. Die Grenzfrequenz ist so zu wählen, daß Schwingungen der tiefsten auftretenden Frequenz $f_M - f_{TP}$ keine wesentliche Dämpfung bzw. Phasendrehung erhalten.

Als Näherung für den Verstärkungsfehler δ bei der Frequenz $f_M - f_{TP} \approx f_M$ erhält man

$$\delta \approx - f_u/f_M \; . \tag{4.50}$$

Unter der Bedingung $f_u \ll f_M$ wirkt sich die untere Grenzfrequenz f_u nicht auf die Übertragungseigenschaften des Zerhackerverstärkers bezüglich der Nutzsignale aus, und es gilt weiterhin Gl. (4.34).

Setzt man das Spektrum $S_x{}'\,(f_x)$ nach Gl. (4.49) unter der Bedingung $f_u/f_M < 0{,}1$ in Gl. (4.41) ein, so zeigt sich, daß jetzt nur noch die tieffrequenten Anteile einen Beitrag zur Störleistung bringen. Im Bild 4.20 verschwinden die Spitzen der Leistungsdichte bei den Frequenzen kf_M; $k = 1, 3, 5$.

Als gute Näherung für $\overline{S}_y\,(f_y)$ bei eingangsseitigem Rauschen $S_x\,(f_x) = S_0 f_C/|f_x|$ erhält man schließlich

$$\overline{S}_y\,(f_y) \approx S_0 \, \frac{8{,}4}{\pi^2} \cdot \frac{f_C}{f_M} \, |\underline{G}_{TP}\,(f_y)|^2 \, V_0{}^2 \; . \tag{4.51}$$

Für die Gesamtleistungsdichte am Ausgang ergibt sich durch Addition von Gl. (4.45) und Gl. (4.51)

$$\overline{S}_y\,(f_y) = S_0 \left(1 + \frac{8{,}4}{\pi^2} \, \frac{f_C}{f_M} \right) |\underline{G}_{TP}\,(f_y)|^2 \, V_0{}^2 \; . \tag{4.52}$$

Durch Vergleich mit Gl. (4.34) läßt sich die eingangsbezogene Störleistungsdichte

$$S_{\text{äq}}\,(f_x) = S_0 \left(1 + \frac{8{,}4}{\pi^2} \, \frac{f_C}{f_M} \right) \tag{4.53}$$

definieren. Für $f_M > f_C$ verschwindet der Einfluß des tieffrequenten Rauschens völlig. Entsprechend Abschn. 3. liegen die charakteristischen Frequenzen f_C im Bereich von 200 Hz bis 1,5 kHz. Bezüglich der Rauschunterdrückung ist eine Zerhackerfrequenz von $(1 \cdots 5)$ kHz optimal. In diesem Bereich liegen daher die Zerhackerfrequenzen industriell hergestellter Verstärker.

Eine weitere Vergrößerung von f_M würde zwar eine Vergrößerung der Signalbandbreite erlauben, gleichzeitig aber erhöhte Forderungen an die obere Grenzfrequenz des Verstärkers stellen.

Um breitbandige drift- und rauscharme Verstärker aufzubauen, wird daher ein anderer Weg beschritten (s. Abschn. 4.3.). Bild 4.23 zeigt die Ersatzschaltung des Zerhackerverstärkers, die sich aus den Gln. (4.34) und (4.53) ableiten läßt.

Bei Vorgabe eines konkreten Tiefpaßübertragungsfaktors können Spektrum und quadratischer Mittelwert der Ausgangsstörgröße des Zerhackerverstärkers berechnet werden. Es sei

$$\underline{G}_{TP}\,(f) = 1/(1 + \mathrm{j}\,f/f_{TP}) \; . \tag{4.54}$$

Aus Gl. (4.53) wird dann für $f_C < f_M$

$$\overline{\sigma_y{}^2} = S_0 \int\limits_{-\infty}^{+\infty} \frac{V_0{}^2}{1 + \left(\dfrac{f_y}{f_{TP}} \right)^2} \, \mathrm{d}f_y = \pi \, \acute{S}_0 \, f_{TP} \, V_0{}^2 \; . \tag{4.55}$$

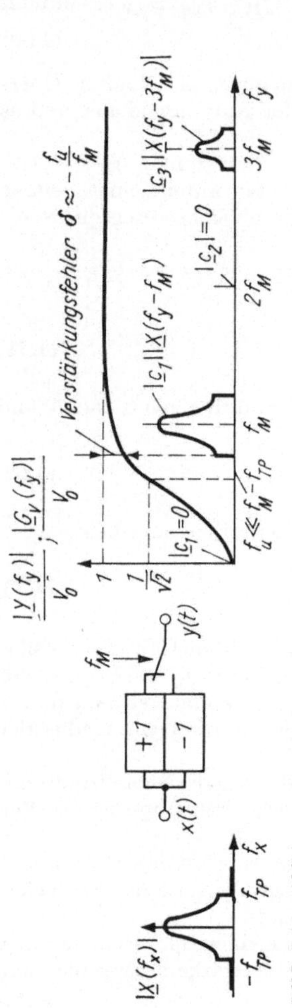

Bild 4.22. Ableitung der Bedingung $f_u \ll f_M$ ($f_M \gg f_{TP}$)

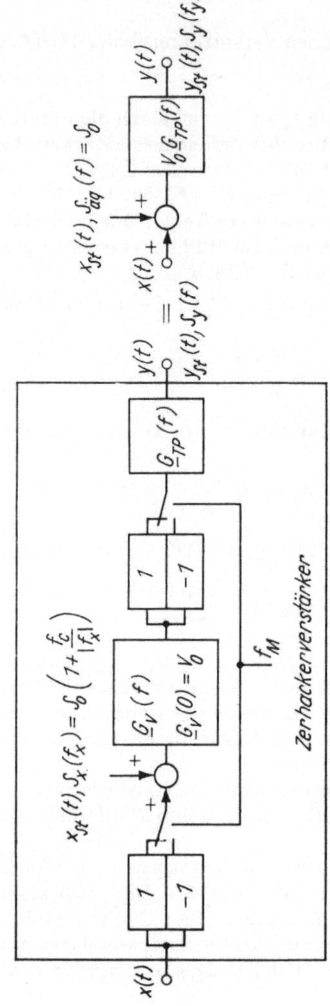

Bild 4.23. Rauschersatzschaltung für Zerhackerverstärker

Die Ausgangsspektren wurden berechnet, um einen Einblick in die Funktionsweise der Störunterdrückung im Zerhackerverstärker zu erhalten. Letztlich interessieren jedoch nur Angaben des Gesamtfehlers entsprechend Gl. (4.55). Dann ist die Kenntnis der spektralen Zusammensetzung dieses Fehlers gar nicht erforderlich. Wirken außer den betrachteten Störgrößen noch solche mit anderen Leistungsspektren ein, so müßte für jede dieser Größen erst das zugehörige $\overline{S}_y\,(f_y)$ berechnet und dann integriert werden.

Bei obiger Aufgabenstellung empfiehlt es sich wieder, den gleitenden Frequenzgang $\underline{G}\,(t, f_x)$ nach Gl. (2.36) für die Anordnung im Bild 4.18 zu verwenden. Das Betragsquadrat $|\underline{G}\,(t, f_x)|^2$ gestattet nach Gl. (2.103) die Berechnung des quadratischen Ensemblemittelwerts $\sigma_y^2\,(t)$ für beliebige Eingangsspektren $S_x\,(f_x)$.

Auch hier interessiert nur der zeitliche Mittelwert $\overline{\sigma_y^2}$ dieser Größe, da die Änderungsfrequenz f_M — wie erwähnt — im Bereich einiger Kilohertz liegt. $\overline{\sigma_y^2}$ ist nach Gl. (2.104) mit dem zeitlichen Mittelwert von $|\underline{G}\,(t, f_x)|^2$ verbunden.

$\underline{G}\,(t, f_x)$ erhält man als Antwort der Schaltung im Bild 4.18 auf eine harmonische Schwingung

$$x'\,(t) = \hat{x}\,e^{j\,2\,\pi\,f_x\,t}\,.$$

Dazu wird ein Tiefpaßübertragungsfaktor nach Gl. (4.54) angenommen.

Als Ergebnis einer längeren Rechnung erhält man für $|\overline{\underline{G}\,(f_x)}|^2$ unter der Bedingung $f_{TP} \ll f_M$

$$|\overline{\underline{G}\,(f_x)}|^2 \approx \frac{1}{\left[1 + \left(\dfrac{f_x}{f_{TP}}\right)^2\right]} \frac{\left[\cos h\left(\pi\,\dfrac{f_{TP}}{f_M}\right) - \cos\left(\pi\,\dfrac{f_x}{f_M}\right)\right]}{\left[\cos h\left(\pi\,\dfrac{f_{TP}}{f_M}\right) + \cos\left(\pi\,\dfrac{f_x}{f_M}\right)\right]}\,. \tag{4.56}$$

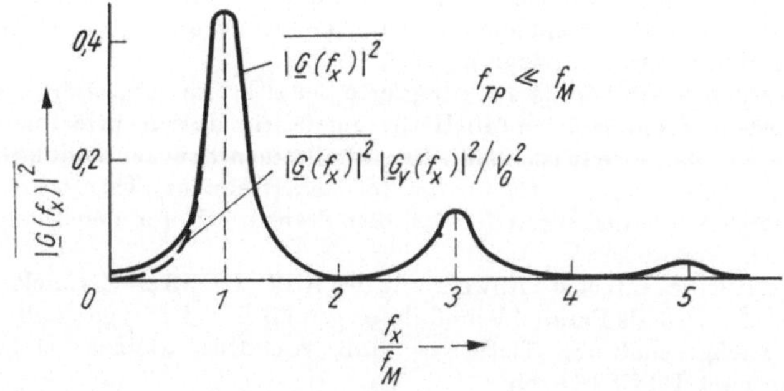

Bild 4.24. $|\overline{\underline{G}\,(f_x)}|^2$ *für die Reihenschaltung Demodulatortiefpaß im Bild 4.18*

Bild 4.24 zeigt den Verlauf von $|\overline{\underline{G}\,(f_x)}|^2$ für $f_{TP} \ll f_M$. Hervorzuheben ist die selektive Wirkung, die der Demodulator in Verbindung mit dem Tiefpaß auf das Spektrum $S_x'\,(f_x)$ hat. In der Umgebung der Frequenzen $f_x = k\,f_M$; $k = 1, 3, 5, \ldots$ läßt sich $|\overline{\underline{G}\,(f_x)}|^2$ sehr gut durch den Übertragungsfaktor eines Resonanzkreises annähern.

Für σ_y^2 wird mit Gl. (4.56)

$$\overline{\sigma_y^2} = \int\limits_{-\infty}^{+\infty} S_x'\,(f_\lambda)\,\overline{|\underline{G}\,(f_x)|^2}\,\mathrm{d}f_x\,. \tag{4.57}$$

Beachtet man noch den Zusammenhang zwischen $S_x(f_x)$ und $S_x'(f_x)$ nach Gl. (4.35), so ergibt sich

$$\overline{\sigma_y{}^2} = \int\limits_{-\infty}^{+\infty} S_x(f_x)\,|\underline{G}_\mathrm{V}(f_x)|^2\,\overline{|\underline{G}(f_x)|^2}\,\mathrm{d}f_x\,. \tag{4.58}$$

In Gl. (4.58) interessiert der Frequenzbereich $f_x \approx 0$, da hier $S_x(f_x)$ über alle Grenzen wächst. Durch Reihenentwicklung von $\overline{|\underline{G}(f_x)|^2}$ in der Umgebung $f_x = 0$ erhält man:

$$\overline{|\underline{G}(0)|^2} \approx \frac{\pi^2}{2}\left(\frac{f_\mathrm{TP}}{f_\mathrm{M}}\right)^2 \ll 1\,. \tag{4.59}$$

Nimmt man zunächst wieder einen idealen Verstärker $\underline{G}_\mathrm{V}(f) = V_0$ an, so ergibt sich folgende Situation: Die Spektralanteile mit $f_x \ll f_\mathrm{M}$ gehen mit geringem Gewicht, nicht jedoch mit dem Faktor Null in den quadratischen Mittelwert der Ausgangsstörungen ein (s. Bild 4.24). Diese Situation erklärt den bereits im Bild 4.19 erläuterten Sachverhalt in bezug auf die Eingangsfrequenzen f_x. Man erkennt sofort, daß die Einführung einer unteren Grenzfrequenz f_u des Verstärkers dazu führt, daß das Integral in Gl. (4.59) auch für die frequenzabhängige Komponente von $S_x(f_x)$ konvergiert.

Wenn $f_\mathrm{u} \ll f_\mathrm{M}$, so entspricht dem Produkt $\overline{|\underline{G}(f_x)|^2}\,|\underline{G}_\mathrm{V}(f_x)|^2/V_0{}^2$ der gestrichelte Verlauf im Bild 4.24. Dieses Produkt ist nach Gl. (4.58) eine Frequenzfunktion, die angibt, mit welchem Gewicht die Frequenzanteile von $S_x(f_x)$ in den quadratischen Fehler des Ausgangssignals eingehen.

Die im vorliegenden Abschnitt gewonnenen Ergebnisse beziehen sich auf das idealisierte Zerhackerverstärkermodell nach Bild 4.17. Abweichungen von diesen Ergebnissen werden in erster Linie von den nichtidealen Eigenschaften des Modulators hervorgerufen.

Die im Modulator entstehenden additiven Fehler werden genauso wie Nutzsignale moduliert, verstärkt und demoduliert. Sie lassen sich durch das Zerhackerprinzip nicht unterdrücken, sondern nur durch entsprechende konstruktive und technologische Maßnahmen beim Aufbau der Modulatoren verringern.

Zerhackerverstärker werden heute bereits als integrierte Schaltkreise hergestellt. Als Beispiel sei der sowjetische Schaltkreis K140UD13 angeführt, dessen prinzipielle Innenschaltung im Bild 4.25 a dargestellt ist [2.20]. Er enthält einen Brückenmodulator (Transistoren T_1 bis T_4), den Steuergenerator für die Zerhackerfrequenz (Transistoren T_5, T_6), eine Impulsformerstufe (Transistoren T_7, T_8), den Transitor T_9 für den Demodulator sowie einen Differenzverstärker.

Bild 4.25 a zeigt gleichzeitig die einfachste Anwendung des K 140 UD 13 als Zerhackerverstärker. Der Transistor T_9 wird als Paralleldemodulator gemäß Bild 4.16 d geschaltet. Die Grenzfrequenz des nachgeschalteten Tiefpasses muß wesentlich kleiner als bei einem Umpoldemodulator nach Bild 4.16 e sein.

Mit dem Zerhackerverstärker nach Bild 4.25 a können lediglich Verstärkungsfaktoren von 7 bis 10 erreicht werden. Um einen hochgenauen Meßverstärker aufzubauen, kann die Schaltung entsprechend Bild 4.25 b ergänzt werden. Als Demodulator wird eine Schaltung nach Bild 5.33 eingesetzt (Verstärker $V\,2$).

Die Signalverstärkung wird in erster Linie durch den Wechselspannungsverstärker $V\,1$ erbracht. Der Ausgangsverstärker $V\,3$ dient der weiteren Signalverstärkung mit gleichzeitiger Tiefpaßfilterung.

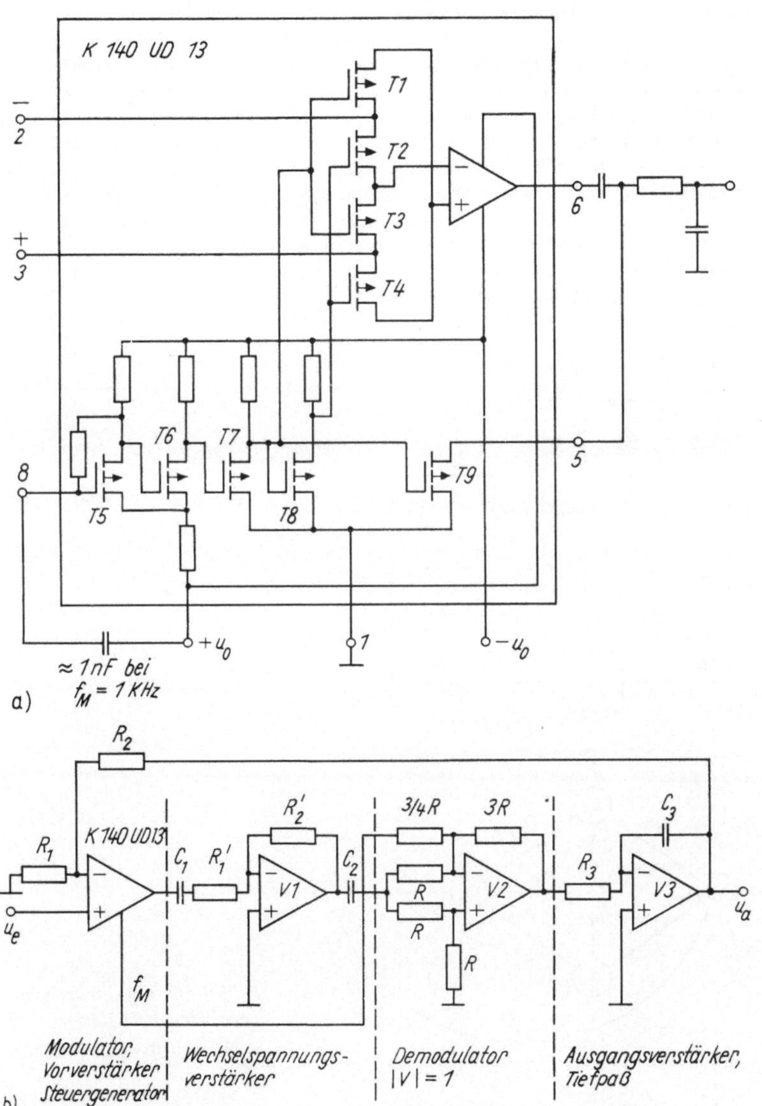

Bild 4.25. Zerhackerverstärker mit sowjetischem integriertem Schaltkreis K 140 UD 13

a) Innenschaltung des K 140 UD 13 und einfachste Anwendung als Zerhackerverstärker; b) Prinzipschaltbild eines genauen Zerhackerverstärkers auf Grundlage des K 140 UD 13

4.3.   Breitbandverstärker

4.3.1.   Verstärker mit parallelen Kanälen

Es wurde bereits festgestellt, daß Verstärker mit automatischer Driftkorrektur (bei
stetigem Ausgangssignal) oder Zerhackerverstärker nur eine sehr geringe Bandbreite
aufweisen, die in Abhängigkeit vom zulässigen Fehler im Bereich von einigen zehn bis
zu einigen hundert Hertz liegt. Um die Vorteile einer großen Bandbreite und eines kleinen additiven Fehlers in einem Verstärker zu vereinen, wird dieser mit zwei parallelen
Kanälen ausgestattet. Dabei verstärkt der eine Kanal mit geringem additivem Fehler die
niederfrequenten Signalanteile (Gleichspannungsverstärker mit automatischer Driftkorrektur oder Zerhackerverstärker). Der zweite Kanal dient der Verstärkung der höher-
frequenten Signalanteile und wird als Wechselspannungsverstärker (verschwindender
additiver Fehler für Gleichanteile) ausgelegt.

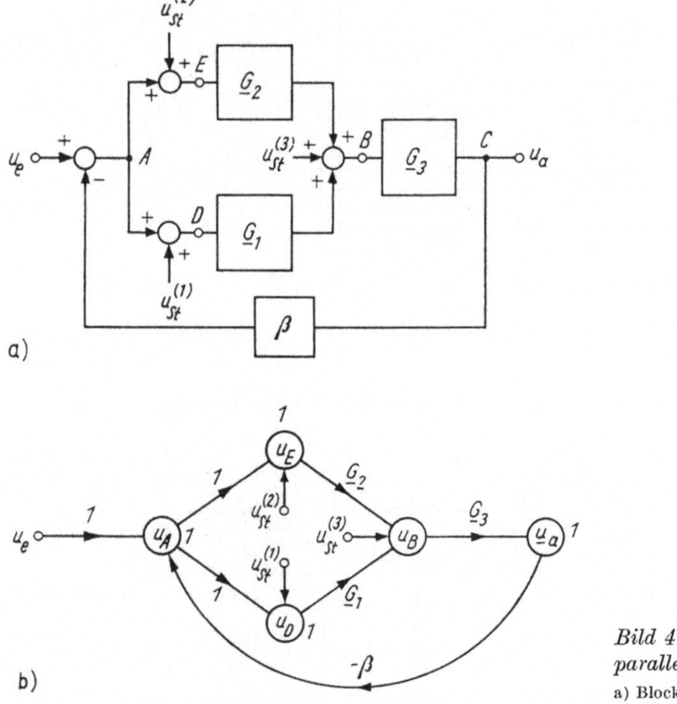

Bild 4.26. Verstärker mit
parallelen Kanälen
a) Blockschaltbild; b) Graph

Bild 4.26a zeigt das Blockschaltbild eines Verstärkers mit parallelen Kanälen, bestehend aus Gleich- und Wechselspannungsverstärker. In Reihe dazu ist ein Breitbandverstärker geschaltet. Die gesamte Anordnung ist mit einer Gegenkopplung (Übertragungsfaktor β) versehen. Die komplexen Übertragungsfaktoren dieser Verstärker werden in
der gesamten Reihenfolge mit $\underline{G}_1(f)$, $\underline{G}_2(f)$ und $\underline{G}_3(f)$ bezeichnet. (Zur Vereinfachung
wird in den folgenden Rechnungen dafür $\underline{G}_1$, $\underline{G}_2$ und $\underline{G}_3$ geschrieben.)

Die Störspannungen $u_{\mathrm{St}}^{(\nu)}$ entsprechen den eingangsbezogenen Störspannungen der Verstärker nach Abschn. 3. und können jeweils aus mehreren Anteilen bestehen.

Mit Hilfe des Graphen im Bild 4.26 b lassen sich die Übertragungsfaktoren angeben, mit denen die einzelnen Spannungen in die Ausgangsspannung eingehen:

$$\underline{G} = \frac{\underline{u}_a}{\underline{u}_e} = \frac{(\underline{G}_1 + \underline{G}_2)\,\underline{G}_3}{1 + \beta\,(\underline{G}_1 + \underline{G}_2)\,\underline{G}_3} \tag{4.60}$$

$$\underline{G}_{\mathrm{St}}^{(1)} = \frac{\underline{u}_a}{\underline{u}_{\mathrm{St}}^{(1)}} = \frac{(1/\beta)\,\underline{G}_1}{(\underline{G}_1 + \underline{G}_2) + 1/(\beta\,\underline{G}_3)} \tag{4.61}$$

$$\underline{G}_{\mathrm{St}}^{(2)} = \frac{\underline{u}_a}{\underline{u}_{\mathrm{St}}^{(2)}} = \frac{(1/\beta)\,\underline{G}_2}{(\underline{G}_1 + \underline{G}_2) + 1/(\beta\,\underline{G}_3)} \tag{4.62}$$

$$\underline{G}_{\mathrm{St}}^{(3)} = \frac{\underline{u}_a}{\underline{u}_{\mathrm{St}}^{(3)}} = \frac{1/\beta}{(\underline{G}_1 + \underline{G}_2) + 1/(\beta\,\underline{G}_3)}\,. \tag{4.63}$$

Für die Ausgangsspannung $\underline{u}_a$ gilt mit diesen Übertragungsfaktoren

$$\underline{u}_a = \underline{G}\,\underline{u}_e + \underline{G}_{\mathrm{St}}^{(1)}\,\underline{u}_{\mathrm{St}}^{(1)} + \underline{G}_{\mathrm{St}}^{(2)}\,\underline{u}_{\mathrm{St}}^{(2)} + \underline{G}_{\mathrm{St}}^{(3)}\,\underline{u}_{\mathrm{St}}^{(3)}\,. \tag{4.64}$$

Dividiert man durch den Nutzübertragungsfaktor $\underline{G}$, so erhält man aus Gl. (4.64)

$$\underline{u}_a = \underline{G}\left[\underline{u}_e + \frac{\underline{G}_1}{\underline{G}_1 + \underline{G}_2}\,\underline{u}_{\mathrm{St}}^{(1)} + \frac{\underline{G}_2}{\underline{G}_1 + \underline{G}_2}\,\underline{u}_{\mathrm{St}}^{(2)} + \frac{1}{\underline{G}_1 + \underline{G}_2}\,\underline{u}_{\mathrm{St}}^{(3)}\right]\,. \tag{4.65}$$

Die in der Klammer stehenden Summanden sind die auf den Eingang der Schaltung im Bild 4.26 a bezogenen Störspannungen.

Im weiteren werden die Übertragungsfaktoren der Verstärker vom Bild 4.26 a durch einfache Hoch- bzw. Tiefpaßglieder beschrieben:

$$\underline{G}_1 = \frac{V_1}{1 + j\,f/f_1} \tag{4.66}$$

$$\underline{G}_2 = \frac{j\,f/f_2'}{(1 + j\,f/f_2')}\,\frac{V_2}{(1 + j\,f/f_2)} \tag{4.67}$$

$$\underline{G}_3 = \frac{V_3}{(1 + j\,f/f_3)}\,. \tag{4.68}$$

Solche Übertragungsfaktoren lassen sich leicht mit Hilfe universell bzw. intern frequenzgangkompensierter Operationsverstärker realisieren [3.1] [3.3].

Je nach Vorgabe der Verstärkungen bzw. Grenzfrequenzen müssen diese Operationsverstärker eine eigene Gegenkopplung β_1, β_2, β_3 haben. Verstärkung und Grenzfrequenz sind dabei nicht unabhängig voneinander. Ihr Produkt ist für beliebiges β gleich der Frequenz, bei der die Verstärkung auf eins abgesunken ist. Diese Frequenz ist eine Qualitätskenngröße des verwendeten Operationsverstärkertyps.

Um die Ergebnisse dieses Abschnitts miteinander vergleichen zu können, wird angenommen, daß alle Verstärker im Bild 4.26 a auf der Grundlage *eines* Operationsverstärkertyps (mit zusätzlichen passiven Hoch- und Tiefpaßgliedern) aufgebaut werden.

Bild 4.27 zeigt das Bode-Diagramm des angenommenen Übertragungsfaktors (ohne Gegenkopplung). Die gestrichelten Linien entsprechen zwei ausgewählten Gegenkopplungswerten β_1 und β_2.

Man erkennt, daß gilt:

$$V_1 f_1 = V_2 f_2 = V_0 f_0 = 10^7\ \mathrm{Hz}\,. \tag{4.69}$$

Trotz dieser Einschränkung lassen sich durch Variation der Gegenkopplung und mittels passiver Übertragungsglieder sehr viele verschiedene Übertragungsfaktoren entsprechend den Gln. (4.60) bis (4.63) realisieren. Praktische Anwendung finden jedoch nur

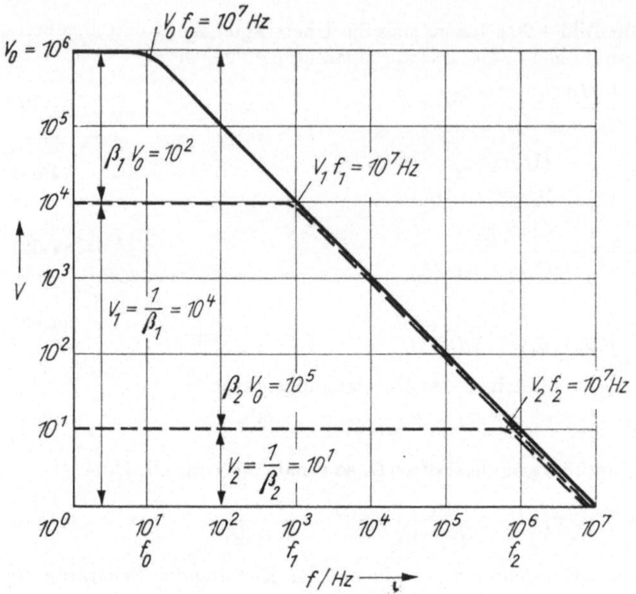

Bild 4.27. Angenommener Übertragungsfaktor für Operationsverstärker

zwei Strukturen, die als Zweikanalverstärker nach *Goldberg* [4.3] und *Buckerfield* [4.4] bekannt geworden sind. Die Zusammenhänge lassen sich in diesen Fällen anhand des Bode-Diagramms überschauen.

Nur auf diese beiden Strukturen wird im folgenden eingegangen. Dabei werden als Beispiel jeweils glatte Zahlenwerte angenommen, die aber im konkreten Fall lediglich als grobe Richtwerte dienen können.

Zweikanalverstärker nach Goldberg. Diese Variante eines Zweikanalverstärkers verzichtet auf den Einsatz des Wechselspannungsverstärkers:

$$\underline{G}_2 \equiv 1.$$

Das Blockschaltbild des Goldberg-Verstärkers wird im Bild 4.28 gezeigt, wo bereits die Übertragungsfaktoren $\underline{G}_1$ und $\underline{G}_2$ nach den Gln. (4.66) und (4.68) eingeführt werden.

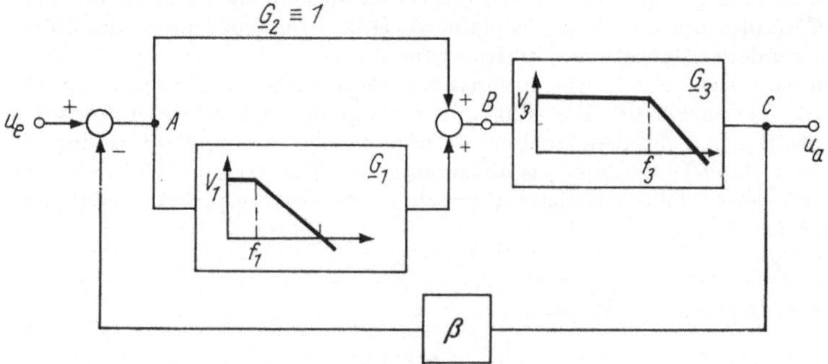

Bild 4.28. Zweikanalverstärker nach Goldberg

Der Übertragungsfaktor zwischen den Punkten A und B dieses Bildes lautet:

$$\underline{G}_{A-B} = 1 + \frac{V_1}{1 + \mathrm{j}\,f/f_1} \approx \frac{V_1[1 + \mathrm{j}\,f/(V_1 f_1)]}{(1 + \mathrm{j}\,f/f_1)}\,. \tag{4.70}$$

Die Grenzfrequenz f_1 entspricht der Tiefpaßgrenzfrequenz des eingesetzten Zerhackerverstärkers:

$$f_1 = f_{\mathrm{TP}}\,. \tag{4.71}$$

Im Bild 4.29 ist der Übertragungsfaktor nach Gl. (4.70) für $f_1 = f_{\mathrm{TP}} = 10\,\mathrm{Hz}$ und $V_1 = 100$ eingetragen.

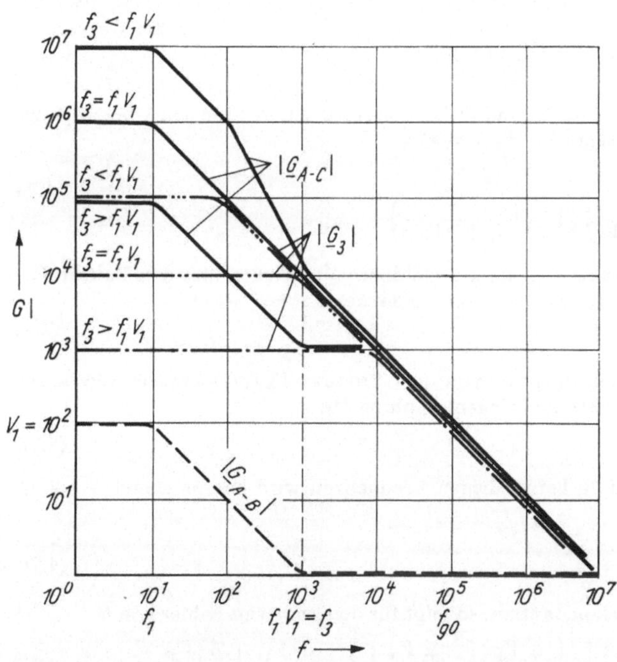

Bild 4.29. Bode-Diagramm des Goldberg-Verstärkers (ohne Gegenkopplung)

Bei $f = f_1 V_1$ ist die Verstärkung des Zerhackerverstärkers auf eins abgesunken, und $\underline{G}_{A-B}$ bleibt für höhere Frequenzen konstant.

Der Übertragungsfaktor nach Gl. (4.70) wird mit $\underline{G}_3$ multipliziert. Bild 4.29 zeigt den resultierenden Übertragungsfaktor $\underline{G}_{A-C}$ (Übertragungsfaktor zwischen den Punkten A und C im Bild 4.28).

Dabei wurden drei verschiedene Grenzfrequenzen f_3 angenommen ($f_3 < f_1 V_2, f_3 = f_1 V_1$, $f_3 > f_1 V_1$).

Besonders günstig ist offensichtlich die Wahl

$$f_3 = f_1 V_1\,, \tag{4.72}$$

da sich in diesem Fall ein konstanter Abfall von $\underline{G}_{A-C}$ von 20 dB/Dekade im gesamten Frequenzbereich $f > f_1$ ergibt. Diese Tatsache folgt auch unmittelbar aus den Gln. (4.70) und (4.68):

$$\underline{G}_{A-C} = \underline{G}_{A-B} \frac{V_3}{(1 + \mathrm{j}\,f/f_3)} = \frac{V_1 V_3}{(1 + \mathrm{j}\,f/f_1)} \frac{[1 + \mathrm{j}\,f/(V_1 f_1)]}{(1 + \mathrm{j}\,f/f_3)} .$$

Für $f_3 = f_1 V_1$ gilt

$$\underline{G}_{A-C} = \frac{V_1 V_3}{(1 + \mathrm{j}\,f/f_1)} . \tag{4.73}$$

Die nachfolgende Gegenkopplung β kann in diesem Fall beliebig große Werte annehmen [3.2].

Für $f_3 > f_1 V_1$ entsteht ein treppenförmiger Absatz im Bode-Diagramm, der sich bei unzureichender Gegenkopplung auch im Übertragungsfaktor des Gesamtverstärkers auswirken kann.

Für $f_3 < f_1 V_1$ existiert ein Frequenzgebiet mit einem 40-dB/Dekade-Abfall des Übertragungsfaktors. Dieser Fall sollte vermieden werden, da er bei zu starker Gegenkopplung zur Selbsterregung des Verstärkers führt.

Im weiteren sollen die Gln. (4.72) und (4.73) gelten. Dann gilt für den Übertragungsfaktor des Goldberg-Verstärkers ($V_1 V_3 \beta \gg 1$):

$$\underline{G} = \frac{1}{\beta \left(1 + \dfrac{1}{\beta\,V_1 V_3}\right)} \frac{1}{\left(1 + \mathrm{j}\,\dfrac{f}{f_1\,V_1\,V_3\,\beta}\right)} . \tag{4.74}$$

Wegen $f_3 = f_1 V_1$ ist die Grenzfrequenz des Goldberg-Verstärkers um den Faktor $V_3 \beta$ höher als die Grenzfrequenz f_3 des Breitbandverstärkers:

$$f_g = f_3 V_3 \beta .$$

Wegen Gl. (4.69) hängt f_g letztlich nur von dem Produkt $V_0 f_0$ (Operationsverstärkerkenngröße) und von der eingestellten Gegenkopplung ab:

$$f_g = V_0 f_0 \beta . \tag{4.75}$$

Die Stabilität der Verstärkung bei niedrigen Frequenzen wird entsprechend Gl. (4.74) durch den Ausdruck

$$\underline{G} \approx \frac{1}{\beta} \left(1 - \frac{1}{\beta\,V_1 V_3}\right) \tag{4.76}$$

bestimmt. Nimmt man β als konstant an, so folgt für den relativen Fehler von $\underline{G}$

$$\delta(\underline{G}) = \frac{\Delta \underline{G}}{\underline{G}} \approx \frac{-1}{\beta^2}\left[-\frac{\Delta V_1}{V_3 V_1{}^2} - \frac{\Delta V_3}{V_1 V_3{}^2}\right]\beta = \frac{\delta(V_1) + \delta(V_3)}{\beta\,V_1 V_3} . \tag{4.77}$$

Für die relativen Fehler der Verstärkungsfaktoren V_1 und V_2 gilt

$$\delta(V_1) = \frac{1}{V_0 \beta_1}\,\delta(V_0) = \frac{V_1}{V_0}\,\delta(V_0) \tag{4.78}$$

$$\delta(V_3) = \frac{1}{V_0 \beta_3}\,\delta(V_0) = \frac{V_3}{V_0}\,\delta(V_0) . \tag{4.79}$$

Dabei sind β_1 und β_3 die Werte der internen Gegenkopplung der Verstärker im Bild 4.28.

V_0 und $\delta(V_0)$ sind Verstärkung und Verstärkungsfehler des nicht gegengekoppelten Operationsverstärkers. Einsetzen der Gln. (4.78) und (4.79) in Gl. (4.77) ergibt

$$\delta(\underline{G}) = \frac{(V_1 + V_3)}{V_3 V_1 V_0 \beta}\,\delta(V_0) \approx \frac{\delta(V_0)}{V_1 V_0 \beta} . \tag{4.80}$$

Dieses Ergebnis läßt sich leicht interpretieren: Wegen $V_3 > V_1$ (Bild 4.29) bestimmt der Fehler des Breitbandverstärkers nach Gl. (4.79) den relativen Fehler von $\underline{G}_{A-C}$.

Dieser Fehler wird durch die Gegenkopplung um den Faktor $V_1\, V_3\, \beta$ verringert, also

$$\delta\,(\underline{G}) = \frac{V_3}{V_0}\,\delta\,(V_0)\,\frac{1}{V_1\,V_3\,\beta} = \frac{\delta\,(V_0)}{V_1\,V_0\,\beta}\,.$$

Ein Vergleich von Gl. (4.75) mit Gl. (4.76) zeigt, daß das Produkt aus Verstärkung und Bandbreite des Goldberg-Verstärkers der Größe $V_0\,f_0$ entspricht:

$$\underline{G}\,f_\mathrm{g} = V_0\,\beta\,f_0\,\frac{1}{\beta} = V_0\,f_0\,. \tag{4.81}$$

Im folgenden wird auf die Störübertragung eingegangen. Dazu geht man von Gl. (4.65) aus, die bereits die eingangsbezogenen Störspannungen u_St enthält.

Da der Wechselspannungsverstärker entfällt, ist $u_\mathrm{St}^{(2)} = 0$. Durch Einsetzen der Gln. (4.68) und (4.70) in Gl. (4.65) ergibt sich für $u_\mathrm{äq}$

$$\underline{u}_\mathrm{äq} = \frac{\underline{u}_\mathrm{St}^{(1)}}{[1 + \mathrm{j}\,f/(V_1 f_1)]} + \frac{1}{V_1}\,\frac{(1 + \mathrm{j}\,f/f_1)}{[1 + \mathrm{j}\,f/(V_1 f_1)]}\,\underline{u}_\mathrm{St}^{(3)}\,. \tag{4.82}$$

Zur Rauschanalyse wird von Gl. (4.82) direkt auf die entsprechende Beziehung zwischen den Spektren übergegangen. Die Rauschspannungen $u_\mathrm{St}^{(1)}$ und $u_\mathrm{St}^{(3)}$ werden als unkorreliert angenommen.

Der Zerhackerverstärker hat die eingangsbezogene Rauschleistungsdichte S_0 (s. Bild 4.23). Die Rauschspannung $u_\mathrm{St}^{(3)}$ wird durch die bereits mehrfach benutzte Beziehung

$$S_\mathrm{St}^{(3)}\,(f) = S_0\left(1 + \frac{f_C}{|f|}\right) \tag{4.83}$$

beschrieben. Die Größe S_0 hat für beide Verstärker denselben Wert, da es sich voraussetzungsgemäß um Operationsverstärker desselben Typs handelt. Aus Gl. (4.82) ergibt sich:

$$S_\mathrm{äq}^{(1)}\,(f) = \frac{S_0}{1 + [f/V_1 f_1)]^2} \tag{4.84}$$

und

$$S_\mathrm{äq}^{(3)}\,(f) = S_0\left(1 + \frac{f_C}{|f|}\right)\frac{1}{V_1^2}\,\frac{\left[1 + \left(\frac{f}{f_1}\right)^2\right]}{\left[1 + \left(\frac{f}{V_1 f_1}\right)^2\right]}\,. \tag{4.85}$$

Bild 4.30 zeigt das Spektrum $S_0\,(1 + f_C/|f|)$ (für $f_C = 1$ kHz) sowie die eingangsbezogenen Störspektren $S_\mathrm{äq}^{(1)}\,(f)$, $S_\mathrm{äq}^{(3)}\,(f)$.

Dieses Bild läßt folgende Schlüsse zu: Das Störspektrum des Breitbandverstärkers wird mit dem reziproken Übertragungsfaktor $|\underline{G}_\mathrm{A-B}|$ aus Bild 4.29 bewertet. $|\underline{G}_\mathrm{A-B}|$ ist im Frequenzbereich $f \geqq f_1$ genau an den Verlauf dieses Spektrums angepaßt. Mit anderen Worten: $|\underline{G}_\mathrm{A-B}|$ verursacht eine frequenzabhängige Vorverstärkung im Frequenzbereich $f_1 \leqq f \leqq f_1\,V_1$, die genau dem Störspektrum des Ausgangsverstärkers entspricht.

Folge davon ist eine Verschiebung des Spektrums $S_\mathrm{St}^{(3)}\,(f)$ in Richtung tiefer Frequenzen. Aus Bild 4.30 liest man leicht ab, daß das resultierende Störspektrum lautet

$$S_\mathrm{äq}\,(f) = S_\mathrm{äq}^{(1)}\,(f) + S_\mathrm{äq}^{(3)}\,(f) \approx S_0\left(1 + \frac{f_C/V_1^2}{|f|}\right)\,. \tag{4.86}$$

$S_\mathrm{äq}\,(f)$ hat dieselbe Form wie das Störspektrum der benutzten Operationsverstärker nach Gl. (4.83), wenn man dort f_C durch f_C/V_1^2 ersetzt.

Zum Verständnis der Beziehung (4.86) wird noch einmal an die Überlegungen von Abschnitt 4.2.1. angeknüpft. Dort wurde eine Meßzeit angegeben, für die nach Nullpunkt-

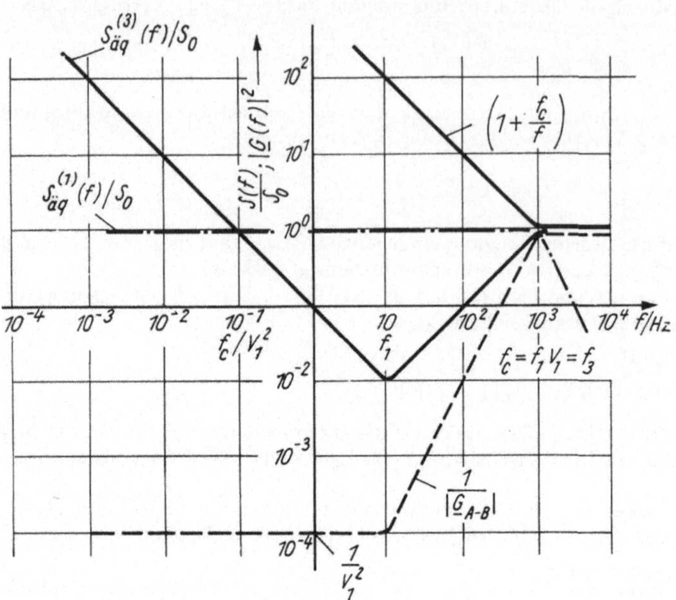

Bild 4.30. Eingangsbezogene Störspektren beim Goldberg-Verstärker

korrektur der Einfluß des frequenzabhängigen Rauschens geringer als der des weißen Rauschens ist [Gl. (4.9)]. Diese Zeit lag in Abhängigkeit von der Grenzfrequenz des Verstärkers und der charakteristischen Frequenz f_C in der Größenordnung von $(1 \cdots 1000)\,\mathrm{s}$. Setzt man in Gl. (4.9) jetzt $f_C/V_1{}^2$ ein, so steigt die Meßzeit um den Faktor

$$e^{(V_1{}^2)}, \tag{4.87}$$

für praktische Messungen also ins Unendliche. Aus Gl. (4.86) ergibt sich mit diesen Überlegungen als eingangsbezogenes Rauschspektrum des Goldberg-Verstärkers:

$$S_{\text{äq}}(f) \approx S_0. \tag{4.88}$$

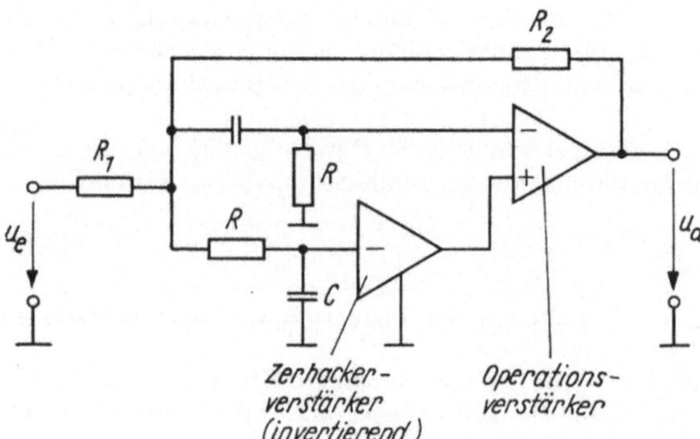

Bild 4.31. Realisierung eines Goldberg-Verstärkers

Der Zweikanalverstärker nach *Goldberg* vereint die geringen additiven Fehler eines Zerhackerverstärkers mit den geringen multiplikativen Fehlern eines gegengekoppelten Operationsverstärkers.

Bild 4.31 zeigt eine Realisierungsmöglichkeit. Der Trennkondensator am invertierenden Eingang des Operationsverstärkers ist für das Funktionieren der Schaltung nicht unbedingt erforderlich. Er verhindert aber das Auftreten einer Offsetspannung am Widerstand R_1, die anderenfalls vom Eingangsstrom des Operationsverstärkers hervorgerufen würde. Diese Offsetspannung könnte der Zerhackerverstärker nicht korrigieren, da sie wie ein Nutzsignal wirkt [3.2].

Zweikanalverstärker nach Buckerfield. In der Verstärkerstruktur nach *Buckerfield* werden Wechselspannungsverstärker und Zerhackerverstärker so abgestimmt, daß

$$V_1 = V_2 \text{ und } f_2' = f_1 = f_{\mathrm{TP}} \tag{4.89}$$

gilt. Bild 4.32 zeigt das Blockschaltbild.

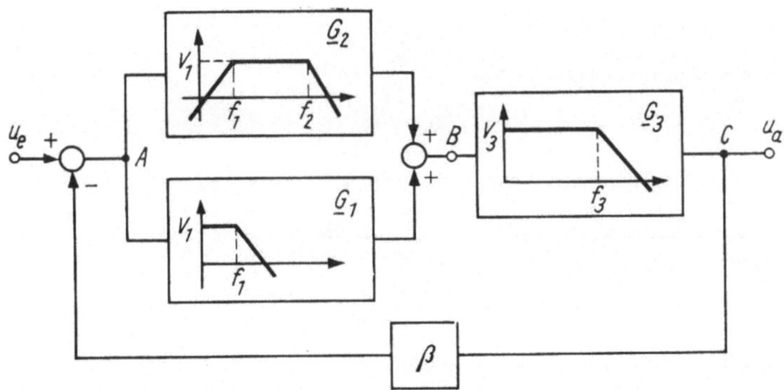

Bild 4.32. Zweikanalverstärker nach Buckerfield

Der Übertragungsfaktor $|\underline{G}_{\mathrm{A-B}}|$ zwischen den Punkten A und B des Bildes lautet mit Gl. (4.89)

$$\underline{G}_{A-B} = \frac{V_1}{\left(1 + \mathrm{j}\dfrac{f}{f_1}\right)} + \frac{V_1 \mathrm{j}\dfrac{f}{f_1}}{\left(1 + \mathrm{j}\dfrac{f}{f_1}\right)\left(1 + \mathrm{j}\dfrac{f}{f_2}\right)} \approx \frac{V_1}{\left(1 + \mathrm{j}\dfrac{f}{f_2}\right)}. \tag{4.90}$$

Die beiden parallelen Übertragungskanäle wirken in diesem Fall wie ein Kanal mit der Verstärkung V_1 und der Grenzfrequenz f_2. Das erkennt man unmittelbar im Bode-Diagramm nach Bild 4.33.

Die Frequenz f_1 wurde im Vergleich zu Bild 4.29 um den Faktor 10 vergrößert. Das ist möglich, weil im Buckerfield-Verstärker Signale mit Frequenzen $f > f_1$ vom Wechselspannungskanal verstärkt werden. Beim Goldberg-Verstärker muß der eingesetzte Zerhackerverstärker bis zur Frequenz $f_1 V_1$ mit geringer Abweichung vom angenommenen Übertragungsfaktor $\underline{G}_1$ verstärken. Außerdem verbessert die Vergrößerung von f_1 die Rauschunterdrückung im Wechselspannungsverstärker (Bild 4.34).

Analog zu Bild 4.29 gelangt man zum Übertragungsfaktor $\underline{G}_{\mathrm{A-C}}$:

$$\underline{G}_{A-C} = \underline{G}_{A-B}\,\underline{G}_3 = \frac{V_1\,V_3}{(1 + \mathrm{j}\,f/f_2)\,(1 + \mathrm{j}\,f/f_3)}. \tag{4.91}$$

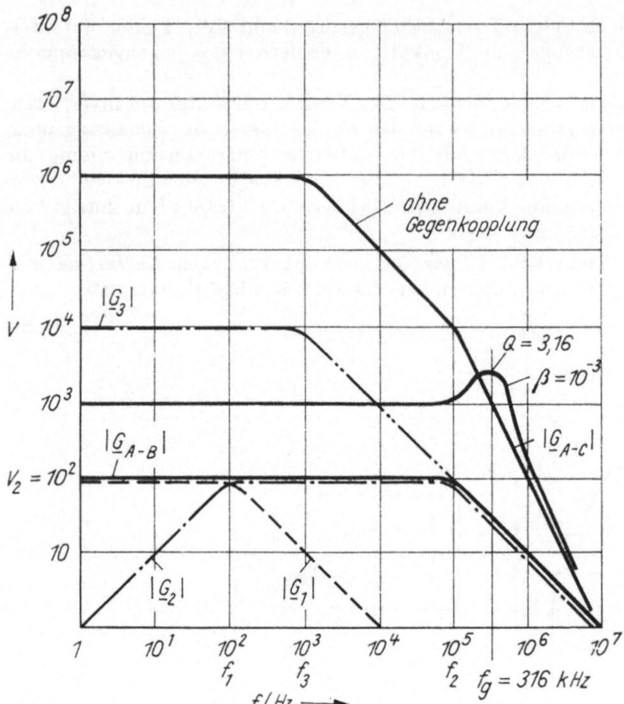

Bild 4.33. Bode-Diagramm des Buckerfield-Verstärkers

Bei zu starker Gegenkopplung β ist aufgrund des Abfalls von 40 dB/Dekade für $f > 10^5$ Hz ein Schwingen des Verstärkers zu befürchten.

Natürlich könnte dieses Schwingen durch entsprechende Kompensationsmaßnahmen vermieden werden [3.3]. Das würde aber zu einer unnötigen Einschränkung der Bandbreite führen. Man wird daher mit solchen β-Werten arbeiten, bei denen die Resonanzüberhöhung nicht zu groß ist.

Für den Übertragungsfaktor des gegengekoppelten (nicht kompensierten) Verstärkers erhält man aus Gl. (4.91) für $\beta\,V_1\,V_3 \gg 1$

$$\underline{G} = \frac{1/\beta}{\left(1 + \dfrac{1}{V_1\,V_3\,\beta}\right)\left[1 - \left(\dfrac{f}{f_g}\right)^2 + j\,\dfrac{1}{Q}\left(\dfrac{f}{f_g}\right)\right]}. \tag{4.92}$$

Dabei ist f_g die Resonanzfrequenz, die gleichzeitig als Näherung für die Bandbreite benutzt wird:

$$f_g = \sqrt{\beta\,V_1\,V_3\,f_2\,f_3} = V_0\,f_0\,\sqrt{\beta}. \tag{4.93}$$

f_g hängt nur vom verwendeten Operationsverstärkertyp und von der Gegenkopplung β ab.

Ein Vergleich mit Gl. (4.75) zeigt, daß die Bandbreite des *Buckerfield*-Verstärkers um den Faktor $1/\sqrt{\beta} > 1$ größer als die Bandbreite des Goldberg-Verstärkers ist.

Für die Resonanzüberhöhung Q ergibt sich

$$Q = V_0\,f_0\,\sqrt{\beta}/(f_2 + f_3). \tag{4.94}$$

Wählt man $V_3 > V_1$ (s. Bild 4.33), so folgt $f_3 < f_2$, und aus Gl. (4.94) wird

$$Q = V_1 \sqrt{\beta}. \tag{4.95}$$

Im Bild 4.33 ist der Übertragungsfaktor für $\beta = 10^{-3}$ eingezeichnet. Die Resonanzüberhöhung beträgt $\sqrt{10} \approx 3{,}16$, und die Grenzfrequenz liegt bei 316 kHz.

Für das Produkt aus Verstärkung und Bandbreite ergibt sich nach den Gln. (4.92) und (4.93)

$$\underline{G} f_g = V_0 f_0 \sqrt{\beta}\, \frac{1}{\beta} = \frac{V_0 f_0}{\sqrt{\beta}}. \tag{4.96}$$

Wegen $\beta \ll 1$ ist dieser Wert größer als das vom Operationsverstärker vorgegebene Produkt $V_0 f_0$.

Mit einem Operationsverstärker allein bzw. mit dem Goldberg-Verstärker wäre bei einer Verstärkung von 1000 nur eine Grenzfrequenz von 10 kHz erreicht worden.

Die Stabilität des Übertragungsfaktors für niedrige Frequenzen ergibt sich aus Gl. (4.92). Man erhält das gleiche Ergebnis wie beim Goldberg-Verstärker [Gl. (4.80)].

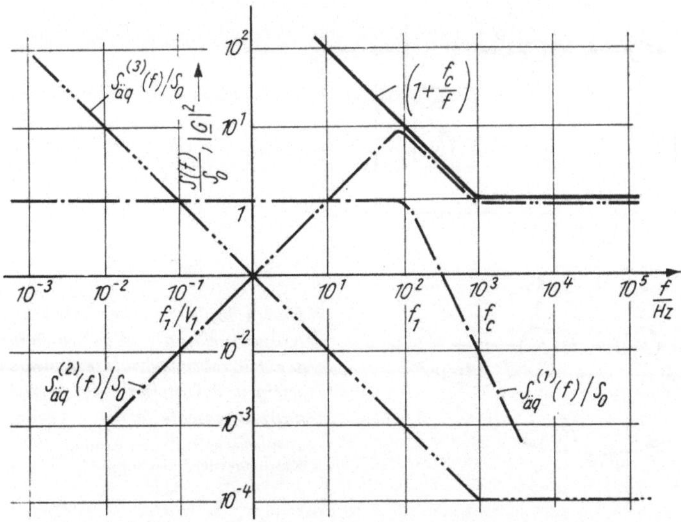

Bild 4.34. Eingangsbezogene Störspektren beim Buckerfield-Verstärker

Für die Rauschanalyse wird Bild 4.34 herangezogen. Es zeigt die nach Gl. (4.65) berechneten Eingangsstörspektren. Man erkennt, daß auch hier in Näherung wieder mit einem Gesamtspektrum nach Gl. (4.88) gerechnet werden kann. Die Vorteile des Buckerfield-Verstärkers gegenüber dem Goldberg-Verstärker sind

— höhere Grenzfrequenz
— geringere Anforderungen an den eingesetzten Zerhackerverstärker.

Die Nachteile sind

— höherer Aufwand durch Einsatz eines dritten Verstärkers
— Schwingneigung bei zu starker Gegenkopplung.

10 Gutnikov

4.3.2. Verstärker mit Korrekturkanal

Bei den bereits beschriebenen Zweikanalverstärkern sind die beiden parallelen Kanäle ständig an der Verstärkung des Nutzsignals beteiligt (Bild 4.26 a).

Anders ist das bei Verstärkern mit einem Korrekturkanal. Dieser wirkt nur dann, wenn der Hauptkanal fehlerhaft arbeitet.

Das entstehende Fehlersignal wird vom Korrektursignal verstärkt und in den Hauptkanal eingekoppelt. Je nachdem, wo die Einkopplung stattfindet, unterscheidet man Verstärker mit additiver Korrektur am Eingang bzw. mit solcher am Ausgang. Die Übertragungsfaktoren für Haupt- und Korrekturkanal werden mit $\underline{G}_1\,(f)$ und $\underline{G}_2\,(f)$ bezeichnet. Zur Abkürzung wird nur $\underline{G}_1$ und $\underline{G}_2$ geschrieben. Die Störspannungen erhalten dementsprechend die Bezeichnungen $u_{\mathrm{St}}{}^{(1)}$ und $u_{\mathrm{St}}{}^{(2)}$ und die Gegenkopplungsfaktoren β_1 und β_2.

Verstärker mit additiver Korrektur am Eingang. Das Ausgangssignal des Korrekturkanals wird in den Eingang des Hauptkanals eingekoppelt. Eine mögliche Variante wird im Bild 4.35 a gezeigt.

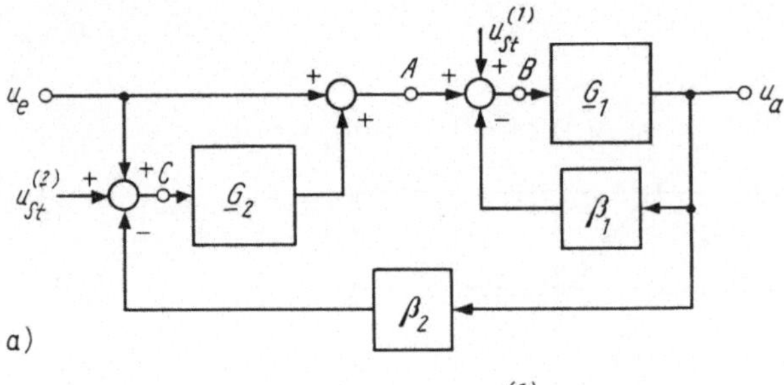

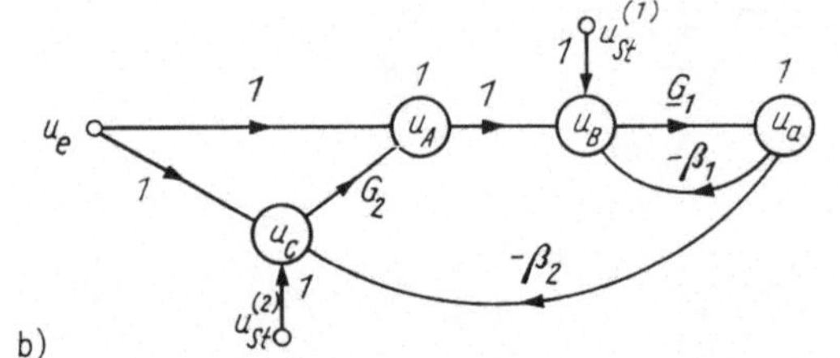

Bild 4.35. Verstärker mit Korrekturkanal; Einkopplung des Korrektursignals eingangsseitig und innerhalb der Gegenkopplungsschleife

a) Blockschaltbild; b) Graph Knotengewicht bei $u_B = 1$

Das Korrektursignal wird aus der Differenz $u_e - \beta_2\,u_a$ abgeleitet und zum Eingangssignal addiert. Die entstehende Summe bildet das Eingangssignal für den Hauptkanal. Mit Hilfe des Graphen im Bild 4.35 b können folgende Übertragungsfaktoren zwischen u_e, $u_{\mathrm{St}}{}^{(1)}$ und $u_{\mathrm{St}}{}^{(2)}$ und der Ausgangsspannung u_a ermittelt werden:

$$\underline{G} = \frac{u_a}{u_e} = \frac{\underline{G}_1\,(1+\underline{G}_2)}{1+\beta_1\,\underline{G}_1\,(1+\underline{G}_2)+\underline{G}_1\,\underline{G}_2\,(\beta_2-\beta_1)} \tag{4.99}$$

$$\underline{G}_{\mathrm{St}}{}^{(1)} = \frac{u_a}{u_{\mathrm{St}}{}^{(1)}} = \frac{\underline{G}_1}{1+\beta_1\,\underline{G}_1\,(1+\underline{G}_2)+\underline{G}_1\,\underline{G}_2\,(\beta_2-\beta_1)} \tag{4.100}$$

$$\underline{G}_{\mathrm{St}}{}^{(2)} = \frac{u_a}{u_{\mathrm{St}}{}^{(2)}} = \frac{\underline{G}_1\,\underline{G}_2}{1+\beta_1\,\underline{G}_1\,(1+\underline{G}_2)+\underline{G}_1\,\underline{G}_2\,(\beta_2-\beta_1)}\,. \tag{4.101}$$

Für $\beta_1 = \beta_2$ gehen die Gln. (4.99) bis (4.101) vollständig in die Gln. (4.60), (4.62) und (4.63) über, wenn man dort $\underline{G}_1 = 1$ und $\underline{G}_3 = \underline{G}_1$ setzt.

In diesem Fall stimmt der Verstärker mit additiver Korrektur am Eingang vollständig mit dem Goldberg-Verstärker überein. Der Verstärker des Hauptkanals entspricht dem Breitbandverstärker nach Bild 4.28, und der Korrekturverstärker nimmt die Stelle des hochgenauen Gleichspannungsverstärkers im tieffrequenten Kanal ein.

Da die vom Korrekturverstärker generierten Störspannungen entsprechend Gl. (4.65) für tiefe Frequenzen voll in den additiven Fehler der Ausgangsspannung eingehen, ist dieser Verstärker als Zerhackerverstärker oder als Verstärker mit automatischer Driftkorrektur auszulegen. In der Struktur nach Bild 4.35a wirkt das Korrektursignal innerhalb des korrigierenden Gegenkopplungszweigs β_2.

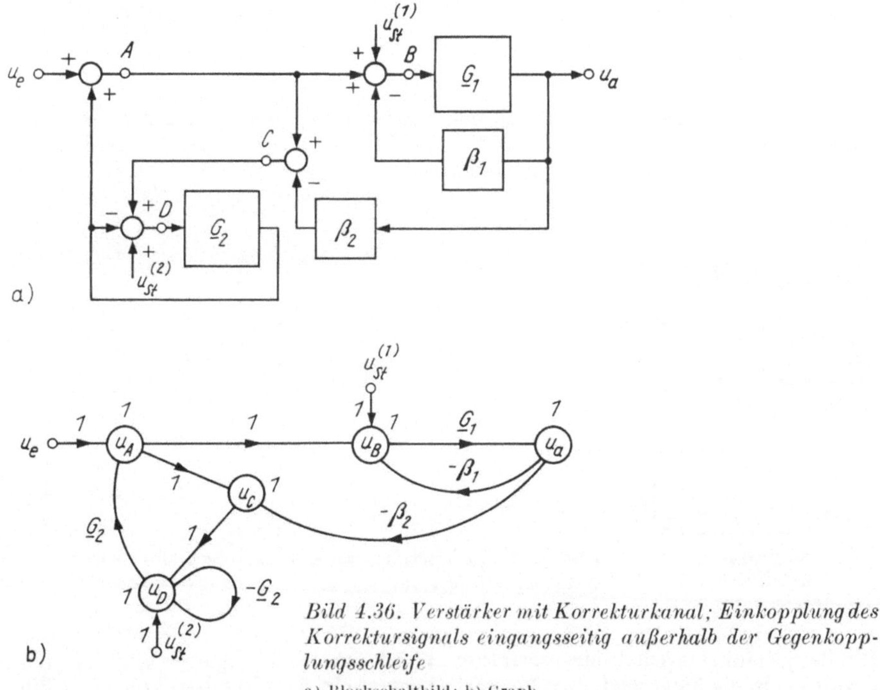

Bild 4.36. *Verstärker mit Korrekturkanal; Einkopplung des Korrektursignals eingangsseitig außerhalb der Gegenkopplungsschleife*
a) Blockschaltbild; b) Graph

Im Bild 4.36a wird eine Schaltungsvariante mit eingangsseitiger Korrektur vorgestellt, bei der das Korrektursignal außerhalb des Korrekturgegenkopplungsnetzwerks in den Hauptkanal eingekoppelt wird.

Der Verstärker des Korrekturkanals ist mit einer 100%igen Gegenkopplung versehen, wirkt also als Spannungsfolger. Berechnet man, ausgehend vom Graphen im Bild 4.36b, die Ausgangsspannung u_a der Schaltung, so ergibt sich eine Beziehung, die vollständig mit den Gln. (4.99), (4.100) und (4.101) übereinstimmt. Die Strukturen nach den Bildern 4.35a und 4.36a haben gleiches Übertragungsverhalten.

Setzt man, wie bereits angenommen, $\beta_2 = \beta_1$, so stimmen die beiden Gegenkopplungszweige vollständig überein und können verbunden werden.

Die sich ergebende Anordnung mit gemeinsamem Gegenkopplungszweig im Haupt- und im Korrekturkanal wird im Bild 4.37 gezeigt.

Beachtenswert ist dabei, daß die Störspannung $u_{\mathrm{St}}^{(1)}$ über einen getrennten Summator auf den Eingang des Hauptverstärkers wirkt, da sonst das Eingangssignal des Korrekturnetzwerks durch $u_{\mathrm{St}}^{(1)}$ verfälscht würde. (Es wird daran erinnert, daß die Darstellung

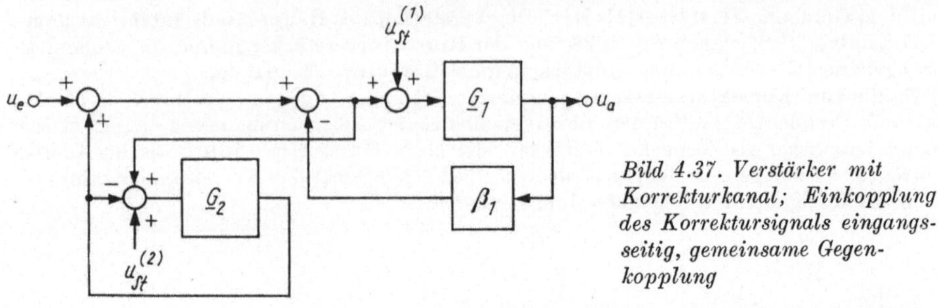

Bild 4.37. Verstärker mit Korrekturkanal; Einkopplung des Korrektursignals eingangsseitig, gemeinsame Gegenkopplung

einer eingangsbezogenen Störspannung als konzentrierte, vom Verstärker getrennte Störquelle nur eine Vereinfachung ist. In Wirklichkeit ist die Ausgangsstörspannung das Resultat vieler innerer und äußerer Störeinflüsse.)

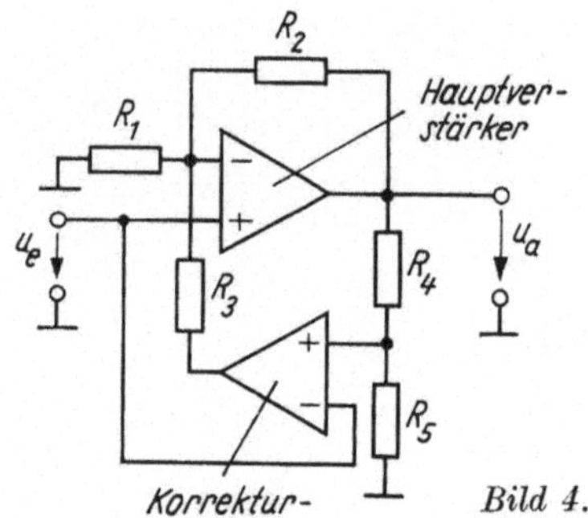

Bild 4.38. Realisierung eines Verstärkers mit Korrekturkanal nach Bild 4.35

Ein Beispiel für eine Schaltungsvariante eines Verstärkers mit eingangsseitiger Korrektur wird im Bild 4.38 gezeigt. Der Verstärker entspricht der Grundstruktur nach Bild 4.35 a, wobei gilt

$$\beta_1 = \frac{R_1 \| R_3}{R_2 + (R_1 \| R_3)}, \quad \beta_2 = \frac{R_5}{R_4 + R_5}.$$

Verstärker mit additiver Korrektur am Ausgang. Bild 4.39 a zeigt eine Variante eines solchen Verstärkers. Das Ausgangssignal des Korrekturkanals wird hier zum Ausgangssignal des Hauptkanals addiert. Unter Zuhilfenahme des Graphen im Bild 4.39 b ergibt sich:

$$\underline{G} = \frac{\underline{u}_a}{\underline{u}_e} = \frac{\underline{G}_1 + \underline{G}_2 (1 + \beta_1 \underline{G}_1)}{(1 + \beta_1 \underline{G}_1)(1 + \beta_2 \underline{G}_2)} \tag{4.102}$$

$$\underline{G}_{St}^{(1)} = \frac{\underline{u}_a}{\underline{u}_{St}^{(1)}} = \frac{\underline{G}_1}{(1 + \beta_1 \underline{G}_1)(1 + \beta_2 \underline{G}_2)} \tag{4.103}$$

$$\underline{G}_{St}^{(2)} = \frac{\underline{u}_a}{\underline{u}_{St}^{(2)}} = \frac{\underline{G}_2}{(1 + \beta_1 \underline{G}_1)(1 + \beta_2 \underline{G}_2)}. \tag{4.104}$$

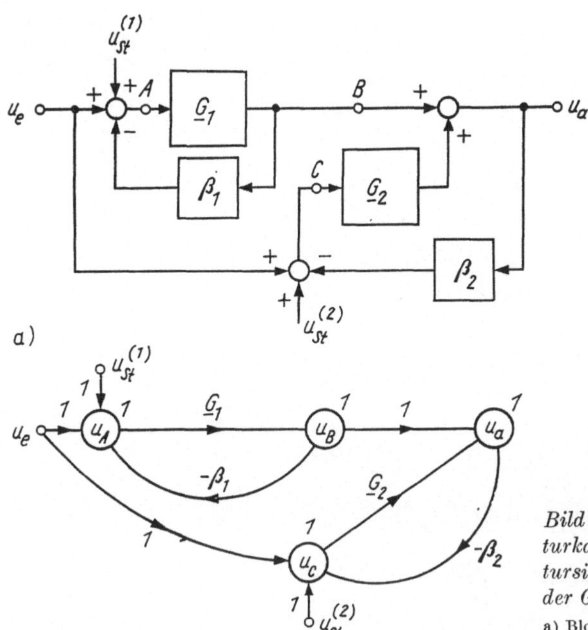

Bild 4.39. *Verstärker mit Korrekturkanal; Einkopplung des Korrektursignals ausgangsseitig innerhalb der Gegenkopplungsschleife*

a) Blockschaltbild; b) Graph

Für die Ausgangsspannung u_a folgt damit

$$\underline{u}_\mathrm{a} = \underline{G}\,\underline{u}_\mathrm{e} + \underline{G}_\mathrm{St}^{(1)}\,u_\mathrm{St}^{(1)} + \underline{G}_\mathrm{St}^{(2)}\,\underline{u}_\mathrm{St}^{(2)}$$

$$= \underline{G}\left[\underline{u}_\mathrm{e} + \frac{\underline{u}_\mathrm{St}^{(1)}}{\left(1 + \frac{\underline{G}_2}{\underline{G}_1} + \underline{G}_2\,\beta_1\right)} + \frac{\underline{u}_\mathrm{St}^{(2)}\left(\underline{G}_2\,\beta_1 + \frac{\underline{G}_2}{\underline{G}_1}\right)}{\left(1 + \frac{\underline{G}_2}{\underline{G}_1} + \underline{G}_2\,\beta^1\right)}\right]. \tag{4.05}$$

Die in der Klammer stehenden Ausdrücke sind die auf den Eingang der Schaltung bezogenen Störspannungen.

Offensichtlich muß auch bei der ausgangsseitigen Korrektur der Korrekturverstärker als hochgenauer Zerhackerverstärker bzw. driftkompensierter Verstärker ausgeführt werden. Im Vergleich zum Goldberg-Verstärker nimmt der Verstärker des Hauptkanals wieder die Stelle des breitbandigen Verstärkers im Bild 4.28 ein.

Nimmt man für $\underline{G}_1$ und $\underline{G}_2$ in Gl. (4.105) wieder einfache Tiefpaßübertragungsfunktionen an, so folgt für tiefe Frequenzen und $\beta_1 = \beta_2 = \beta$

$$\underline{u}_\mathrm{a} \approx \frac{1/\beta}{[1 + 1/(V_1\,V_2\,\beta^2)]}\left[\underline{u}_\mathrm{e} + \frac{\underline{u}_\mathrm{St}^{(1)}}{V_2\,\beta} + \underline{u}_\mathrm{St}^{(2)}\right].$$

Ein Vergleich von Gl. (4.106) mit Gl. (4.82) bzw. Gl. (4.76) zeigt, daß die multiplikativen sowie die vom Hauptkanal herrührenden additiven Fehler jeweils um den Faktor $1/\beta > 1$ größer als beim Goldberg-Verstärker bzw. beim Verstärker mit eingangsseitiger Korrektur sind.

Die eingangsseitige Korrektur erweist sich damit als effektiver.

Ein Vorteil der ausgangsseitigen Korrektur ist die bessere Stabilität. Dies erklärt sich durch das Fehlen geschlossener Konturen, die sowohl den Verstärker des Hauptkanals als auch den des Korrekturkanals enthalten.

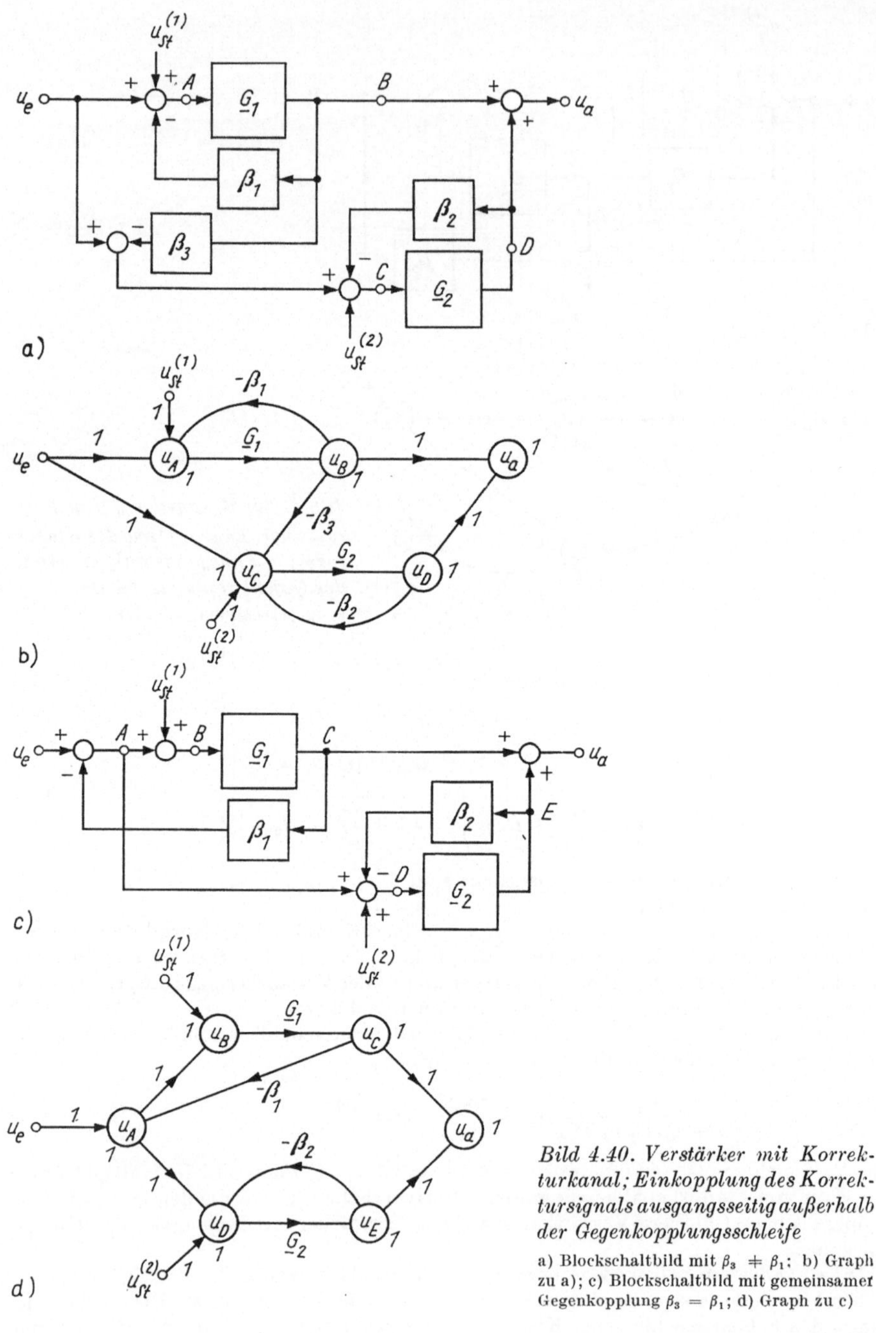

Bild 4.40. Verstärker mit Korrekturkanal; Einkopplung des Korrektursignals ausgangsseitig außerhalb der Gegenkopplungsschleife

a) Blockschaltbild mit $\beta_3 \neq \beta_1$; b) Graph zu a); c) Blockschaltbild mit gemeinsamer Gegenkopplung $\beta_3 = \beta_1$; d) Graph zu c)

Wie bei der eingangsseitigen Korrektur lassen sich auch im Fall der ausgangsseitigen Korrektur Strukturen angeben, bei denen das Korrektursignal außerhalb der Korrekturschleife in den Hauptkanal eingekoppelt wird (Bilder 4.40 a und b).

Das Eingangssignal für den Korrekturkanal ist gleich der Differenz aus u_e und der Spannung am Teiler β_3. Der Verstärker V_2 des Korrektursignals hat eine eigene Gegenkopplung β_2.

Unter der Annahme $\beta_1 = \beta_3$ lassen sich die entsprechenden Gegenkopplungszweige zusammenfassen (Bild 4.40 c). Für $\beta_1 = \beta_2$ ergibt sich mit Hilfe des Graphen im Bild 4.40 d eine Beziehung, die mit Gl. (4.105) übereinstimmt. Die Strukturen nach den Bildern 4.39 a und 4.40 c haben in diesem Fall gleiches Übertragungsverhalten.

5. Differenzier- und Integrierschaltungen, Gleichrichter

5.1. Aufbauprinzipien von Differenzier- und Integrierschaltungen

In den vorangegangenen Abschnitten wurden Verstärkerschaltungen beschrieben, die in einem vorgegebenen Frequenz- und Amplitudenbereich eine konstante Verstärkung haben.

Daneben werden aber auch Meßwandler mit frequenz- bzw. amplitudenabhängigem Übertragungsverhalten verwendet. Auch hier dient der gegengekoppelte Verstärker nach Bild 3.14 als Grundbauelement. Die Übertragungsfaktoren des Eingangsblocks α bzw. des Gegenkopplungsnetzwerks β werden jetzt als frequenzabhängig und linear oder frequenzunabhängig und nichtlinear angenommen.

Der größte Teil der in der Meßpraxis auftretenden frequenzabhängigen Übertragungsfunktionen kann mit einem invertierenden Verstärker realisiert werden, wenn die ohmschen Widerstände R_1 und R_2 im Bild 3.10 durch einfache RC-Kombinationen mit den komplexen Widerständen R_1 und R_2 ersetzt werden (Bild 5.1).

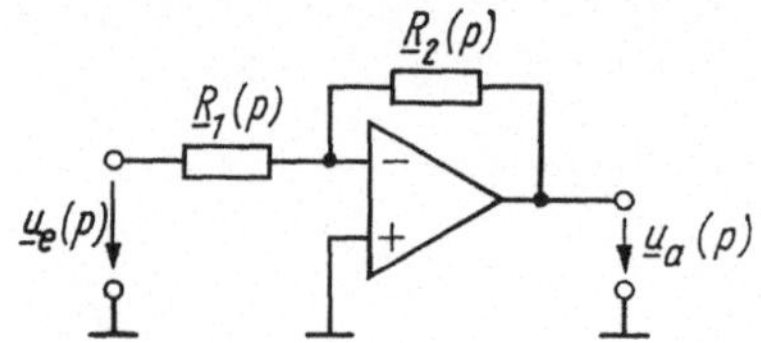

Bild 5.1. Grundstruktur von aktiven Differenzier- und Integrierschaltungen

Der Übertragungsfaktor $G(p)$ ergibt sich bei Annahme eines idealen Operationsverstärkers zu

$$\frac{\underline{u}_a(p)}{\underline{u}_e(p)} = \underline{G}(p) = -\frac{\underline{R}_2(p)}{\underline{R}_1(p)},$$

wobei $\underline{R}_1(p)$ und $\underline{R}_2(p)$ die komplexen Widerstände der in Tafel 5.1 dargestellten RC-Kombinationen sind. Diese Tafel enthält die zu dem jeweiligen Paar $\underline{R}_1$, $\underline{R}_2$ gehörenden Übertragungsfaktoren. Zur Abkürzung wurde gesetzt $\tau_1 = C_1 R_2$, $\tau_2 = C_2 R_2$.

Die am meisten verwendeten frequenzabhängigen Übertragungsfaktoren sind die von Differenzier- und Integrierschaltungen. In den Abschnitten 5.2. und 5.3. wird auf diese Schaltungen näher eingegangen.

5.2. Differenzierschaltungen

Die einfachste Differenzierschaltung besteht aus einem invertierenden Verstärker, der entsprechend Tafel 5.1, Feld 5, beschaltet ist (Bild 5.2a). In Operatorform gilt für die Übertragungsfunktion bei völlig idealem Operationsverstärker:

$$\underline{G}(p) = -p\tau. \tag{5.1}$$

$\frac{\underline{R}_2}{\underline{R}_1}$	R_2	C_2	$R_2\ \ C_2$	$R_2 \parallel C_2$
R_1	1) $-\dfrac{R_2}{R_1}$	2) $-\dfrac{1}{pC_2 R_1}$	3) $-\dfrac{R_2}{R_1}\cdot\dfrac{p\tau_2+1}{p\tau_2}$	4) $-\dfrac{R_2}{R_1}\cdot\dfrac{1}{1+p\tau_2}$
C_1	5) $-pC_1 R_2$	6) $-\dfrac{C_1}{C_2}$	7) $-\dfrac{C_1}{C_2}(1+p\tau_2)$	8) $-\dfrac{R_2}{R_1}\cdot\dfrac{p\tau_1}{1+p\tau_1}$
$R_1\ \ C_1$	9) $-\dfrac{R_2}{R_1}\cdot\dfrac{p\tau_1}{1+p\tau_1}$	10) $-\dfrac{C_2}{C_1}\cdot\dfrac{1}{1+p\tau_1}$	11) $-\dfrac{C_2}{C_1}\cdot\dfrac{1+p\tau_2}{1+p\tau_1}$	12) $-\dfrac{R_2}{R_1}\cdot\dfrac{p\tau_1}{(1+p\tau_1)(1+p\tau_2)}$
$R_1 \parallel C_1$	13) $-\dfrac{R_2}{R_1}(1+p\tau_1)$	14) $-\dfrac{C_1}{C_2}\cdot\dfrac{1+p\tau_1}{p\tau_1}$	15) $-\dfrac{R_2}{R_1}\cdot\dfrac{(1+p\tau_1)(1+p\tau_2)}{p\tau_2}$	16) $-\dfrac{R_2}{R_1}\cdot\dfrac{1+p\tau_1}{1+p\tau_2}$

Tafel 5.1. Mögliche Übertragungsfaktoren der Grundschaltung von Bild 5.1

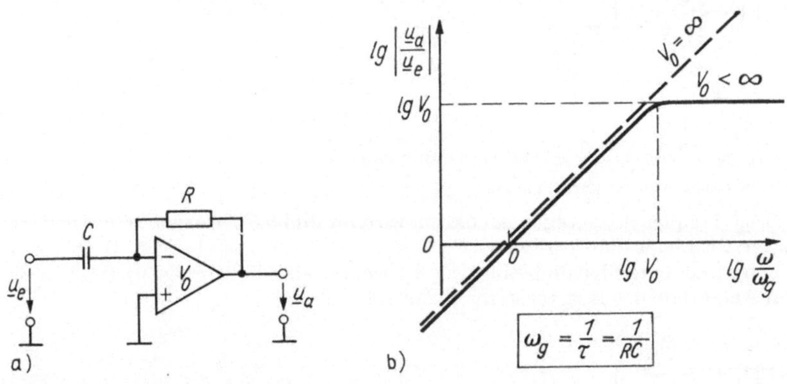

Bild 5.2. Einfachste Differenzierschaltung
a) Schaltung; b) Frequenzübertragungsfunktion

Im Zeitbereich ist die Ausgangsspannung der Ableitung der Eingangsspannung proportional:

$$u_\mathrm{a}(t) = -\,\tau\,\frac{\mathrm{d}}{\mathrm{d}t}\,u_\mathrm{e}(t)\,. \tag{5.2}$$

Die aus Gl. (5.1) für $p=\mathrm{j}\omega$ abgeleitete Frequenzübertragungsfunktion ist im Bild 5.2 b dargestellt. Sie steigt linear mit der Frequenz und nimmt im Idealfall auch für Unendlich große Werte an. Bei Beachtung der endlichen Verstärkung V_0 des Operationsverstärkers erhält man anstelle von Gl. (5.1):

$$\underline{G}(p) = \frac{-\,p\,\tau}{1 + p\,\tau/V_0}\,. \tag{5.3}$$

Oberhalb einer charakteristischen Frequenz $\omega_g' = V_0/\tau$ ist die Übertragungsfunktion gleich der sehr großen Leerlaufverstärkung V_0 des Operationsverstärkers. Dieses Ergebnis erhält man aus Bild 5.2 a unmittelbar: Für große Frequenzen stellt der Kondensator C nahezu einen Kurzschluß dar, wodurch die Eingangsspannung u_e direkt an den invertierenden Eingang des Operationsverstärkers gelangt. Die Folge dieser Tatsache sind ungünstige Eigenschaften der Differenzierschaltung bezüglich der Stabilität und der Übertragung hochfrequenten Rauschens [3.1].

Außerdem könnten bereits sehr kleine, aber schnell veränderliche Nutzsignale den Verstärker im nichtlinearen Bereich ansteuern.

Um diese Nachteile zu beseitigen, wird ein zusätzlicher Widerstand R_1 zum Kondensator C in Reihe geschaltet (Bild 5.3). Die Übertragungsfunktion ergibt sich entsprechend Tafel 5.1, Feld 9, zu

$$G(p) = - \frac{R_2}{R_1} \frac{p\,\tau_1}{1 + p\,\tau_1}. \tag{5.4}$$

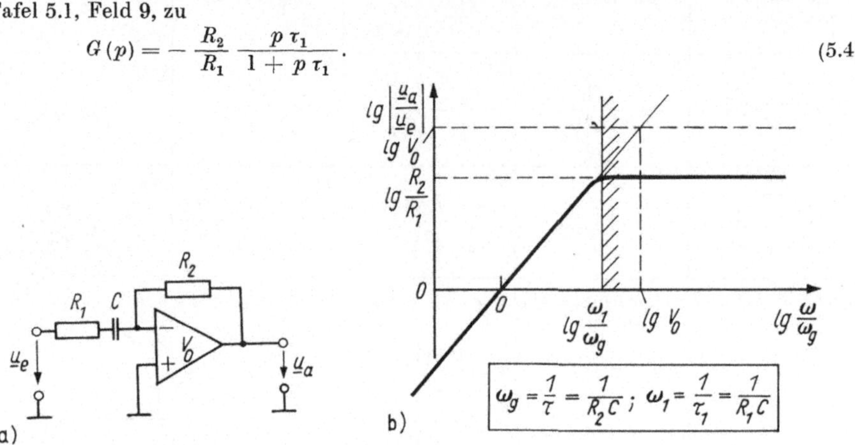

Bild 5.3. Differenzierschaltung mit oberer Grenzfrequenz
a) Schaltung; b) Frequenzübertragungsfunktion

Die zugehörige Frequenzübertragungsfunktion wird im Bild 5.3 b gezeigt. Differenzierendes Verhalten wird jetzt nur für Frequenzen $\omega < \omega_1 = (R_2/R_1)\,\omega_g$ erreicht. Die Verstärkung für höherfrequente Signale beträgt R_2/R_1, woraus sich Folgerungen bezüglich der maximalen Amplitude des Eingangssignals ziehen lassen.

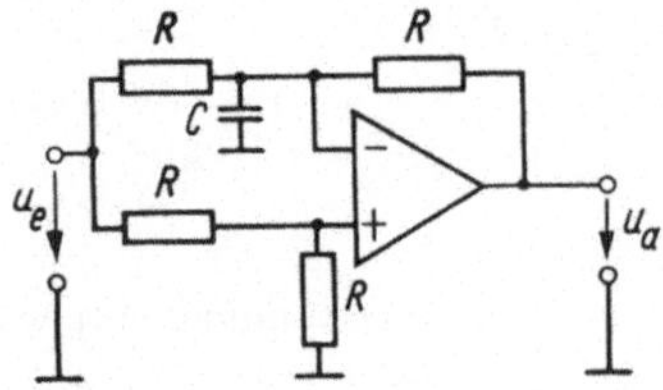

Bild 5.4. Differenzierschaltung mit Rückkopplungs-vierpol

Natürlich eignen sich auch andere Strukturen als diejenige im Bild 5.3 zum Aufbau von Differenzierschaltungen. Ein Beispiel wird im Bild 5.4 gezeigt [5.1]. Hier gelangt das Eingangssignal auf beide Eingänge des Operationsverstärkers. Für die Übertragungsfunktion ergibt sich bei Annahme eines idealen Operationsverstärkers

$$\underline{G}(p) = - \frac{1}{2}\,p\,C\,R.$$

Die Schaltung unterscheidet sich bezüglich Störverhalten und Stabilität von der Schaltung nach Bild 5.3.

5.3. Integrierschaltungen

5.3.1. Übertragungsverhalten einfacher Integratoren

Integrierschaltungen haben ein außerordentlich breites Anwendungsgebiet in der Meßtechnik. Im folgenden werden die Übertragungseigenschaften realer Integratoren unter stufenweiser Einbeziehung der nichtidealen Eigenschaften des Operationsverstärkers untersucht.

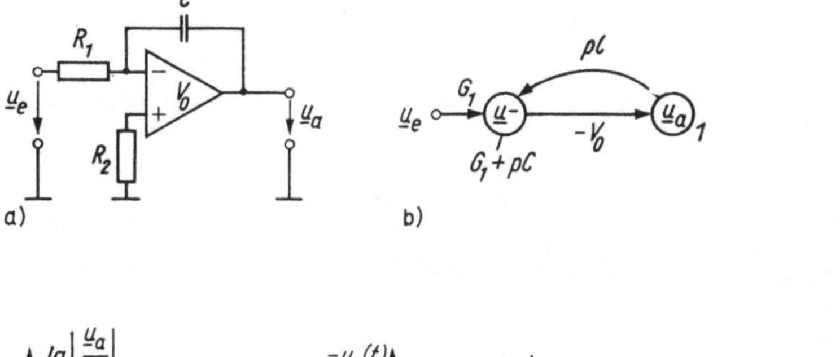

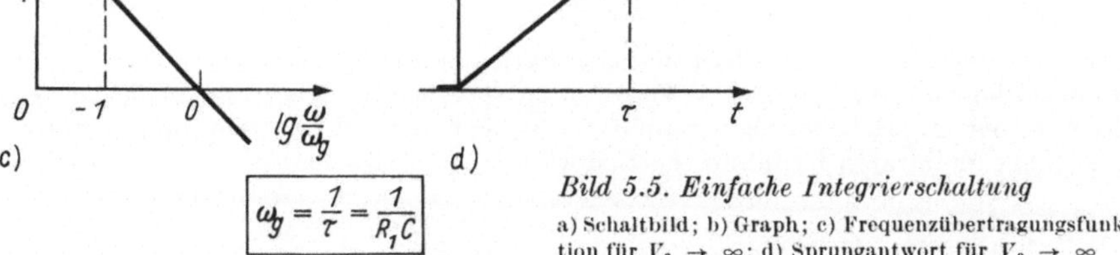

Bild 5.5. Einfache Integrierschaltung

a) Schaltbild; b) Graph; c) Frequenzübertragungsfunktion für $V_3 \rightarrow \infty$; d) Sprungantwort für $V_0 \rightarrow \infty$

Der einfachste Integrator entsteht durch Beschaltung eines Operationsverstärkers entsprechend Tafel 5.1, Feld 2, und Bild 5.5 a. Wird der Operationsverstärker zunächst wieder als völlig ideal angenommen, so gilt für die Übertragungsfunktion

$$\underline{G}(p) = -\frac{1}{p\,\tau}\;;\quad \tau = R_1\,C \tag{5.5}$$

im Zeitbereich

$$u_\mathrm{a}(t) = -\frac{1}{\tau}\int\limits_0^t u_\mathrm{e}'(t)\,\mathrm{d}t'. \tag{5.6}$$

Die Größe $\tau = R_1\,C$ ist die Integrationszeitkonstante. In den Bildern 5.5 c und d sind die aus den Gln. (5.5) und (5.6) abgeleiteten Übertragungsfaktoren bzw. die Sprungantwort für den Fall des idealen Operationsverstärkers dargestellt. Berücksichtigt man die endliche Leerlaufverstärkung V_0 des Operationsverstärkers, so ergibt sich

$$\underline{G}(p) = -\frac{V_0}{1 + p\,\tau\,(1 + V_0)}. \tag{5.7}$$

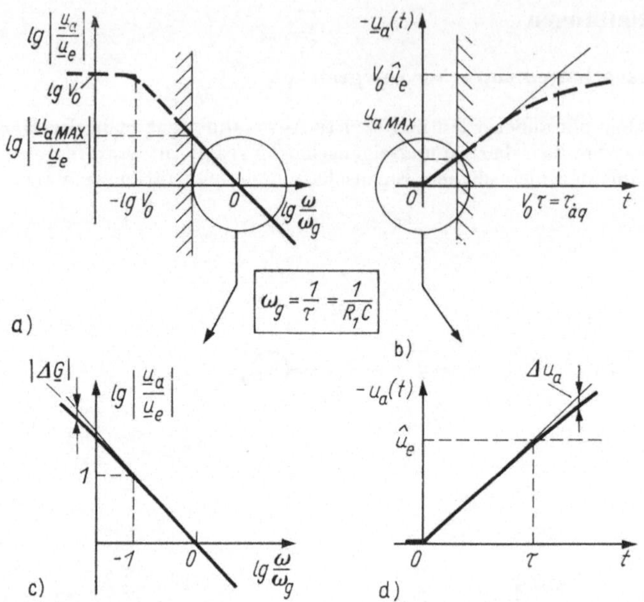

Bild 5.6. Übertragungseigenschaften der Schaltung von Bild 5.5 bei endlicher Verstärkung V_0
a) Frequenzübertragungsfunktion; b) Sprungantwort; c) zulässiger Frequenzbereich; d) Verlauf der Sprungantwort für kleine Zeiten

Der reale Integrator hat die Übertragungsfunktion eines Tiefpaßglieds mit der äquivalenten Zeitkonstante $\tau_{\text{äq}} = \tau\,(1 + V_0)$. Den entsprechenden Übertragungsfaktor zeigt
Bild 5.6 a. Bei vorgegebener Signalamplitude $|u_e|$ befindet sich der Operationsverstärker
nur so lange im linearen Kennlinienbereich wie

$$\frac{1}{\omega\,\tau}\,|u_e| < |u_{\max}|.$$

Daraus läßt sich eine Bedingung für eine untere Frequenzgrenze des Integrators nach
Bild 5.5 a ableiten:

$$\omega > \left|\frac{u_e}{u_{a\,\max}}\right|\,\omega_g. \tag{5.8}$$

Für Schwingungen mit kleinerer Frequenz kommt es zu nichtlinearen Verzerrungen
durch die Begrenzerwirkung des Operationsverstärkers. An der unteren Grenze des zulässigen Frequenzbereichs entstehen Abweichungen des Übertragungsfaktors zwischen
realem und idealem Integrator (Bild 5.6 c). Die zu Gl. (5.7) gehörende Sprungantwort
lautet

$$u_a\,(t) = \hat{u}_e\,V_0\,(1 - e^{-t/\tau_{\text{äq}}}). \tag{5.9}$$

Sie ist im Bild 5.6 b dargestellt.

Durch Reihenentwicklung erhält man für $t/\tau < V_0$

$$u_a\,(t) = -\,\hat{u}_e\,V_0\left[1 - \left(1 - \frac{t}{\tau_{\text{äq}}} + \frac{t^2}{2\,\tau_{\text{äq}}{}^2} - \cdots\right)\right]$$

$$\approx -\,\hat{u}_e\,\frac{t}{\tau}\left[1 - \frac{t}{2\,(V_0 + 1)\,\tau}\right]. \tag{5.10}$$

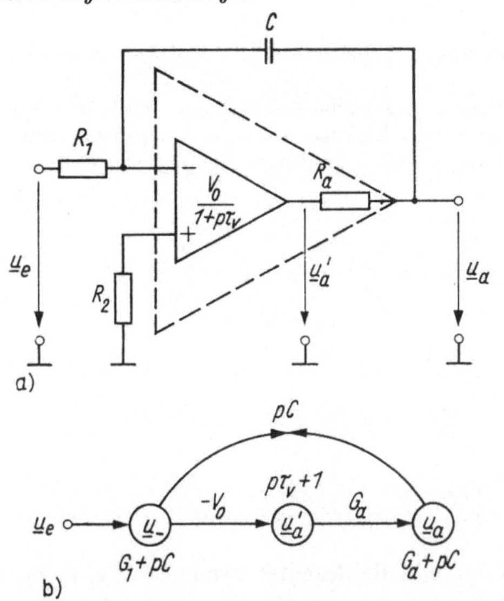

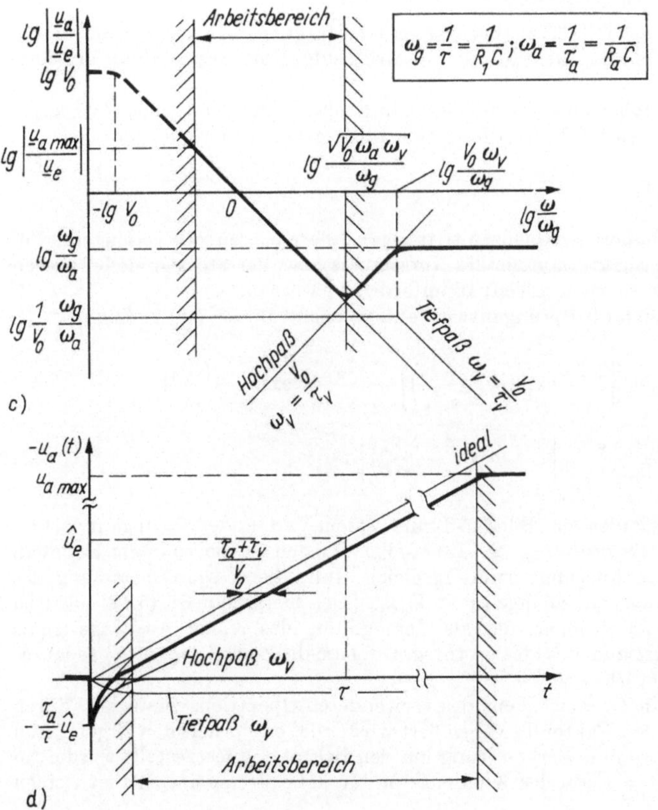

Bild 5.7. *Integrierschaltung unter Berücksichtigung der oberen Grenzfrequenz und des Ausgangswiderstands des Operationsverstärkers*

a) Schaltung; b) Graph; c) Frequenzübertragungsfunktion; d) Sprungantwort

Gl. (5.10) zeigt die Abweichung der Sprungantwort des realen Integrators von der des idealen (Bild 5.6 d).

Im weiteren wird der Einfluß der dynamischen Eigenschaften sowie des endlichen Ausgangswiderstands des Operationsverstärkers auf die Eigenschaften des Integrators untersucht. In den Bildern 5.7 a und b sind Schaltung und zugehöriger Graph dargestellt. Als Übertragungsfaktor ergibt sich daraus

$$\frac{u_a}{u_e} = \underline{G}\,(p) = \frac{p^2\,\tau_V\,\tau_a + p\,\tau_a - V_0}{p^2\,\tau_V\,(\tau + \tau_a) + p\,(V_0\,\tau + \tau + \tau_V + \tau_A) + 1}. \tag{5.11}$$

Dabei sind $\tau = R_1\,C$, $\tau_a = R_a\,C$.

Unter der Bedingung $V_0 \gg 1$, $\tau \gg \tau_a$ und $V_0\,\tau \gg \tau_V$ läßt sich Gl. (5.6) in Partialbrüche aufspalten

$$\underline{G}\,(p) = -\frac{V_0}{p\,V_0\,\tau + 1} + \frac{\tau_a}{\tau}\,\frac{p\,\dfrac{\tau_V}{V_0}}{p\,\dfrac{\tau_V}{V_0} + 1} + \frac{\tau_a + \tau_V}{V_0\,\tau}\,\frac{1}{p\,\dfrac{\tau_V}{V_0} + 1}. \tag{5.12}$$

Ein Vergleich von Gl. (5.12) mit Gl. (5.7) zeigt, daß die Beachtung von τ_V und τ_a zu zwei zusätzlichen Summanden im Übertragungsfaktor führt. Der erste von beiden entspricht einem Hochpaß mit der Zeitkonstanten τ_V/V_0, der zweite einem Tiefpaß mit derselben Zeitkonstanten.

Im Bild 5.7 c sind die aus Gl. (5.12) abgeleiteten Übertragungsfaktoren sowohl für alle drei Summanden einzeln als auch für die resultierende Übertragungsfunktion dargestellt.

Man erkennt, daß infolge einer Bandbegrenzung sowie eines endlichen Ausgangswiderstands die integrierende Wirkung des realen Integrators auf Frequenzen

$$\omega < \sqrt{V_0\,\omega_a\,\omega_V}$$

beschränkt bleibt. Für höhere Frequenzen tritt sogar differenzierende Wirkung ein. Gegebenenfalls müssen die Spektralanteile des Nutzsignals bzw. der Störsignale bei diesen Frequenzen mit einem zusätzlichen Tiefpaß unterdrückt werden.

Aus Gl. (5.12) ergibt sich die Sprungantwort entsprechend Bild 5.7 d wie folgt

$$u_a\,(t) = -V_0\,\hat{u}_e\left[1 - \exp\left(-\frac{t}{V_0\,\tau_V}\right)\right] + \frac{\tau_a}{\tau}\,\hat{u}_e\,\exp\left(-\frac{t\,V_0}{\tau_V}\right)$$

$$+ \frac{\tau_a + \tau_V}{V_0\,\tau}\,\hat{u}_e\left[1 - \exp\left(-\frac{t\,V_0}{\tau_V}\right)\right]. \tag{5.13}$$

Der Unterschied zwischen idealem (Bild 5.5 d) und realem Verlauf der Sprungantwort ist für kleine Zeiten besonders groß $[t \leq (2\cdots 3)\,\tau_V/V_0]$. Danach ist die von dem Hochpaß in Gl. (5.12) verursachte Ausgangsspannung gleich Null; die Ausgangsspannung des Integrators steigt zeitlinear an, solange $t/\tau \ll V_0$ ist. [Der Tiefpaß in Gl. (5.12) führt zu einem konstanten Nullpunktfehler, der als Verzögerung des realen Ausgangssignals gegenüber dem Ausgangssignal des idealen Integrators um die Zeit $(\tau_a + \tau_V)/V_0$ gedeutet werden kann (s. Bild 5.7 d).]

Gl. (5.13) zeigt, daß die Grenzfrequenz des verwendeten Operationsverstärkers durch die Gegenkopplung um den Faktor V_0 vergrößert wird. Dies entspricht den Ergebnissen in Abschn. 3, Bild 3.13, wo eine Verbesserung um den Faktor $K\,\beta$ festgestellt wurde. Im vorliegenden Fall gilt $\beta = 1$, da der Kondensator für hohe Frequenzen nahezu einen

Kurzschluß darstellt. Es ist allerdings zu bemerken, daß diese Verbesserung nur dann gilt, wenn der Verstärker im linearen Bereich arbeitet. Anderenfalls wird die Gegenkopplung aufgetrennt, und der Übergangsprozeß im Operationsverstärker läuft mit der Zeitkonstante τ_V (und nicht τ_V/V_0) ab.

5.3.2. Störverhalten einfacher Integratoren

Im folgenden werden die Fehler analysiert, die durch die Eingangsruheströme i_+, i_- sowie durch die Offsetspannung u_{St} des Operationsverstärkers entstehen. Diese Größen wirken wie zusätzliche Eingangssignale. Die von ihnen verursachten Fehler steigen daher linear mit der Zeit an. Eine Schaltung nach Bild 5.5a ist daher praktisch nicht arbeitsfähig.

Zahlenbeispiel: $u_{St} = 10\ \mathrm{mV}, \tau = 0{,}1\ \mathrm{s},\ V_0 = 10^5,$
$$u_{a\,max} = 10\ \mathrm{V}\ .$$

Nach Bild 5.6b würde der Operationsverstärker bereits nach etwa 100 s allein durch den Einfluß der Offsetspannung übersteuert werden. Der Einfluß der genannten Störgrößen muß also nach Ablauf der Meßzeit unbedingt korrigiert werden.

Dazu wird zum Kondensator C ein Schalter S parallelgeschaltet (Bild 5.8a). Wandelt man die Stromquellen in Spannungsquellen um und ersetzt den Schalter S durch einen

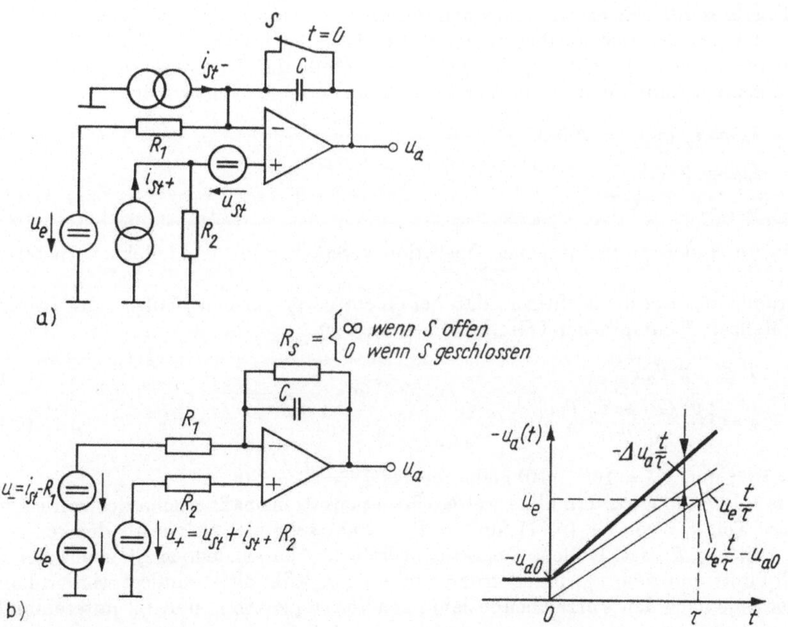

Bild 5.8. Wirkung der Eingangsstörungen des Operationsverstärkers auf das Ausgangssignal einer Integrierschaltung

a) Integrierverstärker mit Störquellen und Schalter
b) Ersatzschaltung mit veränderlichem Widerstand R_S

(veränderlichen) Widerstand, so ergibt sich Bild 5.8 b. Nimmt man zur Vereinfachung wieder $V_0 = \infty$, $r_V = 0$, $r_a = 0$ an, so ergibt sich die Übertragungsfunktion für den invertierenden Eingang zu

$$\underline{G}^-(p) = -\frac{\dfrac{1}{pC} \| R_S}{R_1} = \begin{cases} 0 & \text{für} \quad R_S = 0 \\[2ex] -\dfrac{1}{p\,\tau} & \text{für} \quad R_S = \infty. \end{cases} \tag{5.14}$$

Für Signale bzw. Störungen am nichtinvertierenden Eingang gilt

$$\underline{G}^+(p) = 1 + \frac{\dfrac{1}{pC} \| R_S}{R_1} = \begin{cases} 1 & \text{für} \quad R_S = 0 \\[2ex] 1 + \dfrac{1}{pC} & \text{für} \quad R_S = \infty. \end{cases} \tag{5.15}$$

Wenn der Schalter S geschlossen ist, gilt

$$u_{a0} = u_+ = u_{St} + i_+ R_2. \tag{5.16}$$

Öffnet der Schalter, so erscheint zusätzlich zu u_{a0} eine Ausgangsspannung, die gleich dem vorzeichenbehafteten Integral von u_e, u_- und u_+ ist.

$$u_a(t) = \frac{t}{\tau}\left[-u_e + \underbrace{(i_+ R_2 - i_- R_1) + u_{St}}_{\Delta u_a}\right] + \underbrace{u_{St} + i_+ R_2}_{u_{a\,0}} \tag{5.17}$$

Dieses Ergebnis gilt, wie erwähnt, für den bis auf i_+, i_- und u_{St} idealen Verstärker. Die Berücksichtigung der nichtidealen Eigenschaften ist mit Hilfe von Gl. (5.13) möglich.

Zur quantitativen Abschätzung der einzelnen Anteile der Ausgangsstörspannung sollen die folgenden Annahmen für die Verstärkerkennwerte gemacht werden:

$$i_+ \approx i_- \approx i_e = 200 \ \text{pA}$$

$$i_{e0} = 20 \ \text{pA}$$

$$u_{St} = 10 \ \text{mV}.$$

Diese Werte sind typisch für einen Operationsverstärker mit Feldeffekttransistoreingang.

Außerdem ist zu berücksichtigen, daß bei einem vorgegebenen Fehler ε des Integrators die Meßzeit T entsprechend Gl. (5.10) begrenzt ist.

$$T \leqq \varepsilon \, 2 \, V_0 \, \tau \tag{5.18}$$

$$\varepsilon = \left| \frac{u_a(T) - \hat{u}_e\, T/\tau}{\hat{u}_e\, T/\tau} \right| \tag{5.19}$$

Für $\varepsilon = 10^{-3}$ und $V_0 = 10^4 \cdots 10^5$ bedeutet das $T = 20 \cdots 200\, \tau$.

Daraus folgt zunächst, daß ohne weitere Kompensationsmaßnahmen der von t/τ unabhängige Teil u_{a0} von Gl. (5.17) für $t = T = 200\, \tau$ sehr viel kleiner als der von t abhängige Teil $u_{am}\, T/\tau$ ist. Übliche Operationsverstärker haben jedoch Einstellregler für den Nullpunkt, mit dem u_{St} um Beträge von einigen Millivolt verändert werden kann. Damit ist es je nach den Vorzeichenbeziehungen von u_{St} sowie i_e und i_{e0} untereinander möglich, entweder u_{a0} oder u_{am} zu verringern.
Mit den obengenannten Werten kann man bei $R = R_1 = R_2 = 5 \ \text{M}\Omega$ mit gleich großen Anteilen $i_\pm R$ und u_{St} rechnen. Das hat Werte für u_{a0} in der Größenordnung von Millivolt zur Folge. Die Werte von $\Delta u_a(T) = u_{am} \cdot (20 \cdots 200)\, \tau$ hängen davon ab, inwieweit u_{St} durch $i_{e0} R$ kompensiert werden kann.

5.3.3. Integrator mit mehreren Eingängen

Entsprechend Bild 5.9 a kann ein Integrator mit mehreren Eingängen aufgebaut werden, dessen Ausgangsspannung die algebraische Summe der Integrale der entsprechenden Eingangsspannungen ist. Mit Hilfe des Graphen im Bild 5.9 b wird der Übertragungs-

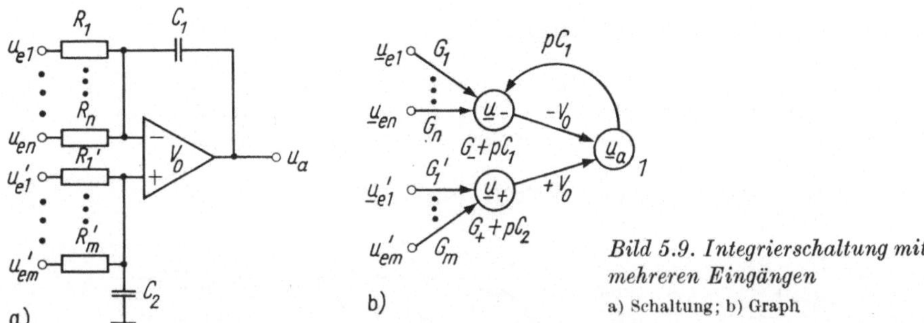

Bild 5.9. Integrierschaltung mit mehreren Eingängen
a) Schaltung; b) Graph

faktor für die Eingangsspannung $\underline{u}_{e\,i}$, die über den Widerstand R_i auf den invertierenden Eingang des Operationsverstärkers wirkt, bestimmt:

$$\frac{\underline{u}_a}{\underline{u}_{e\,i}} = \underline{G}_i\,(p) = -\,\frac{G_i}{G_-}\,\frac{V_0}{(1 + V_0)\,p\,\tau_- + 1} \approx \frac{V_i}{V_i\,p\,\tau_i + 1}\,. \tag{5.20}$$

Dabei wurden folgende Abkürzungen verwendet:

$$G_i = \frac{1}{R_i}, \quad G_- = G_1 + G_2 + \cdots + G_n, \quad \tau_i = \frac{C_1}{G_i}, \quad \tau_- = \frac{C_1}{G_-},$$

$$V_i = V_0\,\frac{G_i}{G_-}\,.$$

Für $V_0 \to \infty$ wird $\underline{G}_i\,(p) = -\,1/p\,\tau_i$.

Die Übertragungsfaktoren $\underline{G}_i\,(p)$ entsprechen danach den Übertragungsfaktoren eines einkanaligen Integrators (Bild 5.5).

Für die Spannungen $u_{e\,j}{}'$, die auf den nichtinvertierenden Eingang des Operationsverstärkers wirken, ergibt sich entsprechend

$$\underline{G}_j\,(p) = \frac{G_j{}'}{G_+}\,\frac{(p\,\tau_- + 1)\,V_0}{(p\,\tau_+ + 1)\,[(1 + V_0)\,p\,\tau_- + 1]}\,, \tag{5.21}$$

wobei

$$G_+ = G_1{}' + G_2{}' + \cdots + G_n{}', \quad \tau_+ = \frac{C_2}{G_+}, \quad G_j{}' = \frac{1}{R_j{}'}\,.$$

Um integrierendes Verhalten zu erreichen, muß in Gl. (5.21) $\tau_- = \tau_+$ gesetzt werden. Setzt man $C_1 = C_2 = C$, so bedeutet dies $G_- = G_+$, und man erhält

$$\frac{\underline{u}_a}{\underline{u}_{e\,j}{}'} = \underline{G}_j{}'\,(p) = \frac{G_j{}'}{G_+}\,\frac{V_0}{(1 + V_0)\,p\,\tau + 1} \approx \frac{V_j{}'}{V_j{}'\,p\,\tau + 1}\,,$$

wobei

$$\tau_j = \frac{C}{G_j{}'} = C\,R_j{}' \quad \text{und} \quad V_j{}' = V_0\,G_j{}'/G_+\,.$$

Für $V_0 \to \infty$ folgt

$$G_j{}'\,(p) = 1/\,(p\,\tau_j)\,.$$

Bei der Berechnung von Integratoren mit mehreren Eingängen wird meist $C_1 = C_2$ gesetzt. Dann werden die R_i bzw. $R_j{}'$ entsprechend den gegebenen τ_i und $\tau_j{}'$ bestimmt. Danach vergleicht man die Leitwerte G_+ und G_-. Bei Ungleichheit wird ein geeigneter Eingang des Operationsverstärkers mit einem entsprechenden Widerstand gegen Masse abgeschlossen.

5.3.4. Schaltungstechnische Besonderheiten bei Integratoren

Den einfachsten Integrator nach Bild 5.5a kann man als Zweikanalintegrator verwenden, wenn als Ausgangsspannung die Spannung über dem Kondensator gewählt wird (Bild 5.10a). Bei idealem Operationsverstärker gilt für diese Ausgangsspannung

$$\underline{u}_a(p) = \frac{1}{p\,\tau}\left[\underline{u}_{e\,2}(p) - \underline{u}_{e\,1}(p)\right].$$

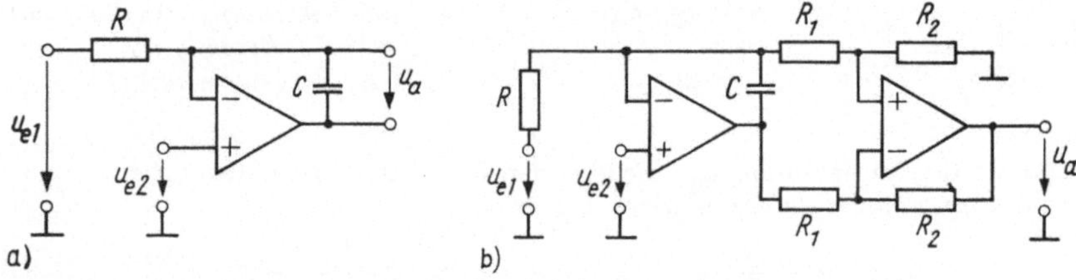

Bild 5.10. Zweikanalintegrierschaltungen

a) erdfreie Ausgangsspannung; b) Einführung eines Differenzverstärkers

Die Vorteile dieses Integrators sind

— geringe Anzahl von Bauelementen
— Ausführung der Integration ohne zusätzlich einzuhaltende Bedingungen.

Ein Nachteil ist es, daß die Ausgangsspannung nicht auf Masse bezogen wird. Eine einfache Möglichkeit, diesen Nachteil zu beseitigen, besteht in der Anwendung eines zusätzlichen Differenzverstärkers. Bei Verwendung des einfachsten Differenzverstärkers (Bild 5.10b) sind allerdings die Teilverstärkungen $u_a(p)/u_{e\,1}(p)$ und $u_a(p)/u_{e\,2}(p)$ unterschiedlich, so daß sich für die Gesamtspannung der folgende Ausdruck ergibt:

$$\underline{u}_a(p) = \frac{R_2}{R_1}\frac{1}{p\,C\,R}\underline{u}_{e\,2}(p) - \frac{R_2}{R_1}\frac{1}{p\,C\,R}\left(1 + \frac{R}{R_1 + R_2}\right)\underline{u}_{e\,2}(p).$$

Eine genauere Analyse zeigt ferner, daß bei den Schaltungen in den Bildern 5.10a und b die Grenzfrequenz des Operationsverstärkers nur geringen Einfluß auf den Übertragungsfaktor hat. Für Bild 5.10a ergibt sich

$$\underline{G}(p) = \frac{\underline{u}_a(p)}{\underline{u}_e(p)} = -\frac{p\,\tau_V + 1 + V_0}{p^2\,\tau_V(\tau + \tau_A) + p(V_0\,\tau + \tau + \tau_V + \tau_A) + 1},$$

wobei $\tau = R\,C$, $\tau_A = R_A\,C$ ist, mit τ_V als Zeitkonstante des Operationsverstärkers und R_A als Ausgangswiderstand des Operationsverstärkers. Für $V_0 \gg 1$, $\tau_A \ll \tau$ und $\tau_V \ll V_0\tau$ nimmt diese Übertragungsfunktion die Form an.

$$\underline{G}(p) = -\frac{V_0}{p\,V_0\,\tau + 1}.$$

Bei allen bisher beschriebenen Integratoren wurde die Integration über die Aufladung eines Kondensators mittels eines der Eingangsspannung proportionalen Stromsignals realisiert. Offensichtlich kann nun ein Integrator auf der Grundlage eines beliebigen im Abschn. 3.6.2. beschriebenen Verstärkers mit Stromausgang aufgebaut werden, wenn an dessen Ausgang als Last ein Kondensator angeschlossen wird. Die Ausgangsspannung des so entstehenden Integrators ist die Kondensatorspannung. Damit die nachfolgende Last nicht auf die Übertragungsfunktion des Integrators einwirkt, muß zur Trennung ein Spannungsfolger eingesetzt werden.

5.3.5. Anwendung der Mitkopplung in Integratoren

In einigen Fällen läßt sich durch die Anwendung der Mitkopplung eine Verringerung der Fehler von Integrationsschaltungen erreichen.

Bei dem einfachen Integrator nach Bild 5.5 a kann auf diese Weise der Fehler korrigiert werden, der durch den endlichen Verstärkungsfaktor des Operationsverstärkers entsteht. Dazu wird das Ausgangssignal über einen Spannungsteiler auf den nichtinvertierenden Eingang des Operationsverstärkers zurückgeführt. Wenn das Teilerverhältnis gleich $1/V_0$ ist, wobei V_0 der Verstärkungsfaktor des Operationsverstärkers ist, dann ergibt sich $\underline{G}(p) = -1/p\tau$ anstelle von Gl. (5.7). Es ist allerdings zu beachten, daß die Instabilität von V_0 die Möglichkeiten dieses Korrekturverfahrens begrenzt.

Etwas genauer soll die Fehlerkorrektur durch Mitkopplung am Beispiel des Integrators nach Bild 5.11 a untersucht werden. Dieser Integrator ist auf der Grundlage eines Verstärkers mit Stromausgang ausgeführt.

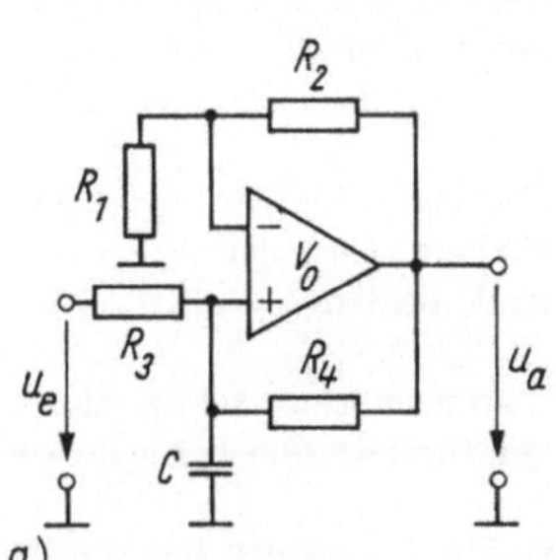

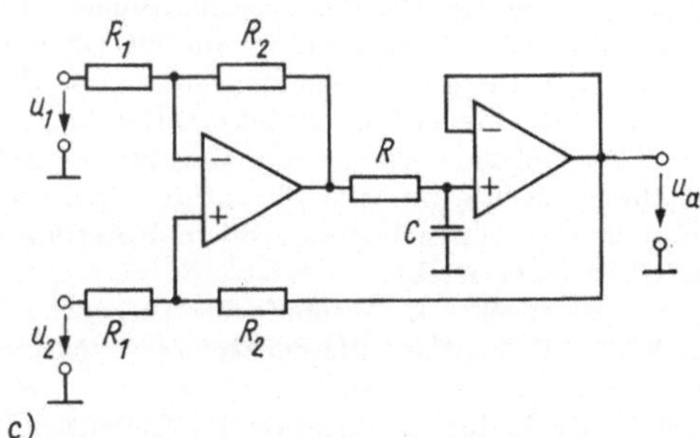

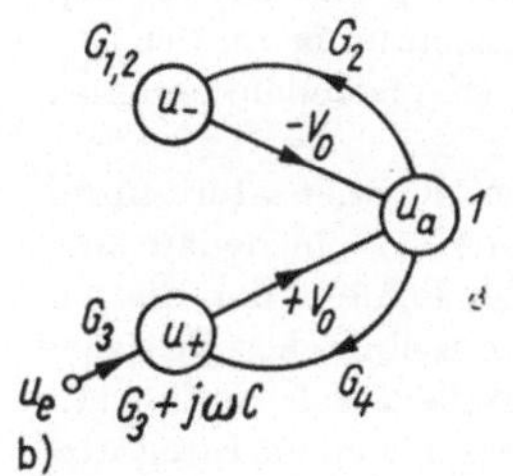

Bild 5.11. *Integrierverstärker mit Mitkopplung*
a) einfacher nichtinvertierender Integrator;
b) Graph zu a); c) Differenzintegrator

Bei diesem Verstärker, der sowohl eine Gegenkopplung als auch eine Mitkopplung enthält, ist die Ausgangsspannung des Operationsverstärkers der Spannung über dem Kondensator proportional. Daher ist es günstiger, das Ausgangssignal direkt am Operationsverstärker abzugreifen. Mit Hilfe des Graphen im Bild 5.11 b erhält man

$$\underline{G}\left(p\right) = \frac{G_3\,V_0\,G_{1,2}}{G_{1,2}\left(G_{3,4}+p\,C\right)+V_0\,G_2\left(G_{3,4}+p\,C\right)-V_0\,G_4\,G_{1,2}}\,.$$

Wählt man die Widerstandswerte so, daß

$$G_{1,2}\,G_{3,4}+V_0\,G_2\,G_{3,4}-V_0\,G_4\,G_{1,2}=0 \qquad (5.22)$$

gilt, so ergibt sich nach einigen Umrechnungen

$$\underline{G}\left(p\right)=\frac{1+R_4/R_3}{p\,C_1\,R_3}\,.$$

Bei Einhaltung der Bedingung nach Gl. (5.22) ergibt sich als Sprungantwort der Schaltung nach Bild 5.11a tatsächlich eine lineare Zeitfunktion. Der Einfluß des endlichen Verstärkungsfaktors kann durch die Mitkopplung ausgeschaltet werden.

Bei Verletzung der Bedingung nach Gl. (5.22) ist die zweite Ableitung der Sprungantwort verschieden von Null (Krümmung der Kurve), wobei ihr Vorzeichen gleich dem des linken Summanden in Gl. (5.22) ist. Eine weitere Variante eines Integrators mit einer positiven Rückkopplung wird im Bild 5.11c gezeigt. Die Einführung eines zweiten Operationsverstärkers ergibt in diesem Fall die folgende Ausgangsspannung:

$$\underline{u}_{\mathrm{a}}\left(p\right)=\left(\underline{u}_2\left(p\right)-\underline{u}_1\left(p\right)\right)\frac{R_2}{p\,C\,R\,R_1}\,. \qquad (5.23)$$

Moderne und qualitativ hochwertige Operationsverstärker verursachen verhältnismäßig geringe Fehler in Integrationsschaltungen. Den bestimmenden Einfluß auf die Genauigkeit der Integration üben aus diesem Grunde mehr und mehr die nichtidealen Eigenschaften des Integrationskondensators aus. Dies sind vor allem endlicher Isolationswiderstand und unerwünschte Absorption.

Ein endlicher Isolationswiderstand wirkt auf die Arbeitsweise des Integrators genauso wie der endliche Verstärkungskoeffizient des Operationsverstärkers. Es existieren heute bereits Kondensatortypen mit so großem Isolationswiderstand, daß der dadurch verursachte Fehler zu vernachlässigen ist.

Was die unerwünschte Eigenschaft der Absorption betrifft, so ist gerade sie es, die — ungeachtet aller Erfolge auf diesem Gebiet — häufig die Genauigkeit der Integration bestimmt.

Der Effekt der Ladungsabsorption im Dielektrikum eines Kondensators besteht in folgendem: Nach Entladung des Kondensators (z.B. durch kurzzeitigen Kurzschluß) tritt nach einiger Zeit an dessen Klemmen wieder eine Gleichspannung auf. Der Absorptionskoeffizient gibt das Verhältnis dieser Spannung zur Ausgangsspannung vor der Entladung an und liegt in der Größenordnung von $(0,01\cdots 0,1)\,\%$ (Kunstfolienkondensatoren) und $(2\cdots 5)\,\%$ (bei Metall-Papierkondensatoren).

Der Absorptionseffekt läßt sich im Ersatzschaltbild des realen Kondensators durch Parallelschaltung einer oder mehrerer RC-Kettenschaltungen mit verschiedenen Zeitkonstanten zum Kondensator C erfassen. Bei der Berechnung des Fehlers, den die Absorption bei der Integration verursacht, ist es ausreichend, nur ein einfaches RC-Glied in die Rechnung einzubeziehen. Der genannte Fehler kann ebenfalls durch Einführung einer entsprechenden Mitkopplung korrigiert werden. Bild 5.12a zeigt einen Integrator mit einer solchen Mitkopplungsschleife. Die Absorption des Integrationskondensators $C\,1$ wird durch das RC-Glied R_{A}, C_{A} abgebildet. Die Mitkopplung wird über die Elemente $R_4=R_{\mathrm{A}}$ und $C_4=C_{\mathrm{A}}$ in Verbindung mit $R_3=R_1$ und $C_3=C_1$ realisiert. Aus dem Graphen von Bild 5.12b folgt unter diesen Bedingungen der Übertragungsfaktor

$$\frac{\underline{u}_{\mathrm{a}}\left(p\right)}{\underline{u}_{\mathrm{e}}\left(p\right)}=-\,\frac{1}{p\,C_1\,R_1}\,, \qquad (5.24)$$

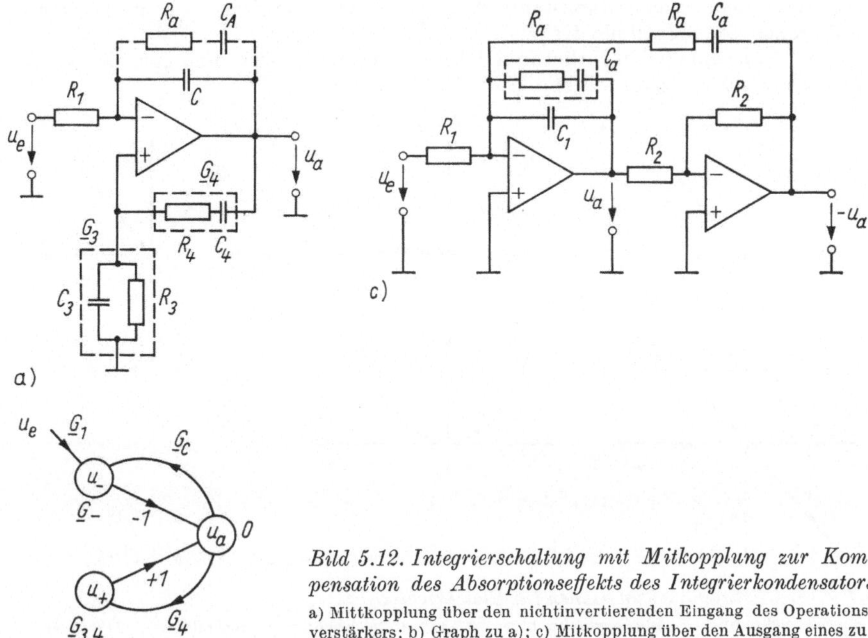

Bild 5.12. Integrierschaltung mit Mitkopplung zur Kompensation des Absorptionseffekts des Integrierkondensators

a) Mittkopplung über den nichtinvertierenden Eingang des Operationsverstärkers; b) Graph zu a); c) Mitkopplung über den Ausgang eines zusätzlichen Inverters

der zeigt, daß der durch die Absorption des Integrierkondensators hervorgerufene Fehler vollständig korrigiert wird. Der gleiche Effekt kann durch Einführung einer positiven Rückkopplung vom Ausgang eines zusätzlichen Inverters erzielt werden, wie das im Bild 5.12 c dargestellt ist.

Ähnliche Korrekturverfahren werden häufig bei Integratoren in hochgenauen Spannungs-Impulsdauer-Umsetzern verwendet.

5.4. Aufbauprinzipien von Gleichrichtern

Gleichrichter sind Meßwandler, die in Abhängigkeit von bestimmten Kenngrößen des Eingangssignals ein konstantes Ausgangssignal erzeugen. Solche Kenngrößen sind

— Maximalwert der Eingangsspannung (Spitzenwertgleichrichter)
— linearer Mittelwert der Eingangsspannung nach Einweg- bzw. Zweiweggleichrichtung (Mittelwertgleichrichter)
— Effektivwert der Eingangsspannung (Effektivwertgleichrichter)
— multiplikative Bewertung einer Eingangsspannung mit einer frequenzgleichen Rechteckspannung

$$u_\mathrm{a} = \frac{\hat{u}_\mathrm{e}}{T} \int\limits_{-T/2}^{T/2} \sin\,(\omega t - \varphi)\,\mathrm{sgn}\,(\sin \omega t)\,\mathrm{d}t; \qquad \omega = \frac{2\,\pi}{T}$$

(phasenempfindlicher Gleichrichter).

Alle Gleichrichterarten realisieren eine amplitudenabhängige, d. h. nichtlineare Bewertung der Eingangsspannung mit anschließender Mittelung, d. h. Integration. Die dabei auftretende Integrationszeitkonstante stellt stets eine obere Grenze für die Periode der niedrigfrequenten Signalteile dar.

Die zu realisierenden nichtlinearen Übertragungsfunktionen sind für die verschiedenen Gleichrichterarten im Bild 5.13 qualitativ dargestellt.

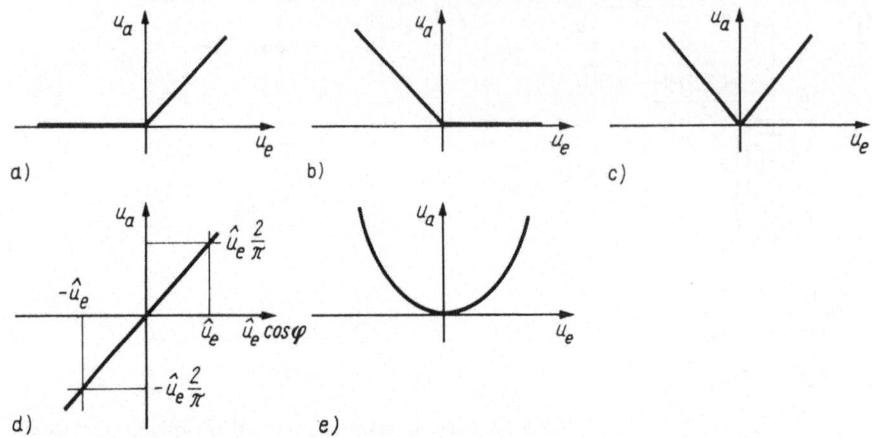

Bild 5.13. *Übertragungsfunktionen für Gleichrichter*

a) Einweggleichrichter; b) Einweggleichrichter; c) Zweiweggleichrichter (Betragsbildung); d) phasenempfindlicher Gleichrichter; e) Effektivwertgleichrichter

Die Übertragungsfunktionen für die Mittelwertgleichrichter sind stückweise linear. Desgleichen läßt sich die quadratische Parabel des Effektivwertgleichrichters durch lineare Abschnitte ersetzen.

Die stückweise linearen Kennlinien können sehr einfach mit Schalterbauelementen realisiert werden. Bild 5.14 zeigt die Strom-Spannungs-Kennlinie eines idealen Schalters. Die als reales Schalterelement verwendete Halbleiterdiode stellt nur eine Annäherung an diese ideale Kennlinie dar. Ihre Strom-Spannungs-Kennlinie hat die Form

$$i = i_\mathrm{S}\,(e^{u/u_\mathrm{T}} - 1);\qquad\qquad\qquad(5.25)$$

i_S Sperrstrom der Diode, u_T Temperaturspannung (26 mV bei Zimmertemperatur).

Gl. (5.25) ist im Bild 5.14 als gekrümmte Linie dargestellt. Meist wird diese Kurve durch drei lineare Teilstücke ersetzt. Für $u < 0$ stellt sich sehr schnell der von u unabhängige Sperrstrom i_S ein (Größenordnung: $i_\mathrm{S} = 10^{-7}$ A; Teilstück *1*).

Bei Spannungen $0 \leqq u \ll u_\mathrm{F}$ kann die Diode durch einen Widerstand R_S0 ersetzt werden. Dieser ergibt sich durch Ableitung der Gl. (5.25) an der Stelle $u = 0$ (Teilstück *2*).

Für $u \geqq u_\mathrm{F}$ (Teilstück *3*) hängt der Strom i durch die Diode lediglich von der äußeren Beschaltung ab. Die Diode kann als (sehr kleiner) Widerstand R_S in Reihe mit der Spannungsquelle u_F dargestellt werden (u_F für Siliziumdioden 0,4 bis 0,8 V).

Zur Verdeutlichung der Größenverhältnisse ist die Umgebung des Nullpunkts von Bild 5.14 b im Bild 5.14 c vergrößert dargestellt worden.

Bild 5.14 gestattet folgende prinzipiellen Schlußfolgerungen für den Einsatz von Halbleiterdioden in Gleichrichterschaltungen: Die Flußspannungen u_F und der Sperrstrom i_S stellen Abweichungen von der idealen Schalterkennlinie dar, die sich als Fehler in den Übertragungsfunktionen eines Gleichrichters auswirken. Die Signalspannungen über-

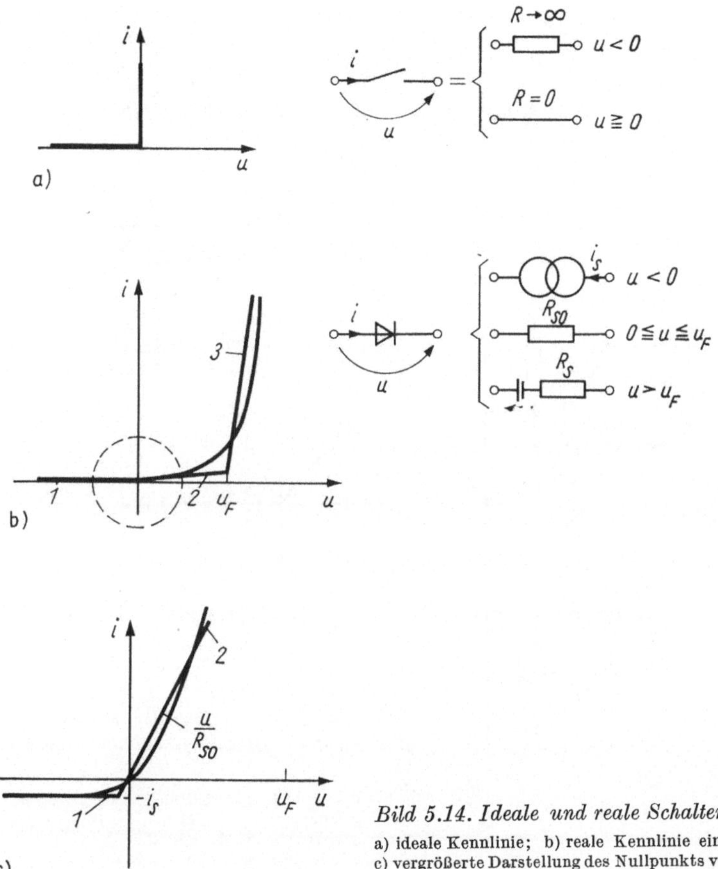

Bild 5.14. Ideale und reale Schalterkennlinien

a) ideale Kennlinie; b) reale Kennlinie einer Halbleiterdiode;
c) vergrößerte Darstellung des Nullpunkts von b)

schreiten nicht einige Volt. Bezogen auf u_F bedeutet das einen relativen Fehler von einigen zehn Prozent. Bei Signalströmen von etwa 10^{-3} A ergibt sich bezüglich i_S jedoch nur ein Fehler von 10^{-4}.

Es ist daher zweckmäßig, die Diode mit einem Strom und nicht mit einer Spannung zu speisen. Dazu werden die Dioden als Last an einen Verstärker mit Stromausgang (s. Abschnitt 3.6.) geschaltet.

5.5.   Mittelwertgleichrichter

Hier wird nur auf Schaltungen zur Realisierung der nichtlinearen Kennfunktionen entsprechend den Bildern 5.13 a und c eingegangen. Integratoren bzw. Tiefpässe, die den Mittelwert der pulsierenden Ausgangsspannung positiven oder negativen Vorzeichens bilden, wurden hier nicht betrachtet. Sie sind im Abschn. 5.3. näher dargestellt.

Einen einfachsten Einweggleichrichter zeigt Bild 5.15 a. Er besteht aus einem invertierenden Verstärker, in dessen Gegenkopplungsschleife zwei Dioden D_1, D_2 geschaltet

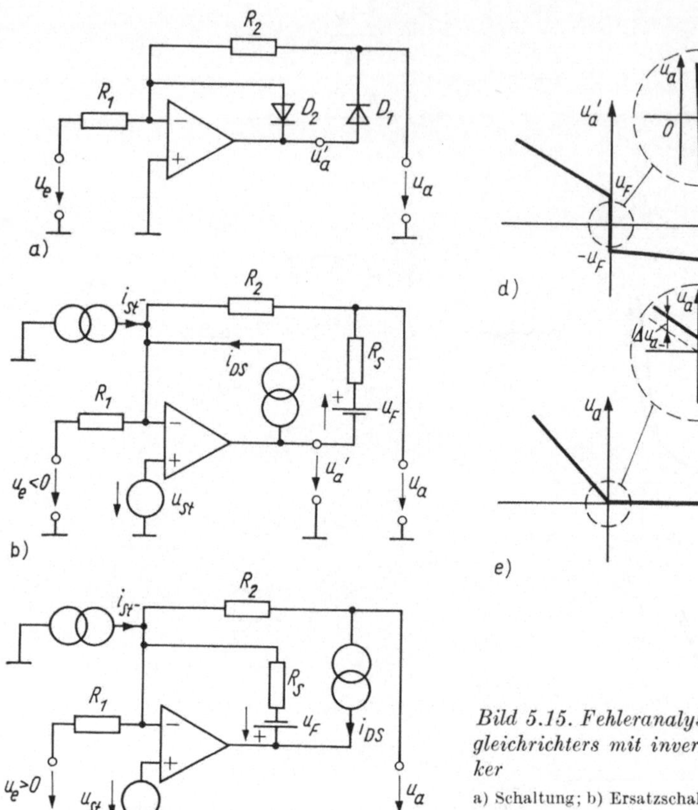

Bild 5.15. Fehleranalyse des Einweg-gleichrichters mit invertierendem Verstärker

a) Schaltung; b) Ersatzschaltung für negative Eingangsspannungen; c) Ersatzschaltung für positive Eingangsspannungen; d) Kennlinie $u_a'(u_e)$; e) Kennlinie des gesamten Gleichrichters

werden. Die Ausgangsspannung u_a wird nicht vom Ausgang des Operationsverstärkers, sondern vom Verbindungspunkt von R_2 und D_1 abgegriffen. Für $u_e < 0$ ($u_a > 0$) ist D_2 leitend, D_1 nichtleitend. Über R_2 fließt kein Strom, und die Ausgangsspannung ist Null. Für $u_e < 0$ ($u_a > 0$) ist D_1 leitend, D_2 nichtleitend. Die Schaltung wirkt wie ein einfacher invertierender Verstärker. Insgesamt gilt für die Übertragungsfunktion der Schaltung im Bild 5.15 a

$$u_a = \begin{cases} 0 & \text{für} \quad u_e > 0 \\ -\dfrac{R_2}{R_1} u_e & \text{für} \quad u_e < 0. \end{cases} \tag{5.26}$$

Diese Schaltung realisiert die Übertragungsfunktion nach Bild (5.13 b).

Im folgenden werden die Fehler betrachtet, die die Störgrößen des Operationsverstärkers bzw. die nichtlinearen Eigenschaften der Diode in der Kennlinie verursachen. Für negative Eingangsspannungen ergibt sich die Ersatzschaltung nach Bild 5.14 b. Die Dioden wurden durch ihre Ersatzschaltung nach Bild 5.14 b ersetzt. Als Störgrößen des Operationsverstärkers treten entsprechend Abschn. 3., Bild 3.14 die Größen u_{St} und i_- auf.

Der Widerstand R_S ist in Reihe zum Ausgangswiderstand des Operationsverstärkers geschaltet und wirkt daher wie eine Erhöhung des Ausgangswiderstands des gesamten Wandlers. Im Abschn. 3. wurde gezeigt [Gl. (3.20)], daß bei Gegenkopplung eines Verstärkers der Ausgangswiderstand um den Faktor $(K\beta + 1)$ sinkt. Der Widerstand R_S der leitenden Diode D_1 liegt in derselben Größenordnung wie der Ausgangswiderstand des Operationsverstärkers (einige zehn bis hundert Ohm). In diesem Fall gilt $K = V_0$ (V_0 Leerlaufverstärkung des Operationsverstärkers) und $\beta = R_1/(R_1 + R_2)$. Für hinreichend große Werte von β kann R_S vernachlässigt werden.

Die Flußspannung u_F bewirkt eine Verschiebung der Ausgangsspannung. Auf den Eingang des Operationsverstärkers bezogen, ergibt sich eine Störspannung von u_F/V.

Der Sperrstrom der Diode D_2 wirkt genauso wie der Störstrom i_- des Operationsverstärkers.

Insgesamt erhält man für die eingangsbezogene Störspannung

$$u_{e\,St} = u_{St} + \frac{u_F}{V_0} + (i_- + i_S)\,\frac{R_1\,R_2}{R_1 + R_2}\,. \tag{5.27}$$

u_F liegt — wie bereits gesagt — im Bereich von $(0,4\cdots0,8)$ V. Für Leerlaufverstärkungen $V_0 > 10^4$ ergeben sich eingangsbezogene Störspannungen von $(0,04\cdots0,08)$ mV. Da u_{St} gewöhnlich im Bereich einiger Millivolt liegt, kann der zweite Summand vernachlässigt werden.

Um die Fehler nach Gl. (5.27) zu verringern, verwendet man Siliziumdioden, die wesentlich kleinere Sperrströme als Germaniumdioden aufweisen. i_S liegt für Siliziumdioden im Bereich von $(10^{-9}\cdots10^{-6})$ A. In dieser Größenordnung liegen auch die Eingangsströme i_- des Operationsverstärkers. Bei der Auswahl der Dioden für Gleichrichterschaltung ist daher in erster Linie auf die Größe von i_S zu achten.

Der ausgangsbezogene additive Fehler in der Schaltung nach Bild 5.15 a beträgt damit in Näherung für $u_e < 0$

$$\Delta u_{a-} \approx u_{St}\left(1 + \frac{R_2}{R_1}\right) + (i_- + i_S)\,R_2\,. \tag{5.28}$$

Für $u_e > 0$ wird Bild 5.15 c zur Fehleranalyse benutzt. D_1 und D_2 wurden wieder durch ihre Ersatzschaltungen dargestellt. Die Ausgangsspannung u_a ist gleich der Summe aus der Spannung u_- am invertierenden Eingang und dem Spannungsabfall von i_S über R_2. Für $V_0 \gg 1$ ist u_- gleich der Störspannung u_{St} und hängt nicht von u_e, u_F, i_- und i_S ab. Für $u_e > 0$ ergibt sich damit

$$\Delta u_{a+} = u_{St} - i_S\,R_2\,. \tag{5.29}$$

Da u_{St} beliebiges Vorzeichen haben kann, kann Δu_a dem Betrage nach sowohl kleiner als auch größer als $i_S\,R_2$ sein. Ein Vergleich von Gl. (5.28) mit Gl. (5.29) zeigt, daß der absolute Fehler des Gleichrichters nach Bild 5.15 a vom Vorzeichen der Eingangsspannung abhängt. Eine einheitliche Fehlergröße kann nur bei Angabe konkreter Anwendungsbedingungen angegeben werden.

Bild 5.15 d zeigt die Abhängigkeit der Spannung u_a von der Eingangsspannung. Für $u_e \approx 0$ fällt der Verlauf der Kurve praktisch mit der Ordinate zusammen, da die Dioden für diese Eingangsspannungen durch den sehr großen Widerstand R_{S0} ersetzt werden (Näherungsabschnitt 2 der Diodenkennlinie im Bild 5.2). Sobald $|u_e| > u_F$, öffnet eine der Dioden, was zu einem geringeren Anstieg in der Kennlinie führt.

Die Kennlinie des gesamten Wandlers wird im Bild 5.15 e gezeigt. Bei der Verwendung moderner Operationsverstärker stimmt sie praktisch mit der idealen Kennlinie nach Bild 5.13 überein.

Neben additiven Fehlern entstehen durch die Toleranzen der Widerstände R_1 und R_2 im Fall $u_e < 0$ auch multiplikative Fehler. Diese können leicht aus den Gln. (3.16) und (3.17) ermittelt werden. Sie stimmen mit den multiplikativen Fehlern eines invertierenden Verstärkers überein.

Im folgenden werden weitere Mittelwertgleichrichter vorgestellt. Dabei wird nur auf das Funktionsprinzip, nicht aber auf die Fehleranalyse eingegangen.

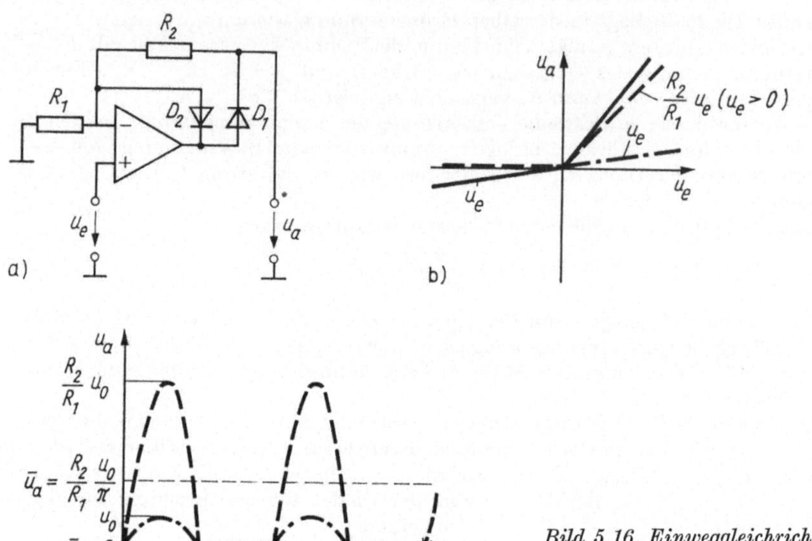

Bild 5.16. Einweggleichrichter mit nichtvertierendem Verstärker

a) Schaltung;   b) Übertragungsfunktion und Gleichrichtung einer sinusförmigen Wechselspannung

Bild 5.16 zeigt einen Einweggleichrichter auf der Grundlage eines nichtinvertierenden Verstärkers. Der Vorteil dieses Gleichrichters ist der hohe Eingangswiderstand. Für $u_e < 0$ ist D_2 leitend und D_1 nichtleitend. Es gilt

$$u_a = u_e. \tag{5.30}$$

Für $u_e > 0$ wird D_1 leitend und D_2 nichtleitend. Die Eingangsspannung wird nach der Beziehung

$$u_a = \begin{cases} (1 + R_2/R_1) & u_e \geqq 0 \\ 1 & u_e < 0 \end{cases} \tag{5.31}$$

verstärkt.

Die Ausgangsspannung setzt sich damit aus u_e und den um den Faktor R_2/R_1 verstärkten positiven Anteilen von u_e zusammen (Bild 5.16 b).

In den Bildern 5.17 a, b und c sind die Schaltungen für drei einfachste Zweiweggleichrichter angegeben. In der Schaltung nach Bild 5.17 a ist bei positiven Eingangsspannungen D_2 leitend und D_1 nichtleitend. Die Eingangsspannung gelangt über R_2 an den Ausgang. Die Ausgangsspannung ergibt sich zu

$$u_a = \frac{R_3}{R_1 + R_3} u_e. \tag{5.32}$$

Bei $u_e < 0$ ist D_1 leitend und D_2 nichtleitend, und die Ausgangsspannung beträgt

$$u_a = -\frac{R_2}{R_1} u_e. \tag{5.33}$$

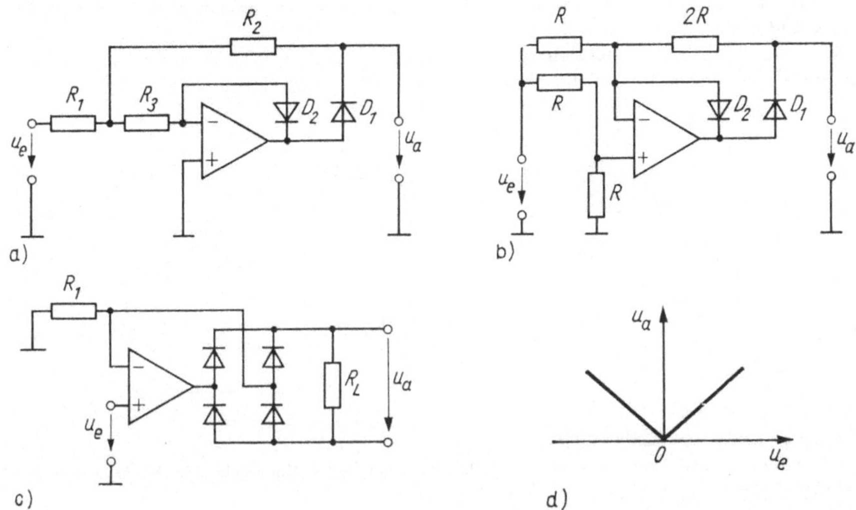

Bild 5.17. Zweiweggleichrichter

a) Eingangs- und Ausgangswiderstand hängen von der Polarität der Eingangsspannung ab; b) Eingangswiderstand konstant, aber Ausgangswiderstand polaritätsabhängig; c) konstanter Eingangs- und Ausgangswiderstand, massefreie Last; d) Übertragungsfunktion für *a, b, c*

Um für positive und negative Eingangsspannungen betragsmäßig dieselbe Verstärkung einzuhalten, muß

$$\frac{R_3}{R_1 + R_3} = \frac{R_2}{R_1} \tag{5.34}$$

gewählt werden.

Eine Möglichkeit wäre, $R_1 = R_3 = R$ und $R_2 = 0{,}5\,R$ zu setzen. Dann ist der Betrag des Verstärkungsfaktors für beliebige Eingangssignale gleich 0,5. Der Nachteil der beschriebenen Schaltung besteht darin, daß Eingangs- und Ausgangswiderstand von der Polarität der Eingangsspannung abhängen.

Beim Gleichrichter nach Bild 5.17 b ist der Eingangswiderstand konstant und gleich $(2/3)\,R$. Für $u_e > 0$ ist der Gegenkopplungszweig über die Diode D_2 geschlossen. Die Spannung am invertierenden Eingang des Operationsverstärkers gelang über den Widerstand $2\,R$ an den Ausgang. Die wirksame Verstärkung beträgt 0,5.

Bei $u_e < 0$ wird das Gegenkopplungssignal über D_1 übertragen, und es gilt $u_a = -\,0{,}5\,u_e$.

Der Ausgangswiderstand ist für positive u_e gleich $2\,R$ und für negative u_e nahezu Null.

Der Gleichrichter entsprechend Bild 5.17 c hat konstanten Eingangs- und Ausgangswiderstand; aber die Last ist massefrei angeschlossen.

Der Operationsverstärker erzwingt im Widerstand R_L einen Strom der Größe $u_e\,R_1$. Dieser Strom kann aber für u_e beliebiger Polarität nur in einer Richtung durch R_L fließen. Die Ausgangsspannung ist dem vom Strom durchflossenen Widerstand proportional, so daß

$$u_a = \frac{R_L}{R_1}\,|u_e|$$

gilt. Bild 5.17 d zeigt die Übertragungsfunktion für die Schaltungen in den Bildern 5.17 a und c.

Zweiweggleichrichter, bei denen der Ausgangswiderstand unabhängig von der Polarität des Eingangssignals nahezu Null ist, sind im Bild 5.18 dargestellt.

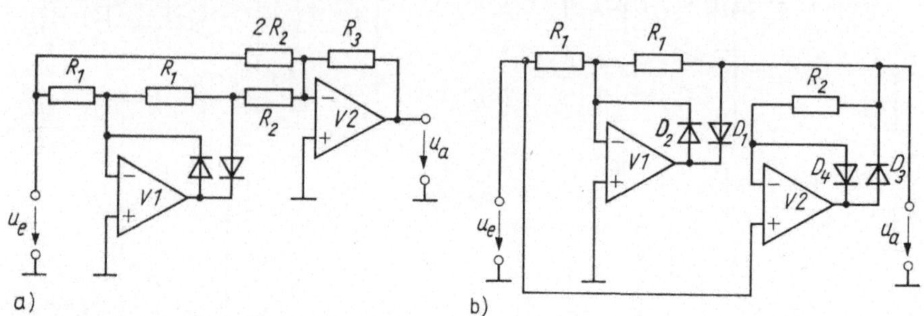

Bild 5.18. Verbesserte Zweiweggleichrichter

a) mit zusätzlichem Summierverstärker; b) als Kombination zweier Einweggleichrichter nach den Bildern 5.15 a und 5.16 a

Im Gleichrichter entsprechend Bild 5.18 a wird die Ausgangsspannung für $u_e < 0$ allein vom Operationsverstärker *V 2* bestimmt, dessen invertierender Eingang über den Widerstand $2 R_2$ mit der Signalquelle verbunden ist. Es ergibt sich

$$u_a = - \frac{R_3}{2 R_2} u_e .\tag{5.35}$$

Bei $u_e > 0$ wirkt auf den invertierenden Eingang von *V 2* zusätzlich das Ausgangssignal von *V 1*. Dieses hat den Wert $- u_e$.

Für die Ausgangsspannung des Gleichrichters folgt für $u_e > 0$

$$u_a = - \frac{R_3}{2 R_2} u_e - \frac{R_3}{R_2} (- u_e) = \frac{R_3}{2 R_2} u_e .\tag{5.36}$$

Ein Vorteil des im Bild 5.18 b dargestellten Gleichrichters ist die geringe Anzahl der benötigten genauen Widerstände, es sind hier nur zwei (Widerstände R_1). Dieser Gleichrichter stellt eine Zusammenschaltung zweier Einweggleichrichter entsprechend den Bildern 5.15 a und 5.16 a dar.

Bei $u_e < 0$ wird die Ausgangsspannung vom ersten Gleichrichter (*V 1*) und bei $u_e > 0$ vom zweiten Gleichrichter (*V 2*) bestimmt.

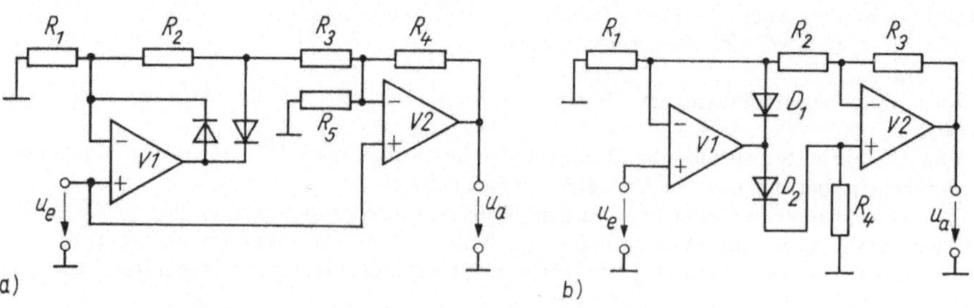

Bild 5.19. Schaltungsvarianten für Zweiweggleichrichter mit konstanten Eingangs- und Ausgangswiderständen

Bild 5.19 zeigt Möglichkeiten, Zweiweggleichrichter zu bauen, die gleichzeitig hohen Eingangs- und niedrigen Ausgangswiderstand haben.

Der Gleichrichter nach Bild 5.19a ist nach demselben Prinzip wie derjenige im Bild 5.18a aufgebaut. Fordert man bei diesem Gleichrichter

$$u_\mathrm{a} = A \, |u_\mathrm{e}|, \tag{5.37}$$

wobei A ein konstanter Faktor ist, so wird bei vorgegebenen Widerstandswerten R_4 und R_2/R_1 für die übrigen Widerstandswerte

$$R_5 = \frac{R_4}{A-1}, \quad R_3 = \frac{R_4}{2\,A}\,\frac{R_2}{R_1}. \tag{5.38}$$

Speziell für $A = 1$ kann man setzen $R_1 = R_3 = R_4 = R$, $R_2 = 2\,R$, $R_5 = \infty$.
Bei dem Gleichrichter, der im Bild 5.19b gezeigt wird, gelangt das positive Eingangssignal über $V1$, Diode D_2 und $V2$ an den Ausgang. Die Gegenkopplung ist über R_3 und R_2 geschlossen. Man erhält

$$u_\mathrm{a} = u_\mathrm{e}\,\frac{R_1 + R_2 + R_3}{R_1}. \tag{5.39}$$

Bei negativen u_e ist D_1 leitend und D_2 nichtleitend. $V1$ wirkt als Spannungsfolger, dessen Ausgangsspannung auf den invertierenden Eingang von $V2$ gelangt. Für u_a ergibt sich in diesem Fall

$$u_\mathrm{a} = -\,\frac{R_3}{R_2}\,u_\mathrm{e}. \tag{5.40}$$

Soll auch hier Bedingung (5.37) erfüllt werden, so ergibt sich für die Widerstandswerte R_1 und R_3 bei vorgegebenem R_2:

$$R_1 = \frac{A+1}{A-1}\,R_2, \quad R_3 = A\,R_2. \tag{5.41}$$

Speziell bei $A = 1$ ergibt sich $R_2 = R_3 = R$, $R_1 = \infty$. Der Widerstand R_4 hat keinen wesentlichen Einfluß auf die Funktion des Gleichrichters. Er dient lediglich der Ableitung des Stromes durch die Diode D_2 bei positiven u_e.

5.6. Effektivwertgleichrichter

Im Abschn. 2. wurde der quadratische Mittelwert periodischer und auch nichtperiodischer Vorgänge definiert. Dieser Mittelwert stellt ein Maß für die mittlere Leistung des Vorgangs dar. Als Effektivwert $\tilde{u}$ wird die Wurzel aus dem quadratischen Mittelwert bezeichnet:

$$\tilde{u} = \sqrt{\frac{1}{T}\int_0^T u^2\,(t)\,\mathrm{d}t}. \tag{5.42}$$

Entsprechend den Überlegungen von Abschn. 2. müßte im allgemeinen Fall der Grenzwert für $T \to \infty$ betrachtet werden. Für praktische Messungen ist es hinreichend, daß T sehr viel größer als die Periode der Schwingungen mit der niedrigsten Frequenz im Vorgang $u\,(t)$ ist. Bei periodischen Vorgängen enstpricht T der Periodendauer.

Der Effektivwert gibt die Größe einer Gleichspannung an, deren (konstante) Leistungsabgabe genauso groß ist wie die mittlere Leistung von $u\,(t)$.

Die einfachste Möglichkeit, einen Effektivwertgleichrichter aufzubauen, besteht in der direkten Modellierung von Gl. (5.42). Der Gleichrichter würde aus der Reihenschaltung eines Quadrierglieds, eines Integrators und eines Radizierglieds bestehen. Derartige

Gleichrichter haben jedoch den Nachteil eines zu großen Dynamikbereichs. Wenn sich das Eingangssignal des Quadrierglieds um den Faktor 10^2 ändert, dann ändert sich das Ausgangssignal bereits um den Faktor 10^4.

Man verwendet daher für moderne Effektivwertgleichrichter meist die Struktur nach Bild 5.20. Das Quadrierglied ist mit einem zusätzlichen Teilereingang y für das Gegen-

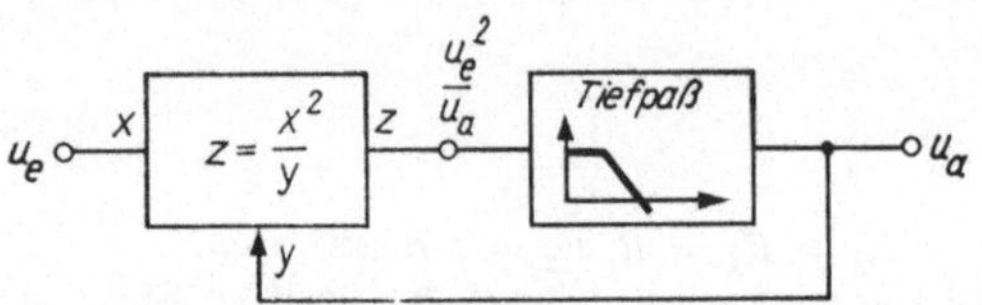

Bild 5.20. Schaltungsstruktur für Effektivwertgleichrichter

kopplungssignal vorgesehen. Der Integrator wird durch einen Tiefpaß mit hinreichend großer Zeitkonstante ersetzt. Die Ausgangsspannung des Quadrierglieds wird im Tiefpaß gemittelt und gelangt an den Ausgang des Gleichrichters und damit an den Gegenkopplungseingang y.

Für die Ausgangsspannung u_a ergibt sich

$$u_a = \left(\overline{\frac{u_e^2}{u_a}} \right) = \frac{\overline{u_e^2}}{u_a} . \tag{5.43}$$

Wie im Abschn. 2. bedeutet der Strich über den jeweiligen Größen eine zeitliche Mittelung, die im vorliegenden Fall vom Tiefpaß ausgeführt wird. Die Auflösung von Gl. (5.43) liefert

$$u_a = \sqrt{\overline{u_e^2}} , \tag{5.44}$$

d. h., die Ausgangsspannung entspricht tatsächlich dem Effektivwert von u_e (t).

Die Einführung der Gegenkopplung nach Bild 5.20 verringert den Dynamikbereich am Ausgang des Quadrierglieds (genauer des Quadrier-Dividier-Glieds). Außerdem ist es möglich, ohne Radizierglied auszukommen.

Im Bild 5.21 ist eine Schaltungsvariante der Struktur von Bild 5.20 dargestellt [5.2].

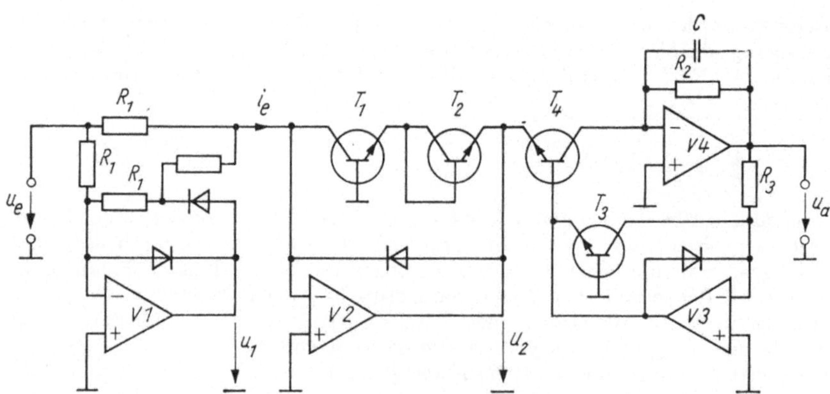

Bild 5.21. Effektivwertgleichrichter mit Logarithmier- und Exponentialverstärkern

Das Quadrierglied mit Gegenkopplungseingang wird mit Logarithmier- und Exponentialverstärkern realisiert. Zunächst wird das veränderliche Eingangssignal gleichgerichtet (s. Bild 5.18 a). Der Eingangsstrom i_e des Quadrierglieds im Bild 5.21 ist dem Betrag der Eingangsspannung proportional:

$$i_e = |u_e|\, R_1 . \tag{5.45}$$

Der nachfolgende Logarithmierverstärker verarbeitet dementsprechend nur positive Signale.

In die Gegenkopplungsschleife des Operationsverstärkers $V\,2$ wurden die Transistoren T_1 und T_2 geschaltet.

Eine genaue Analyse dieser Schaltung von Transistoren findet man in [5.2]. Die Abhängigkeit des Kollektorstroms von der Basis-Emitter-Spannung u_{BE} fällt für beide Transistoren mit der im Abschn. 5.4.1. erwähnten Diodenkennlinie zusammen:

$$i_K = i_{BES}\,(e^{u_{BE}/u_T} - 1)\,;$$

i_{BES} Sperrstrom der Basis-Emitter-Strecke.

Wie bereits erwähnt, gilt bei Zimmertemperatur $u_T = 26$ mV. Für Basis-Emitter-Spannungen, die diesen Wert wesentlich überschreiten, kann mit einer reinen exponentiellen Abhängigkeit gerechnet werden:

$$i_K \approx i_{BES}\,e^{u_{BE}/u_T} . \tag{5.46}$$

Es wird angenommen, daß alle Transistoren im Bild 5.21 den gleichen Sperrstrom i_{BES} aufweisen.

Da am invertierenden Eingang des Operationsverstärkers $V\,2$ nahezu Nullpotential liegt, teilt sich die Ausgangsspannung u_2 ($u_2 > 0$) wegen der Reihenschaltung von T_1 und T_2 zu gleichen Teilen auf die Transistoren auf:

$$u_{BE\,1} = u_{BE\,2} = -\,u_2/2 .$$

Für den Kollektorstrom i_K beider Transistoren folgt aus Gl. (5.46)

$$i_e = i_{BES}\,e^{-\,u_2/2\,u_T} .$$

Daraus ergibt sich für u_2

$$u_2 = -\,2\,u_T \ln \frac{i_e}{i_{BES}} = -\,u_T \ln \left(\frac{u_e}{R_1\,i_{BES}} \right)^2 . \tag{5.47}$$

Dabei wurde für i_e die Beziehung nach Gl. (5.45) eingesetzt.

Analog ergibt sich für die Spannung u_3 am Ausgang des Operationsverstärkers $V\,3$

$$u_3 = -\,u_T \ln \frac{u_a}{R_3\,i_{BES}} . \tag{5.48}$$

Für die Basis-Emitter-Spannung des Transistors T_4 gilt

$$u_{BE\,4} = u_3 - u_2 ,$$

woraus man für den Kollektorstrom $i_{K\,4}$ von T_4 entsprechend Gl. (5.46) erhält:

$$i_{K\,4} = i_{BES}\,\exp\,[(u_3 - u_2)/u_T] = \frac{u_e^2\,R_3}{u_a\,R_1^2} .$$

Der Strom $i_{K\,4}$ gelangt an den Eingang des Operationsverstärkers $V\,4$, dessen Gegenkopplungsschleife eine RC-Kombination (C, R_2) enthält. Dieser Verstärker entspricht dem Tiefpaß im Bild 5.20. Für die Zeitkonstante $\tau = R_2\,C$ des Tiefpasses muß bei Vorgabe einer unteren Frequenzgrenze f_u gelten

$$\tau \gg 1/f_u .$$

Dann ergibt sich die folgende Ausgangsspannung:

$$u_\mathrm{a} = \overline{i_{\mathrm{K}\,4}\,R_2} = \frac{\overline{u_\mathrm{e}^2}}{u_\mathrm{a}}\,\frac{R_2\,R_3}{R_1{}^2}\,.$$

Für u_a erhält man schließlich

$$u_\mathrm{a} = \sqrt{\overline{u_\mathrm{e}^2}\,\frac{R_2\,R_3}{R_1{}^2}}\,.$$

Effektivwertgleichrichter nach Bild 5.21 werden als vollintegrierte Schaltungen hergestellt. Sie gestatten die Messung von Effektivwerten mit Fehlern von $(0{,}1\cdots1)\,\%$ im Frequenzbereich bis zu einigen hundert Kilohertz [5.2].

Die angegebenen Fehler beziehen sich auf Eingangsspannungen von einigen Volt. Für kleinere Eingangsspannungen entstehen zusätzliche Fehler durch die Offsetspannungen der Operationsverstärker.

Durch Einbau von Dioden in Spannungsteilerschaltungen können nichtlineare Vierpole mit vorgegebenen Übertragungsfunktionen realisiert werden [5.2].

Einen einfachen Effektivwertgleichrichter, der diese Möglichkeit ausnutzt, zeigt Bild 5.22 [5.3]. Wie aus Bild 5.22 b zu ersehen ist, stellt die reale Strom-Spannungs-

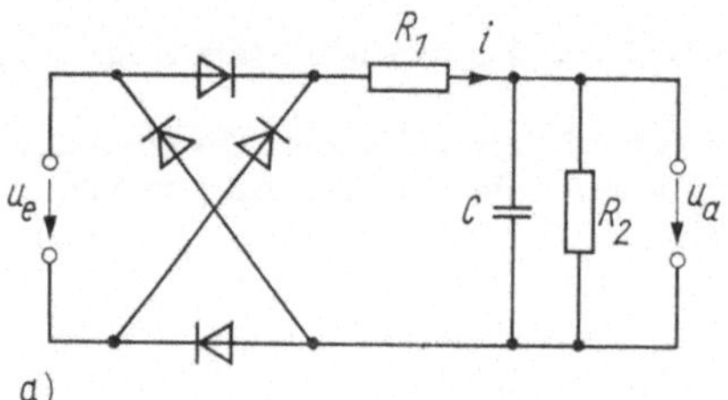
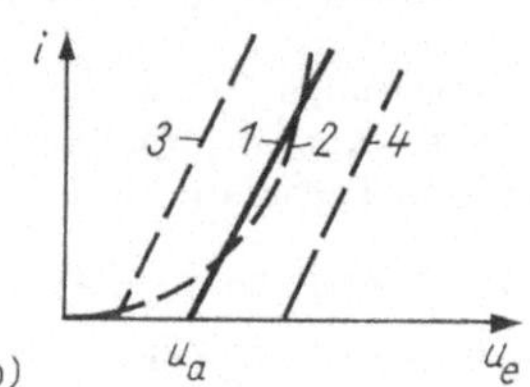

Bild 5.22. Einfacher Effektivwertgleichrichter mit gesteuerter Kennlinie
a) Schaltung; b) Strom-Spannungs-Kennlinie

Kennlinie (1) eine einfachste Approximation der geforderten Parabel (2) dar. Der Maßstab der Approximationskurve wird von der Ausgangsspannung u_a gesteuert. Für verschiedene Werte von u_a erhält man z. B. die Kennlinien 1, 3, 4. Die Maßstabsänderung entspricht der Gegenkopplung in der Grundstruktur nach Bild 5.20. Um die Genauigkeit zu erhöhen, muß die Anzahl der Linearisierungsabschnitte vergrößert werden.

Der Gleichrichter im Bild 5.23 benutzt fünf Abschnitte bei der Approximation der Parabel. Im weiteren wird näher auf die Funktion dieses Gleichrichters eingegangen [5.4]. Die Dioden D_1 bis D_4 realisieren die Betragsbildung von u_e, so daß am Verbindungspunkt von R_1 und R_2 nur positive Spannungen anliegen.

Der Ausgangsstrom i des Diodennetzwerks (Bild 5.23 a) fließt durch die RC-Kombination R_2C, so daß die Ausgangsspannung u_a dem Mittelwert des Stromes i proportional ist

$$u_\mathrm{a} = \bar{i}\,R_2\,. \tag{5.49}$$

Die Abhängigkeit des Stromes i von der Eingangsspannung wird im Bild 5.23 b, Kurven 1, 3, 4, gezeigt. Nimmt man an, daß sich die Approximationskurven jeweils nur wenig von einer Parabel unterscheiden, so kann man näherungsweise setzen

$$i = a\,u_\mathrm{e}^2 - b\,. \tag{5.50}$$

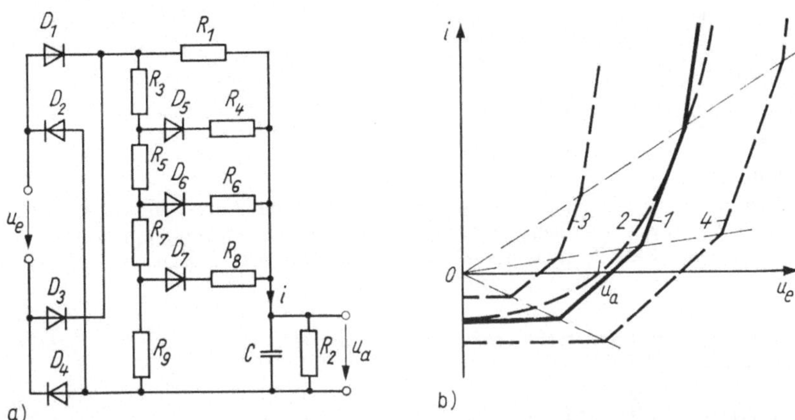

Bild 5.23. Effektivwertgleichrichter mit gesteuerter Approximationskennlinie (,,Gummiparabel'')

a) Schaltung; b) Strom-Spannungs-Kennlinie

Dabei sind a und b zwei zunächst noch unbekannte Größen, die sich jedoch leicht aus den folgenden Überlegungen bestimmen lassen. Die Flußspannungen der Dioden sollen dabei vernachlässigt werden.

Für $u_e = u_a$ sind alle Dioden nichtleitend, und es gilt $i = 0$. Aus Gl. (5.50) folgt sofort

$$b = a\, u_a^2 . \tag{5.51}$$

Wenn sich u_e und u_a sowenig unterscheiden, daß D_1, D_4 (bzw. D_3, D_2) leitend, alle anderen Dioden jedoch nichtleitend sind, dann gilt

$$i = (u_e - u_a)/R_1 . \tag{5.52}$$

Aus den Gln. (5.50), (5.51), (5.52) ergibt sich

$$(u_e - u_a)/R_1 = a\, u_e^2 - a\, u_a^2 .$$

Daraus erhält man unter Beachtung der Bedingung $u_e \approx u_a$

$$a = \frac{1}{R_1\,(u_e + u_a)} \approx \frac{1}{2\,R_1\,u_a} .$$

Aus Gl. (5.51) ergibt sich für b:

$$b = u_a/2\,R_1 .$$

Nach Einsetzen der Werte für a und b in Gl. (5.50) wird schließlich

$$i = \frac{u_e^2 - u_a^2}{2\,R_1\,u_a} . \tag{5.53}$$

Man erkennt, daß die Ausgangsspannung u_a den Maßstab und die Verschiebung der Approximationskurven bestimmt. Bei Änderung von u_a verschieben sich die Approximationskurven derart, daß die Schnittpunkte zwischen einzelnen Approximationsabschnitten stets auf Geraden liegen, die durch den Nullpunkt im Bild 5.23 verlaufen. Diese Eigenschaft führte zur anschaulichen Bezeichnung ,,Gummiparabel''. Nach Anwendung von Gl. (5.49) auf Gl. (5.53) erhält man für die Ausgangsspannung

$$u_\mathrm{a} = \frac{\overline{u_\mathrm{e}^2} - u_\mathrm{a}^2}{2\,R_1\,u_\mathrm{a}}\,R_2,$$

woraus sich das Endergebnis

$$u_\mathrm{a} = \sqrt{\overline{u_\mathrm{e}^2}\,\frac{R_2}{2\,R_1 + R_2}}$$

ableiten läßt.

Zur Erhöhung der Genauigkeit können Betragsbildung und Approximationsnetzwerk mit Operationsverstärkern aufgebaut werden, die nichtlineare Gegenkopplungsschleifen enthalten [5.5] [5.6]. Eine Schaltungsvariante wird im Bild 5.24 gezeigt. Operationsver-

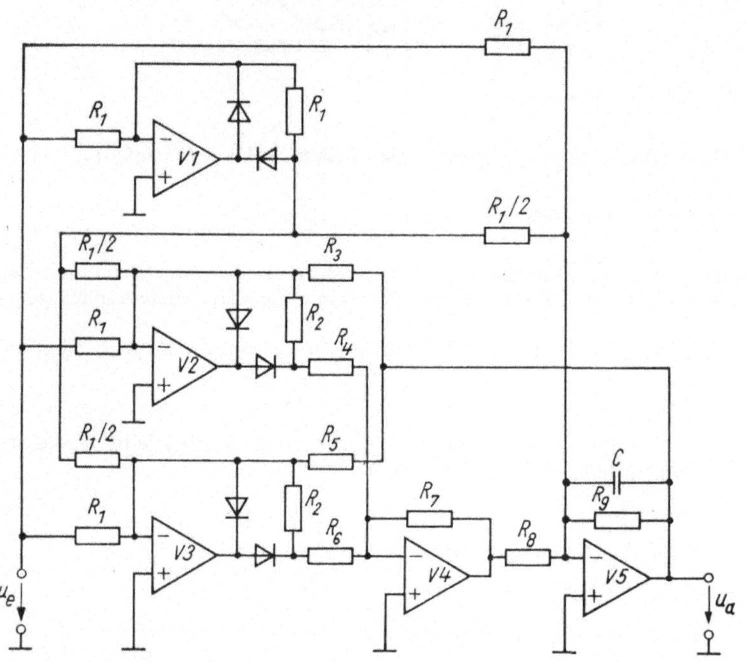

Bild 5.24. *Effektivwertgleichrichter mit verbessertem Approximationsnetzwerk*

stärker *V 1* führt die Betragsbildung aus. Die Verstärker *V 2*, *V 3*, *V 4* bilden das Approximationsnetzwerk, und der Verstärker *V 5* dient als Tiefpaß zur Mittelung. Die für die Grundstruktur charakteristische Gegenkopplung wird durch Einkopplung von u_a über R_3 und R_5 auf die Eingänge des Operationsverstärkers *V 2* und *V 3* realisiert.

In den Bildern 5.21 bis 5.24 werden Quadrierglieder eingesetzt, bei denen die quadratische Kennlinie auf elektronischem Wege erzeugt wird.

Eine andere Möglichkeit, eine quadratische Kennlinie zu modellieren, ist die Ausnutzung des elektrothermischen Effekts. Wie eingangs erwähnt, ist die mittlere Leistung, die in einem Widerstand R in Wärme umgewandelt wird, dem Quadrat des Effektivwerts der an den Widerstand R angelegten Spannung proportional. Die am Widerstand R auftretende Temperaturerhöhung ist ein Maß für die umgewandelte Wärme und damit für den Effektivwert der Spannung. Zur Umwandlung des Temperatursignals in ein elektrisches Signal werden verschiedene Temperatur-Spannungs-Wandler verwendet.

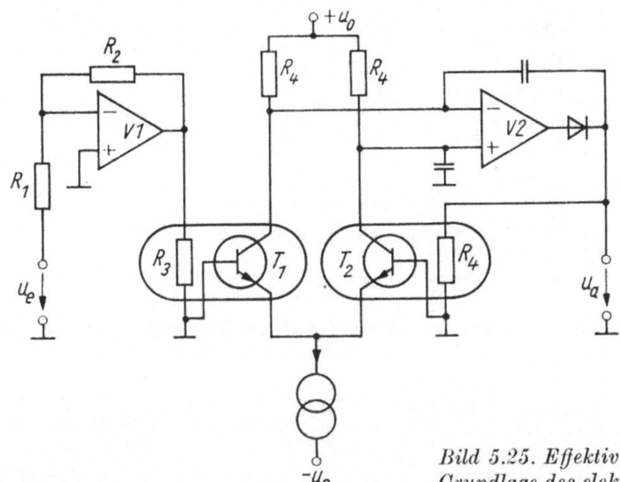

Bild 5.25. Effektivwertgleichrichter auf der Grundlage des elektrothermischen Effekts

Bild 5.25 zeigt einen Effektivwertgleichrichter, bei dem die Transistoren T_1 und T_2 als Temperaturaufnehmer dienen [5.7]. Die Eingangsspannung u_e wird im Operationsverstärker $V\,1$ verstärkt und gelangt an den Widerstand R_3. T_1 und R_3 sind in einem Gehäuse bei thermischem Kontakt untergebracht. Sie bilden zusammen einen elektrothermischen Wandler. Ein zweiter, gleichartiger Wandler wird durch die Ausgangsspannung u_a erwärmt. Auf diese Weise entsteht eine Gegenkopplungsschleife, über die der Operationsverstärker $V\,2$ stets gleiche Kollektorströme in T_1 und T_2 einstellt.

Gleiche Kollektorströme bei übereinstimmenden Parametern der elektrothermischen Wandler bedeuten gleiche Temperatur von R_3 und R_4 und damit gleiche umgesetzte Leistungen. Folglich gilt

$$\left(\overline{\frac{u_e R_2}{R_1}}\right)^2 \frac{1}{R_3} = \overline{u_a^2}\,\frac{1}{R_4}. \tag{5.54}$$

Da u_a eine konstante Spannung ist, gilt

$$\overline{u_a^2} = u_a^2,$$

und man erhält aus Gl. (5.54)

$$u_a = \frac{R_2}{R_1}\,\sqrt{\overline{u_e^2}\,\frac{R_4}{R_3}}\;.$$

Die Genauigkeit der Effektivwertbildung steigt, wenn die Temperatur in den elektrothermischen Wandlern über eine Regelschleife konstantgehalten wird.

Eine entsprechende Schaltungsvariante wird im Bild 5.26 gezeigt [5.8]. Die beiden elektrothermischen Wandler des Gleichrichters enthalten jeweils zwei konstante Widerstände als Heizelemente sowie je einen Thermowiderstand.

Die Operationsverstärker $V\,1$ und $V\,2$ stellen die Ausgangsspannungen der beiden Vollbrücken — bestehend aus R_2, R_5, R_6, R_7 bzw. aus R_6, R_7, R_8, R_4 — auf Null. Wenn die Ausgangsspannung des Operationsverstärkers $V\,1$ mit u_1 bezeichnet wird, dann bedeutet Abgleich der Brückenausgangsspannungen die Erfüllung folgender Gleichungen:

$$\overline{u_e^2}/R_1 + \overline{u_1^2}/R_1 = P_1 = \text{konst.}$$

$$\overline{u_1^2}/R_3 + \overline{u_a^2}/R_3 = P_2 = \text{konst.}$$

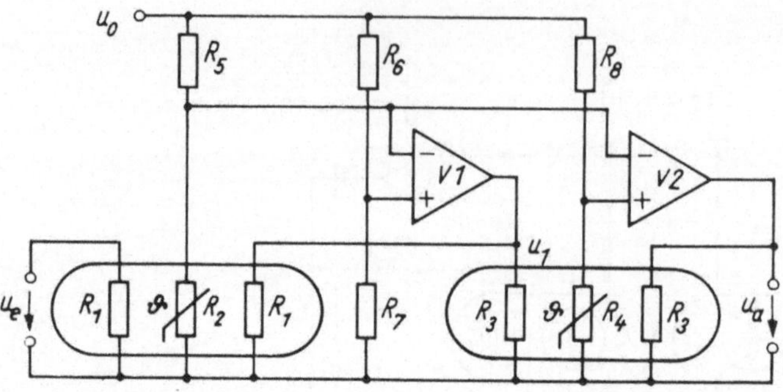

Bild 5.26. Effektivwertgleichrichter auf der Grundlage des elektrothermischen Effekts mit Temperaturregelung

P_1 und P_2 sind die in den elektrothermischen Wandlern bei Abgleichbedingungen

$$R_2 = R_5\, R_7/R_6\,, \quad R_4 = R_7\, R_8/R_6$$

umgesetzten Leistungen.

Beachtet man, daß $\overline{u_1{}^2} = u_1{}^2$ und $\overline{u_a{}^2} = u_a{}^2$, so ergibt sich für u_a

$$u_a = \sqrt{\overline{u_e{}^2} + P_2\, R_3 - P_1\, R_1}\,.$$

Wenn die elektrothermischen Wandler gleiche Parameter haben, wenn also $R_1 = R_3$ und $P_1 = P_2$ ist, so erhält man letztlich

$$u_u = \sqrt{\overline{u_e{}^2}}\,.$$

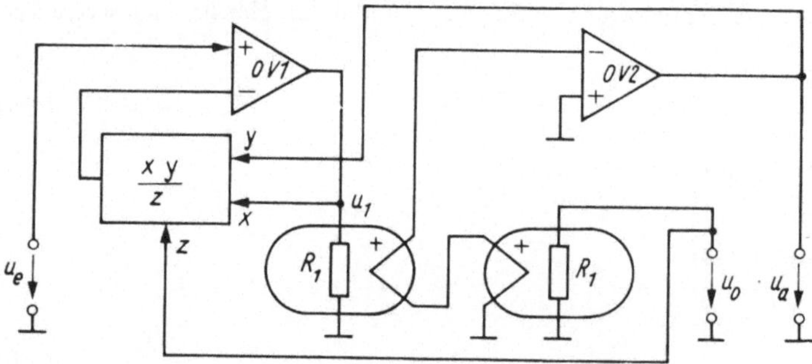

Bild 5.27. Effektivwertgleichrichter auf der Grundlage des elektrothermischen Effekts mit Gegenkopplung über eine Multiplizier-Dividier-Schaltung

Bild 5.27 zeigt eine zweite Variante eines Effektivwertgleichrichters, bei dem die elektrothermischen Wandler bei konstanter Temperatur arbeiten [5.2]. Der Operationsverstärker *V 1* ist mit einer Gegenkopplung versehen, die eine Multiplizier- und Dividierschaltung enthält. Der Ausgang dieses Verstärkers ist mit dem Heizwiderstand des ersten elektrothermischen Wandlers verbunden. Der zweite Wandler wird von einer Konstantspannung u_0 gespeist. Die Spannungen u_a und u_1 werden über die Gegenkopplungen so eingestellt, daß die Differenzeingangsspannungen der Operationsverstärker gerade Null sind.

Für die Differenzeingangsspannung des ersten Verstärkers ist das genau dann der Fall, wenn gilt

$$u_a\, u_1/u_0 = u_e\,.$$

Bei dem zweiten Verstärker wird die Spannung am invertierenden Eingang Null, wenn die Ausgangsspannungen der Thermoelemente gleich groß sind. Bei gleichen Parametern der Wandler bedeutet dies gleiche umgesetzte Leistungen:

$$\overline{u_1^2}/R_1 = \overline{u_0^2}/R_1\,.$$

Aus den Gln. (5.55) und (5.56) ergibt sich

$$u_a = \sqrt{\overline{u_e^2}}\,.$$

Effektivwertgleichrichter auf der Grundlage des elektrothermischen Effekts können bis zu sehr hohen Frequenzen der Eingangsspannungen arbeiten. Die obere Frequenzgrenze wird gewöhnlich durch die verwendeten Operationsverstärker bestimmt.

Die untere Frequenzgrenze wird durch die Wärmekapazität der elektrothermischen Wandler bestimmt. Diese Kapazität kann im Bedarfsfall nicht so leicht geändert werden, wie das in den Schaltungen nach den Bildern 5.21 bis 5.24 der Fall war. Dort konnte durch Veränderung der Tiefpaßzeitkonstante die untere Grenzfrequenz nahezu beliebig eingestellt werden.

Ein Vorteil der Effektivwertgleichrichter auf der Grundlage des elektrothermischen Effekts besteht darin, daß Signale mit sehr großem Formfaktor verarbeitet werden können. Der Formfaktor bezeichnet das Verhältnis von Spitzenwert und Effektivwert:

$$F = \hat{u}/\tilde{u}\,.$$

Der Gleichrichter nach Bild 5.26 hat im Frequenzbereich von 20 Hz bis 20 kHz einen Fehler $< 0{,}02\,\%$ und im Frequenzbereich von 10 Hz bis 100 kHz einen Fehler $0{,}3\,\%$ für Signale mit einem Formfaktor $F \leq 7$ [5.8].

Da die im Heizwiderstand umgesetzte Leistung nicht vom Vorzeichen der angelegten Spannung abhängt, ist es notwendig, spezielle Maßnahmen zu treffen, die es verhindern, daß aus der Gegenkopplung in den Bildern 5.25, 5.26 und 5.27 eine Mitkopplung wird [5.9].

Aus eben diesem Grund wurde die Diode im Bild 5.25 an den Ausgang des Operationsverstärkers geschaltet.

5.7. Spitzengleichrichter

Spitzengleichrichter erzeugen ein Ausgangssignal u_a, das dem Spitzenwert einer am Eingang anliegenden Zeitfunktion $u_e\,(t)$ proportional ist. Eine Schaltung für die Messung der negativen Spitzenwerte einer Spannung $u_e\,(t)$ läßt sich aus der Schaltung von Bild 5.15a ableiten, wenn am Ausgang ein Kondensator C angeschaltet wird (Bild 5.28a). Entsprechend den Überlegungen von Abschn. 5.5. läßt sich diese Schaltung bei Vernachlässigung der Eigenstörungen durch die Schaltung von Bild 5.28b ersetzen. Die Flußspannung u_F' der Ersatzdiode ist so klein, daß sie unberücksichtigt bleiben kann. Wenn die Eingangsspannung so klein ist, daß der Verstärker im linearen Bereich seiner Übertragungsfunktion bleibt, gelten die im Bild 5.28c dargestellten Zuordnungen von $u_e\,(t)$ und $u_a\,(t)$ für Sinuszeitfunktionen und einen einmaligen Rechteckimpuls der Länge T als Eingangszeitfunktion.

Im Fall der Sinuserregung lädt sich der Kondensator nahezu auf den Spitzenwert $\hat{u}_e\, R_2/R_1$ auf, wenn die Entladezeitkonstante $\tau_e = R_2\, C$ hinreichend groß gegenüber der

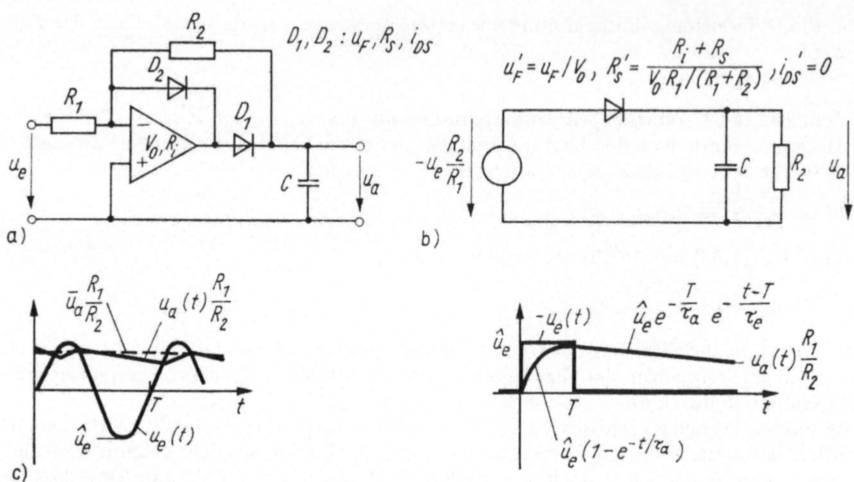

Bild 5.28. Einfacher Spitzengleichrichter

a) Schaltung; b) Ersatzschaltung zu a); c) Reaktionen des Spitzengleichrichters auf verschiedene Eingangssignale

Periode T ist. Eine Analyse des unter diesen Bedingungen entstehenden Mittelwerts $\overline{u_a}$ ist in [5.10] enthalten. Eine quantitative Auswertung der dort enthaltenen Beziehungen wird im Bild 5.29 gezeigt. Bei einem kurzen Rechteckimpuls lädt sich der Kondensator

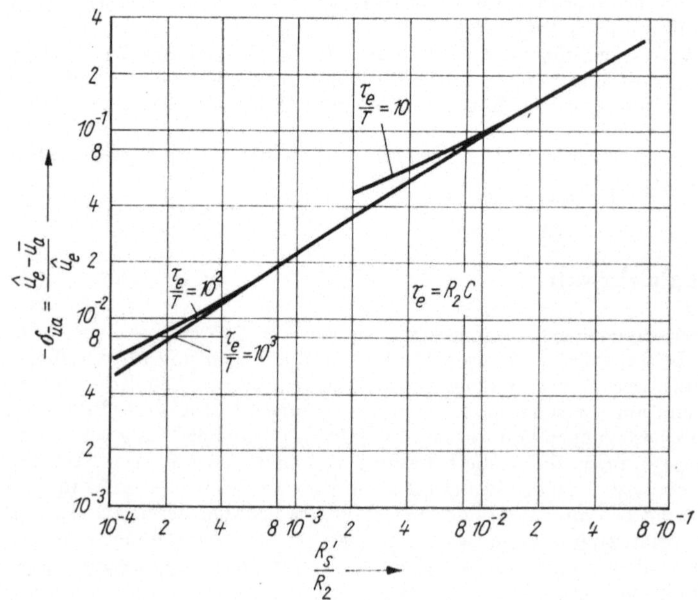

Bild 5.29. *Spitzenwertfehler des Gleichrichters von Bild 5.28 b für sinusförmige Eingangsspannungen*

mit der Zeitkonstante $\tau_e = R_S' C$ auf und entlädt sich nach $t = T$ mit der Zeitkonstante $\tau_a = R_2 C$. Bei diesen Betrachtungen blieb die endliche Anstiegsgeschwindigkeit S des Operationsverstärkers (Bild 3.5) unberücksichtigt. Bei Annahme einer sprungartigen Eingangszeitfunktion und der Bedingung, daß $u_a\,(t = 0) = 0$, ist die Gegenkopplung über R_2 für einen kleinen Zeitabschnitt in der Umgebung von $t = 0$ unwirksam. Während dieser Zeit wird die Anstiegsgeschwindigkeit der Spannung u_a durch die Größe S aus Bild 3.5 bestimmt. Erst nach Rückkehr des Verstärkers in den linearen Arbeitsbereich verläuft der Aufladevorgang nach der im Bild 5.28 c rechts dargestellten Zeitfunktion.

Wenn bei der Messung einmaliger Vorgänge sehr lange Zeiten zum Halten des Spitzenwerts erforderlich sind, kann die Zeitkonstante $\tau_a = R_2 C$ zu klein sein. In diesem Fall ist es möglich, wie im Bild 5.30 dargestellt, einen Spannungsfolger in die Gegenkopp

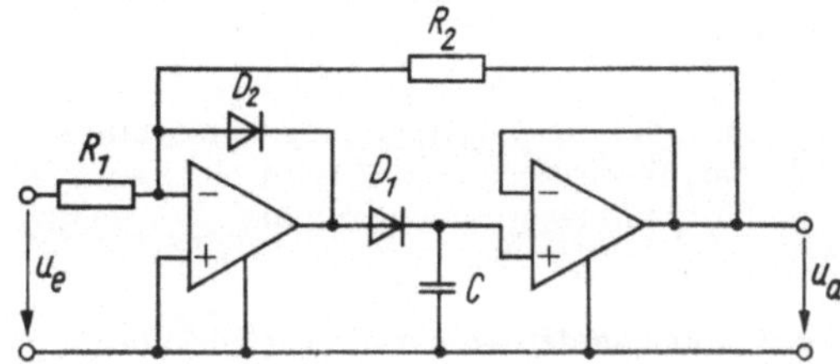

Bild 5.30. Spitzengleichrichter mit vergrößerter Entladezeitkonstante

lungsschleife einzubeziehen. Seine Fehler werden vollständig durch die Gegenkopplung korrigiert, so daß hier keine besonderen Forderungen gestellt werden müssen und auch ein Feldeffekttransistor anstelle des zweiten Operationsverstärkers verwendet werden kann. Die Entladezeitkonstante ist dann durch den Eingangswiderstand des Spannungsfolgers und den Sperrstrom der Diode D_1 bestimmt.

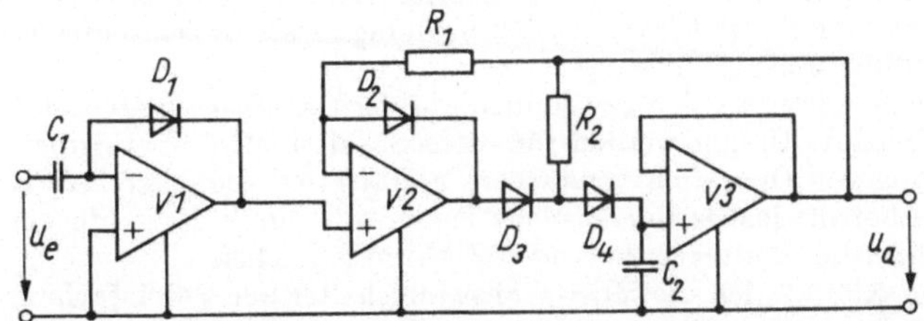

Bild 5.31. Gleichrichter zur Ableitung der Differenz zwischen positivem und negativem Spitzenwert

Bild 5.31 zeigt einen Gleichrichter, dessen Ausgangssignal gleich der Summe aus positivem und negativem Spitzenwert ist (Gleichrichter Spitze-Spitze).
Der mit C_1 und D_1 beschaltete Operationsverstärker $V\,1$ verschiebt das Eingangswechselsignal um dessen negative Amplitude in Richtung positiver Spannungen. Der zweite Teil der Schaltung stellt einen Spitzenwertgleichrichter für positive Amplituden dar. Sein Ausgangssignal ist gleich der Amplitude des positiven Signals am nichtinvertierenden Eingang von $V\,2$ und damit gleich der Summe von positiver und negativer Amplitude des Eingangssignals. Die Diode D_2 im Bild 5.31 schützt den Eingang des Verstärkers $V\,2$ vor Überlastung, falls die Spannung am nichtinvertierenden Eingang kleiner als u_a ist.

In der ersten Stufe des Gleichrichters (Verstärker $V1$) fehlt eine solche Diode. Daher darf die Spitze-Spitze-Spannung $\hat{u}_e$ der Eingangsspannung nicht größer als die maximal zulässige Differenzeingangsspannung des Verstärkers $V1$ sein. Die Diode D_3 und der Widerstand R_2 verhindern die Entladung des Kondensators C_2 durch den Sperrstrom der gesperrten Diode D_4. Wenn die Dioden D_3 und D_4 gesperrt sind, stellt sich an ihrem Verbindungspunkt wegen des Widerstands R_2 ein Potential ein, das gleich der Spannung über C_2 ist.

Bei praktisch anzuwendenden Schaltungen von Spitzengleichrichtern sind parallel zu den Speicherkondensatoren zusätzliche Schalter vorzusehen. Diese dienen zum Nullsetzen der Ausgangsspannung und gestatten eine Erneuerung der Information über den Spitzenwert der Eingangsspannung.

5.8. Phasenempfindliche Gleichrichter

Bei der Mittelwertzweiweggleichrichtung enthält die Ausgangsspannung keine Information über die Phasenlage der gleichgerichteten Wechselspannung. Wird ein Zweiweggleichrichter nach den Bildern 5.17, 5.18 und 5.19 mit einer Sinusspannung

$$u_e(t) = \hat{u} \sin(\omega t - \varphi)$$

gespeist, so hängt die Ausgangsspannung u_a nur von der Amplitude $\hat{u}$, nicht aber von der Phasenlage φ der Spannung $u_e(t)$ ab (s. Bild 5.13 d).

In einem phasenempfindlichen Gleichrichter hängt das Ausgangssignal zusätzlich von der Phasenlage φ der Eingangswechselspannung ab. Speziell für die sinusförmige Eingangsspannung $u_e(t)$ gilt für die Ausgangsspannung eines phasenempfindlichen Gleichrichters (Bild 5.13 d)

$$u_a = \frac{\hat{u}_e}{T} \int_{-T/2}^{T/2} \sin(\omega t - \varphi)\, \text{sgn}(\sin \omega t)\, \mathrm{d}t = \frac{2}{\pi}\, \hat{u}_e \cos \varphi. \tag{5.55}$$

Das Hauptanwendungsgebiet phasenempfindlicher Gleichrichter ist die Trägerfrequenzmeßtechnik. Daher stammt auch die gleichwertige Bezeichnung dieser Gleichrichter als phasenempfindliche Demodulatoren.

Phasenempfindliche Gleichrichter werden gewöhnlich auf der Grundlage gesteuerter, kontaktloser Schalter aufgebaut. Häufig werden für diese Schalter MOS-Transistoren verwendet. Die Verwendung von Operationsverstärkern gestattet es, die entstehenden Fehler zu verringern. Das betrifft insbesonders solche Fehler, die durch den endlichen Restwiderstand dieser Transistorschalter im leitenden Zustand entstehen.

In den Bildern 5.32 und 5.33 werden die MOS-Transistorschalter zur Vereinfachung als mechanische Schalter dargestellt. Ein geschlossener (offener) Schalter entspricht dann einem leitenden (nichtleitenden) Transistor. Bild 5.32 zeigt einen einfachsten phasenempfindlichen Demodulator. Für $R_1 = R$, $R_2 = \beta R$, $R_3 = \alpha R$ gilt für die Ausgangsspannung u_a bei geschlossenem Schalter

$$u_a = -\beta u_e. \tag{5.56}$$

Bei offenem Schalter wird

$$u_a = -\beta u_e + \left(1 + \beta + \frac{\beta}{\alpha}\right) u_e. \tag{5.57}$$

Fordert man in beiden Schalterstellungen gleichen Betrag des Übertragungsfaktors, aber unterschiedliches Vorzeichen, so ergibt sich

$$\beta = -\beta + \left(1 + \beta + \frac{\beta}{\alpha}\right). \tag{5.58}$$

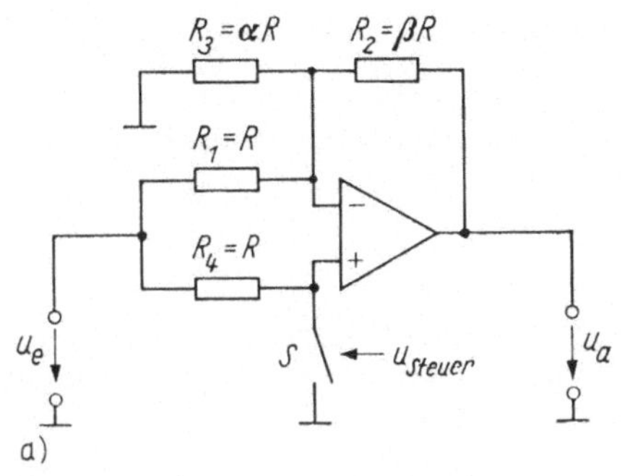

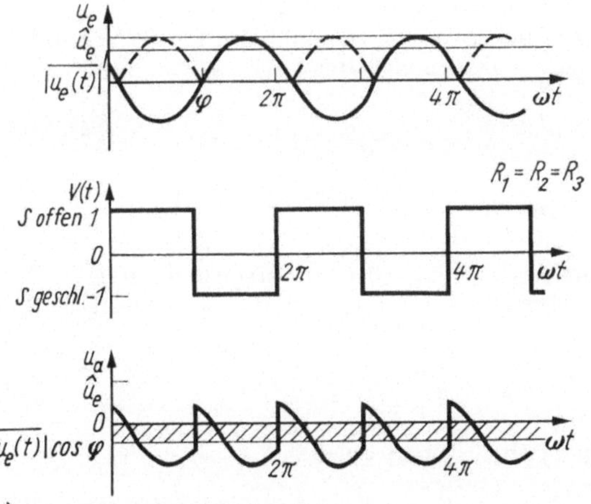

Bild 5.32. Phasenempfindlicher Gleichrichter

a) Schaltung; b) Signalverläufe bei Sinuserregung

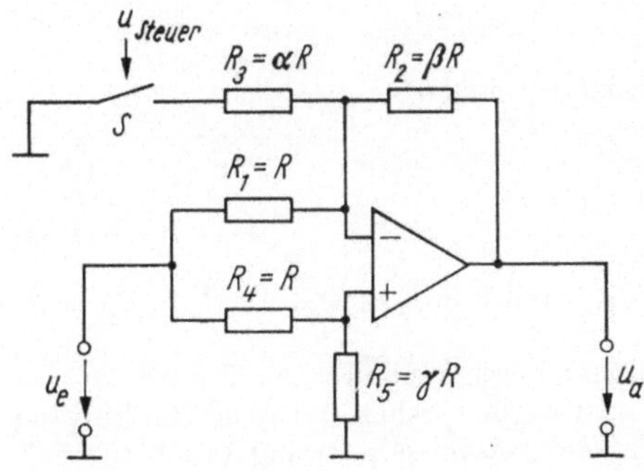

Bild 5.33. Phasenempfindlicher Gleichrichter mit konstantem Eingangswiderstand

Aus Gl. (5.58) folgt eine Bedingung für α und β:

$$1/\alpha + 1/\beta = 1 . \tag{5.59}$$

Bei Vorgabe der Signalverstärkung β ergeben sich die Widerstände R_2 und R_3 zu

$$R_2 = \beta R$$

$$R_3 = \beta R/(\beta - 1) .$$

Speziell für $\beta = 1$ wird $R_2 = R$, $R_3 = \infty$.

Für diesen Fall sind im Bild 5.32 b die Zeitdiagramme bei sinusförmiger Eingangsspannung mit $\varphi > \pi$ dargestellt. Dabei ist $V(t) = \mathrm{sgn}\,(\sin \omega t)$ die zeitabhängige Signalverstärkung, die von einer Steuerspannung $u_{\mathrm{Steuer}} = u_0 \,\mathrm{sgn}\,(\sin \omega t)$ mit Hilfe des Schalters S erzeugt wird.

Ein Nachteil des Gleichrichters im Bild 5.32 besteht darin, daß der Eingangswiderstand von der Schalterstellung abhängt.

Einen Gleichrichter, der diesen Nachteil nicht aufweist, zeigt Bild 5.33.

Setzt man $R_1 = R_4 = R$, $R_2 = \beta R$ und $R_5 = \gamma R$, so ergibt sich für die Verstärkung der Schaltung bei geschlossenem bzw. bei offenem Schalter S

$$\frac{u_\mathrm{a}}{u_\mathrm{e}} = - \beta + \frac{\gamma}{1 + \gamma} \left(1 + \beta + \frac{\beta}{\alpha}\right) \tag{5.60}$$

und

$$\frac{u_\mathrm{a}}{u_\mathrm{e}} = - \beta + \frac{\gamma}{1 + \gamma} (1 + \beta) . \tag{5.61}$$

Fordert man wieder, daß mit Hilfe des Schalters S eine Verstärkung $V(t) = V\,\mathrm{sgn}$ $(\sin \omega t)$ für ein gleichzurichtendes Signal $u_\mathrm{e}(t) = \hat{u}_\mathrm{e} \sin (\omega t - \varphi)$ erzeugt wird, so folgt aus den Gln. (5.60) und (5.61)

$$- \beta + \frac{\gamma}{1 + \gamma} \left(1 + \beta + \frac{\beta}{\alpha}\right) = \beta - \frac{\gamma}{1 + \gamma} (1 + \beta). \tag{5.62}$$

Aus Gl. (5.62) läßt sich eine Bedingung für α, β und γ ableiten

$$\frac{1}{\beta} + \frac{1}{2\,\alpha} = \frac{1}{\gamma} . \tag{5.63}$$

Der Betrag V der Verstärkung ist konstant

$$V = \beta - \gamma \frac{1 + \beta}{1 + \gamma} . \tag{5.64}$$

Bei Vorgabe von V und γ ergeben sich die Parameter α und β zu

$$\alpha = \frac{\gamma}{2} \left[1 + \frac{\gamma}{V(\gamma + 1)}\right] \tag{5.65}$$

$$\beta = V + \gamma (V + 1). \tag{5.66}$$

Speziell für $V = 0{,}5$ und $\gamma = 1$ ergibt sich $\alpha = 1$ und $\beta = 2$, d. h. $R_1 = R_3 = R_4 = R_5 = R$, $R_2 = 2R$.

Die in den Bildern 5.32 und 5.33 dargestellten phasenempfindlichen Demodulatoren können natürlich auch als Modulatoren verwendet werden. Schaltet man an den Eingang eine langsam veränderliche Spannung, so ist die Ausgangsspannung gleich der mit $V(t)$ (s. Bild 5.32 b) modulierten Eingangsspannung.

Eine Anwendung der behandelten Demodulatoren ist im Abschn. 4. (Zerhackerverstärker) beschrieben.

In diesem Zusammenhang wird darauf hingewiesen, daß diese phasenempfindlichen Gleichrichter im Gegensatz zu allen anderen bisher behandelten Gleichrichtern lineare

Schaltungen sind, die ein zeitabhängiges Übertragungsverhalten aufweisen, dessen quantitative Beschreibung im Abschn. 2. enthalten ist.

Der Vorteil des im Bild 5.34 dargestellten phasenempfindlichen Gleichrichters [5.11] ist der, daß hier keine Transistorschalter verwendet werden. Seine Funktion entspricht

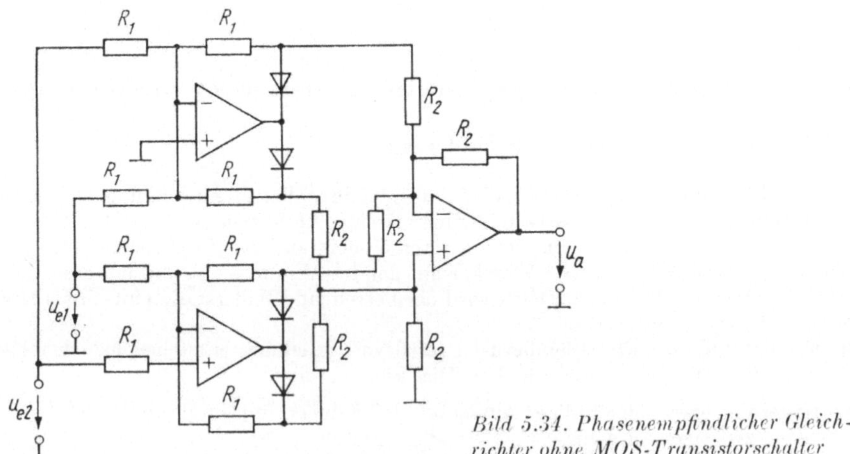

Bild 5.34. *Phasenempfindlicher Gleichrichter ohne MOS-Transistorschalter*

der eines Diodenringdemodulators, wobei wesentlich höhere Genauigkeiten erzielt werden können. Es ist leicht zu erkennen, daß für $R_2 \gg R_1$ die Ausgangsspannung folgender Beziehung gehorcht:

$$u_a = |u_{e1} + u_{e2}| - |u_{e1} - u_{e2}|.$$

Die betragsmäßig größere Spannung wirkt als Steuerspannung; sie beeinflußt nur das Vorzeichen der Ausgangsspannung. Die Größe der Ausgangsspannung wird durch die betragsmäßig kleinere der beiden Eingangsspannungen bestimmt.

6.   Elektronische Meßwandler für resistive Aufnehmer

6.1.   Widerstand-Spannungs-Wandler mit einfachen Stromkreisen

6.1.1.   Aufbauprinzipien von R/U-Wandlern

Widerstand-Spannungs-Wandler (R/U-Wandler) finden breite Anwendung beim Bau von Meßgeräten, die mit resistiven Aufnehmerelementen arbeiten. Bei konstantem Strom ist die Spannung über dem betrachteten Widerstand diesem proportional. Dementsprechend ist es möglich, R/U-Wandler mit den im Abschn. 3.6.2. betrachteten Konstantstromquellen aufzubauen. Dabei wird der betreffende Widerstand einfach als Last an diese Stromquelle geschaltet.

Beim Anschluß von R/U-Wandlern an resistive Aufnehmer entstehen jedoch meist zusätzliche Forderungen an die Wandler. Dies können sein:

– Verringerung bzw. vollständiger Ausschluß des Fehlers, der durch die Verbindungsleitungen zwischen Aufnehmer und Wandler entsteht

– Ableitung einer Ausgangsspannung, die der absoluten oder relativen Widerstandsänderung proportional ist

– einseitige Erdung des Wandlerelements

– Verringerung des Ausgangswiderstands des Wandlers.

Im weiteren werden einige Beispiele von R/U-Wandlern betrachtet, die einer oder mehreren dieser Forderungen gerecht werden.

6.1.2.   R/U-Wandler mit Dreileiteranschluß

Die Widerstandswerte der Verbindungsleitungen zwischen Aufnehmer und elektronischem Meßwandler liegen in der Größenordnung von einigen Ohm. Wenn die Widerstandsänderung des resistiven Aufnehmers im Vergleich dazu sehr groß ist, z. B. einige Kiloohm, dann können Zweileiterverbindungen verwendet werden. Die Instabilität der Zuleitungswiderstände führt in diesem Fall nicht zu merklichen Meßfehlern. Ein solcher Fall liegt beispielsweise bei der Temperaturmessung mit einem hochohmigen Halbleiterthermowiderstand vor.

Meist liegen die Widerstandsänderungen der Aufnehmer jedoch in der Größenordnung von $(10^{-1} \cdots 10^2)$ Ω. In diesen Fällen können instabile Zuleitungswiderstände zu unzulässig hohen Fehlern führen. Der störende Einfluß der Zuleitungswiderstände kann durch die Verwendung von Verbindungen mit mehr als zwei Leitungen wesentlich verringert werden. Im weiteren wird auf solche Dreileiterverbindungen mit den entsprechenden Meßwandlern eingegangen. Diese Meßwandler können in vereinfachter Form natürlich auch für Zweileiterverbindungen verwendet werden.

Im R/U-Wandler nach Bild 6.1a wird aus dem als Spannungsfolger wirkenden Operationsverstärker, einer Zener-Diode mit der Zenerspannung u_z, einer Spannungsquelle u_0 und dem Widerstand R_1 eine Konstantstromquelle aufgebaut. Die Differenzeingangsspannung am Operationsverstärker wird zu Null angenommen. Folglich sind die Spannungsabfälle über den Widerstand R_0 und der Diode gleich groß und entgegengesetzt gerichtet. Für $R_\mathrm{a} = R_\mathrm{b} = R_\mathrm{c} = 0$ erhält man für die Ausgangsspannung

$$u_\mathrm{a} = u_\mathrm{z}\, R_x/R_0 . \tag{6.1}$$

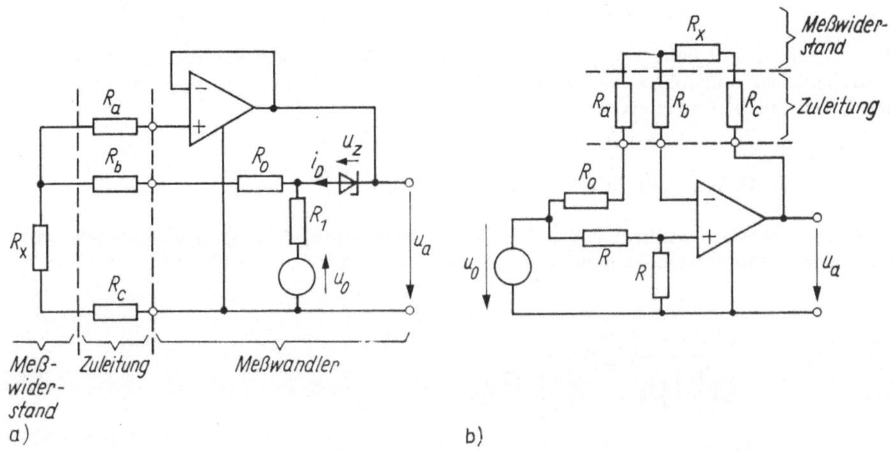

Bild 6.1. R/U-Wandler mit Dreileiteranschaltung des Meßwiderstands
a) mit einfacher Konstantstromquelle; b) mit Kompensation des Anfangswerts des Meßwiderstands

Der Ausgangswiderstand des Wandlers ist wegen der vorhandenen Spannungsgegenkopplung des Operationsverstärkers wesentlich kleiner als der Ausgangswiderstand dieses Verstärkers.

Der Einfluß der Leitungswiderstände wird dadurch verringert, daß R_a in Reihe zum hochohmigen Eingang des Operationsverstärkers, R_6 in Reihe zu R_0 und R_c in Reihe zu R_x liegen. Beachtet man diese Widerstände in der Rechnung, so erhält man unter der Bedingung $R_\mathrm{c} \ll R_x$ und $R_\mathrm{b} \ll R_0$

$$u_\mathrm{a} = u_\mathrm{z}\, \frac{R_x + R_\mathrm{c}}{R_0 + R_\mathrm{b}} \approx u_\mathrm{z}\, \frac{R_x}{R_0}\left(1 - \frac{R_\mathrm{c}}{R_\mathrm{x}} - \frac{R_\mathrm{b}}{R_0}\right). \tag{6.2}$$

Wenn nun

$$R_\mathrm{e}/R_x \approx R_\mathrm{b}/R_0 , \tag{6.3}$$

dann kommt die reale Abhängigkeit Gl. (6.2) der idealen Gl. (6.1) nahe. Die Bedingung (6.3) wird erfüllt, wenn $R_\mathrm{b} \approx R_\mathrm{c}$ und $R_x \approx R_0$. Folglich wird der durch die Verbindungsleitungen verursachte Fehler dann kompensiert, wenn diese Leitungen aus demselben Material und der gleichen Temperatur ausgesetzt sind und wenn R_x sich in einem kleinen Bereich um den Anfangswert R_0 ändert.

Der Strom i_D durch die Zener-Diode (Bild 6.1 a) ist gleich

$$i_\mathrm{D} = \frac{u_0 - u_\mathrm{z} - u_\mathrm{a}}{R_1} = \frac{u_0}{R_1} - \frac{u_\mathrm{z}}{R_1}\left(1 + \frac{R_x}{R_0}\right).$$

Um die Abhängigkeit dieses Stromes von R_x zu beseitigen, kann anstelle der Spannungsquelle u_0 und des Widerstands R_1 eine einfache Konstantstromquelle, bestehend aus einem Transistor, benutzt werden.

Im R/U-Wandler nach Bild 6.1 b wird ebenfalls eine Dreileiterverbindung verwendet. Außerdem wird vom Ausgangssignal ein konstanter Wert, der dem Anfangswert des veränderlichen Widerstands R_x entspricht, abgezogen. Wählt man $R_0 = R_{x0}$ und berücksichtigt, daß am nichtinvertierenden Eingang die Spannung $u_0/2$ liegt, erhält man:

$$\frac{u_\mathrm{a}}{u_0} \approx -\frac{R_x + R_\mathrm{c}}{R_0 + R_\mathrm{a}} + \frac{1}{2}\left(\frac{R_x + R_\mathrm{c}}{R_0 + R_\mathrm{a}} + 1\right) = \frac{1}{2}\,\frac{R_0 - R_x + R_\mathrm{a} - R_\mathrm{c}}{R_0 + R_\mathrm{a}}.$$

$$(6.4)$$

Man erkennt, daß bei $R_\mathrm{a} = R_\mathrm{c}$ die Verbindungsleitungen keine additiven Fehler verursachen. Der multiplikative Fehler, der durch R_a im Nenner von Gl. (6.4) verursacht wird, kann nicht korrigiert werden.

6.1.3. R/U-Wandler mit Vierleiteranschluß

Eine verbesserte Korrektur der Einflüsse der Verbindungsleitungen ist möglich, wenn man vier Verbindungsleitungen benutzt, wie im Bild 6.2 dargestellt. Dieser Wandler ist

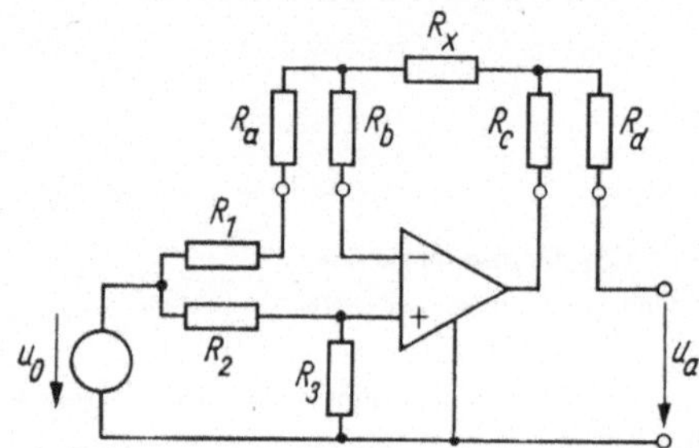

Bild 6.2. R/U-Wandler mit Vierleiteranschaltung des Meßwiderstands

dem im Bild 6.1 b ähnlich; allerdings wirkt hier nur eine der vier Leitungen auf das Meßergebnis ein.

$$\frac{u_\mathrm{a}}{u_0} = \frac{R_2}{R_2 + R_3}\left(\frac{R_3}{R_2} - \frac{R_x}{R_1 + R_\mathrm{a}}\right)$$

Wählt man R_1 (bei gleichzeitiger proportionaler Vergrößerung von u_0 und dem Widerstandsverhältnis R_2/R_3) hinreichend groß ($R_1 \gg R_\mathrm{a}$), so kann man den Fehler, der durch Instabilität des Leitungswiderstands R_a entsteht, wesentlich verringern. Die Widerstände R_b und R_c wirken sich aufgrund des Gegenkopplungsprinzips praktisch nicht auf die Ausgangsspannung aus. Der Widerstand R_d vergrößert den Ausgangswiderstand der Schaltung. Das ist aber unwesentlich, wenn die nachfolgende Schaltung selbst einen hohen Eingangswiderstand hat. Bei den betrachteten R/U-Wandlern übernimmt jeweils ein Operationsverstärker die Funktion der Konstantstromquelle und gleichzeitig des Verstärkerelements. In einigen Fällen ergeben sich bessere Kennwerte des Wandlers, wenn diese beiden Funktionen von getrennten Teilschaltungen realisiert werden.

Im weiteren werden einige Beispiele betrachtet. Die Stromquellen sind dabei als ideale Elemente eingezeichnet. Bei der praktischen Anwendung der Schaltungen können hier beliebige Typen von Konstantstromquellen eingesetzt werden.

In der Schaltung nach Bild 6.3 a wird eine Stromquelle mit galvanisch getrennter Speisung verwendet. Das ermöglicht die Verwendung einer Vierleiterschaltung, deren Widerstände dank des hohen Eingangswiderstands des Operationsverstärkers nicht auf das Meßergebnis einwirken:

$$u_\mathrm{a} = i_0\,R_x\,(1 + R_2/R_1).$$

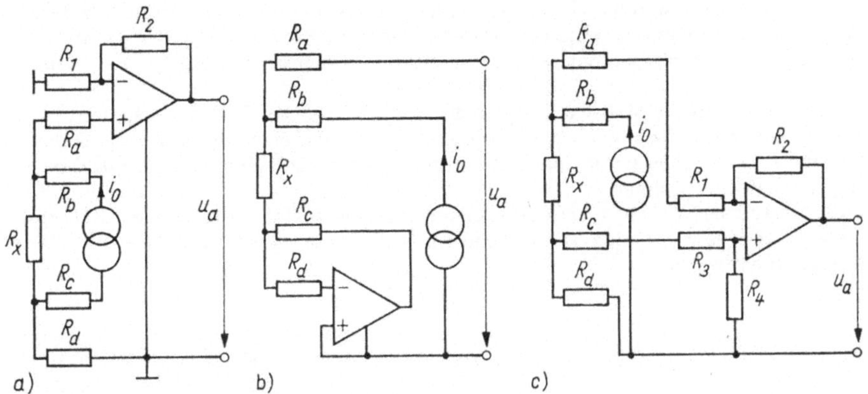

Bild 6.3. R/U-Wandler mit Stromspeisung

a) mit galvanisch getrennter Speisung der Stromquelle; b) mit geerdeter Stromquelle; c) mit geerdeter Stromquelle und Differenzverstärker

Bild 6.3 b zeigt eine Schaltung, bei der die Stromquelle nicht galvanisch getrennt sein muß. Das wird dadurch erreicht, daß durch den Operationsverstärker am unteren Anschluß von R_x nahezu Nullpotential eingestellt wird. Der nichtinvertierende Eingang des Operationsverstärkers im Bild 6.3 b liegt an Masse. Über die Gegenkopplung (R_c, R_d) wird am invertierenden Eingang ebenfalls Nullpotential eingestellt. Wenn der Eingangsstrom des Operationsverstärkers durch den Widerstand R_d vernachlässigbar klein ist, dann liegt an der unteren Klemme von R_x auch Nullpotential. Für die Ausgangsspannung gilt damit

$$u_\mathrm{a} = i_0\, R_x.$$

Der nachfolgende Verstärker, der diese Spannung verstärkt, sollte einen Eingangswiderstand haben, der groß gegen ($R_x + R_2$) ist.

Im Meßwandler nach Bild 6.3 c wird ebenfalls eine einseitig geerdete Stromquelle verwendet. Der störende Einfluß der Verbindungsleitungen wird durch den Einsatz eines Differenzverstärkers ausgeschaltet. Unter der Bedingung, daß die Widerstände R_1 und R_3 sehr viel größer als der Aufnehmerwiderstand R_x und als die Zuleitungswiderstände sind, gilt

$$u_\mathrm{a} = i_0\,(R_x + R_\mathrm{d})\,\frac{R_2}{R_1} + i_0\,R_\mathrm{d}\,\frac{R_4}{R_3 + R_4}\,\frac{R_1 + R_2}{R_1}.$$

Wählt man die Widerstände R_1 bis R_4 so, daß die Bedingung $R_1 R_4 = R_2 R_3$ erfüllt wird, so erhält man letztlich

$$u_\mathrm{a} = -\,i_0\,R_x\,R_2/R_1.$$

6.1.4. R/U-Wandler mit Wechselstrom- bzw. Spannungsspeisung

Bei allen bisher betrachteten Meßwandlern wurde eine Gleichstrom- bzw. Spannungsspeisung verwendet. Alle Schaltungen lassen sich jedoch auch mit Wechselstrom- bzw. -spannung betreiben. Dazu müssen lediglich die entsprechenden Gleichgrößen durch Wechselgrößen ersetzt werden. Im Bild 6.1 a müssen die Zener-Diode durch zweiseitige Zener-Dioden und die Spannungsquelle durch eine Wechselspannungsquelle ersetzt werden. Die Wechselspannungs- bzw. -stromspeisung gestattet die Unterdrückung der additiven Fehler, die von den Eingangsströmen und der Offsetspannung der nachfolgenden Verstärker verursacht werden, sowie parasitärer Thermospannungen in der Meßschaltung.

Allerdings muß die Meßschaltung einen zusätzlichen Gleichrichter erhalten; im Fall einer Vorzeichenänderung der Meßgröße muß dieser phasenempfindlich sein. Außerdem muß man bei Wechselstrom- bzw. Spannungsspeisung mit dem Störeinfluß der Zuleitungskapazitäten rechnen.

Ein Vorteil der Wechselspannungsspeisung liegt darin, daß die Anzahl der Zuleitungen auf zwei verringert werden kann, wenn im Aufnehmer selbst zusätzlich zwei Dioden untergebracht werden.

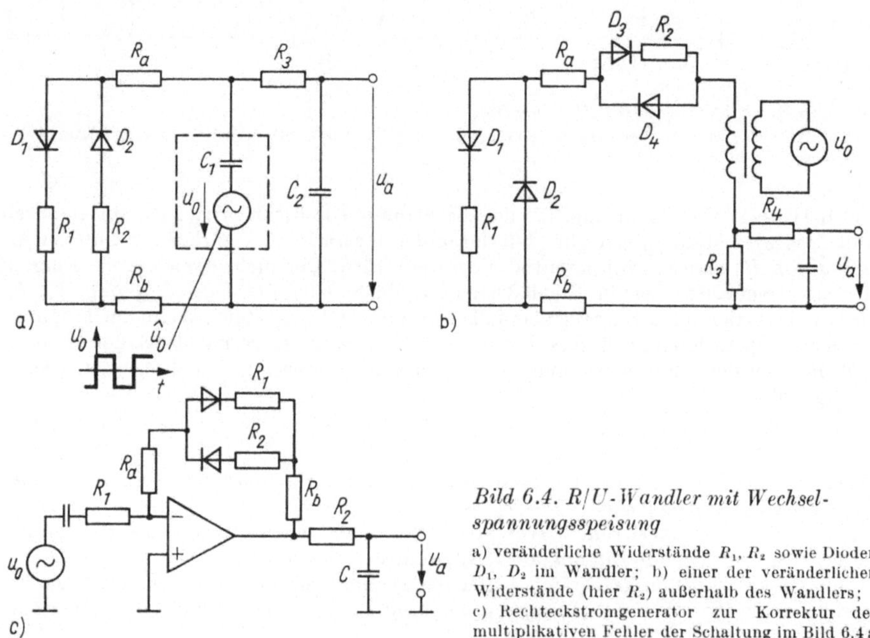

Bild 6.4. R/U-Wandler mit Wechselspannungsspeisung

a) veränderliche Widerstände R_1, R_2 sowie Dioden D_1, D_2 im Wandler; b) einer der veränderlichen Widerstände (hier R_2) außerhalb des Wandlers; c) Rechteckstromgenerator zur Korrektur der multiplikativen Fehler der Schaltung im Bild 6.4a

So enthält der Aufnehmer nach Bild 6.4a neben den Widerständen R_1 und R_2 die Dioden D_1 und D_2 [6.1]. Die Verbindung mit dem Meßwandler erfolgt über die beiden Zuleitungen R_a und R_b. Als Speisespannung dient eine Rechteckspannung u_0, die über einen Trennkondensator C an die Zuleitungen gelangt. Die konstante Ausgangsspannung wird am Ausgang eines Tiefpasses $R_3 - C_2$ abgegriffen, wobei $R_3 \gg R_1$, R_2 sein muß.

Die Funktionsweise der Schaltung läßt sich wie folgt beschreiben: Die positiven Rechteckimpulse der Spannung u_0 verusachen einen Strom durch die Diode D_1 und den Widerstand R_1, die negativen durch D_2 und R_2. Die Differenz dieser Ströme lädt den Kondensator C_1 auf. Die Gleichgröße der Kondensatorspannung stellt sich so ein, daß der Mittelwert des Stromes durch den Kondensator gleich Null ist. Daraus erhält man die Beziehung

$$\frac{\hat{u}_0 - u_\mathrm{D} - u_\mathrm{a}}{R_1 + R_\mathrm{a} + R_\mathrm{b}} - \frac{\hat{u}_0 - u_\mathrm{D} - u_\mathrm{a}}{R_2 + R_\mathrm{a} + R_\mathrm{b}} = 0, \tag{6.5}$$

wobei $\hat{u}_0$ die Amplitude der Speisespannung, u_D die Flußspannung der Dioden und u_a der Mittelwert der Spannung am Kondensator C_1 sind. Aus Gl. (6.5) ergibt sich

$$\frac{u_a}{\hat{u}_0 - u_D} = \frac{R_1 - R_2}{R_1 + R_2 + 2\,R_a + 2\,R_b}. \tag{6.6}$$

Die Ausgangsspannung ist der Widerstandsdifferenz proportional. Die Zuleitungswiderstände R_a, R_b verursachen keinen additiven Fehler im Meßergebnis, beeinflussen aber die Empfindlichkeit des Meßwandlers.

Bei der Ableitung von Gl. (6.6) werden die Sperrströme der Dioden vernachlässigt, und die Flußspannungen wurden als gleich groß vorausgesetzt. Sind diese Voraussetzungen nicht erfüllt, so entstehen zusätzliche Fehler. Es sollte daher ein integriertes Diodenpaar mit möglichst geringen Sperrströmen verwendet werden.

Die Schaltung nach Bild 6.4a kann nicht benutzt werden, wenn die Temperatur am Aufnehmerort in Bereichen liegt, die für die Dioden D_1 und D_2 nicht zulässig sind.

Einer der veränderlichen Widerstände (R_1 oder R_2) kann außerhalb des Aufnehmers angeordnet werden, wenn entsprechend Bild 6.4b noch ein weiteres Diodenpaar eingesetzt wird [6.2].

In dieser Schaltung wurde die Möglichkeit genutzt, die Stromdifferenz durch die Widerstände R_1 und R_3 auszudrücken. Hier wird die der Stromdifferenz proportionale Gleichspannung über einen Tiefpaß vom Widerstand R_3 abgegriffen, der in Reihe mit der Speisespannung liegt. Auch hier verursachen die Zuleitungswiderstände nur einen multiplikativen Fehler im Meßergebnis.

Die Schaltungen im Bild 6.4 lassen sich so verändern, daß neben dem additiven auch der multiplikative Fehler, den die Zuleitungen im Meßergebnis verursachen, unterdrückt wird.

Im Bild 6.4a ist dies dadurch möglich, daß das mit der Strichlinie umrandete Netzwerk durch einen Rechteckstromgenerator mit hohem Ausgangswiderstand ersetzt wird.

In diesem Fall ergibt sich

$$u_a = [\hat{\imath}_0\,(R_1 + R_a + R_b) + u_D] - [\hat{\imath}_0\,(R_2 + R_a + R_b) + u_D]$$
$$= \hat{\imath}_0\,(R_1 - R_2);$$

$\hat{\imath}_0$ Speisestromamplitude.

Eine Schaltung mit einem als Stromgenerator wirkenden Operationsverstärker wird im Bild 6.4c gezeigt. Hier ist $\hat{\imath}_0 = \hat{u}_0/R_1$.

6.2. Widerstand-Spannungs-Wandler mit Brückenschaltungen

Unter Brückenwiderstand-Spannungs-Wandler werden Wandler verstanden, die die Verstimmung einer resistiven Brücke in eine elektrische Spannung umwandeln. Das Prinzip solcher Wandler besteht meist darin, daß an die Ausgangsdiagonale der Brücke ein Differenzverstärker angeschlossen wird. Beim praktischen Aufbau sind jedoch stets Besonderheiten zu beachten, die sich aus zusätzlichen Forderungen an den Meßwandler ergeben. Solche Forderungen betreffen die Ausschaltung von Fehlern, die durch die Zuleitungen entstehen bzw. die Vermeidung von Nichtlinearitäten.

6.2.1. Schaltungsarten resistiver Brücken

Bei der Verwendung resistiver Vollbrücken benutzt man im wesentlichen vier Betriebszustände. Bezüglich der Speisung unterscheidet man zwischen Strom- und Spannungsspeisung. Die Ausgangsdiagonale wird im Leerlauf oder Kurzschluß betrieben. (Schaltungsvarianten, bei denen der Quellwiderstand oder der Lastwiderstand am Brückenausgang in der Größenordnung der Brückenwiderstände liegen, sind ungünstig, da in diesem Fall Quell- bzw. Lastwiderstand einen Einfluß auf das Übertragungsverhalten des Meßwandlers haben).

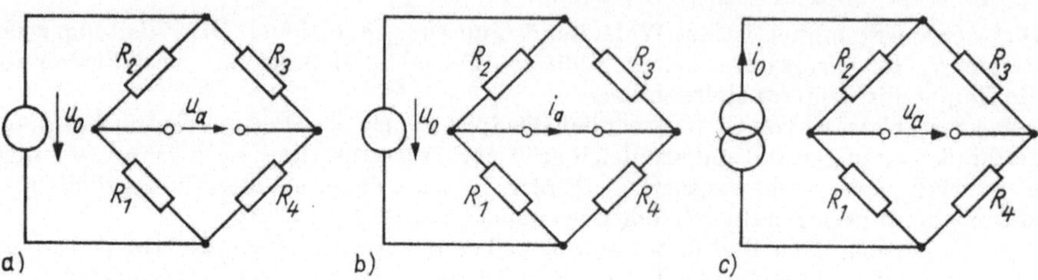

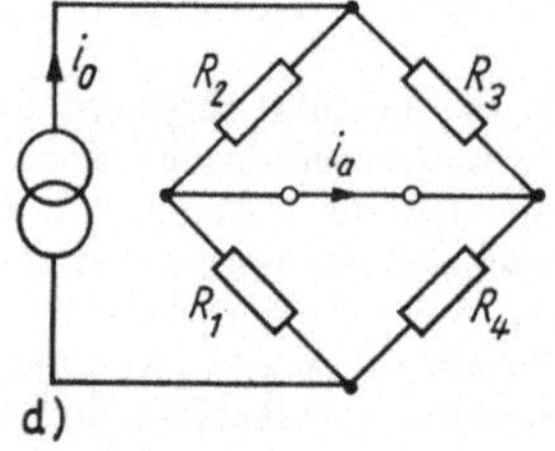

Bild 6.5. Betriebsarten von Brückenschaltungen

a) Spannungsspeisung und -auswertung (u-u-Brücke)
b) Spannungsspeisung, Stromauswertung (u-i-Brücke)
c) Stromspeisung, Spannungsauswertung (i-u-Brücke)
d) Stromspeisung und -auswertung (i-i-Brücke)

Bild 6.5 zeigt die vier Betriebszustände resistiver Brücken. Zur Vereinfachung sollen diese vier Schaltungsvarianten im weiteren durch eine Buchstabenkombination dargestellt werden. Der erste Buchstabe kennzeichnet die Speisungsart, der zweite das Ausgangssignal. Als Beispiel würde die Schaltung nach Bild 6.5a als u-u-Brücke zu bezeichnen sein, für die gilt

$$\frac{u_\mathrm{a}}{u_0} = \frac{R_1 R_3 - R_2 R_4}{(R_1 + R_2)(R_3 + R_4)}. \tag{6.7}$$

Für die u-i-Brücke nach Bild 6.5b erhält man

$$\frac{i_\mathrm{a}}{u_0} = \frac{R_1 R_3 - R_2 R_4}{R_3 R_2 (R_1 + R_4) + R_1 R_4 (R_2 + R_3)}. \tag{6.8}$$

Das Übertragungsverhalten der i-u-Brücke (Bild 6.5c) wird charakterisiert durch die Beziehung

$$\frac{u_\mathrm{a}}{i_0} = \frac{R_1 R_3 - R_2 R_4}{R_1 + R_2 + R_3 + R_4}. \tag{6.9}$$

Für den Ausgangsstrom der i-i-Brücke im Bild 6.5d ergibt sich

$$\frac{i_\mathrm{a}}{i_0} = \frac{R_1 R_3 - R_2 R_4}{(R_1 + R_4)(R_2 + R_3)}. \tag{6.10}$$

Ändert sich nur ein Brückenwiderstand, so ergibt sich für alle vier Varianten eine nichtlineare Abhängigkeit der Ausgangsgröße von diesem Widerstand. Eine lineare Abhängigkeit erhält man, wenn sich zwei Widerstände gleichzeitig ändern, wobei einer zunimmt und der andere abnimmt. Setzt man z.B. für die u-u-Brücke nach Bild 6.5a $R_1 = R + \Delta R$, $R_2 = R - \Delta R$ und $R_3 = R_4 = R$, so wird aus Gl. (6.8)

$$\frac{u_\mathrm{a}}{u_0} = \frac{1}{2}\frac{\Delta R}{R}.$$

Lineare Übertragungsfunktionen ergeben sich ebenfalls, wenn zwei Widerständen eine positive und den zwei anderen Widerständen eine negative Widerstandsänderung aufgeprägt wird. Als Beispiel diene die i-u-Brücke nach Bild 6.5 c mit $R_1 = R_3 = R + \Delta R$, $R_2 = R_4 = R - \Delta R$, für die gilt

$$u_\mathrm{a}/i_0 = \Delta R.$$

Die rechte Seite der Gln. (6.7) und (6.10) ist dimensionslos. Daher hängen die Ausgangssignale der u-u-Brücke und der i-i-Brücke nur von der relativen Widerstandsänderung ab. Im Gegensatz dazu wirken auf das Ausgangssignal der u-i-Brücke bzw. der i-u-Brücke sowohl die relative Widerstandsänderung als auch die absoluten Widerstandswerte selbst ein.

Beim Aufbau von Meßwandlern für resistive Aufnehmer in Brückenschaltung werden alle vier Schaltungsvarianten nach Bild 6.5 verwendet. Welcher im konkreten Fall der Vorzug gegeben wird, hängt von den Forderungen ab, die an den Meßwandler gestellt werden. Im weiteren werden Brückenschaltungen beschrieben, bei denen der Einsatz von Operationsverstärkern zusätzliche Vorteile bringt.

6.2.2. Quasibrücken mit Operationsverstärkern

Neben normalen Brückenschaltungen (Bild 6.5) werden bei der Arbeit mit resistiven Aufnehmern häufig sog. Quasibrücken verwendet. Diese haben ein ähnliches Übertragungsverhalten wie normale Brücken; die typische Brückenstruktur fehlt jedoch. Zwei Beispiele zeigt Bild 6.6 Der Meßwandler nach Bild 6.6a wurde bereits früher betrachtet (Bild 6.2). Für die Ausgangsspannung gilt

$$\frac{u_\mathrm{a}}{u_0} = \frac{R_1 R_3 - R_2 R_4}{R_3 (R_1 + R_2)}. \tag{6.11}$$

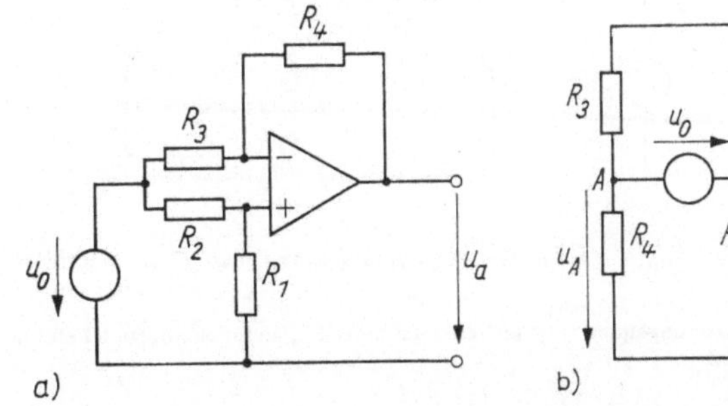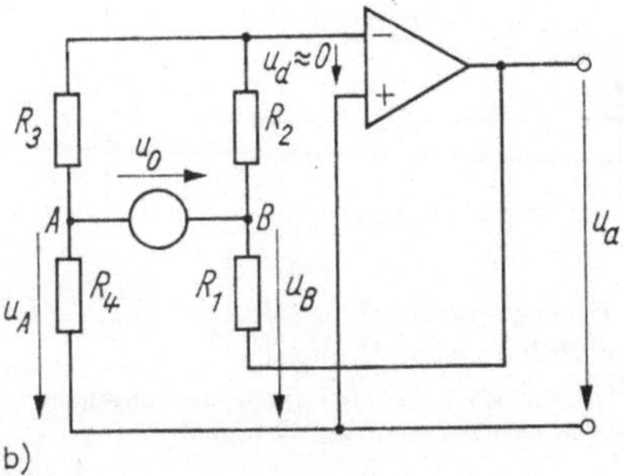

Bild 6.6. Quasibrückenschaltungen mit Operationsverstärkern

a) Lineare Abhängigkeit der Ausgangsspannung von R_4, geerdete Speisespannungsquelle
b) lineare Abhängigkeit der Ausgangsspannung von R_1, galvanisch getrennte Speisespannungsquelle

Man erkennt, daß durch Änderung des Widerstands R_4 allein bereits eine lineare Übertragungsfunktion erreicht wird.

Für die Quasibrücke nach Bild 6.6b kann die Übertragungsfunktion wie folgt gefunden werden: Am invertierenden Eingang des Operationsverstärkers wird praktisch Nullpotential eingestellt; deshalb gilt für die Potentiale in den Punkten A und B (Bild 6.6b)

$$u_A = u_0 \frac{R_3}{R_2 + R_3}, \quad u_B = -u_0 \frac{R_2}{R_2 + R_3}. \tag{6.12}$$

Die Summe der Ströme durch R_1 und R_2 ist gleich der Summe der Ströme durch R_3 und R_4.

$$\frac{u_a - u_B}{R_1} - \frac{u_B}{R_2} = \frac{u_A}{R_3} + \frac{u_A}{R_4} \tag{6.13}$$

Aus den Gln. (6.12) und (6.13) ergibt sich

$$\frac{u_a}{u_0} = \frac{R_1 R_3 - R_2 R_4}{R_4 (R_2 + R_3)} . \tag{6.14}$$

Ein Vergleich von Gl. (6.14) mit Gl. (6.11) zeigt, daß die Schaltungen von Bild 6.6 sehr ähnliche Eigenschaften haben. Allerdings ist die Schaltung nach Bild 6.6a vorzuziehen, da sie keine galvanisch getrennte Spannungsquelle benötigt.

6.2.3. Brückenschaltungen mit Spannungsspeisung

Zunächst sollen Möglichkeiten gezeigt werden, wie die Brücke mit der Speisespannung verbunden werden kann, ohne daß die Zuleitungswiderstände einen Einfluß auf das Meßergebnis haben. Bild 6.7 zeigt zwei Beispiele für Meßwandler, in denen diese Forderung

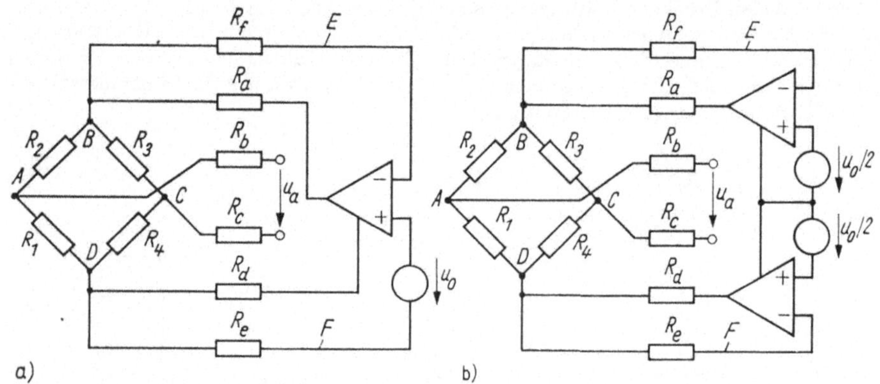

Bild 6.7. Erzeugung einer zuleitungsunabhängigen Brückenspeisespannung U_{BC} mit Hilfe von zwei Fühlleitungen E und F

a) mit einer galvanisch getrennten Speisespannungsquelle; b) mit zwei geerdeten Speisespannungsquellen und geringem Gleichtaktanteil im Ausgangssignal

durch Verwendung einer Sechsleiterverbindung realisiert wird. In der Schaltung nach Bild 6.7a stellt der Operationsverstärker unabhängig von den Zuleitungswiderständen R_a, R_d, R_e und R_f an der Diagonale $B - D$ die Spannung u_0 ein. Die Leitungswiderstände R_b und R_c gehen ebenfalls nicht in das Meßergebnis ein, wenn zur Verstärkung von u_a ein Differenzverstärker mit hohem Eingangswiderstand benutzt wird. Für die Ausgangsspannung im Bild 6.7a gilt Gl. (6.7). Es sei darauf hingewiesen, daß eine galvanisch getrennte Speisespannungsquelle verwendet wird.

In der Schaltung nach Bild 6.7b werden zwei Speisespannungen benötigt; beide sind jedoch geerdet. Auch hier gilt Gl. (6.7). Ein Vorteil dieses Meßwandlers besteht darin, daß das Ausgangssignal nur einen geringen Gleichtaktanteil enthält. Unter der Bedingung $R_1 \approx R_2$, $R_3 \approx R_4$ sind die Potentiale der Punkte A und C nahezu Null. Auf eine der Spannungsquellen im Bild 6.7b könnte verzichtet werden, d. h., der nichtinvertie-

rende Eingang eines Operationsverstärkers könnte an Masse gelegt werden. In diesem
Fall muß jedoch wieder mit einem erhöhten Gleichtaktsignal gerechnet werden.

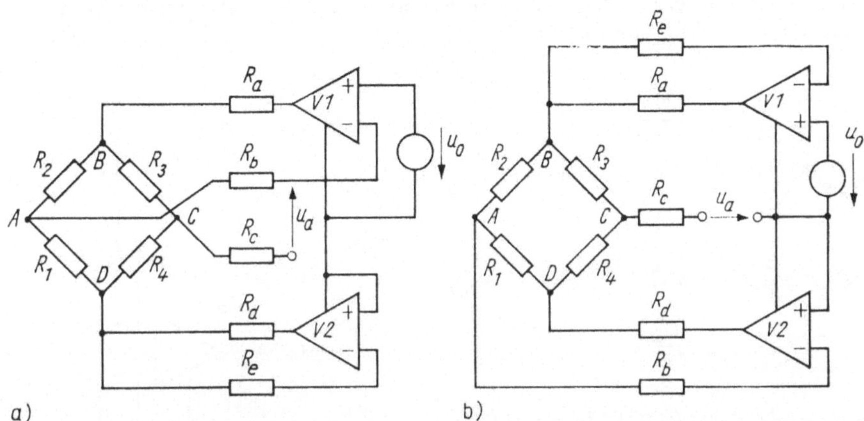

Bild 6.8. Brückenschaltungen mit zuleitungsunabhängig geregelter Speisespannung

a) Ausgangsspannung erdfrei, mit Gleichtaktanteil u_0; b) Ausgangsspannung auf Masse bezogen, kein Gleichtaktanteil

Im Bild 6.8 sind Meßwandler dargestellt, bei denen die Brücke mit einer Fünfleiter-
verbindung an die Speise- und Auswerteelektronik angeschlossen ist.

Im Meßwandler nach Bild 6.8 a stellt *V 1* am Punkt *A* das Potential u_0 ein, während
V 2 den Punkt *D* auf Nullpotential hält. Am Punkt *B* der Schaltung wird daher das
Potential $u_0 (R_2 + R_1)/R_1$ erzwungen. Wird diese Größe anstelle von u_0 in Gl. (6.7) ein-
gesetzt, so ergibt sich

$$\frac{u_\mathrm{a}}{u_0} = \frac{R_1 R_3 - R_2 R_4}{R_1 (R_3 + R_4)}. \tag{6.15}$$

In der Schaltung im Bild 6.8 b stellen die Operationsverstärker an den Punkten *A* und *B*
die Potentiale Null bzw. u_0 ein. Dabei wird das Nullpotential im Punkt *A* über das Potential im Punkt *D* geregelt. Es folgt

$$u_\mathrm{D} = - u_0 R_1/R_2 .$$

Aus der Kenntnis der Potentiale in den Punkten *B* und *D* wird das Potential im Punkt *C*
und damit die Ausgangsspannung bestimmt

$$\frac{u_\mathrm{a}}{u_0} = \frac{u_B R_4 + u_D R_3}{R_3 + R_4} = \frac{R_2 R_4 - R_1 R_3}{R_2 (R_4 + R_4)}. \tag{6.16}$$

Ein Vergleich von Gl. (6.15) mit Gl. (6.16) zeigt, daß die Übertragungsfunktionen der
beiden im Bild 6.8 dargestellten Meßwandler gleich sind. Beide realisieren eine lineare
Abhängigkeit der Ausgangsspannung von einem Widerstand (R_2 für Bild 6.8 a und R_1
für Bild 6.8 b) oder von zwei Widerständen ($R_3 = R + \Delta R$, $R_4 = R - \Delta R$). Trotzdem
ist die Schaltung nach Bild 6.8 b der anderen unbedingt vorzuziehen. Wenn nämlich im
Meßwandler nach Bild 6.8 a ein Gleichtaktsignal von annähernd u_0 anliegt, dann braucht
in Bild 6.8 b die Ausgangsspannung gar nicht mit einem Differenzverstärker verstärkt
zu werden, da sie bezüglich Masse abgegriffen wird.

6.2.4. Brückenschaltungen mit Stromspeisung

Bei Stromspeisung kann die Brücke über eine Vierleiterverbindung mit der Speise- und Auswerteelektronik verbunden werden (Bild 6.9), so daß die Leitungswiderstände das Ausgangssignal nicht beeinflussen.

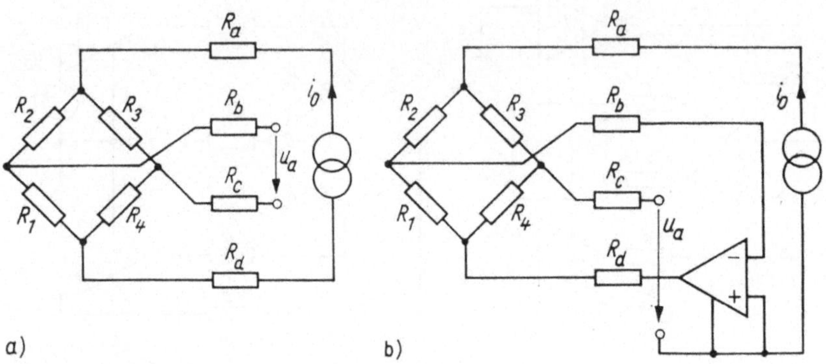

Bild 6.9. *Brückenschaltungen mit Stromspeisung*
a) mit galvanisch getrennter Stromquelle oder mit Differenzverstärker; b) geerdete Stromquelle oder mit Differenzverstärker; b) geerdete Stromquelle, Ausgangsspannung gegen Masse

Der Meßwandler nach Bild 6.9 a benötigt eine galvanisch getrennte Stromquelle oder einen Differenzverstärker für die Verstärkung von u_a. Die Verwendung eines Operationsverstärkers entsprechend Bild 6.9 b gestattet bei geerdeter Stromquelle die Ausgangsspannung gegenüber Masse abzunehmen. Für beide Schaltungen im Bild 6.9 gilt Gl. (6.9).

6.2.5. Brückenschaltungen bei Kurzschluß am Ausgang

In den Meßwandlern, die in den Bildern 6.7 bis 6.9 dargestellt sind, arbeiten die Brücken mit ausgangsseitigem Leerlauf, d. h., es wird angenommen, daß die Ausgangsspannung einem Verstärker mit sehr hohem Eingangswiderstand zugeführt wird.

In einigen Fällen werden aber auch Brückenschaltungen verwendet, bei denen die Ausgangsdiagonale mit einem Verstärker sehr niedrigen Eingangswiderstands, also einem Verstärker mit Stromeingang, verbunden wird. Beispiele solcher Meßwandler sind im Bild 6.10 dargestellt.

Die Speiseleitungen sind in diesen Darstellungen frei gelassen worden, um anzudeuten, daß in diesen Fällen eine beliebige Möglichkeit der Zuführung von Speisestrom oder -spannung entsprechend den Bildern 6.7 bis 6.9 verwendet werden kann.

Wenn für die Schaltung entsprechend Bild 6.10 a eine Speisespannungszuführung nach Bild 6.7 a oder b verwendet wird, so ergibt sich

$$\frac{u_\mathrm{a}}{u_0} = R_5 \frac{R_1 R_3 - R_2 R_4}{R_3 R_4 (R_1 + R_2)}. \tag{6.17}$$

Dabei ist interessant, daß sich die Schaltung nach Bild 6.10 a nicht in die im Bild 6.5 gezeigten Grundvarianten einordnen läßt. Während für Punkt A Leerlauf erzwungen wird, arbeitet Punkt C praktisch im Kurzschluß. Wird die Speisespannung für dieselbe Schal-

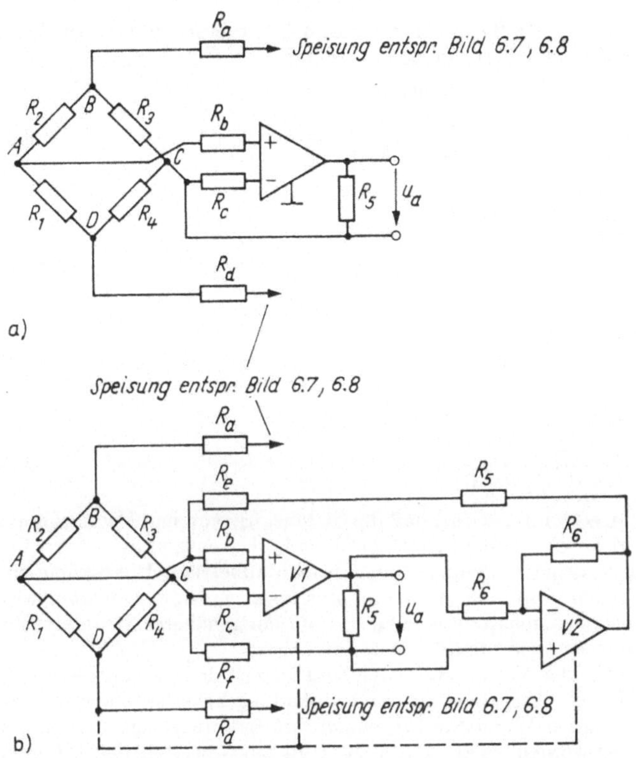

Bild 6.10. Brückenschaltungen mit ausgangsseitigem Kurzschluß

a) Quasikurzschluß, da Punkte A und C unterschiedlich belastet; b) Kurzschluß durch zusätzlichen Inverter $V\,2$

tung entsprechend den Bildern 6.8a und b zugeführt, so ändert sich die Ausgangsspannung gemäß folgender Beziehungen:

$$\frac{u_\mathrm{a}}{u_0} = R_5 \frac{R_1 R_3 - R_2 R_4}{R_1 R_3 R_4}. \tag{6.18}$$

$$\frac{u_\mathrm{a}}{u_0} = R_5 \frac{R_1 R_3 - R_2 R_4}{R_2 R_3 R_4}. \tag{6.19}$$

Wenn die Brückenschaltung von Bild 6.10a mit einer Stromquelle entsprechend Bild 6.9a gespeist wird, hängt die Ausgangsspannung davon ab, welcher Punkt der Speisequelle geerdet wird. Wenn der obere Ausgang der Speisestromquelle mit der Erde verbunden wird, ergibt sich

$$\frac{u_\mathrm{a}}{i_0} = R_5 \frac{R_1 R_3 - R_2 R_4}{R_3 (R_1 + R_4)}. \tag{6.20a}$$

Bei Stromspeisung entsprechend Bild 6.9b und Erdung des unteren Punktes der Stromquelle erhält man

$$\frac{u_\mathrm{a}}{i_0} = R_5 \frac{R_1 R_3 - R_2 R_4}{R_4 (R_2 + R_3)}. \tag{6.20b}$$

Für den Widerstand-Spannungs-Meßwandler nach Bild 6.10b ergeben sich für die jeweiligen Speisungsarten folgende Übertragungsfunktionen:

– Speisung entsprechend den Bildern 6.7a und b

$$\frac{u_a}{u_0} = R_5 \, \frac{R_1 R_3 - R_2 R_4}{R_1 R_3 (R_1 + R_4) + R_1 R_4 (R_2 + R_3)} \tag{6.21}$$

– Speisung entsprechend Bild 6.8a

$$\frac{u_a}{u_0} = R_5 \, \frac{R_1 R_3 - R_2 R_4}{R_1 R_4 (R_2 + R_3)} \tag{6.22}$$

– Speisung entsprechend Bild 6.8b

$$\frac{u_a}{u_0} = R_5 \, \frac{R_1 R_3 - R_2 R_4}{R_2 R_3 (R_1 + R_4)} \tag{6.23}$$

– Speisung entsprechend den Bildern 6.9a und b

$$\frac{u_a}{i_0} = R_5 \, \frac{R_1 R_3 - R_2 R_4}{(R_1 + R_4)(R_2 + R_3)}. \tag{6.24}$$

Im Bild 6.10b sorgt der Inverter $V2$ dafür, daß die Ströme, die von den Verstärkerausgängen zu den Punkten A bzw. C fließen, gleich groß sind, aber entgegengesetztes Vorzeichen haben. Die Brücke arbeitet demnach im Kurzschlußbetrieb. Die Ströme sind allerdings nur so lange gleich groß, wie die Bedingung $R_5 \gg R_e$, R_f eingehalten wird. Kann diese Bedingung nicht eingehalten werden, so muß ein genauerer Strominverter, z. B. ein Stromspiegel, eingesetzt werden.

Die direkte Ausgangsgröße der Meßwandler nach Bild 6.10 ist der Ausgangsstrom des Operationsverstärkers. Um als Ausgangsgröße eine Spannung zu erhalten, wurde zur Strom-Spannungs-Wandlung der Widerstand R_5 eingeführt. Soll die Ausgangsspannung bezüglich Masse abgegriffen werden, so kann dies mit Hilfe eines zusätzlichen Differenzverstärkers geschehen. Der Eingangswiderstand dieses Verstärkers muß dann natürlich sehr viel größer als der Widerstand R_5 sein.

Im Abschn. 3. wurden Methoden zum Aufbau von Verstärkern mit Stromausgang behandelt. Wird auf diese Methoden in den Schaltungen nach Bild 6.10 zurückgegriffen, so kann man eine massebezogene Ausgangsspannung auch ohne Differenzverstärker erhalten.

Außerdem sei bemerkt, daß bei Speisung der Meßwandler in den Bildern 6.10a und b entsprechend den Bildern 6.8b und 6.9b unter der Bedingung $R_5 \gg R_e$, R_f die Ausgangsspannung direkt vom Verstärkerausgang bezüglich Masse abgegriffen werden kann. Das ergibt sich daraus, daß an den Verstärkereingängen jeweils Nullpotential liegt.

Die Beziehungen (6.17) bis (6.24) wurden hier ohne Ableitung angeführt. Der Leser kann die Richtigkeit selbst mit Hilfe der im Abschn. 3. dargestellten Eigenschaften der Grundschaltungen überprüfen.

Zum Schluß wird noch auf einen Widerstand-Strom-Wandler eingegangen, bei dem eine Zweileiterverbindung sowohl die Speisespannung als auch die Meßinformation überträgt. Die vereinfachte Schaltung nach [6.3] wird im Bild 6.11a gezeigt. Der gesamte elektronische Meßwandler ist in unmittelbarer Nähe des Aufnehmers untergebracht. Am Ort der Informationsverarbeitung befindet sich lediglich eine Gleichspannungsquelle u_0. Unter dem Einfluß der Meßgröße verändern sich die Widerstände R_1, R_2'', R_3'', R_4. Der Speisestrom i_1 des Operationsverstärkers und der Kollektorstrom i_2 fließen durch den Widerstand R_3' der Brücke. Der Operationsverstärker in der Schaltung nach Bild 6.11 ist mit einer Gegenkopplung versehen. Im Gegenkopplungszweig befinden sich der Transistor und die Brückenwiderstände. Wie bereits im Abschn. 3. näher behandelt, regelt ein derartig gegengekoppelter Operationsverstärker bei hinreichend großer Leerlauf-

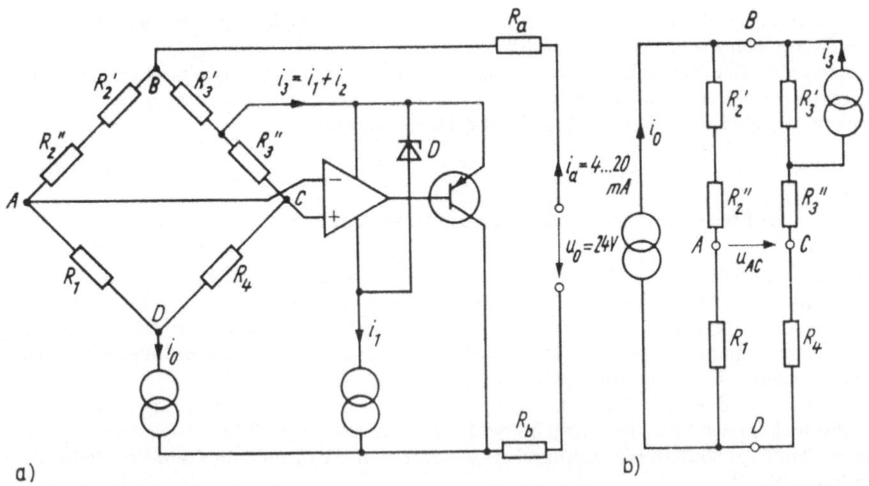

Bild 6.11. Widerstand-Strom-Wandler in Zweileiterschaltung
a) Schaltung; b) Ersatzschaltung

verstärkung eine Differenzeingangsspannung – hier also die Brückenausgangsspannung – auf nahezu Null ein. Dazu wird die Brückenausgangsspannung verstärkt und steuert den Kollektorstrom des Transistors. Dieser Kollektorstrom erzeugt über dem Widerstand R_3' einen Spannungsabfall, so daß die wirksame Brückenausgangsspannung Null wird. Für sehr große Verstärkungen kann man $u_{AC} = 0$ annehmen. Der Strom i_3, der in diesem Fall zusätzlich zum Speisestrom i_0 durch den Widerstand R_3' fließt, läßt sich aus folgenden Beziehungen bestimmen:

$$u_{AD} = i_0 \frac{(R_3 + R_4)\,R_1}{R_1 + R_2 + R_3 + R_4} + i_3 \frac{R_1 R_3'}{R_1 + R_2 + R_3 + R_4}$$

$$u_{CD} = i_0 \frac{(R_1 + R_2)\,R_4}{R_1 + R_2 + R_3 + R_4} + i_3 \frac{R_4 R_3'}{R_1 + R_2 + R_3 + R_4}.$$

Dabei ist $R_2 = R_2' + R_2''$, $R_3 = R_3' + R_3''$.

Für $u_{AC} = 0$ folgt $u_{AD} = u_{CD}$, und es wird

$$i_3 = i_0 \frac{R_2 R_4 - R_1 R_3}{R_3'\,(R_1 + R_4)}. \tag{6.25}$$

In den Bildern 6.10 a und b wurde bereits ein anderer Meßwandler vorgestellt, bei dem die Brückenverstimmung über den Gegenkopplungszweig des Operationsverstärkers ausgeregelt wurde. Im vorliegenden Fall (Bild 6.11) wird dieser Strom nicht im Punkt C, sondern zwischen den Widerständen R_3' und R_3'' in die Brücke eingekoppelt. Dadurch ergibt sich entsprechend Gl. (6.25) die Möglichkeit, den Übertragungsfaktor der Schaltung mittels R_3' zu regeln. Analog dazu geht in Gl. (6.20) $R_3 = R_3' + R_3''$ in den Übertragungsfaktor ein.

Der insgesamt von der Speisequelle aufzubringende Strom für den Meßwandler nach Bild 6.11 ist

$$i_a = i_0 + i_1 + i_2 = i_0 + i_3 = i_0 \left\{ 1 + \frac{R_3 R_4 - R_1 R_2}{R_3'\,(R_1 + R_2)} \right\}. \tag{6.26}$$

Der Wandler wird so eingestellt, daß $i_\mathrm{a} = 4\ \mathrm{mA}$ bei verschwindender Meßgröße und $i_\mathrm{a} = 20\ \mathrm{mA}$ beim Nennwert der Meßgröße gilt.

Durch eine Erweiterung der Schaltung nach Bild 6.11 ist es möglich, eine zusätzliche Korrektur der Nichtlinearitäten des Aufnehmers zu erreichen. Die entsprechende Schaltungsvariante wird im Abschn. 6.3., Bild 6.15, besprochen.

6.3.   Meßwandler mit Nichtlinearitätskorrektur

Das Ausgangssignal eines Meßwandlers für resistive Aufnehmer hängt vom Aufnehmerwiderstand und vom Verstärkungsfaktor des verwendeten Verstärkers ab. Wenn der Wandler so ausgelegt wird, daß sich bei Änderung des Aufnehmerwiderstands der Gegenkopplungsfaktor des Verstärkers ändert, dann lassen sich auf diese Weise nützliche Veränderungen der Übertragungsfunktion erzielen.

Die Analyse der Beziehungen (6.7) bis (6.10) zeigte, daß das Ausgangssignal der Brücke nichtlinear von allen Brückenwiderständen abhängt. Bild 6.12 a zeigt, wie eine lineare Abhängigkeit des Ausgangssignals von einem Brückenwiderstand erreicht werden kann [2.20].

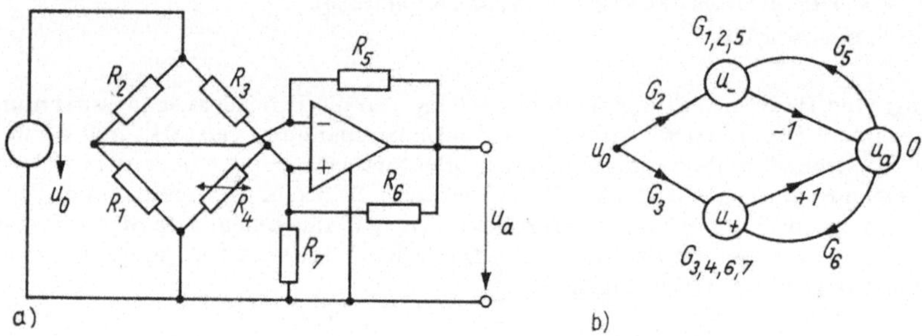

Bild 6.12. Viertelbrückenschaltung mit Nichtlinearitätskorrektur
a) Schaltung; b) Graph

Ausgehend von dem zugehörigen Graph im Bild 6.12 b erhält man

$$\frac{u_\mathrm{a}}{u_0} = \frac{G_3\,G_{1,2,5} - G_2\,G_{3,4,6,7}}{G_5\,G_{3,4,6,7} - G_6\,G_{1,2,5}}.$$

Unter den Annahmen $R_1 = R_2 = R_3 = R$ und $R_4 = R + \Delta R$ läßt sich diese Beziehung umformen in

$$\frac{u_\mathrm{a}}{u_0} = \frac{\dfrac{\Delta R}{R} + (R + \Delta R)\left(\dfrac{1}{R_5} - \dfrac{1}{R_6} - \dfrac{1}{R_7}\right)}{1 + \left(1 + \dfrac{\Delta R}{R}\right)\left(1 + \dfrac{R}{R_7} - 2\,\dfrac{R_5}{R_6}\right)}. \tag{6.27}$$

Jetzt werden folgende Widerstandsverhältnisse eingestellt:

1. $\dfrac{1}{R_5} = \dfrac{1}{R_6} + \dfrac{1}{R_7}$ (Bedingung $u_\mathrm{a} = 0$ für $\Delta R = 0$)

2. $1 + \dfrac{R}{R_7} = 2\,\dfrac{R_5}{R_6}$ (Linearitätsbedingung).

Dann erhält man

$$\frac{u_a}{u_0} = \frac{\Delta R}{R}\,\frac{R_5}{R_6}.$$

Bei bekannten R und R_5 ergeben sich R_6 und R_7 wie folgt:

$$R_6 = R_5\,\frac{2R_5 + R}{R_5 + R}, \quad R_7 = 2R_5 + R.$$

Im vorliegenden Fall wurde die Linearisierung der Kennlinie dadurch erreicht, daß der Koeffizient vor dem Term $\Delta R/R$ im Nenner von Gl. (6.27) zu Null gemacht wurde. Natürlich kann auch ein anderer, von Null verschiedener Wert dieses Koeffizienten eingestellt werden. Je nach Vorzeichen des Koeffizienten ergibt sich dann eine positive oder negative Nichtlinearität der Widerstand-Spannungs-Kennlinie. Speziell kann eine solche Nichtlinearität ausgewählt werden, die das nichtlineare Verhalten des Aufnehmers gerade kompensiert.

Eine ähnliche Kompensation wird z.B. für den in [6.4] beschriebenen Meßwandler benutzt (Bild 6.13 a). Das Hauptelement dieser Schaltung ist ein Stromstabilisator mit positiver und negativer Rückkopplung.

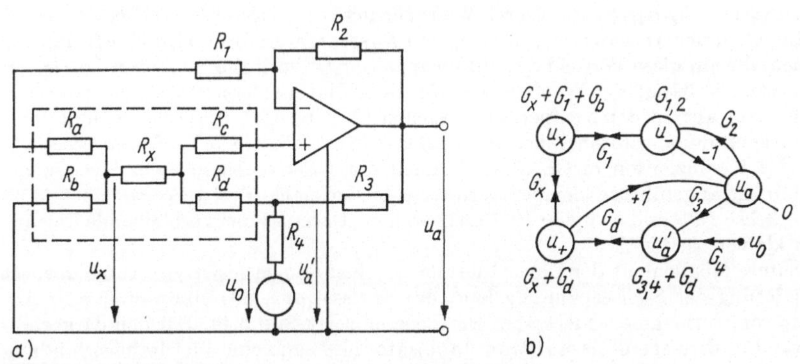

a)   b)

Bild 6.13. R/U-Wandler mit Nichtlinearitätskorrektur
a) Schaltung; b) Graph

Der Aufnehmerwiderstand R_x ist über eine Vierdrahtleitung mit dem Stabilisator verbunden. Der zugehörige Graph ist im Bild 6.13 b dargestellt. Zur Vereinfachung ist im Graph zunächst $R_a = 0$ angenommen worden. Nach einigen Umformungen erhält man

$$\frac{u_a}{u_0} = \frac{R_x\left(1 + \dfrac{R_1 + R_b}{R_2}\right) + \dfrac{R_b R_1}{R_2}}{\dfrac{R_1}{R_2}\left(R_4 + R_b + R_d + \dfrac{R_4 R_d}{R_3}\right) + R_x\left(\dfrac{R_1 + R_b}{R_2} - \dfrac{R_4}{R_3}\right)}. \tag{6.28}$$

Der Einfluß von R_a wird nachträglich dadurch berücksichtigt, daß in Gl. (6.28) $R_1 + R_a$ anstelle von R_1 gesetzt wird. Vernachlässigt man alle Glieder, die Produkte der Zuleitungswiderstände R_a bis R_d enthalten, als klein gegenüber den übrigen Summanden (R_a, R_b, R_c, R_d, R_1, R_2, R_3, R_4), so erhält man

$$\frac{u_\mathrm{a}}{u_0} \approx \frac{R_x\left(1 + \dfrac{R_1}{R_2}\right)\left(1 + \dfrac{R_\mathrm{a} + R_\mathrm{b}}{R_1 + R_2} + \dfrac{R_\mathrm{b}}{R_x}\,\dfrac{R_1}{R_1 + R_2}\right)}{\dfrac{R_1 R_4}{R_2}\left(1 + \dfrac{R_\mathrm{a}}{R_1} + \dfrac{R_2 + R_\mathrm{d}}{R_4} + \dfrac{R_\mathrm{d}}{R_3}\right) + R_x\left(\dfrac{R_1}{R_2} - \dfrac{R_3}{R_4} + \dfrac{R_\mathrm{a} + R_\mathrm{b}}{R_2}\right)}$$

$$(6.29)$$

Der Einfluß von R_a und R_d ist vernachlässigbar klein für R_a, $R_\mathrm{d} \ll R_1$, R_2, R_3, R_4. Der Fehler, der von R_b verursacht wird, kann sogar zu Null gemacht werden (allerdings nur für einen festen Wert von R_x). Nimmt man $R_\mathrm{a} = R_\mathrm{b} = R_\mathrm{d} = 0$ an, so folgt aus Gl. (6.29) die Beziehung

$$\frac{u_\mathrm{a}}{u_0} = \frac{R_x\left(1 + \dfrac{R_2}{R_1}\right)}{R_4' + R_x\left(1 - \dfrac{R_2\,R_4}{R_1\,R_3}\right)}.$$

Diese Formel wird umgeschrieben

$$\frac{u_\mathrm{a}}{u_0} = \frac{R_x}{R_4}\,\frac{1 + \dfrac{R_2}{R_1}}{1 + \alpha\,\dfrac{R_\mathrm{x}}{R_4}}.$$

$$(6.30)$$

Dabei ist $\alpha = 1 - R_2\,R_4/(R_1\,R_3)$. Durch Veränderung von α läßt sich die Nichtlinearität der Abhängigkeit der Ausgangsspannung u_a von R_x steuern. In [6.4] wird eine Schaltung beschrieben, die auf diese Weise die Nichtlinearität eines Platinthermometers korrigiert.

Bekannterweise hängt der Widerstandswert eines Platinwiderstands nichtlinear von der Temperatur ab: In den Temperaturbereichen $(0\cdots100)\,°\mathrm{C}$, $(0\cdots200)°\mathrm{C}$ und $(0$ bis $400)°\mathrm{C}$ betragen die absoluten Linearitätsfehler $0{,}55$; $2{,}2$ bzw. $8{,}5\,°\mathrm{C}$. Durch geeignete Auswahl des Koeffizienten in Gl. (6.30) können diese Fehler entscheidend verringert werden. Für die angeführten Temperaturintervalle sind nach [6.4] α-Werte von $-3{,}63 \times 10^{-2}$; $-3{,}71 \cdot 10^{-2}$ und $-3{,}88 \cdot 10^{-2}$ einzustellen. Dann ist der verbleibende Linearitätsfehler kleiner als $0{,}1°\mathrm{C}$.

Eine weitere Möglichkeit der Linearisierung von Kennlinien resistiver Aufnehmer ist die Veränderung der Speisespannung bzw. des Speisestroms des Meßwandlers in Abhängigkeit vom Aufnehmerwiderstand. Ein Beispiel zeigt Bild 6.14. Für den dargestellten Meßwandler wird ebenfalls ein Stromstabilisator ($V\,1$) und eine Vierdrahtverbindung verwendet. In diesem Fall verursachen die Zuleitungswiderstände jedoch weder additive

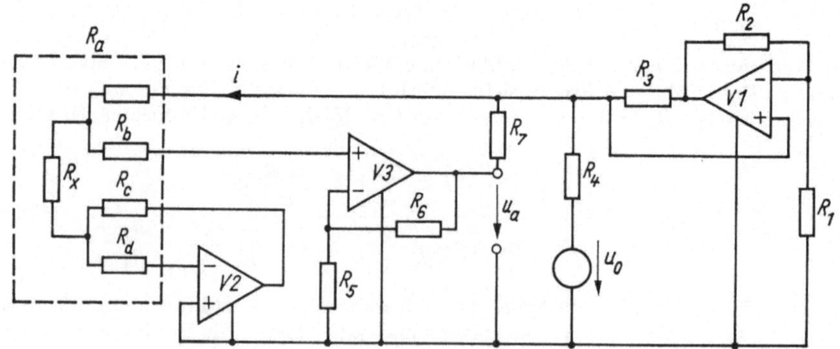

Bild 6.14. R/U-Wandler mit Stromstabilisierung und Nichtlinearitätskorrektur

noch multiplikative Fehler im Meßergebnis. Die Nichtlinearität wird hier durch Änderung des Stromes durch den Widerstand R_x in Abhängigkeit von der Ausgangsspannung u_a korrigiert. Dazu wird u_a über den Widerstand R_7 dem nichtinvertierenden Eingang des Verstärkers $V1$ zugeführt.

Um bei der angegebenen Schaltung eine Stromstabilisierung zu erreichen, muß die Bedingung

$$\frac{1}{R_4} + \frac{1}{R_7} = \frac{R_2}{R_1 R_3}$$

eingehalten werden. Dann gilt für den Strom i durch den Widerstand R_x

$$i = u_0/R_4 + u_a/R_7 \,. \tag{6.31}$$

Dagegen folgt für die Ausgangsspannung

$$u_a = i\, R_x\, (R_5 + R_6)/R_5 \,. \tag{6.32}$$

Aus den Gln. (6.3) und (6.32) erhält man

$$\frac{u_a}{u_0} = \frac{R_x}{R_4}\, \frac{1 + \dfrac{R_6}{R_5}}{1 + R_x\, \dfrac{R_5 + R_6}{R_5 R_7}}\,. \tag{6.33}$$

Verwendet man als Abkürzung $(R_5 + R_6)/(R_5 R_7) = \alpha$, so stimmen die Gln. (6.30) und (6.33) bis auf einen konstanten Faktor überein. Demnach kann man mit dem Meßwandler nach Bild 6.14 Nichtlinearitäten gleich gut korrigieren wie mit dem Wandler nach Bild 6.13a.

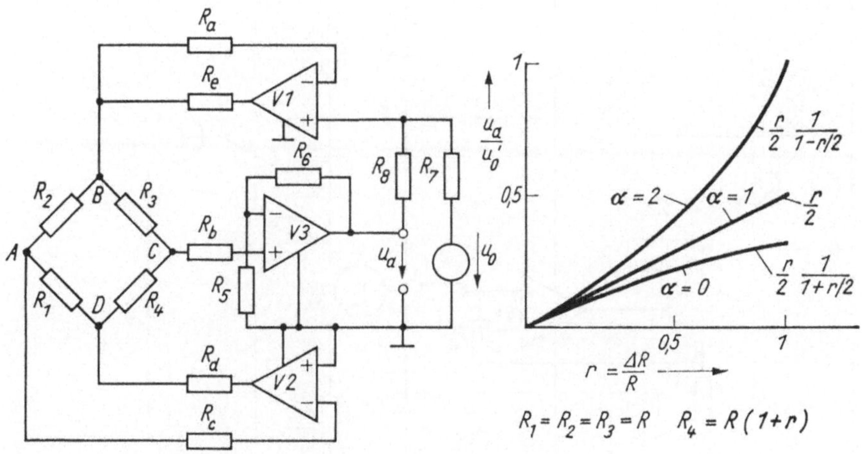

Bild 6.15. Brückenschaltung mit Nichtlinearitätskorrektur
a) Schaltung; b) Übertragungskennlinien

Bild 6.15a zeigt eine Brückenschaltung mit Korrektur der Nichtlinearität. Im Unterschied zum Meßwandler nach Bild 6.8b wird dem Punkt B hier die Spannung

$$u = u_0\, \frac{R_7}{R_7 + R_8} + u_a\, \frac{R_8}{R_7 + R_8}$$

zugeführt. Setzt man diese Beziehung anstelle von in Gl. (6.16) ein und beachtet, daß
das Brückenausgangssignal um den Faktor $1 + R_6/R_5$ verstärkt wird, so erhält man

$$u_\mathrm{a} = \left(u_0 \, \frac{R_8}{R_7 + R_8} + u_\mathrm{a} \, \frac{R_7}{R_7 + R_8}\right) \frac{R_2 R_4 - R_1 R_3}{R_2 (R_3 + R_4)} \left(1 + \frac{R_6}{R_5}\right). \tag{6.34}$$

Zur Abkürzung wird gesetzt

$$u_0' = \left(1 + \frac{R_6}{R_5}\right) \frac{u_0 R_8}{R_7 + R_8}, \quad \alpha = \frac{R_7}{R_7 + R_8} \left(1 + \frac{R_6}{R_5}\right).$$

Dann ergibt sich nach kurzer Umformung

$$u_\mathrm{a} = u_0' \, \frac{R_2 R_4 - R_1 R_3}{R_2 (R_3 + R_4) - \alpha (R_2 R_4 - R_1 R_3)}. \tag{6.35}$$

Gl. (6.35) zeigt, daß die Nichtlinearität der Übertragungsfunktion für beliebiges Vorzeichen durch den Koeffizienten α festgelegt wird. Es sei bemerkt, daß α auch negativ
sein kann. Dazu muß die Ausgangsspannung über einen zusätzlichen Inverter mit nach-
folgendem Widerstand R_8 auf den nichtinvertierenden Eingang des Verstärkers $V\,1$ geschaltet werden.

Bild 6.15 b zeigt die Übertragungskennlinien für den Wandler nach Bild 6.15 a für verschiedene Parameterwerte. Dabei wurde $R_1 = R_2 = R_3 = R$, $R_4 = R(1 + r)$ angenommen.

Besonders einfach und wirkungsvoll wurde die Aufgabe der Linearisierung der Übertragungsfunktion in der Schaltung nach [6.3] gelöst. Im Abschn. 6.2., Bild 6.11, wurde
das Prinzip dieses Wandlers bereits beschrieben. Bild 6.16 zeigt die ausführliche Schal-

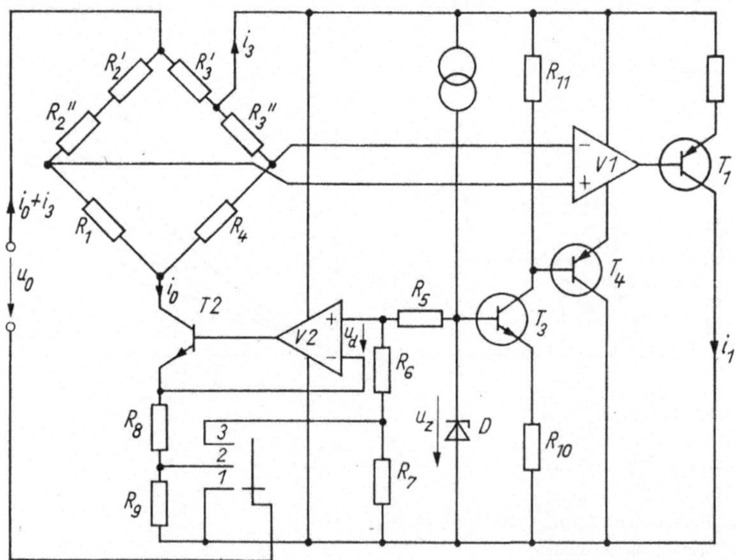

Bild 6.16. R/U-Wandler mit Zweileiterschaltung und Nichtlinearitätskorrektur

tung. Neben dem Verstärker $V\,1$ wird jetzt ein zweiter Verstärker $V\,2$ eingesetzt, der
zusammen mit dem Transistor $T\,2$ und den Widerständen R_8 und R_9 die Konstantstromquelle für die Speisung der Brücke bildet. Die Zener-Diode D liefert die Referenzspan-

nung u_z für die Stromquelle. Die Transistoren T_3 und T_4 und die Widerstände R_{10}, R_{11} stellen eine stabile Speisespannung für den Verstärker $V1$ bereit. Der negative Pol der Speisequelle u_0 kann über einen Schalter mit drei verschiedenen Punkten der Schaltung verbunden werden. Dementsprechend ergeben sich drei verschiedene Übertragungskennlinien des Wandlers: eine lineare Kennlinie und zwei nichtlineare Kennlinien mit unterschiedlichem Nichtlinearitätscharakter. Wenn der negative Pol der Speisequelle mit Punkt *1* verbunden ist, kann der Strom i_0 näherungsweise aus der folgenden Beziehung bestimmt werden:

$$i_0 (R_8 + R_9) = u_z \, \frac{R_6 + R_7}{R_5 + R_6 + R_7} \, . \tag{6.36}$$

Diese Beziehung ergibt sich aus der Annahme $u_d = 0$ für den gegengekoppelten Verstärker $V2$. Man erhält

$$i_0 = u_z \, \frac{R_6 + R_7}{(R_5 + R_6 + R_7)\,(R_8 + R_9)} = \frac{u_0}{R_0} \tag{6.37}$$

$$R_0 = (R_8 + R_9) \left(1 + \frac{R_5}{R_6 + R_7} \right) \, .$$

Der Strom, den die Spannungsquelle insgesamt liefern muß, trägt die Meßinformation Er wird nach den Gln. (6.26) und (6.37) bestimmt zu

$$i_0 + i_3 = \frac{u_z}{R_0} \left[1 + \frac{R_3 R_4 - R_1 R_2}{R_3'\,(R_1 + R_2)} \right]. \tag{6.38}$$

Zur Vereinfachung wird der zweite Summand in Gl. (6.38), der die Brückenverstimmung charakterisiert, mit r bezeichnet

$$\frac{R_3 R_4 - R_1 R_3}{R_3'\,(R_1 + R_2)} = r \tag{6.39}$$

Gl. (6.38) nimmt dann folgende Form an:

$$i_0 + i_3 = \frac{u_z}{R_0} \, (1 + r). \tag{6.40}$$

Man erkennt, daß der Wandler eine lineare Übertragungsfunktion hat.

Wenn der negative Pol der Spannungsquelle mit dem Punkt *2* des Schalters aus Bild 6.16 verbunden ist, dann ergibt sich der Strom i_0 aus der Beziehung

$$i_0 (R_8 + R_9) - (i_0 + i_3) R_9 = u_z \, \frac{R_6 + R_7}{R_5 + R_6 + R_7} \, . \tag{6.41}$$

Dabei wurde beachtet, daß der gesamte Strom durch den Widerstand R_9 fließt und über diesen einen entsprechenden Spannungsabfall verursacht. Aus Gl. (6.41) ergibt sich

$$i_0 = \frac{u_z}{R_0'} + \alpha_1 \, i_3 \, . \tag{6.42}$$

Dabei ist

$$R_0' = R_8 \left(1 + \frac{R_5}{R_6 + R_7} \right), \quad \alpha_1 = \frac{R_9}{R_8} \, .$$

Aus den Gln. (6.26), (6.39) und (6.42) ergibt sich schließlich

$$i_0 + i_3 = \frac{u_z}{R_0'} \left[1 + \frac{(1 + \alpha_1)\,r}{1 - \alpha_1\,r} \right]. \tag{6.43}$$

Aus Gl. (6.43) folgt, daß die Empfindlichkeit des Wandlers im betrachteten Fall für große r zunimmt. Als letztes wird jedoch der Fall betrachtet, bei dem der negative Pol der Spannungsquelle mit dem Punkt *3* der Schaltung verbunden ist. Der Strom i_0 ergibt sich aus der Beziehung

$$i_0 \, (R_8 + R_9) = u_Z \, \frac{R_6 + R_7}{R_5 + R_6 + R_7} - (i_0 + i_3) \, R_7 \, . \tag{6.44}$$

Für den Gesamtstrom erhält man als Endresultat

$$i_0 + i_3 = \frac{u_Z}{R_0{}''} \left[1 + \frac{(1 - \alpha_2) \, r}{1 + \alpha_2 \, r} \right] \tag{6.45}$$

$$R_0{}'' = (R_7 + R_8 + R_9) \left(1 + \frac{R_5}{R_6 + R_7} \right), \quad \alpha_2 = \frac{R_7}{R_8 + R_9} \, .$$

Die Empfindlichkeit des Wandlers sinkt in diesem Fall bei Vergrößerung von r.

Der Wandler nach Bild 6.16 verwendet ein allgemeines Prinzip der Korrektur von Nichtlinearitäten: die Veränderung der Speisespannung oder des Speisestroms eines Widerstandsnetzwerks bei Änderungen der Ausgangsgröße. Hier wird dieses Prinzip allerdings besonders einfach realisiert, nämlich durch Einführung von lediglich zwei zusätzlichen Widerständen. Die tatsächliche Schaltung ist etwas komplizierter als die im Bild 6.16 gezeigte, da noch verschiedene Einstellregler und Hilfselemente verwendet werden.

6.4. Besonderheiten beim Aufbau von Meßwandlern für piezoresistive Aufnehmer

Piezoresistive Aufnehmer finden breite Anwendung bei der Messung mechanischer Größen. Als primäre Meßelemente werden diskrete Draht-Folien- und Halbleiterdehnmeßstreifen sowie metallische Dünnschichtwiderstände auf metallischen Verformungskörpern und Planarwiderstände in Siliziumverformungskörpern verwendet. Metallische Meßwiderstände haben bei den maximal zulässigen Deformationen relative Widerstandsänderungen in der Größenordnung einiger Zehntausendstel, wohingegen bei Halbleiterwiderständen unter gleichen Bedingungen relative Widerstandsänderungen von einigen Hundertsteln auftreten. Da sich aber die Temperaturkoeffizienten beider Leitungsmechanismen ebenfalls etwa um zwei Größenordnungen unterscheiden, liegen die durch Temperaturänderungen hervorgerufenen äquivalenten Stördehnungen in beiden Fällen in der gleichen Größenordnung.

Zur Auswertung piezoresistiver Widerstände werden meist Brückenschaltungen verwendet. Am häufigsten finden spannungsgespeiste Brücken Anwendung, bei denen als Ausgangssignal ebenfalls die Spannung benutzt wird (u-u-Brücke). Ein Vorteil dieser Brücken liegt darin, daß das Ausgangssignal der relativen und nicht der absoluten Widerstandsänderung proportional ist. Das ist dann günstig, wenn Meßgeräte für die Auswertung von Dehnmeßwiderständen unterschiedlichen Nennwerts vorgesehen sind.

Gegenwärtig werden jedoch immer häufiger auch i-u- und i-i-Brückenschaltungen eingesetzt. Ihr Vorteil ist es, daß die Zuführung des Speisestroms über eine Zweileiterverbindung möglich ist, deren Parameter die Übertragungseigenschaften nicht beeinflussen. Ein weiterer Vorteil der i-i-Brücken besteht darin, daß die Zuleitungskapazitäten kaum auf dynamische Eigenschaften des Wandlers einwirken und daß auch bei diesen Brücken das Ausgangssignal proportional zur relativen Widerstandsänderung ist.

Bei der Auswahl einer Brückenschaltung für einen Meßwandler, der mit piezoresistiven Widerständen arbeitet, sollte – bei gleichen übrigen Eigenschaften – der Schaltung mit dem geringsten Gleichtaktsignal der Vorzug gegeben werden.

Wie bereits bemerkt, sind die Nutzsignale (Differenzsignale) am Ausgang einer solchen Brücke sehr klein: 10^{-3} bis 10^{-2} der Speisespannung. Daher kann ein Gleichtaktsignal

in der Größenordnung der Speisespannung am Ausgang des Differenzverstärkers zu
einem Störsignal führen, das die gleiche Größe wie das verstärkte Nutzsignal selbst hat.

Die im Abschn. 3.5. betrachteten Differenzverstärker mit hohem Eingangswiderstand
und großer Gleichtaktunterdrückung wurden ursprünglich speziell für den Einsatz in
Dehnmeßbrückenschaltungen entwickelt.

Gegenwärtig werden häufig solche Brückenschaltungen verwendet, bei denen man
gänzlich ohne Differenzverstärker auskommt. Beispiele dafür wurden bereits behandelt
(Bilder 6.8 b und 6.9 b).

Zur Speisung piezoresistiver Brückenschaltungen werden Gleich-, Wechsel- und Im-
pulsspannungen bzw. -ströme verwendet.

Die Gleichstrom- bzw. Gleichspannungsspeisung ermöglicht einerseits Dehnungsmes-
sungen in einem breiten Frequenzbereich von 0 Hz bis (5···10) kH. Andererseits entstehen bei dieser Form der Speisung Probleme durch die Temperaturfehler des Gleichspannungsverstärkers bzw. durch parasitäre Thermospannungen. Die Erfolge, die
gegenwärtig beim Aufbau driftarmer integrierter Operationsverstärker bzw. Zweikanal-
meßverstärker erreicht werden, führen zu einer breiten Anwendung von Dehnungsmeß-
schaltungen mit Gleichstrom- bzw. Gleichspannungsspeisung.

Bei Wechselstrom- bzw. Wechselspannungsspeisung von Dehnmeßbrückenschaltungen entfallen die Schwierigkeiten, die durch die additiven Fehler des Operationsverstärkers bzw. durch parasitäre Thermospannungen im Fall einer Gleichstrom- bzw.
Gleichspannungsspeisung entstehen. Der Meßverstärker kann vereinfacht werden. Jedoch benötigt man zur Gewinnung eines konstanten Ausgangssignals einen phasenrichtigen Gleichrichter. Der Tiefpaß, der die gleichgerichtete Ausgangsspannung glättet, begrenzt den Frequenzbereich des Meßwandlers. Die obere Grenzfrequenz des Nutzsignals
in einer Brückenschaltung mit Wechselspannungsspeisung ist auf jeden Fall um eine
Größenordnung niedriger als die Frequenz der Speisespannung. Daher ist der Frequenzbereich eines Geräts mit Wechselspannungsspeisung gewöhnlich enger als der eines Geräts mit Gleichspannungsspeisung.

Ein weiterer Nachteil der wechselspannungsgespeisten Brücken ist die Empfindlichkeit gegenüber parasitären Kapazitäten, z. B. Zuleitungskapazitäten.

Die Verwendung einer Impulsspeisung führt zu einer Verbesserung der Empfindlichkeit der Brückenschaltung, ohne daß die mittlere, an die Brücke abgegebene Leistung
ansteigt. Dazu kann die Amplitude der Impulse vergrößert werden, während gleichzeitig das Tastverhältnis verringert wird [6.5]. Der Frequenzbereich ist jedoch bei Impulsspeisung ebenfalls geringer als bei Gleichspannungsspeisung, da auch in diesem Fall
eine Signalglättung mittels Tiefpaß nötig ist.

Eine weitere Möglichkeit zur Verbesserung der Eigenschaften von Brückenschaltungen
für Dehnmeßaufnehmer ist die Verwendung einer Impulsspeisung in Verbindung mit
einer gewichteten Verarbeitung mehrerer Meßergebnisse. Dieses Verfahren führt nicht
zu einer erhöhten Empfindlichkeit gegenüber der Meßgröße; es gestattet jedoch, auftretende periodische Störgrößen im Ausgangssignal zu unterdrücken. Der Speisestrom
bzw. die Speisespannung können dabei einen Verlauf wie in den Bildern 6.17 a und b
aufweisen. Die Gewichtsfunktionen, die zur Verarbeitung der Meßergebnisse verwendet
werden, sind in den Bildern 6.17 c, d und e dargestellt [6.6].

Im weiteren wird erläutert, wie der Meßprozeß abläuft: Es sei eine Impulsspeisung
entsprechend Bild 6.17 a vorgesehen. Eine Reihe von Messungen wird vorgenommen,
wobei die Meßzeit jeweils der Dauer eines positiven oder negativen Impulses entspricht.
Die Anzahl der verwendeten Messungen hängt von der jeweils ausgewählten Gewichtsfunktion ab. Dann werden die entsprechend dieser Funktion gewichteten Meßergebnisse
summiert. Bei Benutzung der Gewichtsfunktion $+1$, -1 (Bild 6.17 c) werden einfach
die Resultate zweier aufeinanderfolgender Messungen subtrahiert. Da bei Änderung der
Polarität der Speiseimpulse auch die Ausgangsgröße ihre Polarität ändert, entspricht
eine Differenzbildung bei konstanter Meßgröße einfach einer Signalverdopplung. Die

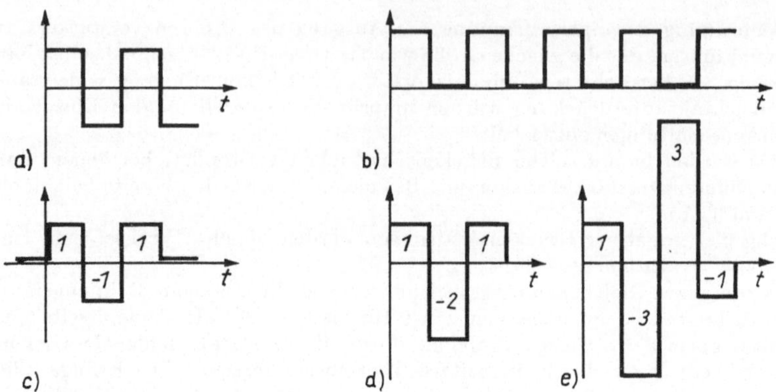

Bild 6.17. *Speisespannung und Bewertungsfunktionen bei Dehnmeßbrückenschaltungen*

a) Impulsspeisung unterschiedlicher Polarität; b) Impulsspeisung einer Polarität; c) $(+1, -1)$-Gewichtsfunktion; d) $(+1, -2, +1)$-Gewichtsfunktion; e) $(+1, -3, +3, -1)$-Gewichtsfunktion

Störungen, die auf irgendeine Weise auf die Brückenschaltung bzw. die Zuleitungen übertragen werden, hängen jedoch nicht von der Polarität der Speiseimpulse ab. Die Differenzbildung zweier (gestörter) Messungen führt daher zu einer Verbesserung des Signal-Rausch-Verhältnisses. Im weiteren wird die Frequenzübertragungsfunktion der Meßanordnung mit der $(+1, -1)$-Gewichtsfunktion für Störsignale untersucht. Bei der ungünstigsten Phasenlage der periodischen Störgröße ergibt sich für das Gewicht, mit dem die Differenz der Störungen in das Meßergebnis eingeht,

$$|\underline{G}_1 (j\,\omega\,T)| = \frac{1}{2}\,|e^{j\,\omega\,t_1} - e^{j\,\omega\,(t_1 + T)}|$$

$$|\underline{G}_1 (j\,\omega\,T)| = \frac{1}{2}\,|1 - e^{j\,\omega\,T}|\,. \tag{6.46}$$

Dabei sind ω die Kreisfrequenz der periodischen Störungen, t_1 bzw. $t_1 + T$ die Meßzeitpunkte und T die Halbperiode der Speiseimpulse. Der Faktor $1/2$ in Gl. (6.33) steht für die erwähnte Verdopplung des Nutzsignals durch die $(+1, -1)$-Gewichtsfunktion. Die Betragsbildung in Gl. (6.46) ergibt

$$|\underline{G}_1 (j\omega\,T)| = |\sin (\omega\,T/2)|\,. \tag{6.47}$$

Wenn $\omega\,T \ll 1$, dann ist $|\underline{G}\,(j\,\omega\,T)| \ll 1$.

Ist die Frequenz der periodischen Störungen sehr viel kleiner als die Frequenz der Speiseimpulse, so werden die Störungen entscheidend gedämpft. Für $T = 50\ \mu s$ (Frequenz der Speiseimpulse: 10 kHz) werden Brummspannungen von 50 Hz um den Faktor 130 (45 dB) gedämpft. Ein großer Vorteil der Meßwandler mit gewichteter Verarbeitung der Meßwerte ist die Unempfindlichkeit gegenüber additiven niedrigfrequenten Störungen. Speziell für $\omega = 0$ folgt aus Gl. (6.47) $|\underline{G}\,(\omega\,T)| = 0$. Das bedeutet, daß Fehler, die durch die Drift der verwendeten Operationsverstärker bzw. durch parasitäre Thermospannungen entstehen können, vermieden werden. Es sei bemerkt, daß zur Verwendung der $(+1, -1)$-Gewichtsfunktion nicht unbedingt eine Impulsspeisung entsprechend Bild 6.17a verwendet werden muß, sondern daß auch eine Impulsform nach Bild 6.17b zur Speisung benutzt werden kann. Infolgedessen fehlt dann die Verdopplung des Nutzsignals, und für das Gewicht, mit dem die Störungen in das Meßergebnis eingehen, ergibt sich

$$|G_1' (j\,\omega\,T)| = 2\,|\sin (\omega\,T/2)|\,. \tag{6.48}$$

Ein piezoresistives Meßsystem mit Impulsspeisung und einer $(+1, -1)$-Gewichtsfunktion ist in [6.7] beschrieben. Die Amplitudenfrequenzfunktion für die Störübertragung eines Meßsystems mit der $(1, -2, 1)$-Gewichtsfunktion (Bild 6.17d) bzw. mit der $(1, -3, 3, -1)$-Gewichtsfunktion (Bild 6.17e) wird durch folgende Beziehungen beschrieben:

$$|\underline{G}_2\,(\mathrm{j}\,\omega\,T)| = \frac{1}{4}\,|1 - \mathrm{e}^{\mathrm{j}\,\omega\,T}|^2 = \sin^2\,(\omega\,T/2) \tag{6.49}$$

$$|\underline{G}_3\,(\mathrm{j}\,\omega\,T)| = \frac{1}{8}\,|1 - \mathrm{e}^{\mathrm{j}\,\omega\,T}|^3 = |\sin^3\,(\omega\,T/2)|. \tag{6.50}$$

Bei der Ableitung dieser Beziehungen wurde wieder eine Impulsspeisung entsprechend Bild 6.17a angenommen. Bei Speisung entsprechend Bild 6.17b muß in die Beziehungen für $|G_2\,(\mathrm{j}\,\omega\,T)|$ und $|G_3\,(\mathrm{j}\,\omega\,T)|$ der Faktor 2 eingeführt werden. Eine Analyse der Gln. (6.49) und (6.50) zeigt, wie effektiv die Verarbeitung der Meßwerte mittels einer speziellen Gewichtsfunktion auf die Störunterdrückung wirkt. Für das bereits angeführte Beispiel $(T = 50\ \mu\mathrm{s},\ f_{\mathrm{St}} = 50\ \mathrm{Hz})$ ergibt sich eine Störunterdrückung von 90 dB [$(1, -2, 1)$-Gewichtsfunktion] bzw. von 135 dB [$(1, -3, +3, 1)$-Gewichtsfunktion]. Natürlich sind diese Gewichtsfunktionen schwerer zu realisieren als die $(1, -1)$-Gewichtsfunktion. Die erforderlichen Operationen entsprechend einer vorgegebenen Gewichtsfunktion können analog oder digital realisiert werden. Im analogen Fall werden die einzelnen, entsprechend der Gewichtsfunktion zu verarbeitenden Meßwerte wie folgt gewonnen: Eine entsprechende Anzahl Abtast- und Halteglieder fixiert die verstärkte Brückenausgangsspannung zu den geforderten Zeitpunkten. Die Ausgänge dieser Abtast-Halte-Glieder werden auf einen Summierverstärker geschaltet, der gleichzeitig die einzelnen Summanden mit den geforderten Koeffizienten versieht.

Bei digitaler Realisierung werden die Meßwerte kodiert, und anschließend werden die Kodierungsergebnisse gewichtet summiert. Besonders günstig ist in diesem Fall die Verwendung integrierender A/D-Wandler. Die Realisierung einer gegebenen Gewichtsfunktion bedeutet in diesem Fall einfach Integration des Ausgangssignals über mehrere Halbperioden der Speisespannung, wobei der Maßstab der Integration entsprechend der Gewichtsfunktion verändert wird. Die Anwendung integrierender A/D-Wandler dämpft gleichzeitig den Einfluß hochfrequenter Störungen.

Praktisch verwendete Schaltungen für Dehnmeßaufnehmer enthalten eine Reihe von Hilfseinrichtungen. Durch die verhältnismäßig große Streuung der Aufnehmerwiderstände ist es unumgänglich, eine Nullpunkteinstellung vorzusehen. Diese Einstellung wird meist sehr einfach mit Hilfe veränderlicher Widerstände realisiert, die zu den einzelnen Brückenwiderständen parallel geschaltet werden. Allerdings ist zu beachten, daß eine derartige Nullpunkteinstellung auf die Übertragungsfunktion der Schaltung einwirkt und z. B. Nichtlinearitäten verursachen kann. Daher wird in genauen Meßwandlern eine Nullpunkteinstellung über eine zweite, regelbare Spannungsquelle vorgezogen.

Häufig wird in Meßwandlern auch eine Möglichkeit der Kalibrierung zur Einstellung und Kontrolle eines bestimmten Übertragungsfaktors vorgesehen. Dazu wird über einen Umschalter ein Brückenwiderstand durch einen anderen, ebenfalls bekannten Parallelwiderstand ersetzt. Aus der resultierenden Änderung der Ausgangsspannung wird der Verstärkungs- bzw. Übertragungsfaktor bestimmt. Die in [6.8] [6.9] beschriebenen Meßwandler enthalten derartige Kalibriernetzwerke. Zur Kalibrierung des Verstärkers wird anstelle der Spannung der Dehnmeßbrücke ein Teil der Speisespannung an den Eingang des Verstärkers gelegt [6.10].

Besondere Schwierigkeiten beim Aufbau piezoresistiver Meßwandler bereitet die Kompensation der Temperaturfehler. Auf dieses Problem soll nicht näher eingegangen werden. Es wird lediglich bemerkt, daß die Standardmethode zur Unterdrückung der Temperaturabhängigkeit in der Anschaltung geeigneter temperaturabhängiger Widerstände an die Brücke besteht [6.11] [6.12].

Unter bestimmten Bedingungen kann die Kompensation der Temperaturabhängigkeit auch durch Zuschalten eines einfachen, nicht temperaturabhängigen Widerstands in die Speisediagonale der Brücke erreicht werden.

Die komplizierte Temperaturabhängigkeit von Halbleiterwiderständen kann dadurch berücksichtigt werden, daß statt der Differenzausgangsspannung an den Klemmen der Brücke die beiden Klemmspannungen einzeln verstärkt und dann erst subtrahiert werden [6.13]. Der Temperaturkoeffizient der beiden dazu verwendeten Operationsverstärker ist so zu wählen, daß der Temperaturfehler der jeweiligen Halbbrücke möglichst gut kompensiert wird.

7.   Elektronische Meßwandler für thermoelektrische Aufnehmer

Für Temperaturmessungen im Bereich von -200 bis $+2000\,°\mathrm{C}$ werden als Temperaturaufnehmer häufig Thermoelemente benutzt. Die erzeugten Thermospannungen hängen von der Materialkombination der Thermodrähte, der Meßtemperatur ϑ und der Vergleichstemperatur ϑ_V ab. In Standards und Tabellen werden meist die Thermospannungen $u_{a,\,\mathrm{Pt}}(\vartheta)$ eines Materials a bezüglich Platin (Pt) bei Vergleichstemperatur $\vartheta_\mathrm{V} = 0\,°\mathrm{C}$ angegeben. Daraus lassen sich die Thermospannungen für beliebige Materialkombinationen a, b wie folgt berechnen:

$$u_{a,\,b}(\vartheta) = u_{a,\,\mathrm{Pt}}(\vartheta) - u_{b,\,\mathrm{Pt}}(\vartheta)\,. \tag{7.1}$$

Bild 7.1 zeigt die Meßschaltung zur Bestimmung der Thermospannung $u_{a,\,b}(\vartheta)$ eines Thermopaars a, b.

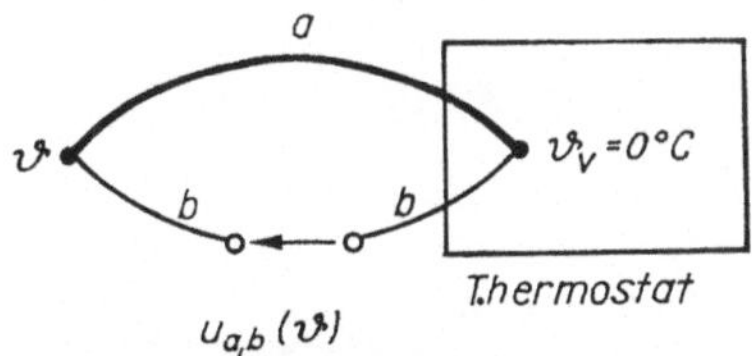

Bild 7.1. Bestimmung der Thermospannung einer Materialkombination a, b (Bezugstemperatur $\vartheta_\mathrm{V} = 0\,°C$)

Im Bild 7.2 sind die Abhängigkeiten der Thermospannungen von der positiven Temperatur für verschiedene Materialkombinationen dargestellt (Bezugstemperatur $0\,°\mathrm{C}$).

Die Maximalwerte der mit den aufgeführten Elementen erreichbaren Thermospannungen liegen zwischen 13 und 70 mV. Der Übertragungsfaktor erreicht Werte·von 3,5 bis 70 $\mu\mathrm{V}\cdot\mathrm{K}^{-1}$. Die erwähnten Standards nennen absolute Fehlerspannungen zwischen 10 und 150 $\mu\mathrm{V}$.

Da die so vorgegebene Auflösung durch die nachfolgenden Meßwandler nicht verschlechtert werden soll, müssen diese einen maximalen absoluten Fehler von etwa 2 bis 30 $\mu\mathrm{V}$ haben. Das erfordert den Einsatz von speziellen Operationsverstärkern mit geringer Temperaturdrift der Offsetspannung bzw. von Verstärkerschaltungen mit automatischer Fehlerkorrektur. Die Fragen, die den Aufbau solcher Verstärker betreffen, wurden im Abschn. 4. ausführlich behandelt. Hier wird deshalb nicht mehr auf diese Probleme eingegangen. Die im Bild 7.2 dargestellten Übertragungsfunktionen sind nichtlinear. Zur Linearisierung der Übertragungsfunktion gibt es mehrere Möglichkeiten. Zunächst ist eine stückweise Linearisierung mit Hilfe von Widerstandsdiodennetzwerken möglich. Die dazu benötigten Funktionswandler verwenden (in Abhängigkeit vom Meßbereich und von der vorgegebenen Genauigkeit) 10 bis 30 lineare Teilstücke bei der Approximation.

Beim Bau von digitalen Temperaturmeßgeräten wird die Linearisierung gewöhnlich im Digitalteil des Geräts vorgenommen, z. B. durch nichtlineare Kodierung von Frequenz oder Impulsdauer [7.1] [7.2]. Diese Art der Linearisierung ist genauer und im Fall einer ohnhin vorhandenen Digitalisierung einfacher als die stückweise Linearisierung im Analogbereich.

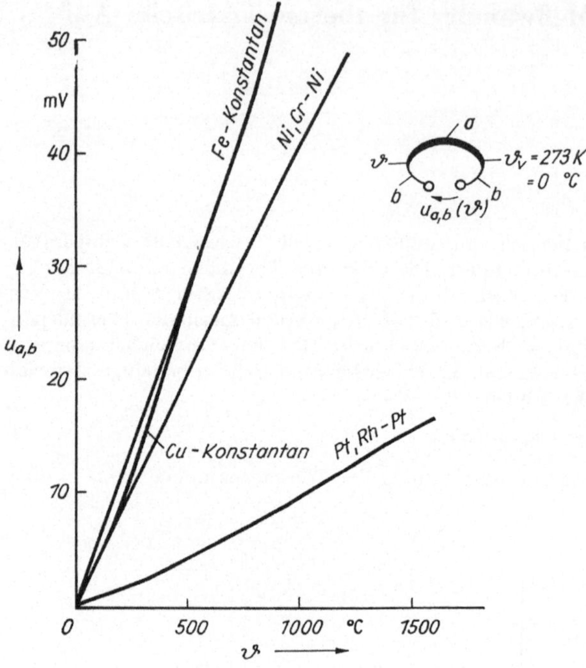

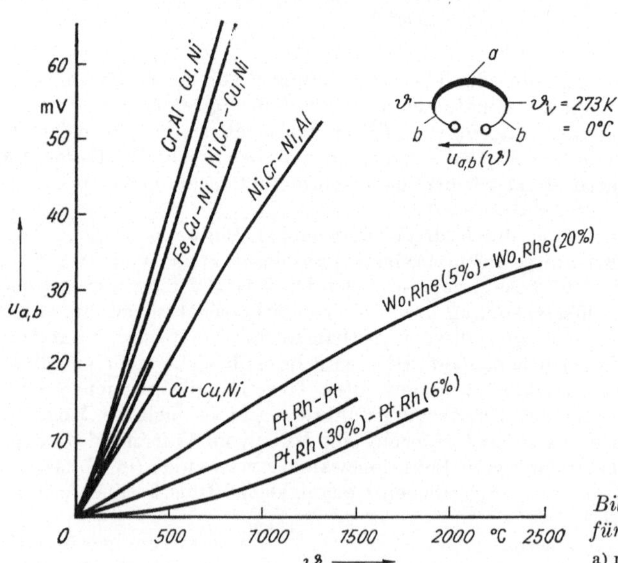

Bild 7.2. Thermospannungen für Thermopaare

a) nach [7.4]; b) nach [7.5]

Wie bereits erwähnt, hängt die Thermospannung sowohl von der Meßtemperatur ϑ als auch von der Vergleichstemperatur ϑ_V ab. Häufig wird eine Vergleichstemperatur $\vartheta_\mathrm{V} \neq 0\,°\mathrm{C}$ (z. B. $\vartheta_\mathrm{V} = 50\,°\mathrm{C}$) verwendet. Dann gilt

$$u_{a,\,b}(\vartheta) = u_{a,\,b}(\vartheta) - u_{a,\,b}(\vartheta_\mathrm{V}),\tag{7.2}$$

wobei $u_{a,\,b}(\vartheta)$ und $u_{a,\,b}(\vartheta_\mathrm{V})$ die bei Bezugstemperatur $\vartheta_\mathrm{V} = 0\,°\mathrm{C}$ gemessenen Thermospannungen sind (s. Bild 7.1).

Im Gegensatz zu Bild 7.1 verwendet eine konkrete Meßschaltung jedoch meist drei oder mehr verschiedene Leitermaterialien. Das führt zu unerwünschten zusätzlichen Thermospannungen, die unter gewissen Umständen das Meßergebnis verfälschen kön

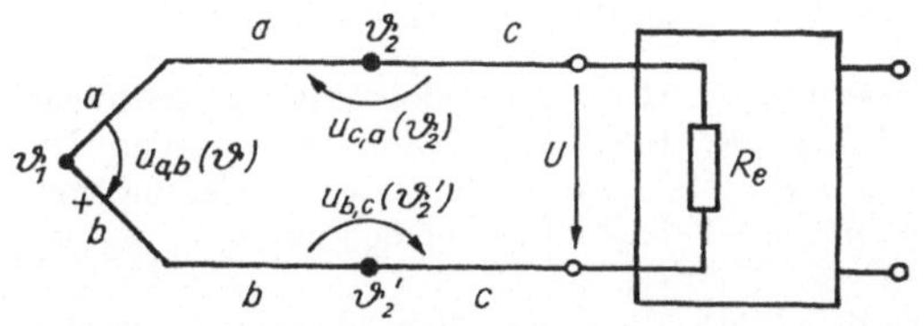

Bild 7.3. Anschluß eines Meßgeräts (Leitungsmaterial c) an ein Thermopaar a, b

nen. Bild 7.3 zeigt eine typische Meßschaltung. Die Verbindungsstelle der Thermodrähte a und b befindet sich auf der Temperatur ϑ_1. Die freien Enden des Thermoelements sind mit dem Meßgerät verbunden (Material c) und haben die Temperaturen ϑ_2 und ϑ_2'. Für die Spannung u ergibt sich

$$u = u_{a,\,b}(\vartheta_1) + u_{c,\,a}(\vartheta_2) + u_{b,\,c}(\vartheta_2').\tag{7.3}$$

Für die Spannung $u_{b,\,c}(\vartheta_2')$ kann man in Analogie zu Gl. (7.1) schreiben

$$u_{b,\,c}(\vartheta_2') = u_{b,\,a}(\vartheta_2') + u_{a,\,c}(\vartheta_2').\tag{7.4}$$

Einsetzen von Gl. (7.4) in Gl. (7.3) ergibt

$$u = u_{a,\,b}(\vartheta_1) + u_{b,\,a}(\vartheta_2') + u_{a,\,c}(\vartheta_2') + u_{c,\,a}(\vartheta_2)$$
$$= u_{a,\,b}(\vartheta_1) - u_{a,\,b}(\vartheta_2') + [u_{a,\,c}(\vartheta_2') - u_{a,\,c}(\vartheta_2)].\tag{7.5}$$

Man erkennt, daß bei Anschluß eines Meßgeräts (Leitermaterial c) an ein Thermopaar a, b bei unterschiedlichen Temperaturen ϑ_2 und ϑ_2' zusätzliche, von diesem Material abhängige Thermospannungen das Meßergebnis beeinflussen. Bei Thermostatisierung $\vartheta_2 = \vartheta_2' = \vartheta_\mathrm{V} = $ konst. ergibt sich Gl. (7.2), d. h., dem interessierenden Meßwert $u_{a,\,b}(\vartheta_1)$ ist nur noch die konstante Größe $u_{a,\,b}(\vartheta_\mathrm{V})$ überlagert, die von der nachfolgenden Elektronik kompensiert werden kann.

Häufig sind die freien Enden des Thermopaars zur Thermostatisierung nicht geeignet. Dann werden zur Verbindung zwischen Thermopaar und Thermostat Ausgleichsleitungen verwendet. Die Temperaturen, denen diese Leitungen ausgesetzt sind ($\leq 200\,°\mathrm{C}$), sind wesentlich geringer als die Arbeitstemperatur des Thermoelements. Sie können daher aus billigerem Material hergestellt werden.

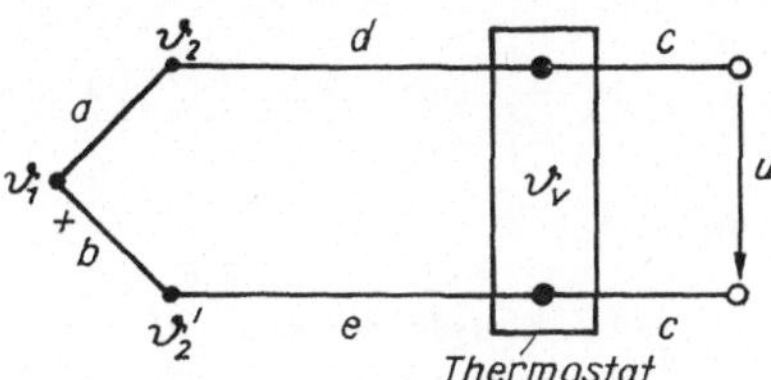

Bild 7.4. Thermopaar mit Ausgleichsleitungen

Für die Spannung u ergibt sich nach Bild 7.4

$$u = u_{c,d}\,(\vartheta_\mathrm{V}) + u_{d,a}\,(\vartheta_2) + u_{a,b}\,(\vartheta_1)$$
$$+\, u_{b,e}\,(\vartheta_2{}') + u_{e,c}\,(\vartheta_\mathrm{V}). \tag{7.6}$$

Mit Gl. (7.1) wird daraus

$$u = u_{a,b}\,(\vartheta_1) + u_{d,\mathrm{Pt}}\,(\vartheta_2) - u_{a,\mathrm{Pt}}\,(\vartheta_2) + u_{c,\mathrm{Pt}}\,(\vartheta_\mathrm{V})$$
$$-\, u_{d,\mathrm{Pt}}\,(\vartheta_\mathrm{V}) + u_{b,\mathrm{Pt}}\,(\vartheta_2{}') - u_{e,\mathrm{Pt}}\,(\vartheta_2{}') + u_{e,\mathrm{Pt}}\,(\vartheta_\mathrm{V}) - u_{c,\mathrm{Pt}}\,(\vartheta_\mathrm{V})$$

$$u = u_{a,b}\,(\vartheta_1) - u_{d,e}\,(\vartheta_\mathrm{V})$$
$$-\,[u_{a,\mathrm{Pt}}\,(\vartheta_2) - u_{d,\mathrm{Pt}}\,(\vartheta_2)] + [u_{b,\mathrm{Pt}}\,(\vartheta_2{}') - u_{e,\mathrm{Pt}}\,(\vartheta_2{}')]. \tag{7.7}$$

Die Größe $u_{d,e}\,(\vartheta_\mathrm{V})$ ist bei Thermostatisierung der freien Enden der Ausgleichsleitungen zeitlich konstant und kann von der nachfolgenden Elektronik kompensiert werden. Die Terme in den eckigen Klammern in Gl. (7.7) stellen die verbleibenden Fehler im Meßergebnis dar. Für $\vartheta_2 \neq \vartheta_2{}'$ verschwinden diese Fehler unter der Bedingung $u_{a,\mathrm{Pt}}\,(\vartheta_2) = u_{d,\mathrm{Pt}}\,(\vartheta_2)$, $u_{b,\mathrm{Pt}}\,(\vartheta_2{}') = u_{e,\mathrm{Pt}}\,(\vartheta_2{}')$.

Die Materialien d und e müssen gegenüber Platin damit dieselben Thermospannungen haben wie die Materialien a und b. Da aber ϑ_2, $\vartheta_2{}' \ll \vartheta_1$, beschränkt sich diese Forderung auf einen verhältnismäßig niedrigen Temperaturbereich.

Für $\vartheta_2 = \vartheta_2{}'$ läßt sich Gl. (7.7) umschreiben zu

$$u = u_{a,b}\,(\vartheta_1) - u_{d,e}\,(\vartheta_\mathrm{V}) + [u_{d,e}\,(\vartheta_2) - u_{a,b}\,(\vartheta_2)]. \tag{7.8}$$

Der in eckigen Klammern stehende Ausdruck wird zu Null für $u_{d,e}\,(\vartheta_2) = u_{a,b}\,(\vartheta_2)$. Das bedeutet, daß das Thermopaar d, e für Temperaturen $\vartheta_2 \ll \vartheta_1$ dieselben Thermospannungen liefern muß wie das Thermopaar a, b. Diese Forderung ist sehr viel leichter zu erfüllen als die eben erwähnte Bedingung bei beliebigen Temperaturen, da jetzt nur eine Anforderung an die Differenz der auf Platin bezogenen Thermospannungen der Materialien d und e gestellt wird.

Die Bedingung $\vartheta_2 = \vartheta_2{}'$ wird durch Verwendung spezieller Wärmeisolationen bzw. wärmeausgleichender metallischer Grundkörper eingehalten.

Beim Bau moderner thermoelektrischer Thermometer wird meist gänzlich auf eine Thermostatisierung verzichtet, und die freien Enden der Ausgleichsleitungen d und e werden durch entsprechende konstruktive Maßnahmen auf gleicher, aber zeitlich nicht notwendig konstanter Temperatur ϑ_V gehalten. Setzt man voraus, daß die Ausgleichsleitungen entsprechend der obigen Ausführungen an das Thermopaar angepaßt sind, so gilt entsprechend Gl. (7.7)

$$u = u_{a,b}\,(\vartheta_1) - u_{d,e}\,(\vartheta_\mathrm{V}). \tag{7.9}$$

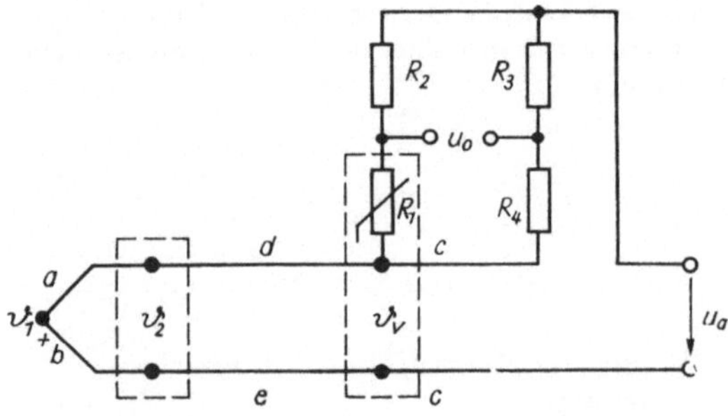

Bild 7.5. Meßschaltung mit Thermopaar ohne Thermostat

Die veränderliche Spannung $u_{d,\,e}(\vartheta_{\mathrm{V}}) = u_{a,\,b}(\vartheta_{\mathrm{V}})$ wird in einem elektrischen Korrektur-netzwerk kompensiert.

Dazu werden Brückenschaltungen mit Thermowiderständen verwendet (Bild 7.5). Die Brücke wird so dimensioniert, daß die Änderung der Ausgangsspannung

$$\Delta u_{\mathrm{a}} = \frac{R_1 R_3 - R_2 R_4}{(R_1 + R_2)(R_3 + R_4)}\, u_0 ,$$

die durch eine temperaturabhängige Änderung von R_1 hervorgerufen wird, genauso groß ist wie die Thermospannung $u_{d,\,e}(\vartheta_{\mathrm{V}})$ der freien Enden der Ausgleichselemente.

Mit der dargestellten Korrektur können im Temperaturbereich von 0 bis 50 °C absolute Fehler von 0,5 bis 1 °C erreicht werden. Hauptsächlich wird dieser Fehler von den Nichtlinearitäten der Abhängigkeiten $u_{d,\,e}(\vartheta_{\mathrm{V}})$ und $\Delta u_a(\vartheta_{\mathrm{V}})$ verursacht. Die Linearitätsfehler von Brücke und Thermoelement haben meist unterschiedliche Vorzeichen. Die Empfindlichkeit der Thermoelemente wächst jedoch mit steigender Temperatur (im Intervall 0 bis 100 °C), wogegen die Empfindlichkeit der Brücke abnimmt (bei Thermowiderständen mit konstantem Temperaturkoeffizienten des Widerstands, z. B. Kupferwiderstände). Um die Nichtlinearität der Brücke zu verringern, wird meist $R_4 \gg R_1$ und $R_3 \gg R_2$ angenommen.

Die Arbeitstemperatur der Ausgleichsleitungen ist meist nicht größer als 100 °C. Bei der Messung sehr hoher Temperaturen ist das häufig nicht ausreichend — die Temperatur der freien Enden des Thermoelements (ϑ_2, ϑ_2' im Bild 7.4) kann wesentlich größer

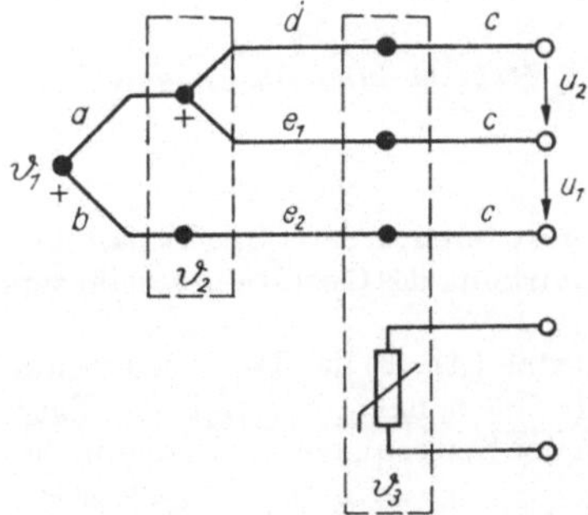

Bild 7.6. Meßschaltung
mit zwei Thermoelementen

als 100 °C sein. In diesem Fall findet die Schaltung nach Bild 7.6 Anwendung [7.3]. Als Ausgleichsleitungen werden hier die Elektroden eines weiteren Thermoelements verwendet. Bezüglich des Temperaturbereichs sind an dieses Thermoelement geringe Forderungen zu stellen. Als Verbindungsleitungen eines Platin-Rhodium-Thermoelements (maximale Meßtemperatur 1 800 °C) werden z. B. Cr-, Al-Cu-, Ni-Thermoelemente verwendet (maximale Meßtemperatur 800 °C). Die Verbindung des eigentlichen Meßthermoelements mit dem erwähnten Verbindungselement geschieht so, daß die Verbindungsstellen sich auf der gleichen Temperatur ϑ_2 befinden. Die Verbindung wird als Dreileiterverbindung ausgeführt, von denen zwei (e_1, e_2) aus demselben Material bestehen. Die Thermospannungen u_1 und u_2 (Bild 7.6) werden wie folgt bestimmt:

$$u_1 = u_{a,\,b}(\vartheta_1) - u_{a,\,b}(\vartheta_2)$$

$$u_2 = u_{d,\,e}(\vartheta_2) - u_{d,\,e}(\vartheta_3).$$

Die freien Enden der Verbindungsleitungen werden ebenfalls bei konstanter Temperatur ϑ_3 gehalten. Der gleichen Temperatur ϑ_3 wird ein Thermowiderstand ausgesetzt, mit dessen Hilfe die Abhängigkeit der Thermospannung u_2 von ϑ_3 kompensiert wird. Diese Kompensation kann z. B. durch Zuschalten einer Brücke entsprechend Bild 7.5 an die freien Enden des zweiten Thermoelements (d, e_1) realisiert werden. Die derart korrigierte Thermospannung u_2 erlaubt ihrerseits die Korrektur des Einflusses von ϑ_2 auf die Thermospannung u_1. Diese zweite Korrektur kann z. B. durch einfache Addition von $\alpha\,u_{2\,\mathrm{K}}$ zu u_1 erfolgen, wobei $u_{2\,\mathrm{K}}$ die vom Einfluß der Temperatur ϑ_3 befreite Thermospannung u_2 ist (lineare Näherung). Der konstante Koeffizient α berücksichtigt die unterschiedlichen Empfindlichkeiten der beiden verwendeten Thermoelemente.

Da die Thermoelemente für hohe Temperaturen oft weniger empfindlich sind als andere, gilt meist $\alpha < 1$. Für genauere Korrekturen kann man eine zusätzliche Abhängigkeit des α von der Größe $u_{2\,\mathrm{K}}$ annehmen.

Die Speisespannungsquelle u_0 der Brücke im Bild 7.5 muß von den nachfolgenden elektronischen Meßwandlern galvanisch getrennt sein. Bei Verwendung eines Differenzverstärkers kann diese Bedingung fallengelassen werden. Bild 7.7 zeigt eine Kompen-

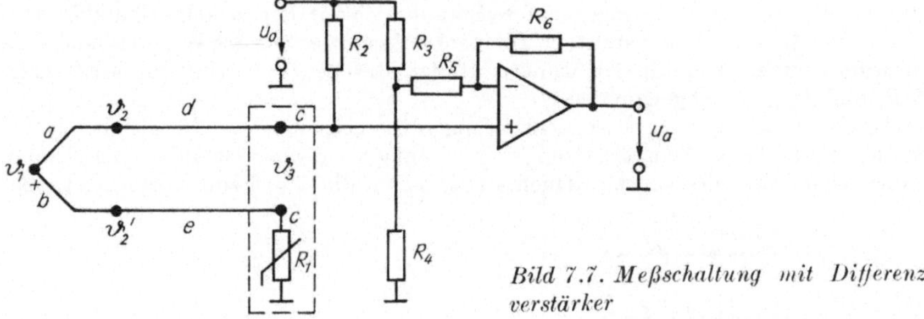

Bild 7.7. Meßschaltung mit Differenzverstärker

sationsschaltung, die eine temperaturempfindliche Brücke mit geerdeter Speisespannung enthält. Meist nimmt man $R_4 \ll R_5$ an, so daß die Verstärkung des Operationsverstärkers $1 + R_6/R_5$ ist.

Der Widerstand R_2 signalisiert einen eventuellen Ausfall (Abriß) des Thermoelements. Dabei wird R_2 stets sehr viel größer als R_1 bzw. als die Zuleitungswiderstände des Thermopaars gewählt. Dann ist die Teilspannung, die von der Speisequelle u_0 auf den nichtinvertierenden Eingang gelangt, zu vernachlässigen.

Bei Abriß des Thermoelements steigt diese Teilspannung jedoch schnell an, und der Verstärker wird stark übersteuert.

Eine weitere Möglichkeit zur Kompensation der Thermospannung der freien Enden des Thermoelements besteht in der Ausnutzung der Nullpunkteinstellung des Operationsverstärkers [7.4]. Moderne Operationsverstärker haben in der Regel einen speziellen Eingang zur Korrektur der Offsetspannung. Legt man an diesen Eingang eine Spannung, die von der Temperatur der freien Enden des Thermoelements abhängt, so kann man die erforderliche Temperaturabhängigkeit der Offsetspannung erreichen. Die genannte temperaturabhängige Spannung wird gewöhnlich von einem Thermowiderstand erzeugt, der auf der Temperatur der freien Enden des Thermoelements gehalten wird.

Aufgrund der kleinen Werte der auftretenden Thermospannungen ist der eingesetzte Verstärker vor allen in Frage kommenden Störeinflüssen zu schützen. So werden bei der Arbeit mit Thermoelementen alle Methoden des Schutzes vor Störeinflüssen angewendet

- Abschirmung und Verdrillung der Zuleitungen
- Symmetrierung des Verstärkereingangs
- galvanische Trennung des Verstärkereingangs.

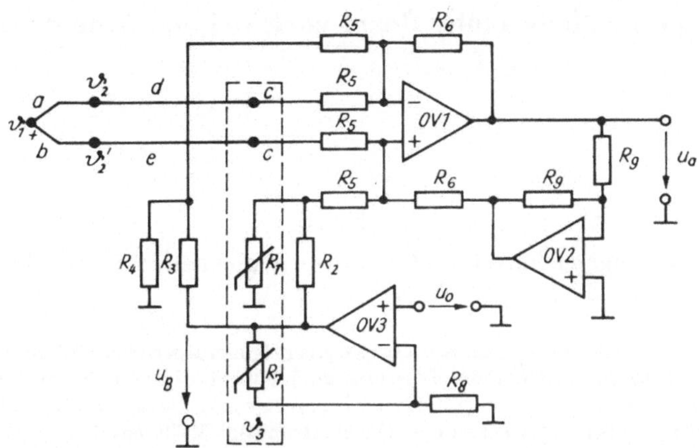

Bild 7.8. Präzisionsmeßschaltung

Bild 7.8 zeigt einen Meßwandler für Thermospannungen mit symmetrischem Verstärkereingang. Dieser Verstärker hat neben der üblichen, auf den invertierenden Eingang wirkenden Gegenkopplungsschleife noch eine zweite Gegenkopplung. Durch Anwendung eines Inverters ($OV2$) kann das zweite Gegenkopplungssignal auf den nichtinvertierenden Eingang zurückgeführt werden.

Auf diese Weise wird für beide Verstärkereingänge der gleiche Eingangswiderstand von

$$R_\mathrm{e} = R_5 + \frac{R_5}{3 + 2\,R_5/R_6}$$

realisiert. Da zwei Gegenkopplungsschleifen vorhanden sind, ergibt sich die Verstärkung zu

$$V = \frac{R_6/2}{R_5} = \frac{R_6}{2\,R_5}\,.$$

Durch die Gegenkopplung wird die Differenzeingangsspannung nahezu Null. Der Eingangswiderstand für Thermospannungen (Differenzsignale) ist daher

$$R_\mathrm{d} \approx 2\,R_5\,.$$

Die Korrektur der Thermospannungen an den freien Enden wird auch in der Schaltung nach Bild 7.8 mittels einer temperaturempfindlichen Brücke vorgenommen. Als Besonderheit sei die Temperaturabhängigkeit der Speisespannung u_B erwähnt: $u_\mathrm{B} = u_0\,(1 + R_7/R_8)$. Der Thermowiderstand R_7 hat die gleiche Temperatur wie auch die freien Enden der Zuleitungen. Dementsprechend wird sich die Ausgangsspannung der Brücke nach einem Gesetz der Form $u_\mathrm{a} = a_0 + a_1\,\vartheta_3 + a_2\,\vartheta_3{}^2$ ändern, wobei a_0, a_1, a_2 konstante Koeffizienten sind.

Eine solche Abhängigkeit gestattet es, bei der Korrektur den verbleibenden Fehler um den Faktor 5 bis 10 zu verringern, im Vergleich zu den vorher betrachteten Fällen, wo nur eine lineare Abhängigkeit der Kompensationsspannung von der Temperatur erreicht wurde.

8.   Elektronische Meßwandler für piezoelektrische Aufnehmer

8.1.   Übertragungseigenschaften und Kennwerte piezoelektrischer Aufnehmer

Piezoelektrische Wandler gehören zur Klasse der passiven (generatorischen) Wandler. Die am elektrischen Ausgang abnehmbare Leistung muß vollständig von der mechanischen Quelle aufgebracht werden. Sie sind deshalb zur Messung tieffrequenter Vorgänge schlechter geeignet als resistive Wandler. Die elektronische Meßtechnik gestattet es jedoch jetzt, Meßketten mit piezoelektrischen Wandlern zu realisieren, die untere Grenzfrequenzen in der Größenordnung von $(10^{-2} \ldots 10^{-5})$ Hz haben.

Die beiden überwiegend verwendeten Grundtypen von piezoelektrischen Wandlern sind im Bild 8.1 zusammen mit einem näherungsweisen Ersatzschaltbild dargestellt.

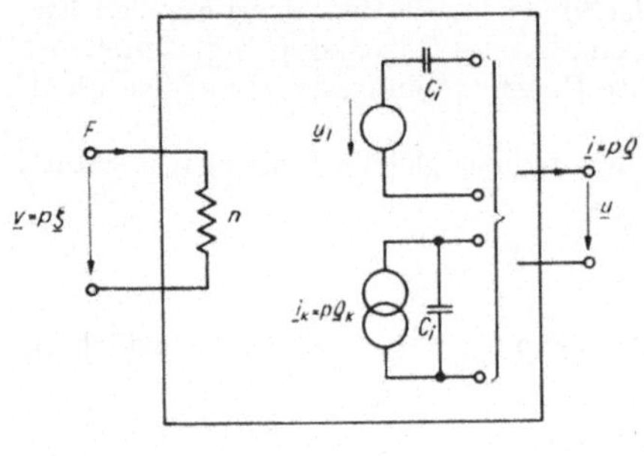

$$\underline{u}_l = B_{u,F}\,\underline{F} \;, \qquad \underline{Q}_k = B_{Q,F}\,\underline{F} \;, \qquad B_{u,F} = \frac{1}{C_i}\,B_{Q,F}$$

Bild 8.1. Piezoelektrische Wandler und näherungsweises Ersatzschaltbild

1) bei elektrischem Kurzschluß; 2) bei elektrischem Leerlauf; 3) bei Aufprägung einer Kraft; 4) bei Aufprägung einer Verrückung

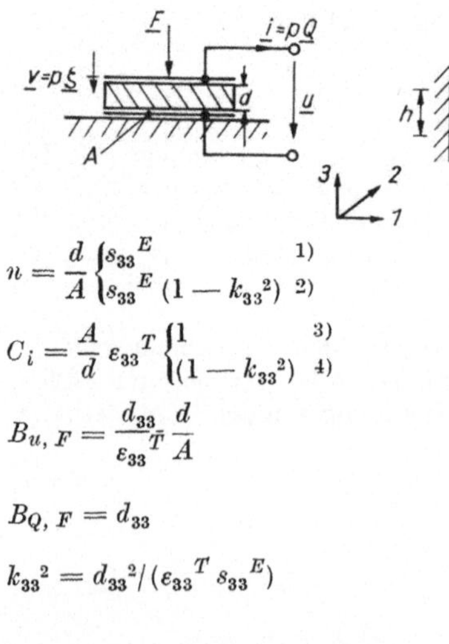

$$n = \frac{d}{A}\begin{cases} s_{33}{}^E & \text{1)} \\ s_{33}{}^E\,(1 - k_{33}{}^2) & \text{2)} \end{cases}$$

$$C_i = \frac{A}{d}\,\varepsilon_{33}{}^T\begin{cases} 1 & \text{3)} \\ (1 - k_{33}{}^2) & \text{4)} \end{cases}$$

$$B_{u,F} = \frac{d_{33}}{\varepsilon_{33}{}^T}\,\frac{d}{A}$$

$$B_{Q,F} = d_{33}$$

$$k_{33}{}^2 = d_{33}{}^2 / (\varepsilon_{33}{}^T\,s_{33}{}^E)$$

$$n = 4\,\frac{l^3}{b\,h^3}\,s_{11}{}^E\begin{cases} [1 - (1/4)\,k_{31}{}^2] & \text{1)} \\ [1 - (3/4)\,k_{31}{}^2] & \text{2)} \end{cases}$$

$$C_i = \frac{4\,bl}{h}\,\varepsilon_{33}{}^T\,(1 - k_{31}{}^2)\begin{cases} [1 - (1/8)\,k_{31}{}^2] & \text{3)} \\ [1 - (5/8)\,k_{31}{}^2] & \text{4)} \end{cases}$$

$$B_{u,F} = \frac{d_{31}}{\varepsilon_{33}{}^T}\,\frac{1}{1 - (3/16)\,k_{31}{}^2}\,\frac{l}{b\,h}$$

$$B_{Q,F} = \frac{d_{31}}{1 - (3/4)\,k_{31}{}^2}\left(\frac{l}{h}\right)^2$$

$$k_{31}{}^2 = d_{31}{}^3 / (\varepsilon_{33}{}^T\,s_{11}{}^E)$$

Tafel 8.1. Kennwerte piezoelektrischer Materialien

Piezoelektrische Keramik **Piezolan S:**

$$d_{33} = 206 \cdot 10^{-12}\ \frac{\text{As}}{\text{N}} \qquad k_{33} = 0{,}58 \qquad \varepsilon_{33}{}^+ = 800\ \varepsilon_0 \qquad s_{11}{}^E = 15\ 10^{-12}\ \frac{\text{m}^2}{\text{N}}$$

$$d_{31} = -\,92 \cdot 10^{-12}\ \frac{\text{As}}{\text{N}} \qquad k_{31} = 0{,}28 \qquad S_{33}{}^E = 17{,}5\ 10^{-12}\ \frac{\text{m}^2}{\text{N}}$$

Quarze:

$$d_{11} = 2{,}31 \cdot 10^{-12}\ \frac{\text{As}}{\text{N}} \qquad k_{11} = \frac{d_{11}}{\sqrt{S_{11}{}^E\ \varepsilon_{11}{}^T}} = 0{,}102$$

$$\varepsilon_{11}{}^T = 4{,}53\ \varepsilon^0 \qquad\qquad S_{11}{}^E = 12{,}7 \cdot 10^{-12}\ \frac{\text{m}^2}{\text{N}}$$

Die beiden alternativ eingezeichneten Quellen sind äquivalent. Im Ersatzschaltbild ist die Rückwirkung von der elektrischen auf die mechanische Seite nicht eingetragen worden. Diese Rückwirkung hat zur Folge, daß die Nachgiebigkeit n geringfügig von den elektrischen Abschlußbedingungen und die Kapazität geringfügig von den mechanischen Abschlußbedingungen abhängt. Die Grenzwerte für jeweiligen Kurzschluß und Leerlauf sind in den darunter stehenden Formeln angegeben. In Tafel 8.1 sind die Materialkennwerte für zwei typische piezoelektrische Materialien zusammengestellt. Es ist zu erkennen, daß sich sowohl die inneren Kapazitäten als auch die Kurzschlußladungen von Aufnehmern mit Quarz und piezoelektrischen Keramiken um mehr als zwei Größenordnungen unterscheiden. Für eine Elektrodenfläche von $A = 1$ cm² und eine Plattendicke $d = 1$ mm der linken Anordnung von Bild 8.1 erhält man innere Kapazitäten von $C_\text{i} = 710$ pF (Piezolan S), 4 pF (Quarz). Durch Kombination mehrerer Elemente in elektrischer Reihen- oder Parallelschaltung können die Quellenparameter der Ersatzschaltung von Bild 8.1 variiert werden. Bild 8.2 zeigt Beispiele. Die Wirkung solcher

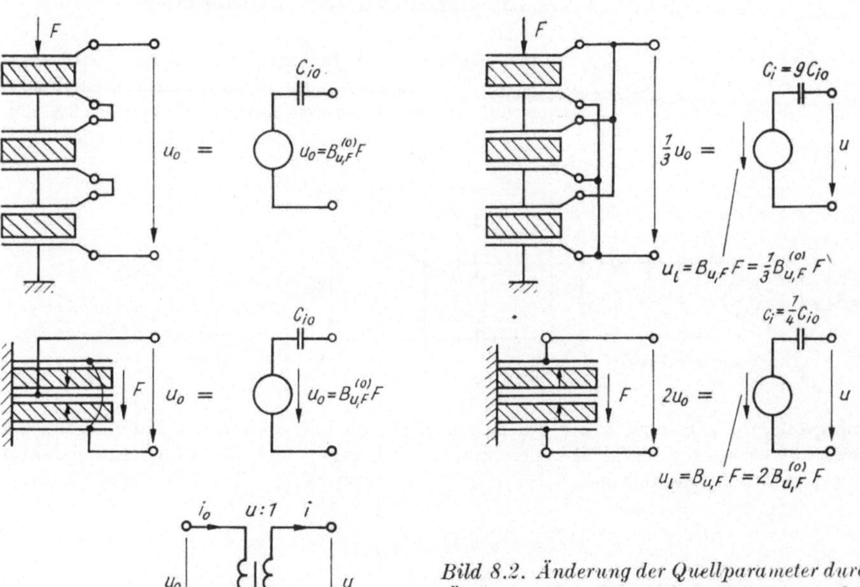

Bild 8.2. Änderung der Quellparameter durch Änderung der elektrischen Zusammenschaltung

Anordnungsunterschiede einer vorgegebenen Menge von Elementen läßt sich danach durch die Wirkung eines idealen Transformators abbilden. Es ist bemerkenswert, daß dabei die Größe

$$B_{\mathrm{u,\,F}}^2\, C_{\mathrm{i}} = B_{\mathrm{Q,\,F}}^2/C_{\mathrm{i}} \qquad\qquad (8.2)$$

nicht vom gewählten Übersetzungsverhältnis $\ddot{u}$ abhängt.

Bei den technischen Anwendungen piezoelektrischer Wandler kann man zwei typische Aufgabenstellungen unterscheiden:

- Messung sehr kleiner mechanischer Größen bei gleichzeitiger geringer Rückwirkung auf das Meßobjekt im Frequenzbereich von einigen Zehntel Hertz bis zu einigen Kilohertz (Schalldruckaufnehmer, Beschleunigungsaufnehmer)
- Messung mechanischer Größen bei sehr tiefen Frequenzen (10^{-4} bis 10 Hz) mit sehr kleinen endwertbezogenen Meßfehlern (Kraft- und Druckaufnehmer der BSMR-, Labor- und Medizintechnik).

Während im ersten Fall die auf den mechanischen Eingang bezogenen zufälligen Verstärkerstörungen das entscheidende Auslegekriterium darstellen, sind im zweiten Fall die Linearitätsfehler, Kriechfehler und die auf den mechanischen Eingang bezogenen determinierten Störungen des Verstärkers von besonderer Bedeutung. In den Fällen, in denen die Rückwirkung des Aufnehmers auf das Meßobjekt Bedeutung hat, ist es sinnvoll, nicht die äquivalente mechanische Eingangsstörgröße (Kraft, Beschleunigung, Druck usw.) oder ihr Leistungsspektrum, sondern die äquivalente mechanische Eingangsscheinleistung P_{mech} oder ihre spektrale Dichte als Bewertungskriterium zu benutzen. Wenn der Aufnehmer die mechanische Impedanz $\underline{z}$ besitzt, so ergibt sich P_{mech} z. B. zu

$$P_{\mathrm{mech}} = \widetilde{F}^2/|\underline{z}| = \widetilde{v}^2\,|\underline{z}| \,.$$

8.2.   Spannungsverstärker für piezoelektrische Aufnehmer

In der Vergangenheit wurden für piezoelektrische Aufnehmer in der Regel Spannungsverstärker mit sehr großem Eingangswiderstand verwendet. Eine grundsätzliche Schaltungsstruktur ist im Bild 8.3 dargestellt. Dabei ist μ die zu messende mechanische Ein-

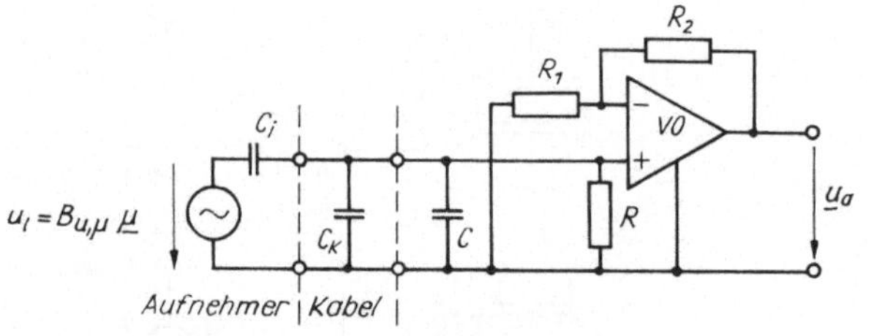

Bild 8.3. Piezoelektrischer Aufnehmer mit Spannungsverstärker

gangsgröße, die z. B. eine Kraft, ein Druck oder eine Verrückung sein kann. Wenn der Operationsverstärker als ideal angenommen wird, ergibt sich der Übertragungsfaktor der gesamten Anordnung zu:

$$\frac{\underline{u}_{\mathrm{a}}}{\underline{\mu}} = B_{\mathrm{u,\,\mu}}\,V\,\frac{1}{1 + (C + C_{\mathrm{K}})/C_{\mathrm{i}}}\,\frac{p\,\tau}{1 + p\,\tau} \qquad\qquad (8.3)$$

$$V = 1 + \frac{R_2}{R_1}, \quad \tau = \frac{1}{\omega_9} = R\,(C + C_{\mathrm{K}} + C_{\mathrm{i}})\,.$$

Die Dimensionierung dieser Schaltung hängt von der jeweiligen Aufgabenstellung und der inneren Kapazität des Wandlers ab.

Für Aufnehmer mit Quarzelementen ergeben sich innere Kapazitäten in der Größenordnung einiger Picofarad. Die Kabelkapazitäten sind demgegenüber schon wesentlich größer. Wenn bei einer solchen Meßkette noch die Forderung einer sehr tiefen unteren Grenzfrequenz in der Größenordnung von 10^{-2} Hz gestellt wird, wie es für quasistatische Meßaufgaben üblich ist, dann ist selbst die Kapazität $C_i + C_K$ nicht ausreichend, um mit dem erreichbaren Widerstand R von einigen Milliarden Ohm die erforderliche untere Grenzfrequenz zu realisieren. In diesen Fällen ist es erforderlich, noch eine zusätzliche Kapazität C anzuschalten, die entsprechend Gl. (8.3) den Übertragungsfaktor $\omega \gg \omega_g$ verringert und demzufolge die äquivalenten Eingangsstörungen erhöht.

Diese zusätzliche Kapazität kann auch erforderlich sein, wenn die beim Nennwert der mechanischen Eingangsgröße entstehenden Spannungen $u_l = B_{u,\mu}\,\mu$ größer als (1 bis 10) V werden.

Für Aufnehmer mit piezokeramischen Wandlerelementen $[C_i = (0,1 \ldots 1)\ \text{nF}]$ ist diese Zusatzkapazität in der Regel nicht erforderlich. Die störende Wirkung von Änderungen der Kabelkapazität und von den Eigenstörungen abgeschirmter Kabel bleibt jedoch bestehen. Eine Änderung der Kabelkapazität erzeugt für $\omega \gg \omega_g$ eine Änderung der Ausgangsspannung

$$\frac{\Delta u_a}{u_a} = \frac{\Delta C_K}{C_K}\,\frac{C_K}{C + C_K + C_i}.$$

Die meßtechnisch entscheidende Kenngröße zur Bewertung eines Vorverstärkers ist, wie im Abschn. 8.1. beschrieben, die äquivalente Eingangsstörgröße μ_{St} oder ihre spektrale Leistungsdichte. Zur Abschätzung dieser Größe soll die Anordnung von Bild 8.4 betrachtet werden. Sie entsteht aus Bild 8.3 mit der Annahme, daß C_i so groß ist,

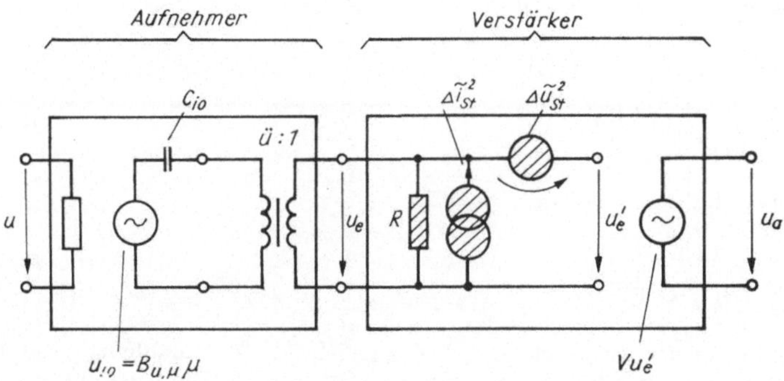

Bild 8.4. Piezoelektrische Meßkette mit inneren Störungen

daß C nicht erforderlich und C_K gegenüber C_i vernachlässigt werden kann. Der nichtinvertierende Verstärker wird durch den äquivalenten Ersatzverstärker mit den zufallsbestimmten Störquellen $\Delta \tilde{u}_{St}$ und $\Delta \tilde{i}_{St}$ ersetzt. Außerdem wird entsprechend Bild 8.2 berücksichtigt, daß C_{i0} und $B_{u,\mu}^{(0)}$ durch Änderung der Zusammenschaltung einzelner Wandlerelemente so geändert werden können, wie es der zwischengeschaltete ideale Transformator mit dem Transformationskoeffizienten $\ddot{u}$ beschreibt.

In [8.1] wird gezeigt, daß die äquivalente Eingangsstörgröße durch geeignete Wahl des Übersetzungsverhältnisses minimiert werden kann.

Diese Überlegung soll im folgenden beschrieben werden: Die Störausgangsspannung bei $\mu = 0$ ergibt sich aus Bild 8.4 zu

$$\Delta \tilde{u}_{\mathrm{a\,St}}^2 = V^2 \Delta \tilde{u}_{\mathrm{e\,St}}^2 = V^2 \left[W_u + \underbrace{(W_i + 4\,k\,T/R)}_{W_i'} \frac{1}{\omega^2\,C_{i\,0}\,\ddot{u}^4 + \dfrac{1}{R^2}} \right] \Delta f. \tag{8.4}$$

Dabei sind W_u und W_i die zu den inneren Störquellen gehörenden Leistungsdichten. W_i ist in der Regel wesentlich größer als die äquivalente Störstromdichte $4\,kT/R$ des Widerstands R, so daß sich W_i' gegenüber W_i nur wenig unterscheidet.

Die Ausgangsspannung der störfrei gedachten Anordnung bei $\mu \neq 0$ ergibt sich zu

$$\underline{u}_\mathrm{a} = V \frac{1}{\ddot{u}} B_{u,\mu}^{(0)} \frac{1}{1 + \dfrac{1}{j\,2\,\pi f\,R\,C_{i\,0}\,\ddot{u}^2}} \underline{\mu}. \tag{8.5}$$

Daraus folgt die äquivalente Eingangsstörgröße $\Delta\mu$ zu

$$\Delta \tilde{\mu}_{\mathrm{St}}^2 = W_\mu \Delta f = \frac{\ddot{u}^2}{B_{u,\mu}^{(0)\,2}} \frac{\Delta f}{1 + (f_g/f)^2} \left(W_u + \frac{W_i'}{(2\,\pi f)^2\,C_{i\,0}\,\ddot{u}^4} \frac{1}{1 + (f_g/f)^2} \right) \tag{8.6}$$

$$2\,\pi f_\mathrm{g} = \frac{1}{R\,C_{i\,0}\,\ddot{u}^2}.$$

Für den Übertragungsfrequenzbereich der Meßkette $f \gg f_\mathrm{g}$ kann der Faktor $(f_g/f)^2$ gegenüber Eins vernachlässigt werden. Für die äquivalente Eingangsstörleistungsdichte der Meßgröße μ ergibt sich damit

$$W_\mu = \frac{1}{B_{u,\mu}^{(0)\,2}} \left(\ddot{u}^2\,W_u + \frac{W_i'}{(2\,\pi f)^2\,C_{i\,0}^2\,\ddot{u}^2} \right). \tag{8.7}$$

Diese Größe wird für

$$\ddot{u}_\mathrm{opt}^2 = \frac{1}{2\,\pi f\,C_{i\,0}} \sqrt{\frac{W_i'}{W_u}} \tag{8.8}$$

minimal und nimmt dafür den Wert an:

$$(W_\mu)_\mathrm{min} = \frac{2\,\sqrt{W_i'\,W_u}}{B_{u,\mu}^{(0)\,2}\,C_{i0}^2\,\pi f}. \tag{8.9}$$

Entsprechend Gl. (8.1) ist der Ausdruck $B_{u,\mu}^{(0)2}\,C_{i\,0}$ gleich $B_{u,\mu}^2\,C_i$, unabhängig von $\ddot{u}$.

Die Bedingung (8.8) kann nur für eine Frequenz erfüllt werden. Die Auswahl dieser Frequenz hängt von den Frequenzabhängigkeiten der Leistungsdichten W_u und W_i' sowie vom zu erwartenden Leistungsspektrum des Signals μ ab. Bei festgelegter Kompensationsfrequenz f_K, bei der die Gl. (8.8) erfüllt sein soll, ergibt sich das Störleistungsspektrum zu:

$$W_\mu(f) = \frac{1}{B_{u,\mu}^{(0)2}\,C_{i\,0}} \frac{\sqrt{W_u(f_\mathrm{K})\,W_i'(f_\mathrm{K})}}{2\,\pi f_\mathrm{K}} \left[\frac{W_u(f)}{W_u(f_\mathrm{K})} + \left(\frac{f_\mathrm{K}}{f} \right)^2 \frac{W_i'(f)}{W_i'(f_\mathrm{K})} \right]. \tag{8.10}$$

Aus den Gln. (8.9) und (8.10) ist zu erkennen, daß der Ausdruck $\sqrt{W_u(f_\mathrm{K})\,W_i'(f_\mathrm{K})}$ den Betrag der Störleistungsdichte bestimmt.

Zur quantitativen Abschätzung der Frequenzabhängigkeit der Störleistungsdichte ist besonders der Quotient

$$R_{\mathrm{S}}(f) = \sqrt{\frac{W_u(f)}{W_i'(f)}} \tag{8.11}$$

von Bedeutung. Aus den im Bild 3.6 dargestellten Leistungsspektren ist zu erkennen, daß er grundsätzlich die im Bild 8.5 dargestellte Abhängigkeit von der Frequenz aufweist. Dabei liegt $f_{0\,u}$ für moderne Verstärker zwischen 50 und 500 Hz. $f_{0\,i}$ liegt bei Verstärkern mit Bipolartransistoren im Bereich von 100 Hz bis 10 kHz und für Verstärker mit Feldeffekttransistoren etwa um den Faktor 10 höher. Die Werte für $R_{\mathrm{S}0}$ liegen zwischen 10 kΩ und 1 MΩ bei Verstärkern mit Bipolartransistoren und um den Faktor $\geqq 100$ höher für Verstärker mit Feldeffekttransistoren.

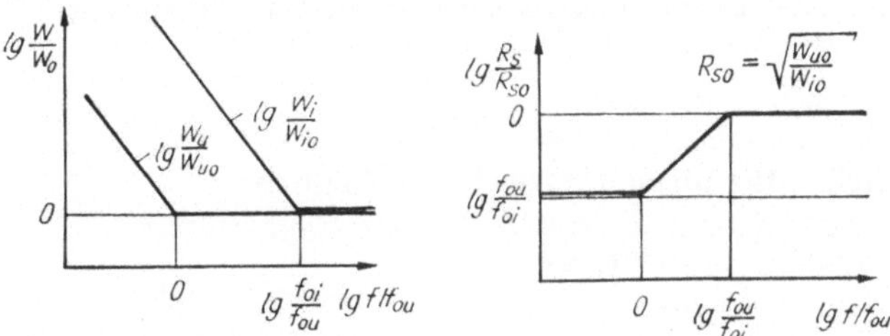

Bild 8.5. Frequenzabhängigkeit des Widerstands R_{S}

Für Rauschanpassungen im tieffrequenten Bereich $f_{\mathrm{K}} < f_{0\,u}$ ergeben sich mit $R_{\mathrm{S}}(f_{\mathrm{K}})$ = 300 kΩ, 30 MΩ die folgenden optimalen Werte für die Kapazität $\ddot{u}^2\,C_{\mathrm{i}\,0}$:

$$C_{\mathrm{i}} = \ddot{u}^2\,C_{i\,0} = \frac{1}{R_{\mathrm{S}}(f_{\mathrm{K}})\,2\,\pi\,f_{\mathrm{K}}} = \begin{cases} \dfrac{0{,}53\;\mu\mathrm{F}}{f_{\mathrm{K}}/\mathrm{Hz}} & R_{\mathrm{S}} = 300\;\mathrm{k}\Omega \;\;\text{(Bipolartechnik)} \\[2mm] \dfrac{5{,}3\;\mathrm{nF}}{f_{\mathrm{K}}/\mathrm{Hz}} & R_{\mathrm{S}} = 30\;\mathrm{M}\Omega \;\;\text{(FET-Technik)}. \end{cases}$$

Aus dieser Abschätzung ist erkennbar, daß eine Rauschanpassung im tieffrequenten Bereich nur für piezokeramische Aufnehmer möglich ist und daß dafür vorzugsweise Verstärker mit FET-Eingangsstufen in Frage kommen. Der Ausdruck $B_{u,\,\mu}^{(0)\,2}\,C_{\mathrm{i}\,0}$ ist eine Invariante des jeweiligen Wandlers. Bild 8.6 zeigt zwei Beispiele. Im Bild 8.6a ist ein

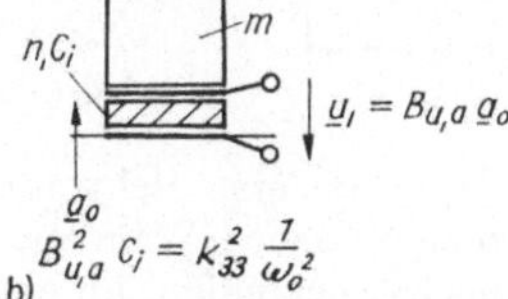

Bild 8.6. Invarianten von piezoelektrischen Meßwertaufnehmern

piezoelektrischer Ausschlagsaufnehmer dargestellt. Mit den Beziehungen von Bild 8.1 ergibt sich mit der Annahme $k_{31}^2 \ll 1$ der angegebene Ausdruck für $B_{u,\,\xi}^2\,C_{\mathrm{i}}$, der unabhängig von den speziellen Biegerabmessungen nur von den Materialkonstanten Kopplungsfaktor (Tafel 8.1) und Eingangsnachgiebigkeit abhängt, die wiederum ein Maß für die Rückwirkung des Aufnehmers auf das Meßobjekt ist. Der Gebrauchswert des Aufnehmers wird um so größer sein, je größer die Nachgiebigkeit n ist. Bei Festlegung dieser Größe ist dann $B_{u,\,\xi}^2\,C_{\mathrm{i}}$ nur noch von einer reinen Materialkenngröße des piezoelektrischen Materials abhängig. Im Bild 8.6b ist ein Beschleunigungsaufnehmer dargestellt. Für Frequenzen weit unterhalb der Resonanzfrequenz $\omega_0 = 1/\sqrt{mn}$ ist die auf die Scheibe ausgeübte Kraft F durch die Trägheitskräfte der Masse bestimmt.

$$F = a_0 \, m$$

Daraus folgt der Übertragungsfaktor bezüglich der Anregungsbeschleunigung a_0 zu

$$B_{u,\,a} = \frac{u_l}{a_0} = B_{u,\,F}\, m = B_{u,\,\xi}\, m\, n.$$

Mit den Daten aus Bild 8.1 folgt mit der Annahme $k_{33}^2 \ll 1$ die im Bild 8.6 angegebene Beziehung für $B_{u,\,a}^2\, C_i$. Die Resonanzfrequenz ω_0 stellt wieder eine Qualitätskenngröße des Aufnehmers dar. Bei Festlegung dieses Wertes ist $B_{u,\,a}^2\, C_i$ nur noch von den Eigenschaften des piezoelektrischen Materials und nicht mehr von den speziellen Abmessungen der Anordnung abhängig. Diese Überlegungen können in ähnlicher Form auch für Druck- und Kraftaufnehmer angestellt werden.

8.3.   Ladungsverstärker für piezoelektrische Aufnehmer

8.3.1.   Wirkprinzip des Ladungsverstärkers

Die im Abschn. 8.2. genannten Nachteile von Spannungsverstärkern in Verbindung mit Aufnehmern kleiner innerer Kapazität und großer Meßzeiten können durch das in [8.2] erstmalig technisch anwendbar vorgestellte Prinzip des Ladungsverstärkers vermieden werden. Diese Verstärkerart hat sich inzwischen weitgehend als Vorverstärker für piezoelektrische Aufnehmer durchgesetzt. Bild 8.7 zeigt das Prinzip dieses Auswerte-

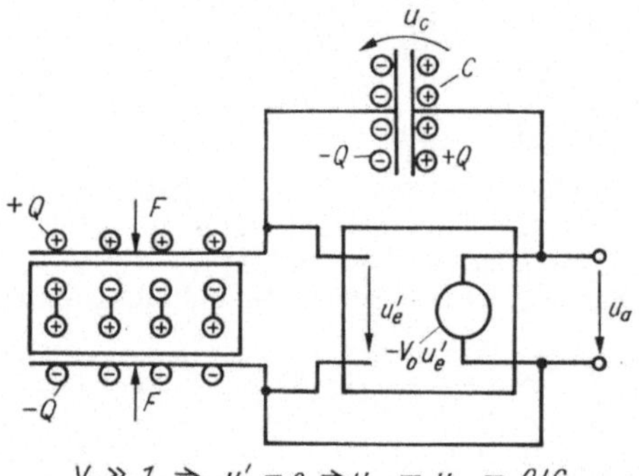

Bild 8.7. Spannungskompensation beim Ladungsverstärker

verfahrens. Es handelt sich dabei um eine elektronisch gesteuerte Aufprägung einer solchen Ladung auf den piezoelektrischen Wandler, daß die Spannung zwischen den Elektroden Null ist. Es ist dabei zweckmäßig, an eine einfache Modellvorstellung des piezoelektrischen Effekts zu erinnern. Eine mechanische Größe Kraft F oder mechanische Spannung T erzeugt primär eine piezoelektrische Polarisation $P = d\,T$. Bei elektrischem Leerlauf entsteht dadurch im piezoelektrischen Medium eine makroskopische Feldstärke $E = -P/\varepsilon$. Im Kurzschlußfall werden aus dem als Kurzschluß dienenden Leiter Ladungen getrennt und durch die Polarisation auf den Elektroden festgehalten. Bei der im Bild 8.7 dargestellten Anordnung existiert kein realer Kurzschluß der Elektroden, sondern durch die Spannungsquelle u_a wird über den Vergleichskondensator C eine solche Ladung auf den piezoelektrischen Wandler gebracht, daß seine Spannung unabhängig von der vorhandenen Polarisation $P \sim F$ immer Null ist. Der Vergleichskondensator trägt genau die gleiche Ladung wie die Elektroden des Wandlers. Die an ihm liegende Spannung ist aber im Gegensatz zur Spannung am Wandler mit einer Spannungsquelle u_a sehr kleinen Innenwiderstands verbunden und somit leicht meßbar. Es handelt sich hier um eine Variante des zu Anfang des Abschnitts 3. erwähnten Kompensationsprinzips, bei dem hier die Vergleichskapazität C die Rolle des sehr genau bekannten passiven Elements spielt und der Verstärker V die sehr große, aber nicht sehr stabile Leistungsverstärkung erbringt. Hierzu äquivalent ist die Auffassung der an die piezoelektrische Platte angeschlossenen Schaltung als Stromintegrator, wie sie sich aus den Darlegungen des Abschnitts 5.3. ergibt. Die Ausgangsspannung u_a ist proportional $\int i\,dt = Q$, wobei die Spannung u_e' wegen $V \gg 1$ sehr klein ist.

8.3.2. Übertragungsverhalten realer Ladungsverstärker

Zur Analyse des Übertragungsverhaltens realer Ladungsverstärker ist die Berücksichtigung eines Parallelwiderstands zum Vergleichskondensator C und der endlichen Verstärkung erforderlich (Bild 8.8). Der Aufnehmer wird entsprechend Bild 8.1 durch seine Stromquellenersatzschaltung abgebildet. C_z und R_i enthalten die parasitären Elemente der Aufnehmerfassung und des Kabels.

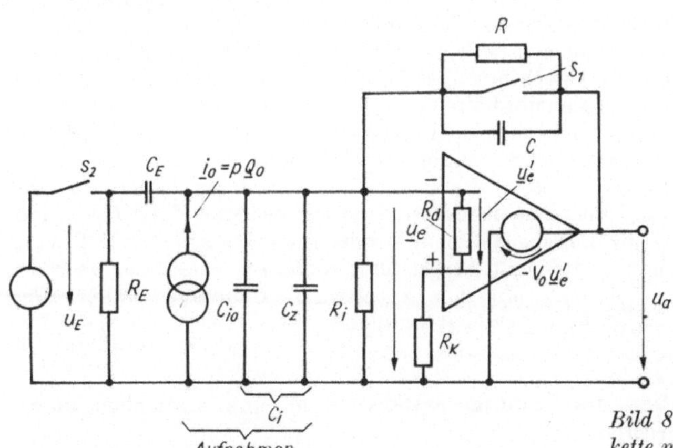

Bild 8.8. Piezoelektrische Meßkette mit Ladungsverstärker

Aus Bild 8.8 folgt der Übertragungsfaktor

$$\frac{u_\mathrm{a}}{Q_0} = \frac{1}{C}\,\frac{1}{1 + (1/V_0')\,(1 + C_\mathrm{i}/C)}\,\frac{p\,\tau}{1 + p\,\tau} \tag{8.12}$$

$$V_0' = \frac{V_0}{1 + R_\mathrm{K}/R_\mathrm{d}'} \tag{8.13}$$

$$\tau = \frac{C\left[1 + \dfrac{1}{V_0'}\left(1 + \dfrac{C_\mathrm{i}}{C}\right)\right]}{\dfrac{1}{R} + \dfrac{1}{V_0'}\left(\dfrac{1}{R} + \dfrac{1}{R_\mathrm{i}} + \dfrac{1}{R_\mathrm{d} + R_\mathrm{K}}\right)} = \frac{1}{2\,\pi f_\mathrm{g}}. \tag{8.14}$$

Das Übertragungsverhalten im Frequenz- und Zeitbereich für $V_0' \gg 1$ wird im Bild 8.9 gezeigt.

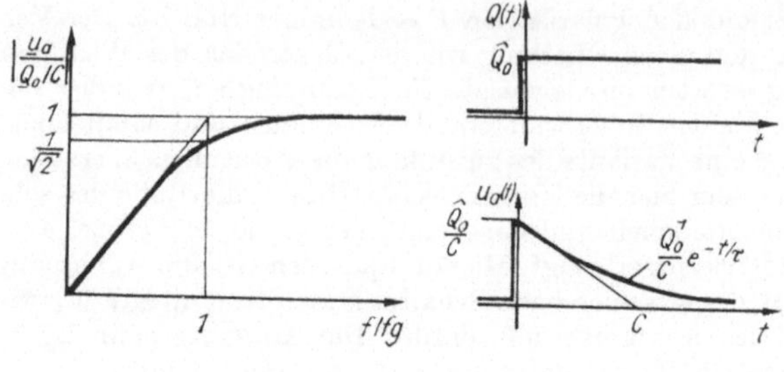

Bild 8.9. Übertragungsverhalten des Ladungsverstärkers im Frequenz- und Zeitbereich

Für die untere Grenzfrequenz f_g ergeben sich zwei Grenzfälle:

$$\tau = \frac{1}{2\,\pi f_\mathrm{g}} = \begin{cases} R\,C & \text{für} \quad V_0' \gg 1 \;\; R_\mathrm{i} \gg R & (8.15\,\mathrm{a}) \\ R_\mathrm{i}\,V_0'\,C & \text{für} \quad V_0' \gg 1 \;\; V_0'\,R_\mathrm{i} \ll R. & (8.15\,\mathrm{b}) \end{cases}$$

Für $V_0' \gg 1$ ist der Grenzwert des Übertragungsfaktors für hohe Frequenzen $f \ll f_\mathrm{g}$ gleich $1/C$, unabhängig von allen weiteren Schaltungsparametern. Bei Erfüllung der Bedingung (8.15a) ist auch die untere Grenzfrequenz nur durch die Zeitkonstante $\tau = R\,C$ des Gegenkopplungszweipols gegeben. Im anderen Fall ($R \gg V_0\,R_\mathrm{i}$) ergibt sich die Zeitkonstante durch C und $R_\mathrm{i}\,V_0$. Das entspricht dem Zusammenwirken der an den Verstärkereingang transformierten Kapazität C und dem Widerstand R_i.

Der Schalter S_1 dient zur Einstellung des Nullpunkts vor einer Messung. Da $u_\mathrm{e} \ll u_\mathrm{a}$, ist $u_\mathrm{a} \approx u_\mathrm{c}$, und für $u_\mathrm{c} = 0$ wird auch $u_\mathrm{a} = 0$ gestellt. Wie im Abschn. 8.3.2. genauer erläutert, bleibt diese Einstellung jedoch nur über Zeiten $t \ll R\,C$ erhalten. Das ist aber für eine Reihe von Anwendungsfällen mit hinreichend kleinen Meßzeiten und dazwischen liegenden Zeitpunkten mit $\mu = 0$ (Wägeeinrichtungen) zulässig. Es ist in solchen Fällen auch möglich, einen Anfangswert μ_a der Meßgröße zu eliminieren. Für $\mu = \mu_\mathrm{a}$ wird der Schalter S_1 geschlossen und damit $u_\mathrm{a} = 0$ erzwungen. Bei weiteren Änderungen der Meßgröße μ ist $u_\mathrm{a} \sim \mu - \mu_\mathrm{a}$. Bezug nehmend auf Bild 8.7 bedeutet diese Operation, daß bei $F = F_\mathrm{A}$ ($Q = Q_\mathrm{A}$) die Ladung auf dem Vergleichskondensator zu Null wird. Durch die Spannungsquelle u_a wird dann bei weiterer Änderung von F nur noch der Ladungsanteil $Q - Q_\mathrm{A}$ aufgebracht. Mit dem Schalter S_2 kann eine Kalibrierung $Q_\mathrm{E} = u_\mathrm{E}\,C_\mathrm{E}$ für eine Zeit $t_\mathrm{E} \ll R_\mathrm{E}\,C_\mathrm{E}$ erzeugt werden.

8.3.3. Störeigenschaften des Ladungsverstärkers bei quasistatischen determinierten Störungen

Die Störungen, die durch die Störgrößen u_St und i_+, i_- des Verstärkers (s. Bild 3.1) erzeugt werden, haben beim Ladungsverstärker infolge des integrierenden Charakters der Rückkopplung besondere Bedeutung. Zur Abschätzung der dadurch hervorgerufenen Ausgangsstörspannung wird die Schaltung von Bild 8.10 betrachtet, bei der nunmehr $V_0 \gg 1$ angenommen wird. Es wird also vorausgesetzt, daß innerhalb des Aussteuerungsbereichs des Verstärkers ($u_\mathrm{a} < u_\mathrm{max}$) immer $u_\mathrm{e}' = 0$ angenommen werden kann.

Nach Abklingen aller Übergangsvorgänge ergibt sich aus der Schaltung von Bild 8.10b entsprechend den Überlegungen von Bild 3.15 die folgende Ausgangsspannung:

$$u_\mathrm{a\,St} = u_\mathrm{St}\left(1 + \frac{R}{R_\mathrm{i}}\right) + i_+\,R_\mathrm{K}\left(1 + \frac{R}{R_\mathrm{i}}\right) - i_-\,R \qquad (8.16)$$

$$u_\mathrm{a\,St} = u_\mathrm{St}\,\frac{R + R_\mathrm{i}}{R_\mathrm{i}} + i_\mathrm{e}\,R\left(1 - \frac{R_\mathrm{K}}{R\,\|\,R_\mathrm{i}}\right) + \frac{i_\mathrm{e\,0}}{2}\left(1 + \frac{R_\mathrm{K}}{R\,\|\,R_\mathrm{i}}\right)R. \qquad (8.17)$$

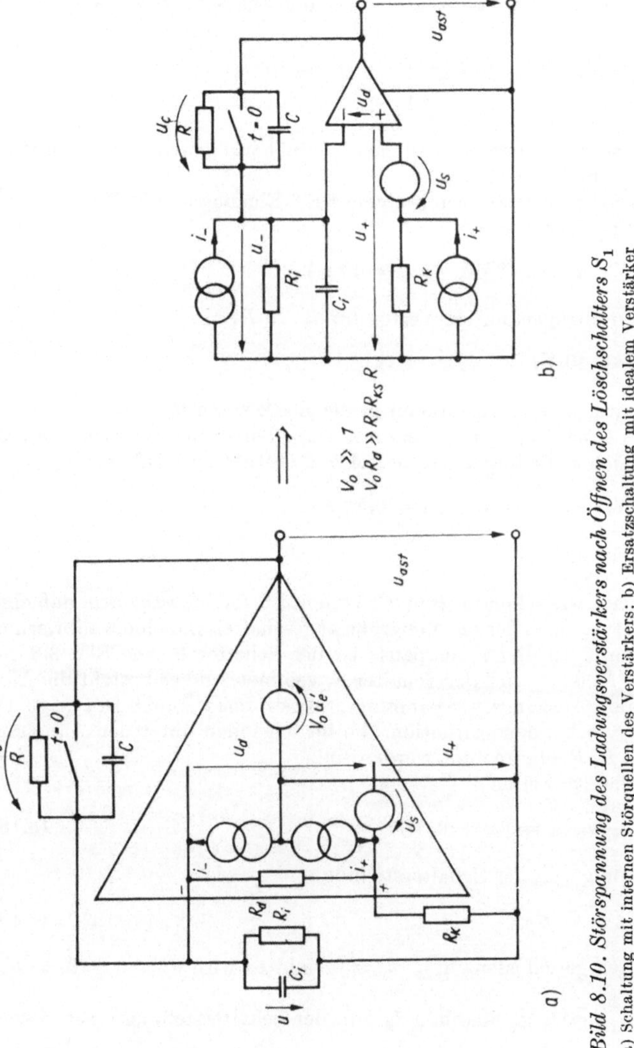

Bild 8.10. Störspannung des Ladungsverstärkers nach Öffnen des Löschschalters S_1
a) Schaltung mit internen Störquellen des Verstärkers; b) Ersatzschaltung mit idealem Verstärker

Bei der Dimensionierung von Ladungsverstärkern für sehr tiefe Frequenzen sind entsprechend Bild 8.9 in der Regel so große Widerstände R, R_K und R_i erforderlich, daß sich für u_{aSt} nach Gl. (8.17) Werte ergeben können, die größer als die maximale Ausgangsspannung sind. Der Verstärker läuft also dann im stationären Endzustand in eine der beiden Begrenzungszustände. Die Größenordnung der entstehenden Ausgangsstörspannung soll für die folgende technische Aufgabenstellung abgeschätzt werden:

$$\left. \begin{array}{l} \tau \ = 1000\ \text{s} \\ C \ = 1\ \text{nF} \\ R_i = 10^{10}\ \Omega \end{array} \right\} \Longrightarrow R = 10^{12}\ \Omega \left. \right\} \Longrightarrow R_K \approx 10^{10}\ \Omega\,.$$

Der Wert für R_K wurde so angenommen, daß sich eine näherungsweise Kompensation des zweiten Summanden von Gl. (8.17) ergibt.

Für den typischen Operationsvertärker mit einem FET-Eingang (μA 740) werden die folgenden Störgrößen angegeben:

$$|u_{St0}| = 10\ \text{mV}, \quad i_e = 100\ \text{pA}, \quad i_{e0} = 40\ \text{pA}\,.$$

Damit ergibt sich mit den obengenannten Werten für R_i, R, R_K

$$u_{a\,St} = \pm\,1\ \text{V} + 40\ \text{V}\,.$$

Der Verstärker würde unter diesen Umständen in die Begrenzung laufen.

Bei Verwendung eines Operationsverstärkers mit sehr kleinen Störströmen (8007 C) würde sich unter den gleichen Bedingungen die folgende Situation ergeben:

$$|u_{St0}| = 20\ \text{mV}, \quad i_e = 3\ \text{pA}, \quad i_{e0} = 0{,}5\ \text{pA}$$

$$u_{a\,St} = \pm\,1\ \text{V} + 0{,}5\ \text{V}\,.$$

In der Meßpraxis muß man, wie schon im Bild 2.16 erläutert, davon ausgehen, daß eine endliche Meßzeit T_M vorliegt, nach der die Meßgröße abgeschaltet und eine Kalibrierung vorgenommen werden kann. In dieser Meßpause ist der Schalter S_1 aus Bild 8.8 geschlossen. Zu Beginn der Meßzeit wird der Schalter S_1 geöffnet, und es besteht die Aufgabe, die jetzt entstehende Ausgangsstörspannung zu bestimmen. Bild 8.10a zeigt die für fehlende Meßgröße i_0 vorhandene Situation, die im folgenden unter der Annahme $V_0 \gg 1$ und $R_d\,V_0 \gg R_i$, R, R_K betrachtet werden soll.

Mit $u_d = 0$ gilt für beliebige Zeiten t

$$u_{a\,St}\,(t) = u_+ + u_c\,(t) = u_- + u_c\,(t)\,. \tag{8.18}$$

u_+ bzw. u_- sind unabhängig von der Schalterstellung:

$$u_+ = u_- = u_{St} + i_+\,R_K\,. \tag{8.19}$$

Für $t \leqq 0$ ist der Schalter geschlossen, d. h. $u_c \equiv 0$, und es wird $u_{a\,St}\,(t \leqq 0) = u_{St} + i_+\,R_K$.

Die Spannung $u_- = u_+$ erzwingt unabhängig von der Schalterstellung einen Strom

$$i = \frac{u_-}{R_i} = \frac{u_{St} + i_+\,R_K}{R_i}$$

durch den Widerstand R_i. Für $t \leqq 0$ fließt durch den Schalter der Strom $(i - i_-)$. Für $t \geqq 0$ fließt derselbe Strom durch die Parallelschaltung von C und R und erzeugt eine zeitabhängige Spannung $u_c\,(t)$. $u_c\,(t)$ kann als Einschaltproblem mit verschwindenden Anfangsbedingungen $[u_c\,(t = 0) = 0]$ betrachtet werden:

$$I\,(p) = \frac{i - i_-}{p}$$

$$G\,(p) = R \parallel \frac{1}{p\,C} = \frac{R}{1 + p\,C\,R}$$

$$u_\mathrm{c}\,(p) = G\,(p)\,I\,(p) = \frac{R\left[\dfrac{u_\mathrm{St} + i_+\,R_\mathrm{K}}{R_\mathrm{i}} - i_-\right]}{1 + p\,C\,R}\,.$$

Die Laplace-Rücktransformation liefert für $t \geqq 0$

$$u_\mathrm{c}\,(t) = \left[\frac{(u_\mathrm{St} + i_+\,R_\mathrm{K})\,R}{R_\mathrm{i}} - i_-\,R\right](1 - \mathrm{e}^{-t/\tau}); \quad \tau = R\,C\,.$$

Für Zeiten $t \geqq 0$ gilt mit (8.18) für $u_\mathrm{a\,St}\,(t)$:

$$u_\mathrm{a\,St} = \underbrace{(u_\mathrm{St} + i_+\,R_\mathrm{K})}_{u_+}\,\mathrm{e}^{-t/\tau} + \underbrace{\left[(u_\mathrm{St} + i_+\,R_\mathrm{K})\left(1 + \frac{R}{R_\mathrm{i}}\right) - i_-\,R\right](1 - \mathrm{e}^{-t/\tau})}_{u_\mathrm{a\,St}\,(\infty)}\,. \tag{8.20}$$

Das Ergebnis hängt nicht von der Kapazität C_i ab, da beim Umschalten kein Strom in C_i fließt. Aus Gl. (8.20) ergibt sich der im Bild 8.11c dargestellte grundsätzliche Ver-

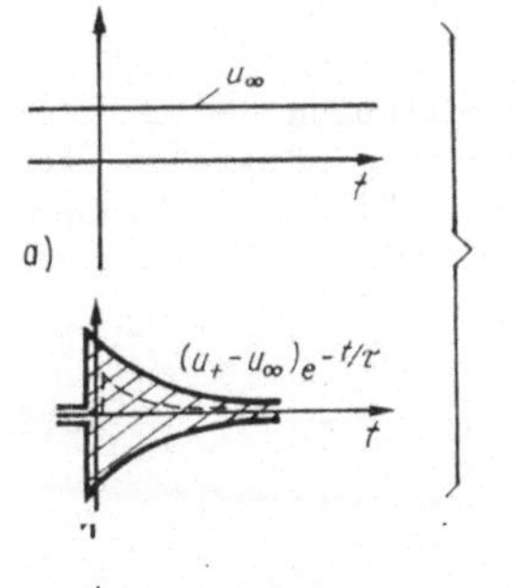

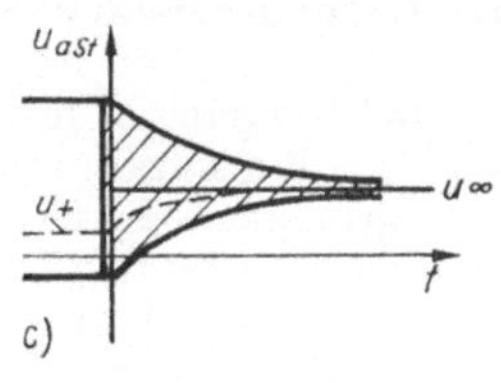

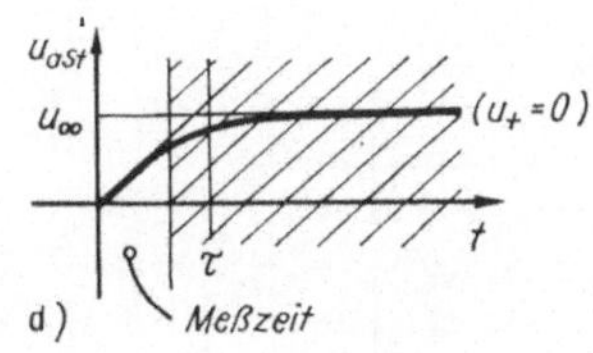

Bild 8.11. Zeitverlauf der Ausgangsstörspannung eines Ladungsverstärkers nach dem Öffnen des Löschschalters S_1

a, c) ohne Nullpunktkorrektur; d) mit Nullpunktkorrektur

lauf der Ausgangsstörspannung. $u_\mathrm{a\,St}\,(t)$ kann für $t \geqq 0$, beginnend bei u_+, sowohl steigen als auch abfallen. Im Bild ist der erste dieser beiden Fälle dargestellt.

Übliche Operationsverstärker haben eine Nullpunktstelleinrichtung, mit der der Störspannungsanteil u_St im Bereich einiger zehn Millivolt verändert werden kann. Wenn R_K so gewählt wird, daß $i_+\,R_\mathrm{K}$ noch in diesem Abgleichbereich liegt, kann der Anteil $u_+ = u_\mathrm{St} + i_+\,R_\mathrm{K}$ vollständig kompensiert werden. Dann entsteht nach dem Öffnen des Schalters S_1 eine Ausgangsstörspannung entsprechend Bild 8.11b. Zur Beurteilung dieses Zeitverlaufs muß berücksichtigt werden, daß mit Rücksicht auf die Übertragungseigenschaften im Zeitbereich (Bild 8.9) die Meßzeit T_M sehr viel kleiner als τ sein muß. Unter dieser Bedingung und dem Abgleich $u_+ = 0$ folgt für $u_\mathrm{a\,St}$:

$$u_\mathrm{a\,St} = u_\infty\,\frac{t}{\tau} = i_-\,R\,\frac{t}{R\,C} = \frac{i_-}{C}\,t\,. \tag{8.21}$$

Mit Hilfe des Übertragungsfaktors $B_Q = u_a/Q_0 = 1/C$ aus Gl. (8.12) folgt die äquivalente Störeingangsladung

$$Q_{\mathrm{St}} = \frac{u_{a\,\mathrm{St}}}{B_Q} = i_-\,t\,.$$

Für einen dynamischen Meßfehler $\Delta u_a/u_a = 1\,\%$ darf T_M nicht größer als $\tau/100$ sein. Daraus folgt der maximale Meßfehler durch den Störstrom i_- zu

$$Q_{\mathrm{St}} = 10^{-2}\,i_-\,\tau\,.$$

Für den Fall, daß sehr viel größere Meßzeiten ohne Betätigung des Schalters S_1 erwünscht sind, kann mit dem Nullpunktregler nicht u_+, aber $u_{a\,\mathrm{St}}(\infty)$ zu Null geregelt werden. Das hat dann aber beim Schließen des Schalters S_1 eine von Null verschiedene Ausgangsspannung $u_{a\,\mathrm{St}} = u_+$ zur Folge, die nach dem Öffnen des Schalters S_1 mit $\mathrm{e}^{-\,t/\tau}$ abklingt. Welche der genannten Abgleichmöglichkeiten benutzt wird, hängt von der jeweiligen Meßaufgabe und den gegenseitigen Verhältnissen von u_{St}, i_+ und i_- ab [8.3].

Eine weitere Fehlerquelle bei quasistatischen Messungen ist die dielektrische Nachwirkung des Kondensators C, die ausführlich im Abschn. 5.3. beim Verhalten von Integrierverstärkern beschrieben wurde.

8.3.4. Zufällige Störungen bei Ladungsverstärkern

Zur Abschätzung der durch die zufallsbestimmten inneren Störungen des Ladungsverstärkers hervorgerufenen äquivalenten Eingangsstörungen können die gleichen Überlegungen wie im Abschn. 8.2. beim Spannungsverstärker angestellt werden. Entsprechend Bild 8.4 wird jetzt die Anordnung von Bild 8.12 betrachtet. Der Übertragungsfaktor der gesamten Kette ergibt sich mit $V_0 \gg 1$ zu

$$\frac{u_a}{\mu} = \frac{B_Q}{C} = \frac{\ddot{u}\,B_{Q,\,\mu}^{(0)}}{C}\,. \tag{8.22}$$

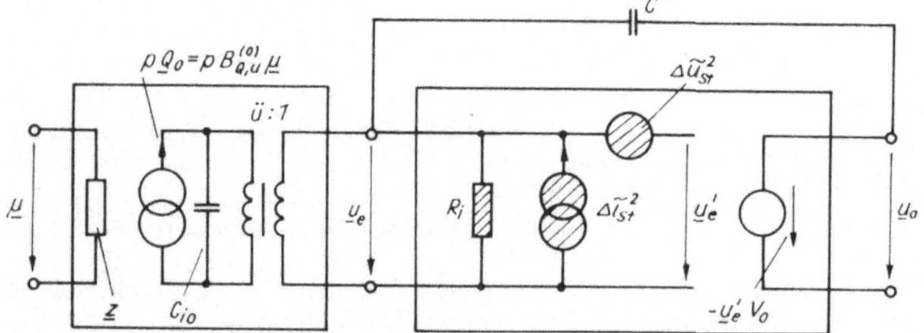

Bild 8.12. Piezoelektrische Meßkette mit Ladungsverstärker und zufallsbestimmten Störungen

Die Ausgangsstörspannung ergibt sich aus Bild 8.12 zu

$$\Delta\tilde{u}_{a\,\mathrm{St}}^2 = \left(\frac{\ddot{u}^2\,C_{i\,0} + C}{C}\right)^2 W_u\,\Delta f + \frac{1}{(2\,\pi\,f\,C)^2}\,W_i'\,\Delta f\,. \tag{8.23}$$

Dabei hat W_i' die gleiche Bedeutung wie in Gl. (8.4). Mit Gl. (8.22) ergibt sich die äquivalente Eingangsstörgröße $\Delta\tilde{u}_{\mathrm{St}}^2$ bzw. die äquivalente spektrale Störleistungsdichte W_μ zu

$$\Delta\,\tilde{\mu}_{\mathrm{St}}{}^2 = \frac{1}{\ddot{u}^2\,B_{Q,\mu}^{(0)\,2}}\left[(\ddot{u}^2\,C_{i\,0} + C)^2\,W_u + \frac{1}{(2\,\pi f)^2}\,W_i{}'\right]\Delta f$$

$$\Delta\,\tilde{\mu}_{\mathrm{St}}{}^2 = \frac{C_{i\,0}{}^2}{B_{Q,\mu}^{(0)\,2}}\left[\ddot{u}^2\left(1 + \frac{1}{\ddot{u}^2}\,\frac{C}{C_{i\,0}}\right)^2 W_u + \frac{1}{\ddot{u}^2\,(2\,\pi f\,C_{i\,0})^2}\,W_i{}'\right]\Delta f$$

$$W_\mu = \frac{\Delta\,\tilde{\mu}_{\mathrm{St}}{}^2}{\Delta f} = \frac{C_{i\,0}{}^2}{B_{Q,\mu}^{(0)\,2}}\,W_\mu\left[\ddot{u}^2\left(1 + \frac{1}{\ddot{u}^2}\,\frac{C}{C_{i\,0}}\right)^2 + \frac{1}{\ddot{u}^2}\,\frac{1}{(2\,\pi f\,C_{i\,0}\,R_{\mathrm{S}})^2}\right]. \qquad (8.24)$$

Dabei ist $R_{\mathrm{S}} = \sqrt{W_u/W_i}$ der Rauschkennwiderstand aus Gl. (8.11) (s. Bild 8.5), dessen Grenzwert für tiefe Frequenzen zwischen 10 und 100 kΩ liegt. Der Quotient $C_{i\,0}/C$ beschreibt die Spannungsverstärkung zwischen der Ausgangsspannung u_a und der der Quelle Q_0, $C_{i\,0}$ entsprechenden Leerlaufspannung u_0 des Aufnehmers. Sie liegt bei üblichen Verstärkern zwischen 10 und 10^3, kann aber auch kleinere Werte bis zu eins annehmen. Der Ausdruck $1/(\omega\,C_{i\,0}\,R_{\mathrm{S}})$ ist für technisch reale Werte von $C_{i\,0}$ (10 pF bis 1 nF) und $f < 100$ Hz wesentlich größer als eins. Das Minimum von W_μ ergibt sich bei

$$\ddot{u}_{\mathrm{opt}} = \frac{1}{2\,\pi f\,C_{i\,0}\,R_{\mathrm{S}}} \quad \text{für} \quad C_{i\,0} \gg C. \qquad (8.25)$$

Das optimale Übersetzungsverhältnis $\ddot{u}_{\mathrm{opt}}$ stimmt also für technisch reale Fälle mit dem des Spannungsverstärkers überein. Mit der Voraussetzung $C_{i\,0}/C \gg 1$ folgt dann für den Minimalwert von W_μ bei der Anpassungsfrequenz f_{K}

$$(W_\mu)_{\min} = 2\,\frac{C_{i\,0}}{B_{Q,\mu}^{(0)\,2}}\,\frac{1}{2\,\pi f}\,\sqrt{W_i{}'\cdot W_u}\,. \qquad (8.26)$$

Mit $B_{Q,\mu}{}^{(0)} = C_{i\,0}\,B_{u,\mu}{}^{(0)}$ ergibt sich

$$B_{Q,\mu}{}^{(0)\,2}/C_{i\,0} = B_{u,\mu}{}^{(0)\,2}C_{i\,0}\,.$$

Damit sind die Gleichungen (8.26) und (8.9) identisch. Es gelten dann auch alle bezüglich der Invarianzeigenschaft dieser Größe im Zusammenhang mit Bild 8.6 genannten Resultate. Zusammenfassend kann festgestellt werden, daß sich Ladungsverstärker unter den üblicherweise erfüllten Voraussetzungen der Gl. (8.25) in ihrem Rauschverhalten nicht von Spannungsverstärkern unterscheiden, wenn beide mit Operationsverstärkern gleicher Rauscheigenschaften realisiert werden.

8.3.5. Schaltungstechnische Ergänzungen bei Ladungsverstärkern

Im Zusammenhang mit Gl. (8.16) ist festgestellt worden, daß die von der Eingangsstörspannung u_{St} und dem Eingangsstörstrom i_+ verursachte Ausgangsstörspannung mit abnehmendem R_i ansteigt. Das folgt einfach daraus, daß die Verstärkung dieser Störanteile proportional $(1 + R_i/R)$ ist. Wenn ein piezoelektrischer Aufnehmer einen zu kleinen Isolationswiderstand hat, kann es zweckmäßig sein, ihn über einen genügend großen Kondensator C_1 mit hinreichend hohem Isolationswiderstand an den Ladungsverstärker anzuschließen (Bild 8.13). Aus den dargestellten Graphen ergibt sich der Übertragungsfaktor u_{a}/Q_0 zu

$$\frac{u_{\mathrm{a}}}{Q_0} = -\frac{1}{C}\,\frac{C_1}{C_1 + C_{\mathrm{i}}}\,\frac{p\,C\,R}{(1 + p\,C\,R)}\,\frac{p\,R_{\mathrm{i}}\,(C_1 + C_{\mathrm{i}})}{1 + p\,R_{\mathrm{i}}\,(C_1 + C_{\mathrm{i}})}\,. \qquad (8.27)$$

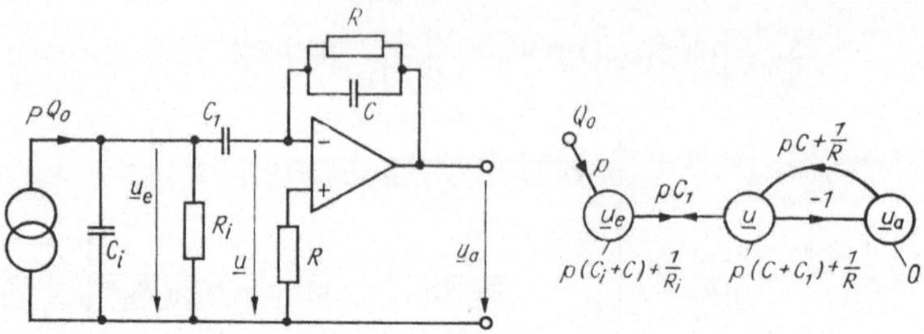

Bild 8.13. Ladungsverstärker bei geringem Isolationswiderstand des Aufnehmers
a) Schaltung; b) Graph

Zu dem ersten, schon in Gl. (8.14) vorhandenen Hochpaßfaktor kommt ein zweiter gleichartiger hinzu, dessen untere Grenzfrequenz jedoch durch ein hinreichend großes C_i klein gemacht werden kann. Das bedeutet jedoch wegen $C_1 \gg (C_\mathrm{i}, C)$, daß die Zeitkonstante dieses Koppelkondensators wesentlich größer sein muß als die des Gegenkopplungskondensators, wenn sein hier nicht gezeichneter Parallelwiderstand R_1 in der Größenordnung von R liegen soll.

Die Forderung nach einer hohen Verstärkung $\underline{u}_\mathrm{a}/Q_0$ eines Ladungsverstärkers kann wegen Gl. (8.12) zu sehr kleinen Kapazitäten C führen. Das führt zum einen zu Schwierigkeiten bei der Realisierung dieser Kapazitäten, und zum anderen können die unvermeidlichen Isolationswiderstände eine zu große untere Grenzfrequenz bewirken. In diesen Fällen kann analog zu Bild 3.12b ein zusätzlicher Spannungsteiler in den Rückkopplungsweg eingebaut werden (Bild 8.14). Der Übertragungsfaktor $\underline{u}_\mathrm{a}/Q_0$ ergibt sich hier zu

$$\frac{\underline{u}_\mathrm{a}}{Q_0} = -\frac{1}{C}\,\frac{1}{\beta}\,\frac{p\,R_1\,C}{1 + p\,R_1\,C}\,; \quad \beta = \frac{R_3}{R_2 + R_3}. \tag{8.28}$$

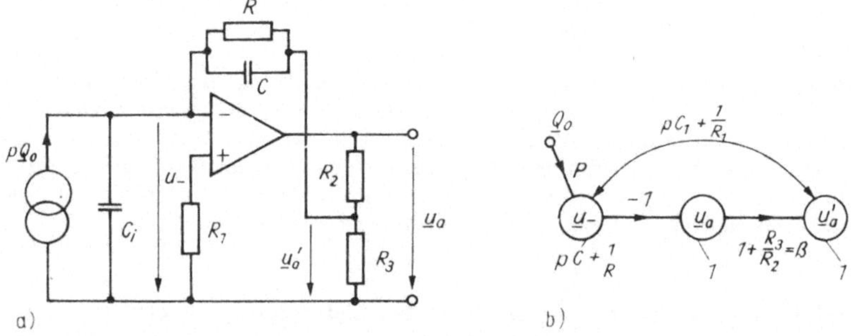

Bild 8.14. Ladungsverstärker mit verminderter Gegenkopplung
a) Schaltung; b) Graph

Zur Unterdrückung der Einstreuungen auf das Kabel kann der Ladungsverstärker mit galvanisch getrennten Eingängen bzw. mit symmetrischen Eingängen ausgeführt werden. Bild 8.15 zeigt als Beispiel einen Ladungsverstärker mit symmetrischen Eingängen [8.4]. Hier wird mit Hilfe eines Inverters ($V\,2$) eine zweite Gegenkopplungsschleife aufgebaut, die auf den nichtinvertierenden Eingang des Operationsverstärkers $V\,1$ wirkt. Diese Schaltungsart gestattet es, gleiche Eingangsimpedanzen für beide vom piezoelektrischen Aufnehmer kommenden Signale zu gewährleisten. Der Kondensator C_2, der die Gleichstromgegenkopplungsschleifen des invertierenden und des nichtinver-

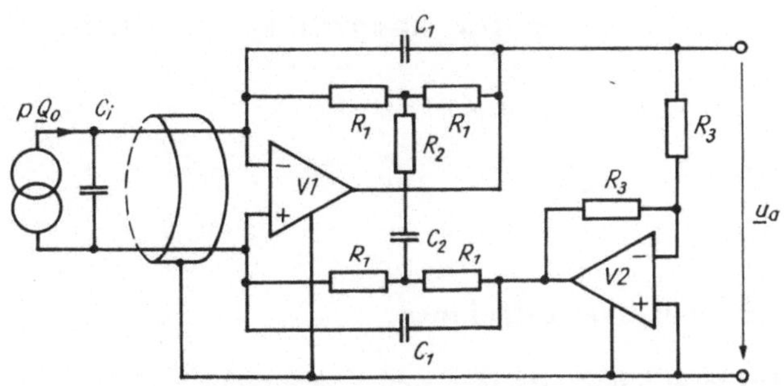

Bild 8.15. Ladungsverstärker mit symmetrischem Eingang

tierenden Eingangs voneinander trennt, verringert den dynamischen Fehler der Schaltung bei tiefen Frequenzen. Der zu ihm in Reihe liegende Widerstand R_2 dient der Erhöhung der Stabilität der Schaltung. Die Verwendung eines derartigen Ladungsverstärkers setzt allerdings eine symmetrische Ausführung des piezoelektrischen Aufnehmers voraus (beide Ausgänge erdfrei mit annähernd gleicher Kapazität gegenüber Masse).

9. Elektronische Meßwandler für kapazitive und induktive Aufnehmer

9.1. Meßwandler für kapazitive Aufnehmer

9.1.1. Brückenschaltungen mit Widerständen und Kapazitäten

Kapazitive Aufnehmer werden häufig bei der Messung mechanischer Größen verwendet. Dabei kann die einwirkende mechanische Größe entweder den Plattenabstand oder die wirksame Fläche des Kondensators bzw. die Verteilung verschiedener Dielektrika zwischen den Kondensatorplatten ändern. Mit kapazitiven Wandlern meßbar sind auch alle nichtelektrischen Größen, die die dielektrische Konstante eines Isolators beeinflussen. Die Kapazitätswerte liegen gewöhnlich im Bereich von einigen bis zu einigen Hundert Pikofarad. Die relativen Kapazitätsänderungen können sich für verschiedene Aufnehmer stark unterscheiden: von einigen Prozent bis 100 % und mehr.

Das Grundelement der Primärelektronik von kapazitiven Aufnehmern ist eine Brückenschaltung. Bild 9.1 zeigt vier Konfigurationen solcher Brückenschaltungen. In

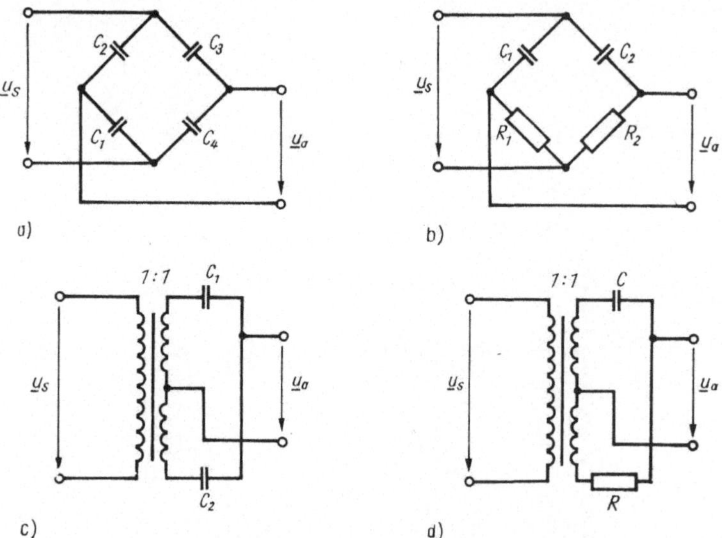

Bild 9.1. Brückenschaltungen für kapazitive Aufnehmer
a) rein kapazitive Brücke; b) Widerstand-Kapazitäts-Brücke; c) kapazitive Halbbrücke mit Transformator; d) Halbbrücke mit Transformator und kapazitätsabhängiger Phasenlage der Ausgangsspannung

den Bildern 9.1a und 9.1b sind zunächst eine rein kapazitive Brücke (vier Kapazitäten, von denen eine oder zwei die veränderliche Aufnehmerkapazität bilden) sowie eine

Widerstand-Kapazitäts-Brücke dargestellt. Für die Brückenausgangsspannungen gelten die folgenden Beziehungen:

$$\left|\frac{\underline{u}_\mathrm{a}}{\underline{u}_\mathrm{S}}\right| = \frac{C_2\,C_4 - C_1\,C_3}{(C_1 + C_2)\,(C_3 + C_4)} \tag{9.1}$$

$$\left|\frac{\underline{u}_\mathrm{a}}{\underline{u}_\mathrm{S}}\right| = \frac{\omega\,(C_1\,R_1 - C_2\,R_2)}{\sqrt{(1 + \omega^2\,C_1{}^2\,R_1{}^2)\,(1 + \omega^2\,C_2{}^2\,R_2{}^2)}}\,. \tag{9.2}$$

Für die Brücke im Bild 9.1b ist es zweckmäßig, die Widerstandswerte so zu wählen, daß $\omega\,C_1\,R_1 \ll 1$ und $\omega\,C_2\,R_2 \ll 1$. Dann vereinfacht sich Beziehung (9.2), und man erhält einen linearen Zusammenhang zwischen der Ausgangsspannung und den Kapazitäten C_1 bzw. C_2

$$|\underline{u}_\mathrm{a}/\underline{u}_\mathrm{S}| = \omega\,(C_1\,R_1 - C_2\,R_2)\,. \tag{9.3}$$

Wenn in der Schaltung nach Bild 9.1b die Eingangs- und Ausgangsklemmen vertauscht werden, nimmt die Übertragungsfunktion folgende Form an:

$$\left|\frac{\underline{u}_\mathrm{a}}{\underline{u}_\mathrm{S}}\right| = \frac{C_1\,R_1 - C_2\,R_2}{(C_1 + C_2)\,(R_1 + R_2)}\,. \tag{9.4}$$

Die Gln. (9.1) bis (9.4) gelten jeweils für leerlaufende Brückenschaltungen. Zur Speisung der Schaltungen werden meist Wechselspannungen mit Frequenzen von 0,5 kHz bis 5 MHz verwendet.

Die Vergrößerung der Frequenz der Speisespannung führt zu niedrigeren Ausgangswiderständen der Brückenschaltungen, was einerseits geringe Anforderungen an den Eingangswiderstand des nachfolgenden Verstärkers stellt. Andererseits steigen jedoch mit wachsender Frequenz die Schwierigkeiten bei der Stabilisierung des Übertragungsfaktors des Verstärkers.

Für den Fall, daß ein Punkt der Speisediagonale der Brücke geerdet ist, muß das Ausgangssignal mittels Wechselspannungsdifferenzverstärker verstärkt werden. Soll ein Punkt der Ausgangsdiagonale geerdet werden, so muß die Speisespannung galvanisch von der Brücke getrennt werden. Prinzipiell kann die Speisespannungsversorgung kapazitiver Brücken mit Hilfe von Operationsverstärkern ebenso realisiert werden wie die von resistiven Brücken (s. Abschn. 6.2.). Dabei besteht auch die Möglichkeit sowohl die Speisespannung als auch den Eingang des nachfolgenden Verstärkers zu erden. Häufig werden zur Lösung dieser Aufgabe Transformatoren benutzt, die an den Eingang bzw. den Ausgang der Brücke angeschaltet werden.

Bei der Verwendung von Transformatoren für die Zuführung der Speisespannung ist die Anwendung von Halbbrücken nach Bild 9.1c bzw. d zweckmäßig. Die entsprechenden Übertragungsfunktionen lauten unter der Annahme, daß die Spannung der gesamten Sekundärwicklung gleich $\underline{u}_\mathrm{S}$ ist (Bilder 9.1c und d),

$$\frac{\underline{u}_\mathrm{a}}{\underline{u}_\mathrm{S}} = \frac{C_1 - C_2}{C_1 + C_2} \tag{9.5}$$

$$\frac{\underline{u}_\mathrm{a}}{\underline{u}_\mathrm{S}} = \frac{1 - \omega^2\,C^2\,R^2 - 2\,\mathrm{j}\,\omega\,C\,R}{1 + \omega^2\,C^2\,R^2}\,. \tag{9.6}$$

Die Amplitude der Ausgangsspannung der Halbbrücke nach Bild 9.1d hängt nicht von der Kapazität C ab; in Abhängigkeit von C ändert sich lediglich die Phasenverschiebung zwischen den Spannungen $\underline{u}_\mathrm{a}$ und $\underline{u}_\mathrm{S}$. Aus diesem Grund wird das verstärkte Ausgangssignal einem phasenempfindlichen Gleichrichter PEG zugeführt, an dessen zweiten Eingang die Generatorspannung geschaltet wird. Aus Gl. (9.6) folgt, daß eine Phasenverschiebung zwischen Ausgangs- und Speisespannung von $\pi/2$ gerade für einen Kapazitätswert von $C = 1/(\omega\,R)$ erreicht wird. Für diesen Kapazitätswert ist die Ausgangs-

spannung des phasenrichtigen Gleichrichters gerade Null. Wird dieser Wert als Arbeits-
punkt des Aufnehmers eingestellt, so entstehen bei Kapazitätsvergrößerung bzw. -ver-
kleinerung Ausgangsspannungen mit unterschiedlichen Vorzeichen.

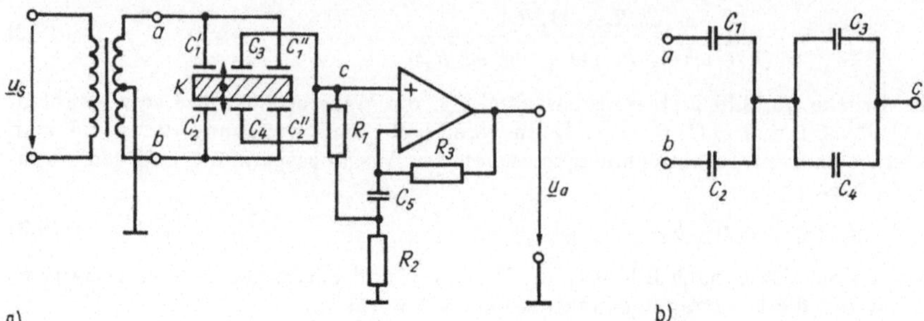

a)   b)

Bild 9.2. Kapazitive Halbbrücke zur Lagemessung mit Hilfe der Abstandsänderung von Meßkondensatoren

a) Schaltung; b) Ersatzschaltung

Bild 9.2 zeigt ein Beispiel einer kapazitiven Halbbrücke. Hier wird ein kapazitiver
Differenzaufnehmer zur Lagebestimmung eines leitfähigen Körpers K benutzt. Bei
Verschiebung dieses Körpers nach oben bzw. unten bezüglich der feststehenden Platten
des Aufnehmers ändern sich die Kapazitätswerte der Plattenkondensatoren C_1 bis C_4.
Wählt man im Bild 9.2a die Abkürzungen $C_1 = C_1' + C_1''$ und $C_2 = C_2' + C_2''$, so er-
gibt sich das im Bild 9.2b dargestellte Ersatzschaltbild.

Für den Fall, daß der Eingangswiderstand des nachfolgenden Verstärkers sehr viel
höher als der Blindwiderstand der Kondensatoren C_1, C_2, C_3 und C_4 ist, haben die Kapazitäten C_3 und C_4 keinen Einfluß auf die Übertragungsfunktion

$$\frac{\underline{u}_a}{\underline{u}_S} = \frac{C_1 - C_2}{C_1 + C_2} \frac{R_2 + R_3}{R_2} .$$

In [9.1] ist die Schaltung eines derartigen kapazitiven Aufnehmers genau beschrieben.

Kapazitive Brücken und Halbbrücken können ebenfalls im Kurzschlußbetrieb arbeiten, so wie das im Bild 9.3 dargestellt ist [9.2]. Bei Änderung der Meßgröße ändert

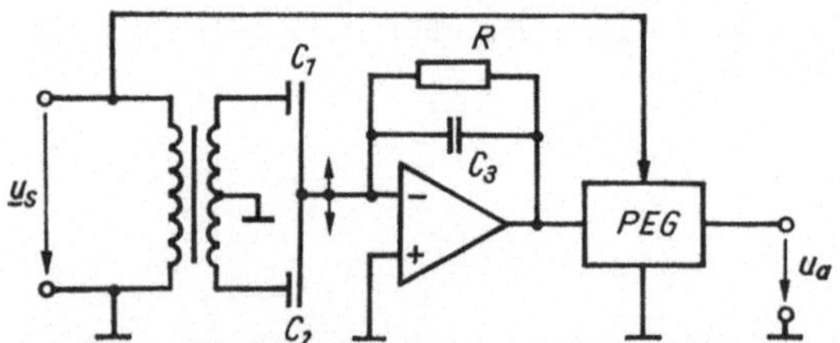

*Bild 9.3. Kapazitive Halbbrücke
zur Lagemessung mit Hilfe der
Flächenänderung von Meßkondensatoren*

sich die wirksame Plattenfläche der Kondensatoren C_1, C_2 des Differenzaufnehmers derart, daß eine größer wird, während die andere abnimmt. Die so aufgebaute Halbbrücke
ist am Ausgang mit einem Ladungsverstärker belastet, der einen vernachlässigbar
kleinen Eingangswiderstand hat. Der Widerstand R im Gegenkopplungszweig des Operationsverstärkers dient der Gleichstromstabilisierung. Er wird so gewählt, daß

$\omega\,C_3\,R \gg 1$. Dann ist die Ausgangsspannung dem Verhältnis $(C_1 - C_2)/C_3$ proportional. Das Vorzeichen der Ausgangsspannung des phasenempfindlichen Gleichrichters (PEG) ist vom Vorzeichen der Differenz $C_1 - C_2$ abhängig.

Um Einstreuungen zu vermeiden, werden die Verbindungsleitungen zwischen Aufnehmer und Auswerteelektronik meist mit abgeschirmten Kabeln ausgeführt. Dabei ist es möglich, daß die entstehenden Leitungskapazitäten die wirksame Aufnehmerkapazität um ein vielfaches übersteigen. In diesem Fall sind besondere Maßnahmen zur Unterdrückung des Einflusses der Leitungskapazitäten vorzusehen. Als günstig erweist es sich, solche Schaltungen zu verwenden, bei denen Eingangs- und Ausgangsklemmen der Brücke bzw. Halbbrücke durch niederohmige Widerstände der Speisequelle und des Verstärkers kurzgeschlossen werden. Es sollten demnach Speisespannungsquellen und keine Stromquellen und als Verstärker Strom- bzw. -ladungsverstärker verwendet werden. Bild 9.4 zeigt zwei derartige Schaltungen, die für einfache, d. h. nicht differentielle, kapazitive Aufnehmer vorgesehen sind.

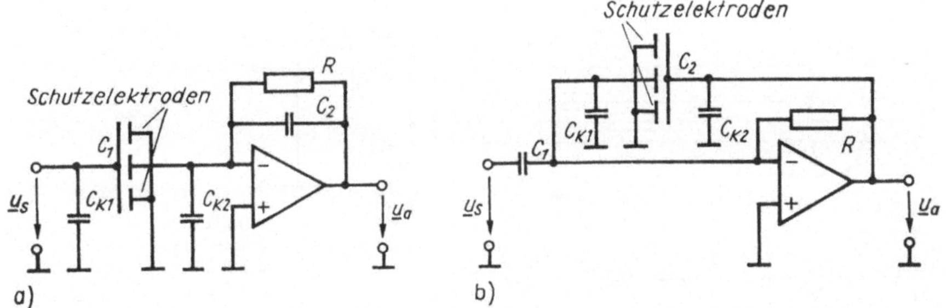

Bild 9.4. Schaltungstechnische Maßnahmen zur Eliminierung des Einflusses der Zuleitungskapazitäten

a) Aufnehmerkapazität am Eingang des Operationsverstärkers; b) Aufnehmerkapazität im Gegenkopplungszweig des Operationsverstärkers

In der Schaltung nach Bild 9.4a ist C_1 die Aufnehmerkapazität. Die Zuleitungskapazitäten C_{K1} und C_{K2} liegen parallel zur Speisespannungsquelle $\underline{u}_S$ und zum Eingang des Operationsverstärkers. Wenn die Spannungsquelle $\underline{u}_S$ einen sehr kleinen Innenwiderstand hat, wirkt sich die Kapazität C_{K1} gar nicht auf die Funktion der Schaltung aus. Das gleiche gilt für die Wirkung von C_{K2}, da diese Kapazität parallel zum Eingang des gegengekoppelten Operationsverstärkers liegt, dessen Eingangswiderstand sehr klein ist.

Im Bild 9.4b tritt der Aufnehmer an die Stelle der Kapazität C_2. Die Kapazitäten C_{K1} und C_{K2} haben auch in diesem Fall einen geringen Einfluß auf die Funktion der Schaltung, da C_{K1} wieder am Eingang des gegengekoppelten Operationsverstärkers und C_{K2} zwischen Ausgang und Masse liegen.

Die Kapazität eines Plattenkondensators ist der Plattenfläche direkt und dem Plattenabstand indirekt proportional. Bei der Verwendung der Schaltungen nach den Bildern 9.4a und b muß daher an Stelle der Kapazität C_1 (Bild 9.4a) eine Aufnehmerkapazität mit veränderlicher Plattenfläche und anstelle von C_2 (Bild 9.4b) eine Aufnehmerkapazität mit veränderlichem Plattenabstand gesetzt werden. In diesem Fall ändert sich die Ausgangsspannung linear mit der Meßgröße $\underline{u}_a = \underline{u}_S\,C_1/C_2$. (Dabei ist stets $R \gg 1/\omega\,C_2$.)

Sehr störend kann sich die Randverzerrung des elektrischen Feldes im Aufnehmerkondensator auf die Übertragungseigenschaften des Aufnehmers auswirken. Um diese Störungen auszuschließen, können ringförmige Schutzelektroden in den Aufnehmer eingeführt werden (Bild 9.4).

Diese sind mit Masse verbunden und haben damit annähernd das gleiche Potential wie die zugehörige Aufnehmerplatte. Dadurch wird die störende Randverzerrung auf diese Zusatzelektrode verdrängt, und das Feld im Wandlerkondensator bleibt homogen.

Bei der Betrachtung des Einflusses der Zuleitungskapazitäten auf die Wandlerfunktion wurde der ohmsche Widerstand außer acht gelassen. Wird dieser Widerstand zusätzlich berücksichtigt, so ergibt sich, daß die Zuleitungskapazitäten auch dann einen störenden Einfluß auf die Wandlerfunktion haben, wenn dieser an beiden Seiten niederohmig abgeschlossen ist (Speisespannungsquelle und Ladungsverstärker). Der ohmsche Zuleitungswiderstand führt zu einer scheinbaren Vergrößerung des Innenwiderstands der Speisequelle sowie des Eingangswiderstands des Ladungsverstärkers. Eine merkliche Verringerung des Einflusses der Zuleitung kann in diesem Fall durch eine doppelte Abschirmung (Bild 9.5 a) erreicht werden. Der innere Schirm führt dabei annähernd

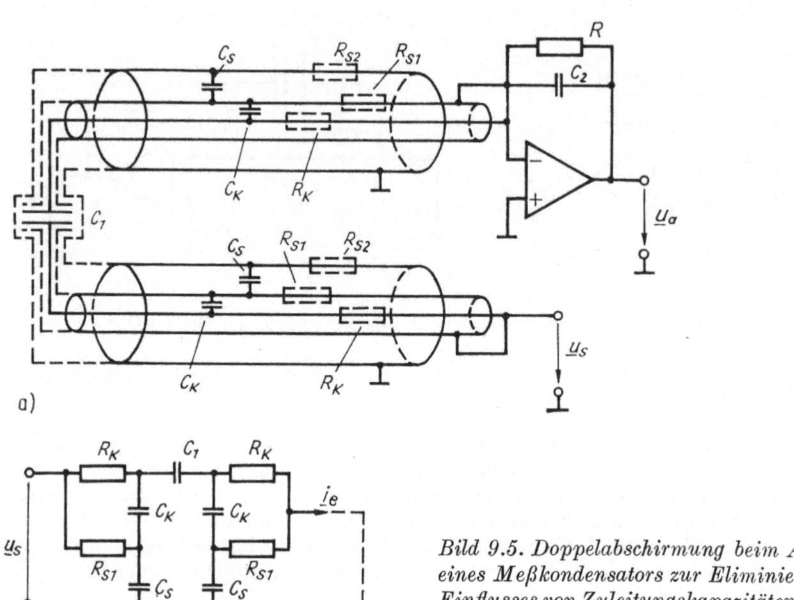

Bild 9.5. Doppelabschirmung beim Anschluß eines Meßkondensators zur Eliminierung des Einflusses von Zuleitungskapazitäten und Zuleitungswiderständen

a) Schaltung; b) Ersatzschaltung

dasselbe Potential wie der zentrale Leiter. Daher ist der Strom durch die entsprechende Verbindungskapazität vernachlässigbar klein. Der Strom durch die Kapazität zwischen innerer und äußerer Abschirmung des oberen Leiters im Bild 9.5 ist ebenfalls klein, da diese Kapazität — wie bereits früher — zwischen die Eingänge des Operationsverstärkers geschaltet ist.

Von der Richtigkeit dieser Aussagen kann man sich überzeugen, wenn man das im Bild 9.5b dargestellte, vereinfachte Ersatzschaltbild analysiert. Dabei bedeuten R_K den Widerstand der Zuleitung, R_{S1} und R_{S2} die Widerstände der inneren bzw. äußeren Abschirmung und C_K und C_S die Kapazitäten zwischen Zentralleiter und innerer Abschirmung bzw. zwischen innerer und äußerer Abschirmung. Es wird angenommen, daß $R_{S1}, R_{S2}, R_K \ll 1/(\omega C_K), 1/(\omega C_S)$.

In einigen Fällen werden zur Auswertung der Ausgangssignale kapazitiver Wandler kompliziertere elektronische Schaltungen als die bereits betrachteten verwendet. Bild 9.6 zeigt ein Beispiel [9.3]. In dieser Schaltung ändert sich die Ausgangsgleich-

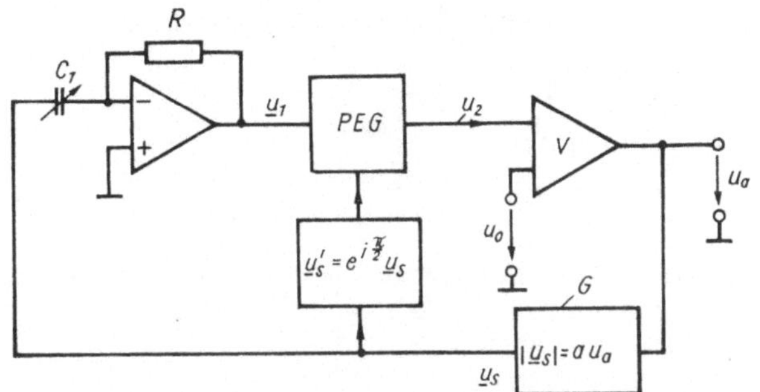

Bild 9.6. Auswerteschaltung für einen Meßkondensator $C \sim (1/Meßgröße)$ mit Hilfe einer Phasenregelschleife

PEG phasenrichtiger Gleichrichter; *V* Gleichspannungsverstärker; *G* steuerbarer Wechselspannungsgenerator

spannung u_a linear mit dem Plattenabstand des Plattenkondensators C_1, unabhängig davon, daß C_1 an den Eingang des Operationsverstärkers und nicht in dessen Gegenkopplungsschleife geschaltet wurde.

Die Amplitude u_S der Ausgangsspannung des steuerbaren Generators G ist der Ausgangsspannung proportional ($\hat{u}_S = a\,u_a$, $u_a > 0$). Der Widerstand R bildet die Gegenkopplung des Operationsverstärkers, dessen Ausgangsspannung u_1 den Wert $|u_S|\,\omega C_1 R$ annimmt. Diese Spannung unterscheidet sich in der Phase um $\pi/2$ von der Spannung u_S, weshalb zwischen Generator und Steuereingang des phasenempfindlichen Gleichrichters ein $(\pi/2)$-Phasendrehglied einzuschalten ist.

Durch die regelbare Generatorspannung wird am Ausgang des phasenrichtigen Gleichrichters gerade die Vergleichsspannung u_0 eingestellt. Nimmt man den Übertragungsfaktor $u_2/|u_1|$ des Gleichrichters zu eins an, so ergibt sich

$$|u_S|\,\omega\,C_1 R = u_0\,.$$

Beachtet man, daß $|u_S| = a\,u_0$, so ergibt sich

$$u_a = \frac{u_0}{a\,\omega\,C_1\,\overline{R}}\,.$$

Die Ausgangsspannung ist der Kapazität C_1 indirekt und damit dem Plattenabstand direkt proportional.

Der Vorteil der Schaltung nach Bild 9.6 besteht darin, daß an den phasenempfindlichen Gleichrichter nur verhältnismäßig niedrige Forderungen zu stellen sind, da dessen Eigenschaften durch die Gegenkopplung verbessert werden. Demgegenüber muß zur Erreichung einer hohen Genauigkeit ein sehr genauer steuerbarer Generator eingesetzt werden. In [9.3] wird als Generator ein Multivibrator verwendet, dessen Ausgangsspannung der Steuerspannung u_a genau proportional ist. Es sei noch bemerkt, daß die Schaltung nach Bild 9.6 vereinfacht werden kann, wenn anstelle eines Stromverstärkers ein Ladungsverstärker eingesetzt wird.

Zum Schluß sollen einige Beispiele der Auswerteelektronik kapazitiver Aufnehmer für schnellveränderliche Prozesse betrachtet werden. Im Gegensatz zu den vorher beschriebenen Schaltungen wird hier eine Gleichspannungsspeisung verwendet. In der Schaltung nach Bild 9.7a ist die Aufnehmerkapazität C_1 anfänglich auf die Spannung u_0 aufgeladen. Schnelle Kapazitätsänderungen, deren Periode viel kleiner als die Zeitkonstante $R C_1$ ist, führen zu einer Spannungsänderung an der Kapazität

$$\Delta u \approx -\,(\Delta C_1/C_1)\,u_0\,.$$

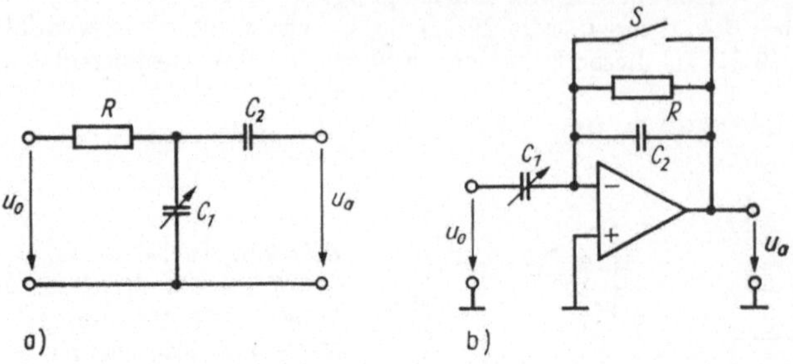

Bild 9.7. Auswerteschaltung für schnell veränderliche Meßkondensatoren mit Gleichspannungsspeisung

a) übliche Schaltung für Kondensatormikrophone
b) Schaltung mit Ladungsverstärker

Diese Spannungsänderungen gelangen über einen Trennkondensator C_2 an den Eingang des nachfolgenden Verstärkers, dessen Eingangswiderstand R_E der Bedingung $C_2 R_E \gg C_1 R$ genügen muß. Diese Schaltungsart wird üblicherweise bei Kondensatormikrofonen verwendet. Wenn sehr tieffrequente Vorgänge gemessen werden sollen und die Störwirkung der Zuleitungskapazitäten eliminiert werden muß, wird anstelle des Spannungsverstärkers zweckmäßig ein Ladungsverstärker benutzt (Bild 9.7b).

Hinsichtlich der Übertragungs- und Störeigenschaften dieser Schaltung gelten alle die Überlegungen, die im Abschn. 8. dargelegt wurden. Hier verursacht eine Kapazitätsänderung von C_1 eine Ladung $\Delta C_1 u_0$, die auf den Eingang des Ladungsverstärkers wirkt und eine Ausgangsspannung $u_0 \Delta C_1/C_2$ hervorruft. Dabei wird vorausgesetzt, daß die Periode der zeitlichen Änderung von C_1 sehr viel kleiner als $C_2 R$ ist.

9.1.2. Meßwandler mit Dioden

Eine spezielle Gruppe der Meßwandler für kapazitive Aufnehmer bilden diejenigen Wandler, bei denen das Ausgangssignal nicht in einen phasenrichtigen Gleichrichter, sondern durch periodische Umladung von Kondensatoren in nichtlinearen Diodenstromkreisen gewonnen wird.

Im weiteren soll an einigen Beispielen der Aufbau solcher Wandler erläutert werden.

Der Meßwandler nach Bild 9.8a [9.4] enthält eine kapazitive Brücke (C_1 bis C_4), an deren Ausgangsklemmen (a und b) zwei Gleichrichter angeschlossen sind, die Ausgangsspannungen mit verschiedenen Vorzeichen liefern. Der Operationsverstärker ist als Summator geschaltet. Auf diese Weise wird eine Ausgangsspannung erzeugt, die der Spannungsdifferenz über der Brückenausgangsdiagonale proportional ist. Diese Spannungsdifferenz hängt ihrerseits von den Kapazitäten C_1 und C_2 ab. Unter der Annahme, daß $C_5 \ll (C_1 + C_4)$, $(C_2 + C_3)$ ist, ergeben sich die Spannungen $\underline{u}_1$ und $\underline{u}_2$ an den Punkten a und b von Bild 9.8a zu

$$\underline{u}_1 = \frac{C_4}{C_4 + C_1}\,\underline{u}_S, \qquad \underline{u}_2 = \frac{C_3}{C_3 + C_2}\,\underline{u}_S.$$

Für die nachfolgende Gleichrichterkette für $\underline{u}_1$ und $\underline{u}_2$ sind zwei Grenzfälle der Dimensionierung denkbar. Die Kondensatoren C_5 und C_6 können etwa gleich groß gewählt und $C_5 R_1$, $C_6 R_1 \gg T = 2\pi/\omega$ gemacht werden. Dann arbeitet die Schaltung als Spannungsverdoppler, und C_6 lädt sich nach hinreichend vielen Perioden nahezu auf den doppelten Spitzenwert von $\underline{u}_1$ bzw. $\underline{u}_2$ auf. Der andere mögliche Grenzfall der Dimen-

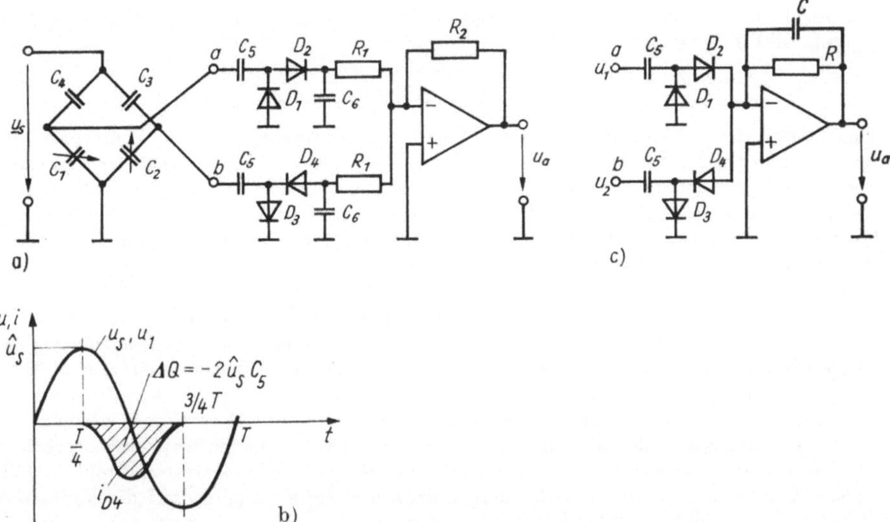

Bild 9.8. Kapazitive Brückenschaltung mit Spitzengleichrichtern
a) Schaltung; b) Strom- und Spannungsverläufe für den Fall $R_1 C_5 \ll T$, $R_1 C / \ll T$; c) vereinfachte Schaltungsvariante zu a)

sionierung ist dadurch gekennzeichnet, daß $R_1 C_5 \ll T$ gemacht und R_1 so eingestellt wird, daß $R_1 C_6 \gg T = 2\,\pi/\omega$. Unter diesen Bedingungen werden die Kondensatoren C_5 ständig zwischen $\hat{u}_1$ und $-\hat{u}_1$ bzw. $\hat{u}_2$ und $-\hat{u}_2$ umgeladen.

Im Bild 9.8b ist die Situation für den unteren Zweig (C_5, D_3, D_4, C_6, R_1) dargestellt. Die Spannung über dem Kondensator C_5 folgt ständig der Eingangsspannung u_2. Während der Zeit $0 \ldots T/4$ fließt ein Strom von der Quelle durch D_3 auf C_5. Während der Zeit $T/4$ bis $(3/4)\,T$ fließt ein Entladestrom i_{D4} über die Diode D_4 auf den Kondensator C_6.

Der unter diesen Umständen mit dem Strom $i_{D4}(t)$ verbundene Ladungstransport $\Delta Q = 2\hat{u}_2 C_5$ dient dazu, die während der Zeit T über den Widerstand R_1 abgeflossene Ladung zu ersetzen. Im stationären Zustand stellt sich über $R_1 \parallel C_6$ eine solche mittlere Spannung $\bar{u}$ ein, daß die Bedingung $\Delta Q = -(\bar{u}/R)\,T$ erfüllt ist. Daraus folgt schließlich

$$\bar{u} = -\frac{1}{T}\,R\,\Delta Q = -2\,\hat{u}_2 C_5 R_1 f\,.$$

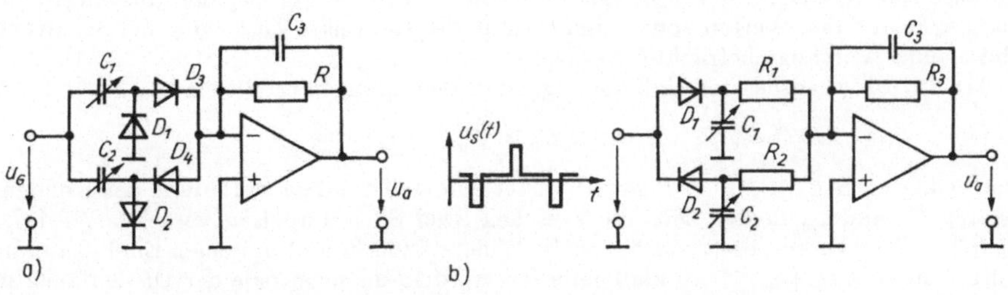

Bild 9.9. Auswerteschaltung für einen Differentialmeßkondensator mit Dioden
a) erdfreier Differentialkondensator; b) Differentialkondensator mit geerdetem Mittelpunkt

Für die Dimensionierung der Gleichrichterschaltung folgt dann die Ausgangsspannung u_a von Bild 9.9a zu

$$\bar{u}_a = 2\,(\hat{u}_2 - \hat{u}_1)\, C_5\, f\, R_2 = 2\,\frac{C_1\, C_3 - C_2\, C_4}{(C_1 + C_4)\,(C_2 + C_3)}\,\hat{u}_S\, C_5\, R_2\, f\,. \tag{9.7}$$

Ein Vorteil der Schaltung nach Bild 9.8a ist ihre Einfachheit: Es wird kein phasenempfindlicher Gleichrichter benötigt, und am Ausgang der Brücke wird trotz einseitig geerdeter Speisespannung kein Differenzverstärker, sondern ein einfacher Summierverstärker eingesetzt. Nachteilig ist die Abhängigkeit der Ausgangsspannung von der Frequenz f und von den nicht idealen Diodenkennlinien. Um den Einfluß der Diodenflußspannung zu verringern, kann die Amplitude $\hat{u}_S$ der Speisespannung erhöht werden.

Die Schaltung nach Bild 9.8a kann vereinfacht werden, wenn die Widerstände R_1 und die Kondensatoren C_6 weggelassen werden (Bild 9.8c). Die Glättung der pulsierenden Spannung wird in diesem Fall vom Kondensator C übernommen ($f R_2 C \gg 1$), der parallel zu R in den Gegenkopplungszweig des Stromverstärkers eingeführt wurde. Die Ausgangsspannung kann auch für diesen Fall nach Gl. (9.7) berechnet werden.

Der Ausgangsstrom der Gleichrichter im Bild 9.8c hängt von den Kapazitätswerten C_5 ab. Das legt den Gedanken nahe, die eigentlichen Aufnehmerkapazitäten direkt anstelle dieser Kondensatoren in die Schaltung einzuführen und gänzlich auf die kapazitive Brücke zu verzichten (Bild 9.9a). Die Ausgangsspannung bestimmt sich in diesem Fall zu

$$u_a = 2\,\hat{u}_S\,(C_2 - C_1)\, R f\,. \tag{9.8}$$

Eine weitere Variante einer derartigen Schaltung wird im Bild 9.9b gezeigt [9.5]. Ein Vorteil dieser Schaltung liegt darin, daß die Aufnehmerkapazität einseitig geerdet ist. Nachteilig ist, daß zur Speisung eine Impulsquelle $u_S(t)$ verwendet werden muß. Die Wirkungsweise der Schaltung kann wie folgt erläutert werden: Die Impulse verschiedener Polarität mit dem Spitzenwert $\hat{u}_S$ laden die Kondensatoren C_1 und C_2 auf. In der Zeit zwischen diesen Impulsen kommt es zu einer Entladung der Kondensatoren über die Widerstände R_1 und R_2. Wenn die Zeitkonstanten $C_1 R_1$ und $C_2 R_2$ viel kleiner als die Periode der Impulsspeisespannung sind, dann kommt es zur völligen Entladung der Kondensatoren, und es gilt

$$u_a = \hat{u}_S\,(C_1 - C_2)\, R_3 f\,. \tag{9.9}$$

Eine Weiterentwicklung der Schaltung nach Bild 9.9b wird im Bild 9.10 gezeigt [9.5]. Hier ist zur Impulsspeisequelle ein Trennkondensator C in Reihe geschaltet. Die Differenz der Ladeströme der Kondensatoren C_1 und C_2 verursacht einen Gleichanteil der Spannung über C. Dieser Spannungsanteil stellt die Ausgangsgröße der Schaltung nach Bild 9.10 dar. Das Tiefpaßfilter, das diesen Gleichanteil ausfiltert, ist nicht mitgezeichnet worden. Zur Ableitung der Relation zwischen dem Mittelwert $\bar{u}_a$ der Ausgangsspannung $u_a(t)$ und den Werten von C_1 und C_2 muß der stationäre Zustand in der Schaltung ablaufender Vorgänge betrachtet werden.

Dabei wird vorausgesetzt, daß die folgenden Bedingungen erfüllt sind:

$$R_1 C_1,\ R_2 C_2 \ll T\,;\quad R_1 C_1,\ R_2 C_2 \gg T_S\,;\quad |u_a| < u_F\,.$$

Die Bedingung $R_1 C_1,\ R_2 C_2 \ll T$ gewährleistet eine vollständige Entladung der Kondensatoren C_1 und C_2 in der Zeit, die zwischen zwei Speiseimpulsen vergeht. Wird $T_S \ll R_1 C_1,\ R_2 C_2$ vorausgesetzt, so haben die Widerstände R_1 und R_2 keinen Einfluß auf die Aufladung von C. $|u_a| < u_F$ muß gefordert werden, da sonst eine der Dioden auch in der Zeit zwischen den Speiseimpulsen öffnet.

Unter diesen Bedingungen findet eine ständige impulsförmige Umladung des Kondensators C statt.

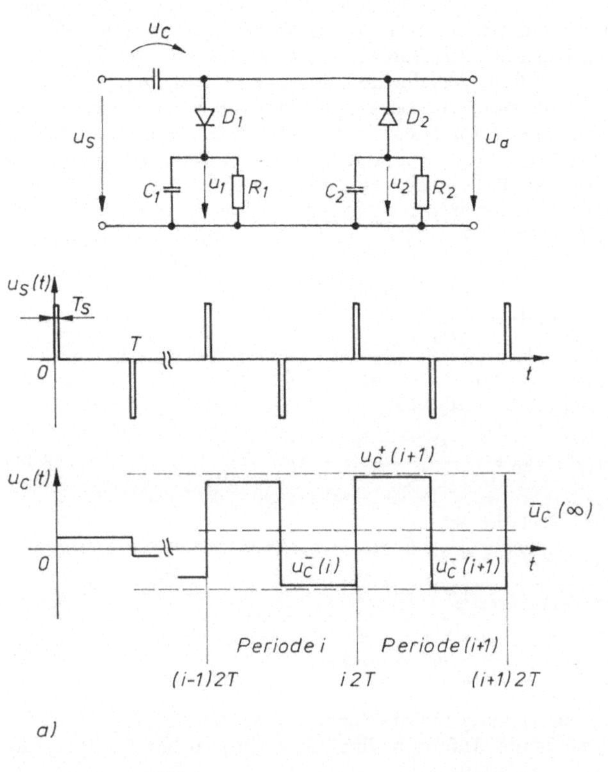

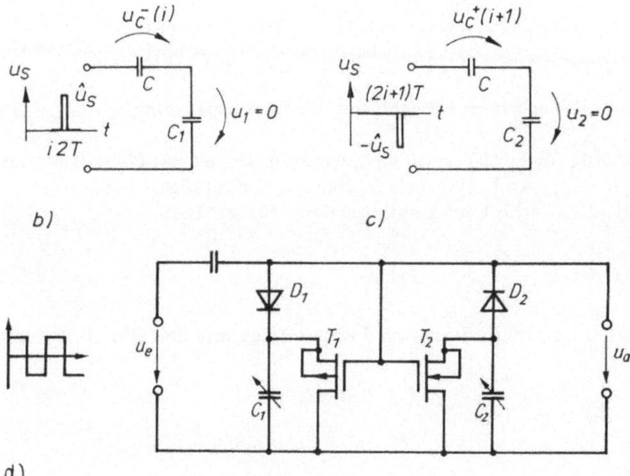

Bild 9.10. Entstehung des Mittelwerts $\bar{u}_\mathrm{a}$ der Ausgangsspannung bei einer Auswerteschaltung für einen erdbaren Differentialkondensator

a) Schaltung und Einschwingvorgang für die Spannung $u_C(t)$; b) Modell zur Berechnung des Umladevorgangs bei positivem Speisespannungsimpuls; c) Modell zur Berechnung des Umladevorgangs bei negativem Speisespannungsimpuls d) Schaltung mit MOS-Transistoren

Während der Zeit $t = 0 \ldots T_S$ fließt der Umladestrom durch D_1, und während $T < t < (T + T_S)$ fließt der Umladestrom durch D_2. In der Zeit zwischen den Speiseimpulsen ist die Spannung u_C konstant. Im Bild 9.10a ist der Verlauf von $u_C(t)$ nach Einschalten von u_S im Moment $t = 0$ für verschwindende Anfangsbedingung $[u_C(0) = 0]$ dargestellt. Es wurde $C_1 > C_2$ angenommen. Derjenige Wert von $u_C(t)$, der sich nach dem i-ten positiven (negativen) Speiseimpuls einstellt, wird mit $u_C{}^+(i)$ bzw. $u_C{}^-(i)$ bezeichnet. Im Fall $C_1 > C_2$ gilt $u_C{}^+(i) > |u_C{}^-(i)|$ (Bild 9.10a). Zur Berechnung des Einschwingvorgangs $u_C(t)$ wird Bild 9.10b herangezogen, das die Umladung des Kondensators C nach Eintreffen des $(i + 1)$-ten positiven Speiseimpulses beschreibt. War der Kondensator C für $(2i + 1)\,T \leq t \leq 2\,(i + 1)\,T$ auf die Spannung $u_C{}^-(i)$ aufgeladen, so erhält man für $2\,(i + 1)\,T \leq t \leq [2\,(i + 1) + 1]\,T$, d. h. für $u_C{}^+(i + 1)$

$$u_C{}^+(i + 1) = \frac{C_1}{C + C_1}\,\hat{u}_S + \frac{C}{C + C_1}\,u_C{}^-(i)\,. \tag{9.10}$$

Entsprechend ergibt sich für den Umladevorgang $u_C{}^+(i + 1) \to u_C{}^-(i + 1)$ bei Eintreffen eines negativen Speiseimpulses (Bild 9.10c)

$$u_C{}^-(i + 1) = -\frac{C_2}{C + C_2}\,\hat{u}_S + \frac{C}{C + C_2}\,u_C{}^+(i + 1)\,. \tag{9.11}$$

Einsetzen von Gl. (9.10) in Gl. (9.11) liefert

$$u_C{}^-(i + 1) = \left[\frac{C\,C_1}{(C + C_1)\,(C + C_2)} - \frac{C_2}{C + C_2}\right]\hat{u}_S$$

$$+ \frac{C^2}{(C + C_1)\,(C + C_2)}\,u_C{}^-(i + 1)\,. \tag{9.12}$$

Gl. (9.12) stellt eine Differenzengleichung für die Spannung $u_C{}^-(t)$ dar.

Für vorausgesetzte verschwindende Anfangsbedingung $u_C(0) = 0$ hat Gl. (9.12) die Lösung

$$u_C{}^-(n) = \hat{u}_S \frac{C\,C_1 - C\,C_2 - C_1\,C_2}{C\,C_1 + C\,C_2 + C_1\,C_2}\left[1 - \left(\frac{C^2}{(C + C_1)\,(C + C_2)}\right)^n\right]\,. \tag{9.13}$$

Dabei bedeutet n die Anzahl der seit dem Einschalten der Speisespannung vergangenen Perioden.

Derselbe Einschwingvorgang für $u_C{}^-(t)$ ergibt sich, wenn für $t < 0$ $C_1 = C_2 = 0$ gesetzt und für $t > 0$ eine sprungförmige Änderung von C_1 bzw. C_2 aufgeprägt wird.

Mit den Gln. (9.10) und (9.13) erhält man entsprechend für $u_C{}^+(n)$:

$$u_C{}^+(n) = \frac{C_1}{C + C_1}\,\hat{u}_S + \frac{C}{C + C_1}\,u_C{}^-(n)\,. \tag{9.14}$$

Für den Mittelwert von $u_C(t)$ innerhalb der n-ten Periode folgt mit den Gln. (9.13) und (9.14)

$$\bar{u}_C(n) = \frac{1}{2}\left[u_C{}^-(n) + u_C{}^+(n)\right]$$

$$= \frac{C_1 - C_2}{C_1 + C_2 + C_1\,C_2/C}\,\hat{u}_S$$

$$- \frac{2\,C + C_1}{2\,(C + C_1)}\frac{(C_1 - C_2 - C_1\,C_2/C)}{(C_1 + C_2 + C_1\,C_2/C)}\left[\frac{C^2}{(C + C_1)\,(C + C_2)}\right]^n\hat{u}_S\,. \tag{9.15}$$

Gl. (9.15) läßt erkennen, daß sich der stationäre Endzustand um so schneller einstellt, je größer das Verhältnis C_1/C bzw. C_2/C ist. Im eingeschwungenen Zustand $(n \to \infty)$ ergibt sich

$$u_\mathrm{a} = \bar{u}_\mathrm{C} (\infty) = \frac{C_1 - C_2}{C_1 + C_2 + C_1 C_2/C}, \tag{9.16}$$

was für $C_1, C_2 \ll C$ mit der Ausgangsspannung einer Halbbrückenschaltung, bestehend aus C_1 und C_2, übereinstimmt.

Eine genaue Analyse der Schaltung nach Bild 9.10 ist in [9.5] enthalten. Dort sind außerdem die Ergebnisse experimenteller Untersuchungen dargestellt. Diese zeigen unter anderem, daß die Empfindlichkeit der Schaltung geringfügig von der Impulsfolgefrequenz abhängt.

Eine Verbesserung der untersuchten Schaltung nach Bild 9.10a ist im Bild 9.10d dargestellt [9.11]. Anstelle der Widerstände R_1 und R_2 werden hier MOS-Transistoren unterschiedlicher Leitfähigkeit benutzt. Das führt zu einer Verbesserung der Wandlerkennlinie und gestattet außerdem die Verwendung einer rechteckförmigen Speisespannung, die gleichzeitig als Steuerspannung für die Transistoren dient (Bild 9.10d). So wird erreicht, daß gleichzeitig Diode D_1 und Transistor T_2 bzw. Diode D_2 und Transistor T_1 leitend sind. Der Einschwingvorgang der Schaltung nach Bild 9.10d wird ebenfalls durch Gl. (9.15) beschrieben.

Eine günstigere Variante einer Diodenmeßwandlerschaltung für kapazitive Aufnehmer ist in [9.6] beschrieben. Diese Schaltung – von den Autoren als kapazitive Vierdiodenbrücke bezeichnet – ist im Bild 9.11a dargestellt. Im folgenden wird das Verhalten dieser Schaltung für eine Speisung mit einer Rechteckspeisespannung untersucht. Es wird angenommen, daß die Speisespannung $\hat{u}_\mathrm{S}$ sehr viel größer als die Flußspannung u_F der Dioden ist. Falls diese Bedingung nicht erfüllt ist, muß $\hat{u}_\mathrm{S}$ in den folgenden Gleichungen durch $u_\mathrm{S}' = \hat{u}_\mathrm{S} - u_\mathrm{F}$ ersetzt werden.

Die Umladung der Kondensatoren erfolgt schlagartig zu den Zeitpunkten $(K\,T)$; $k = 1, 2, 3 \ldots$ Dazwischen bleiben die Spannungen u_1 bis u_4 konstant. Die abwechselnde Umladung der Kondensatoren C über die Meßkondensatoren C_1 und C_2 führt zu einem Gleichanteil der Spannungen u_3 und u_4, wenn $C_1 \neq C_2$.

Im Bild 9.11b ist ein Ausschnitt für $u_1(t) \ldots u_4(t)$ der Länge $4\,T$ (zwei volle Perioden der Speisespannung) unter der Annahme $C_1 > C_2$ dargestellt. Zur Berechnung des Einschwingvorgangs werden die Bezeichnungen für die positiven und die negativen Spannungswerte der i-ten bzw. $(i + 1)$-ten Periode analog zu Bild 9.10 eingeführt. Das Grundmodell zur Berechnung des Umladevorgangs bei einer Speisespannungsänderung von $-\hat{u}_\mathrm{S}$ auf $+\hat{u}_\mathrm{S}$ ist im Bild 9.11c für die Spannungen u_3 und u_1 dargestellt. Für die Spannung $u_3^+ (i + 1)$ und entsprechend für $u_4^+ (i + 1)$ erhält man damit

$$u_3^+ (i + 1) = \frac{C_1}{C + C_1} \hat{u}_\mathrm{S} + \frac{C}{C + C_1} u_3^- (i) - \frac{C_1}{C + C_1} u_1^- (i) \tag{9.17}$$

$$u_4^+ (i + 1) = \frac{C_2}{C + C_2} \hat{u}_\mathrm{S} + \frac{C}{C + C_2} u_4^- (i) - \frac{C_2}{C + C_2} u_2^- (i).$$

Die Spannungen $u_1^- (i)$ und $u_2^- (i)$ lassen sich nach dem Maschensatz bestimmen [D_2 und D_3 leitend, $u_\mathrm{S}(t) = -\hat{u}_\mathrm{S}$]:

$$u_1^- (i) = -\hat{u}_\mathrm{S} - u_4^- (i) \tag{9.18}$$

$$u_2^- (i) = -\hat{u}_\mathrm{S} - u_3^- (i).$$

Vor dem Einschalten der Speisespannung waren alle Kondensatoren entladen. Daher ist auch im weiteren die Summe aller Ladungen auf den Kondensatoren C_1 bis C_4 gleich

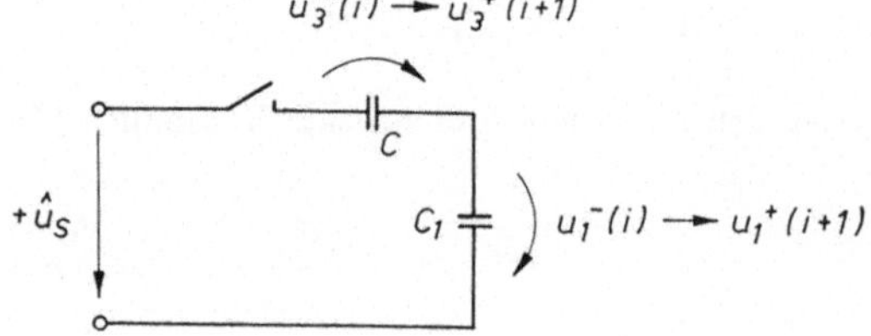

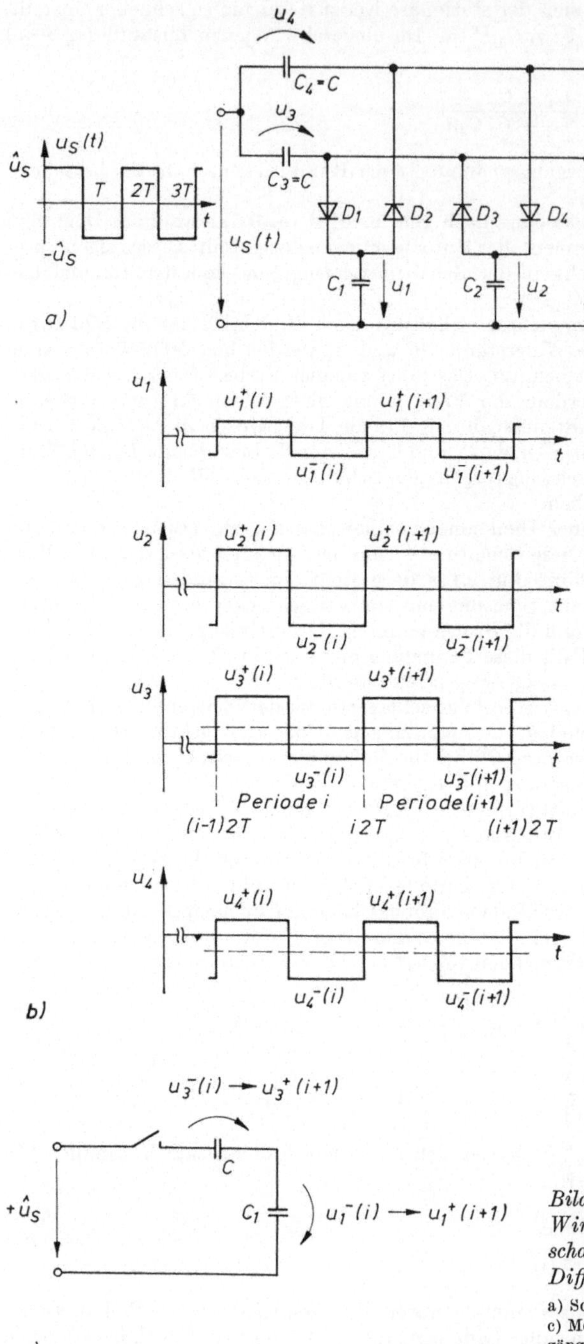

Bild 9.11. Schaltungsstruktur und Wirkungsweise einer Vierdiodenschaltung zur Auswertung eines Differentialkondensators

a) Schaltung; b) Spannungsverläufe;
c) Modell zur Berechnung der Umladevorgänge

Null, und die Umladevorgänge bewirken nur eine Umverteilung der Einzel-Ladungen. Unter Beachtung der Zählrichtung der Spannungen läßt sich daher schreiben

$$u_1 \, C_1 + u_2 \, C_2 - u_3 \, C - u_4 \, C = 0 \, . \tag{9.19}$$

Analog zu Gl. (9.17) erhält man das Ergebnis des Umladeprozesses bei negativem Speise-spannungssprung im Moment $t = (2 \, i + 1) \, T$:

$$u_3^- (i+1) = - \frac{C_2}{C + C_2} \, \hat{u}_\mathrm{S} + \frac{C}{C + C_2} \, u^{3+} (i+1) - \frac{C_2}{C + C_2} \, u_2^+ (i+1)$$

$$\tag{9.20}$$

$$u_4^- (i+1) = - \frac{C_1}{C + C_1} \, \hat{u}_\mathrm{S} + \frac{C}{C + C_1} \, u_4^+ (i+1) - \frac{C_1}{C + C_1} \, u_1^+ (i+1) \, .$$

Analog zu Gl. (9.18) gilt

$$u_1^+ (i+1) = \hat{u}_\mathrm{S} - u_3^+ (i+1) \tag{9.21}$$

$$u_2^+ (i+1) = \hat{u}_\mathrm{S} - u_4^+ (i+1) \, .$$

Aus den Gln. (9.17) bis (9.21) ergeben sich die folgenden Differenzengleichungen für $u_3 \, (t)$:

$$u_3^+ (i+1) = \frac{C_1 \, (2 \, C + C_1 - C_2)}{(C + C_1)^2} \, \hat{u}_\mathrm{S} + \frac{(C^2 - C_1 \, C_2)}{(C + C_1)^2} \, u_3^- (i) \tag{9.22}$$

$$u_3^- (i+1) = \frac{C \, (2 \, C + C_1 + C_2) \, (C \, C_1 - C \, C_2 - 2 \, C_1 \, C_2)}{(C + C_1)^2 \, (C + C_2)^2} \, \hat{u}_\mathrm{S}$$

$$+ \frac{(C^2 - C_1 \, C_2)^2}{(C + C_1)^2 \, (C + C_2)^2} \, u_3^- (i) \, . \tag{9.23}$$

Die Lösung von Gl. (9.23) hat bei verschwindender Anfangsspannung $u_3 \, (0) = 0$ die folgende Gestalt:

$$u_3^- (n) = \frac{C \, C_1 - C \, C_2 - 2 \, C_1 \, C_2}{C \, C_1 + C \, C_2 + 2 \, C_1 \, C_2} \, \hat{u}_\mathrm{S} \left\{ 1 - \left[\frac{C^2 - C_1 \, C_2}{(C + C_1) \, (C + C_2)} \right]^{2 \, n} \right\} . \tag{9.24}$$

n ist dabei wieder die Anzahl der bereits vergangenen Perioden von $u_\mathrm{S} \, (t)$.

Setzt man Gl. (9.24) in Gl. (9.22) ein, so ergibt sich ein entsprechender Ausdruck für $u_3^+ (n)$.

Für $\bar{u}_3 \, (n)$ läßt sich damit nach einigen Umformungen schreiben

$$\bar{u}_3 \, (n) = \frac{1}{2} \, [u_3^- (n) + u_3^+ (n)]$$

$$= \frac{C_1 - C_2}{C_1 + C_2 + 2 \, C_1 \, C_2 / C} \, \hat{u}_\mathrm{S}$$

$$- \frac{\hat{u}_\mathrm{S} \, (C_1 - C_2 - 2 \, C_1 \, C_2 / C)}{2 \, (C_1 + C_2 + 2 \, C_1 \, C_2 / C)} \left[1 + \frac{C^2 - C_1 \, C_2}{(C + C_1)^2} \right] \left[\frac{C^2 - C_1 \, C_2}{(C + C_1) \, (C + C_2)} \right]^{2 \, n} .$$

$$\tag{9.25}$$

Im eingeschwungenen Zustand wird

$$u_3^- (\infty) = \frac{C_1 - C_2}{C_1 + C_2 + 2 \, C_1 \, C_2 / C} \, \hat{u}_\mathrm{S} \, . \tag{9.26}$$

Aufgrund der Symmetrie der Schaltung ($C_3 = C_4 = C$) berechnet sich $\bar{u}_4 \, (\infty)$ ebenfalls nach Gl. (9.26), wobei aber C_1 durch C_2 und C_2 durch C_1 ersetzt werden muß. $\bar{u}_3 \, (\infty)$ und $\bar{u}_4 \, (\infty)$ unterscheiden sich daher nur im Vorzeichen.

Für die Mittelwerte der Ausgangsspannungen nach Bild 9.11 gilt damit aufgrund des verschwindenden Mittelwerts der Speisespannung $\bar{u}_\mathrm{a} = - \bar{u}_3 \, (\infty) = \bar{u}_4 \, (\infty)$ und $\bar{u}_\mathrm{a}' = - \bar{u}_4 \, (\infty) = \bar{u}_3 \, (\infty)$; sie sind – wie auch bei der Schaltung im Bild 9.10 – der Kapazitätsdifferenz ($C_1 - C_2$) proportional.

Ein Vergleich der Gln. (9.15) und (9.25) zeigt, daß die Übergangsprozesse im Zweidiodenwandler nach Bild 9.10 und im Vierdiodenwandler nach Bild 9.11 ähnlich verlaufen. Die Faktoren, die die Geschwindigkeit des Übergangsprozesses beeinflussen, haben die Form α_1^n (Zweidiodenwandler) und α_2^{2n} (Vierdiodenwandler), wobei

$$\alpha_2 = \frac{C^2 - C_1 C_2}{(C + C_1)(C + C_2)} < \alpha_1 = \frac{C^2}{(C + C_1)(C + C_2)} \, .$$

Mit wachsendem n strebt der Term α_2^{2n} schneller gegen Null als der Term α_1^n. Das bedeutet, daß der Vierdiodenwandler bessere dynamische Eigenschaften hat als der Zweidiodenwandler.

In [9.6] und [9.7] sind dimensionierte Schaltungen solcher Diodenbrücken angegeben (Bilder 9.12a und b).

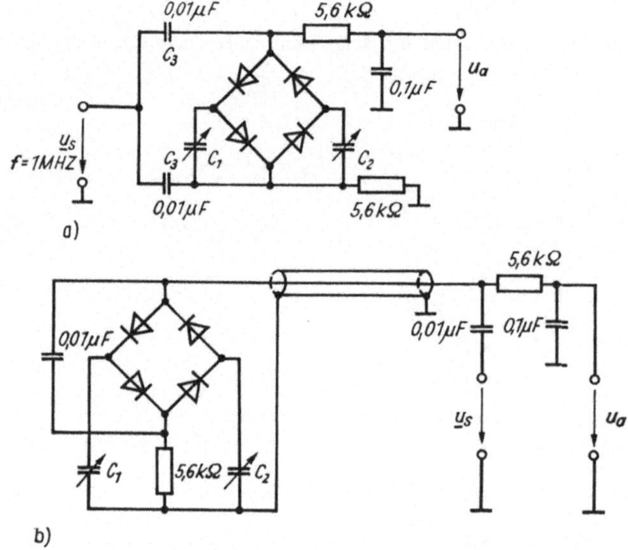

Bild 9.12. Schaltungsbeispiele für Auswerteschaltungen von Differentialkondensatoren nach der Vierdiodenschaltung

a) Schaltung entsprechend Bild 9.11; b) Zuführung der Speisespannung und Abgriff der Meßspannung über ein Koaxialkabel

Der Vorteil der Schaltung nach Bild 9.12b besteht darin, daß die Zuführung der Speisespannung und Abgriff des Ausgangssignals mit Hilfe eines einzigen Koaxialkabels erfolgt. Dafür sind einige Elemente der Meßwandlerschaltung direkt im Aufnehmer anzuordnen (Bild 9.12b). Abschließend wird festgestellt, daß die Genauigkeit der besprochenen Wandler erhöht werden kann, wenn anstelle der Dioden moderne analoge MOS-Schalter verwendet werden.

Im Bild 9.13 ist noch eine Meßwandlerschaltung für kapazitive Aufnehmer dargestellt, bei der der Strom, der der Speisequelle entzogen wird, linear von der Meßgröße abhängt [9.8]. Das Grundelement ist ein Differenzaufnehmer entsprechend Bild 9.9a.

Die Ausgangsspannungen u_A und u_B des Gleichrichters entstehen auf die im Bild 9.8b beschriebene Weise. Es müssen auch hier die Bedingungen $C_3 \gg C_{1,2}$ und $C_3(R_1 \| R_4)$

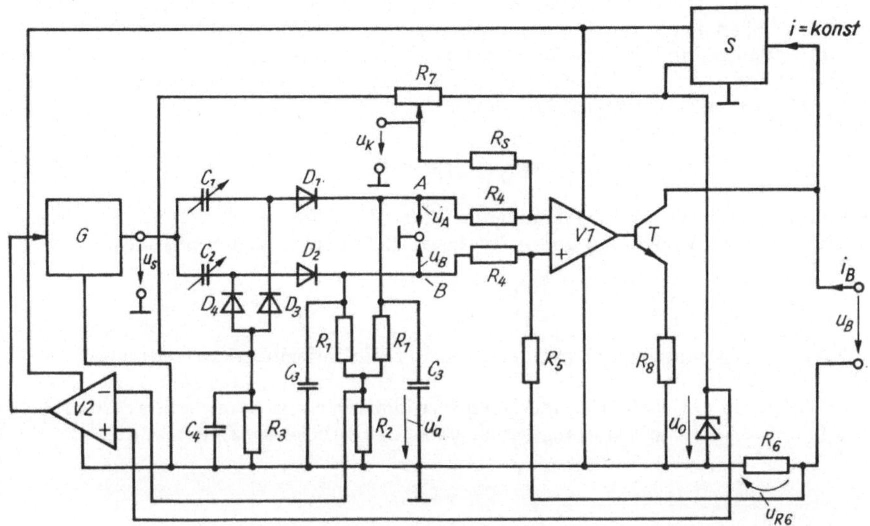

Bild 9.13. *Ergänzung der Schaltung von Bild 9.9 a zu einer Zweileiteranordnung mit „lebendem Nullpunkt"*

$\gg T = 1/f$ sowie $R_2 \ll R_1$ und $C_4 R_3 \gg T$ erfüllt sein. In der ausgeführten Schaltung ist auch noch $R_4 \gg R_1 \uparrow$, so daß sich schließlich für die Differenzspannung u_{AB} ergibt

$$u_{\mathrm{AB}} = u_{\mathrm{A}} - u_{\mathrm{B}} = 2 \, |\underline{u}_{\mathrm{S}}| \, R_1 f \, (C_1 - C_2). \tag{9.27}$$

Die Spannung u_{AB} gelangt über die Widerstände R_4 an die Eingänge des Verstärkers $V1$, der den Kollektorstrom des Transistors T steuert. Der zweite Operationsverstärker $V2$ dient der Regelung der Amplitude der Generatorausgangsspannung. Ein Spannungsstabilisator S liefert die Speisespannung für beide Operationsverstärker. Die Ausgangsspannung von $V2$ regelt die Amplitude der Generatorspannung auf einen solchen Wert, bei dem der Spannungsabfall u_{a}' über R_2 genau so groß ist wie die Vergleichsspannung u_0 über der Zener-Diode D_5.

$$(2 \, |\underline{u}_{\mathrm{S}}| \, R_1 \, (C_1 + C_2) \, f) \, \frac{1}{R_1} \, R_2 = u_0$$

$$2 \, |\underline{u}_{\mathrm{S}}| = u_0 \, \frac{1}{R_2} \, \frac{1}{C_1 + C_2} \, \frac{1}{f} \tag{9.28}$$

Durch Einsetzen von Gl. (9.28) in Gl. (9.27) ergibt sich

$$u_{\mathrm{AB}} = u_0 \, \frac{R_1}{R_2} \, \frac{C_1 - C_2}{C_1 + C_2}. \tag{9.29}$$

Außer der Spannung u_{AB} wirken auf den Eingang von $V1$ noch die Spannungen über den Widerständen R_6 und R_7 ein. Die Spannung u_{R6} über dem Widerstand R_6 ist dem von der Speisequelle insgesamt gelieferten Strom i proportional

$$u_{R6} = - \, i_{\mathrm{B}} \, R_6. \tag{9.30}$$

Die Spannung, die vom Widerstand R_7 abgeleitet wird, dient der Nullpunkteinstellung. Sie soll mit u_{K} bezeichnet werden. Um ein u_{K} beliebiger Polarität zu erhalten, wurde der

Widerstand R_6 mit einem Pol an die Konstantspannung u_0 über der Zener-Diode mit dem anderen Pol an den Widerstand R_3 angeschlossen. Über R_3 liegt infolge des Stromes durch die Dioden D_3 und D_4 eine konstante negative Spannung.

Der Operationsverstärker $V\,1$ reguliert den Kollektorstrom des Transistors T derart, daß seine Eingangsspannung fast Null wird

$$- u_{\mathrm{AB}} + u_{R6}\,\frac{R_4}{R_4 + R_5} - u_{\mathrm{K}}\,\frac{R_4}{R_4 + R_5} = 0 \,. \tag{9.31}$$

Diese Beziehung wurde unter der Bedingung $R_4 \gg R_1$, R_2 und $R_5 \gg R_6$, R_7 abgeleitet. Durch Einsetzen der Gln. (9.29) und (9.30) in Gl. (9.31) ergibt sich schließlich

$$i_{\mathrm{B}} = \frac{u_0}{R_6}\,\frac{R_1}{R_2}\,\frac{C_2 - C_1}{C_1 + C_2}\left(1 + \frac{R_5}{R_4}\right) - \frac{u_{\mathrm{K}}}{R_6}\,.$$

Der Speisestrom i_{B} hängt linear von der Differenz der Aufnehmerkapazitäten ab. Der Wandler wird so dimensioniert, daß sich i_{B} in den Grenzen von 4 bis 20 mA bei Änderung der Meßgröße zwischen Null und Nennwert ändert. Es sei daran erinnert, daß im Abschn. 6.3. eine ähnliche Schaltung für eine resistive Brücke behandelt wurde.

9.2.   Meßwandler für induktive Aufnehmer

Am Ausgang induktiver Aufnehmer läßt sich fast immer (mit Ausnahme sehr kleiner Aufnehmer) eine ausreichende Leistung erzielen [1.2]. Daher kann man in vielen Fällen auf Verstärker verzichten. Der Meßwandler besteht dann meist aus einer wechselspannungsgespeisten Voll- oder Halbbrücke und einem phasenempfindlichen Gleichrichter. Bild 9.14 zeigt einige Beispiele.

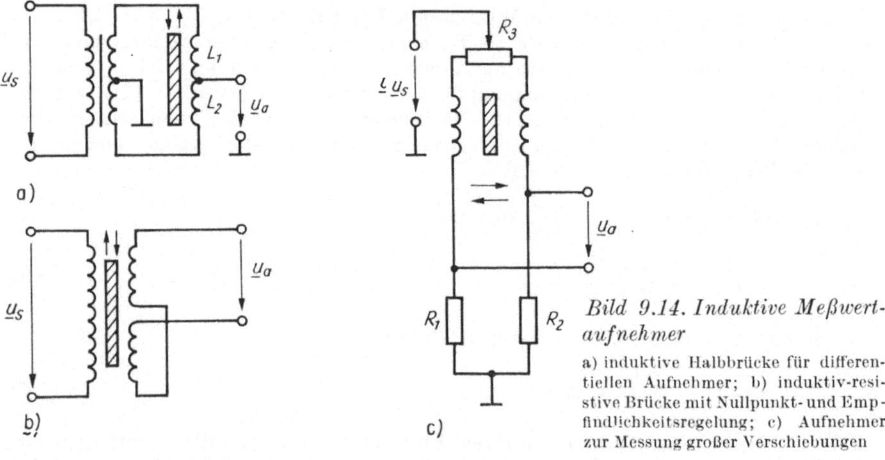

Bild 9.14. Induktive Meßwertaufnehmer

a) induktive Halbbrücke für differentiellen Aufnehmer; b) induktiv-resistive Brücke mit Nullpunkt- und Empfindlichkeitsregelung; c) Aufnehmer zur Messung großer Verschiebungen

Im Bild 9.14a ist eine typische Halbbrücke für einen differentiellen Aufnehmer (L_1, L_2) dargestellt. Bei Verschiebung des ferromagnetischen Kerns verändert sich das Verhältnis der Induktivitäten L_1 und L_2, was zur Änderung der Amplitude der Ausgangsspannung führt. Beim Durchgang durch die Nullage ändert die Spannung das Vorzeichen.

Bild 9.14b zeigt eine induktiv-resistive Brücke. Durch Veränderung der Widerstände R_1, R_2, R_3 lassen sich Nullpunkt und Empfindlichkeit einstellen. Allerdings ist die Ausgangsspannung einer solchen Brücke gegenüber der Speisespannung phasenverschoben. Daher muß vor den Steuereingang des nachfolgenden phasenrichtigen Gleichrichters ein zusätzliches Phasendrehglied geschaltet werden, das diese Phasenverschiebung kompensiert [9.9].

Zur Messung verhältnismäßig großer Verschiebungen werden häufig transformatorische Aufnehmer verwendet, bei denen die Verschiebung eines ferromagnetischen Kerns die Gegeninduktivitäten zwischen der Primärwicklung und zwei Sekundärwicklungen ändert. Die Auswerteelektronik für solche Aufnehmer ist einfach: gegenphasige Reihenschaltung beider Sekundärwicklungen mit anschließendem phasenempfindlichem Gleichrichter (Bild 9.14c).

Beim Aufbau von Meßwandlern für induktive Aufnehmer können prinzipiell auch die Methoden angewendet werden, die bei den kapazitiven Diodenwandlern (s. Abschn. 9.2.) benutzt werden. Bild 9.15 zeigt eine solche Schaltung.

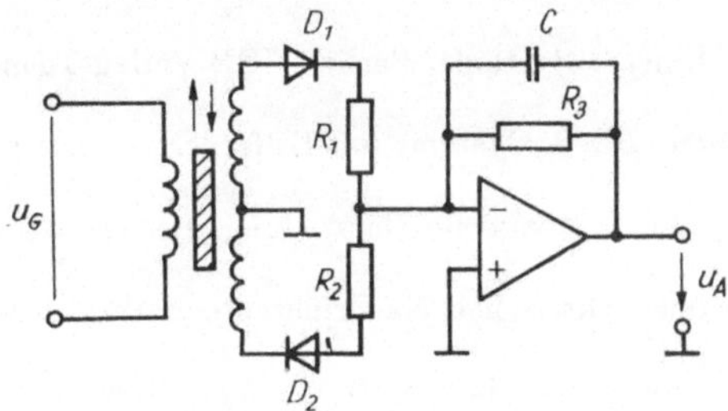

Bild 9.15. Auswerteschaltung für induktive Meßwertaufnehmer

Die Spannungen der Sekundärschaltungen werden zwei Einweggleichrichtern zugeführt, an deren Ausgängen Spannungen unterschiedlicher Polarität auftreten. Diese gleichgerichteten Spannungen gelangen an einen Summierverstärker. Die Kapazität im Gegenkopplungszweig glättet die pulsierenden Gleichspannungen. Die beschriebene Schaltung ist sehr einfach. Allerdings sind solche Schaltungen empfindlicher gegenüber Störspannungen am Aufnehmerausgang als Schaltungen, die einen phasenempfindlichen Gleichrichter verwenden [9.10].

Literaturverzeichnis

[1.1] *Krauß, M.; Woschni, E. G.:* Meßinformationssysteme. Berlin: VEB Verlag Technik 1972.

[1.2] *Novickij, P. V.:* Gütekriterien für Meßeinrichtungen. Berlin: VEB Verlag Technik 1978.

[1.3] *Novickij, P. V.; Knorring, V. G.; Gutnikov, V. S.:* Frequenzanaloge Meßeinrichtungen. Berlin: VEB Verlag Technik 1975.

[2.1] *Wunsch, G.:* Systemanalyse. Bd. 2: Statistische Systemanalyse. Berlin: VEB Verlag Technik 1974.

[2.2] *Wunsch, G.:* Systemanalyse. Bd. 1: Lineare Systeme. Berlin: VEB Verlag Technik 1972.

[2.3] *Lenk, A.:* Elektromechanische Systeme. Bd. 3: Systeme mit Hilfsenergie. Berlin: VEB Verlag Technik 1975.

[2.4] *Lange, F. H.:* Signale und Systeme. Bd. 1: Spektrale Darstellung. Berlin: VEB Verlag Technik 1965.

[2.5] *Küpfmüller, K.:* Die Systemtheorie der elektrischen Nachrichtentechnik. Stuttgart: S. Hirzel Verlag 1952.

[2.6] *Schlitt, H.:* Systemtheorie regelloser Vorgänge. Berlin, Heidelberg, New York: Springer-Verlag 1960.

[2.7] *Lange, F. H.:* Signale und Systeme. Bd. 3: Regellose Vorgänge. Berlin: VEB Verlag Technik 1973.

[2.8] *Woschni, E.-G.:* Informationstechnik. Berlin: VEB Verlag Technik 1973.

[2.9] *Fritzsche, G.:* Theoretische Grundlagen der Nachrichtentechnik. Berlin: VEB Verlag Technik 1972.

[2.10] *Unbehauen, R.:* Systemtheorie. München: R. Oldenbourg Verlag 1971.

[2.11] *Kreß, D.:* Theoretische Grundlagen der Signal- und Informationsübertragung. Berlin: Akademie-Verlag 1977.

[2.12] *Klein, W.:* Finite Systemtheorie. Stuttgart: Teubner 1976.

[2.13] *Page, C. H.:* Instantenous Power Spectra. J. of Appl. Physics (1952) vol. 23, 1, S. 101–112.

[2.14] *Charkevic, A. A.:* Spektry i analis (Spektren und ihre Analyse). Moskau: Gossudarstvennoe isdatelstvo techniko-teoretitčeskoi literatury 1957.

[2.15] *Lampard, D. G.:* Generalisation of the Wiener-Khintchine Theorem to non-stationary processes. J. Appl. phys. (1954) 6, 802—803.

[2.16] *Rice, S. O.:* Response of Periodically Varying Systems to shot Noise-Application to switched RC-Circuits. The Bell System Technical Journal (1970) Nov., 2221–2248, 1970.

[2.17] *Solodownikow, W. W.:* Grundlagen automatischer Regelsysteme. Bd. 3: Instationäre und nichtlineare Systeme. Berlin: VEB Verlag Technik 1974.

[2.18] *Dittrich, F.:* Verschiedene Definitionen der spektralen Leistungsdichte und Diskussion der auftretenden Konvergenzprobleme. msr 13 (1970) 7, S. 260–262 und 9, S. 356–360.

[2.19] *Mende, U.:* Experimente zur Leistungsdichtebestimmung von stochastischen Prozessen mittels Fouriertransformation endlicher Zeitabschnitte. Technische Universität Dresden, TU-Information 09-19-79.

[2.20] *Gutnikov, V. S.:* Integralnaja elektronika v ismeritelnych ustroistvach (Integrierte Schaltkreise in Meßgeräten). Leningrad: Energija 1980.

[2.21] *Anisimov, W. I.:* Topologičeski rasčot elektronnych schem. Leningrad: Energija 1977.

[2.22] *Acar, C.; Anday, F.:* On the analysis of activ networks containing voltage, operational and differential-input operational amplifieres. Proceedings of the IEE (1971) 59.

[2.23] *Coates, C. L.:* Flow graph solutions of linear algebraic equations. IRE Trans. Circuit theorie. Vol. CT-6, Juni 1959.

[2.24] *Ilmer, H.-U.:* Signalflußgraphen in der Elektronik. Reihe Informationselektronik. Berlin: VEB Verlag Technik 1977.

[3.1] *Herpy, M.:* Analoge integrierte Schaltungen. Budapest: Akademiai Kiado 1976.

[3.2] *Seifart, M.:* Analoge Schaltungen und Schaltkreise. Berlin: VEB Verlag Technik 1981.

[3.3] *Mennenga, H.:* Schaltungstechnik mit Operationsverstärkern. Berlin: VEB Verlag Technik 1979.

[3.4] *Graeme, J. G.:* Application of operational amplifiers. New York: Mc Graw-Hill 1973.

[3.5] *Tietze, U.; Schenk, Ch.:* Halbleiter-Schaltungstechnik. Berlin, Heidelberg, New York: Springer-Verlag 1971.

[3.6] *Conelly, J. A.:* Analog Integrated Circuits-Divices, Circuits, Systems and Applications. New York, London, Sidney, Toronto: Wiley 1970.

[3.7] *Andrianov, V.; Mende, U.:* Rauschen von Eingangsverstärkern für elektromechanische Meßwertaufnehmer. msr 23 (1980) 3, S. 129–132.

[4.1] CMOS-Operationsverstärker mit automatischem Nullabgleich. Elektronik (1979) 9, S. 55—56.

[4.2] *Altmann, R.:* Automatische Nullpunktkorrektur von Analogschaltungen. RFE (1980) 6, S. 379—383.

[4.3] *Goldberg, E. A.:* Stabilization of wideband direct current amplifier for zero and gain. RCA review (1950) Vol. 11, Nr. 2.

[4.4] *Buckerfield, P. S.:* The parallel T-DC amplifier – a low drift amplifier with wide frequency respouse. Proceedings of the IEE (1952) pt. 11. Vol. 90, Nr. 71.

[5.1] *Rathore, T. S.:* Inverse active networks. Electronic Letters (1977) 10, S. 303–304.

[5.2] Nonlinear Circuits Handbook, Designing with analog function modules and IC's. Edited by *D. H. Scheingold.* Norword (Massachusetts): Analog Devices, Inc.

[5.3] *Boucke, H.:* Ein neuartiger Effektivwert-Gleichrichter mit vermindertem Kurvenformfehler. Archiv der elektrischen Übertragung (1950) Bd. 4, Nr. 7, S. 267–270.

[5.4] *Wahrmann, C. G.:* A true RMS instrument. Brüel u. Kjaer Technical Review (1958) Nr. 3, Mesures et controle industry (1960) Vol. 25, Nr. 273.

[5.5] *Ochs, G.; Richmann, P.:* Curve fitter aids the measure of rms by overouling square-law slow downs. Electronics (1969) Vol. 42, Nr. 20, S. 98–101.

[5.6] *Austin Hansen, J.:* Effektivwertdetektoren. Brüel u Kjaer Technical Review (1972) 2, S. 3—19.

[5.7] Patent USA: N 366 8428, 1972.

[5.8] *Richmann, P.:* A new, wideband tone RMC/DC Converter. IEEE Internat. Convent. Rec. (1966) Vol. 14, Nr. 10, S. 2–7.

[5.9] *Volgin, L. I.:* Ismeritelnye preobrasovateli peremennogo naprjavenija v postojannoe. Moskau: Sowetskoje radio 1977.

[5.10] *Lange, F. H.:* Signale und Systeme. Bd. 2. Gesteuerte elektronische Systeme. Berlin: VEB Verlag Technik 1968.

[5.11] *Gaugi, A. F.:* Op amps replace transformer in phase detector circuit. Electronics (1969) Nr. 10.

[6.1] *Harrison, D. R.; Kerwin, W. J.; Schaffer, G. L.;* A Two-Wire IC Compatible Capacitive Transducer Circuit. Review Sci. Instr. (1970) 12, S. 1783–1788.

[6.2] *Buevič, A. S.:* Diodnye ismeritelnyi mosty (Diodenmeßbrücken). Ismeritelnaja Technika (1977) 2, S. 79—80.

[6.3] DST-Meßumformer, Typenreihe 41533. Firmenschrift. Honeywell, Process Control Div. Fort Washington Virginia/USA.

[6.4] *Rathlev, J.:* Linearisierungsschaltung für Platinthermometer. Elektronik (1977) 8, S. 64—65.

[6.5] *Grustev, S.W.; Proschin, E. I.:* Impulsnaja tensometrija (Impulstensometrie). Moskau: Energija 1976.

[6.6] *Schevčuk, W. W.:* Sposol umenšenija additivnoi progreschnosti v ismeritalnych ustroistvach (Ein Verfahren zur Verminderung additiver Fehler in Meßgeräten). Avtometrija (1979) 4, S. 37—43.

[6.7] *Morosov, O. A.; Bessubcev, V. V.:* Tensometričeskaja sistema. Pribory i sistemy upravlenija (1979) Nr. 6.

[6.8] *Sudin, S. L.; Timofegrev, V. T.:* Ussilitel signalov niskogo urovnja dlja tensoismereni. Pribory i sistemy upravlenija (1979) Nr. 1.

[6.9] *Wolobuev, V. S.; Minakov, V. P., u. a.:* Ismeritjelnaja informacionnaja sistema. Ismeritelnaja technika (1979) Nr. 1.

[6.10] *Galiaskarev, S. A.; Dmitriev, V. I., u. a.:* Tensometričeskaja apparatura na nessuščej častote. Ismeritelnaja technika (1979) Nr 12.

[6.11] *Peiter, A.:* Temperaturgangkompensation des Elastizitätsmoduls bei Dehnmeßstreifenmessungen. Messen und Prüfen (1979) 9, S. 659–670.

[6.12] *Castle, P. F.; Winlow, R. J.:* Improvements in or relating to strain measuring device. Patent GB: N 1472294 (04. 05. 77), H 1 K (GO 1 L 1/18).

[6.13] *Bušlanov, V. P.:* Tensoismeritelnoe ustroistvo s parallelnymi kanalami. Pribory i sistemy upravlenija (1980) Nr. 1.

[7.1] *Kollatai, Charkonen:* Civrovaja linearisacija resultatev ismerenija. Elektronika (1968) Nr. 5.

[7.2] *Gutnikov, V. S.; Nedaškovski, A. I.,* u. a.: Spezialisirovany civrovoi častotomer dlja raboty s ismeritelnymi častotnymi preobrasovateljami. Pribory i sistemy upravlenija (1977) Nr. 5.

[7.3] *Knjasev, O. A.:* Universalnye udlinitelnye provoda dlja vysokotemperaturnych termopar. Ismeritelnaja technika (1979) Nr. 3.

[8.1] *Andrianov, V.:* Forschungsbericht. Leningrader Polytechnisches Institut 1981.

[8.2] *Kistler, W. P.:* Meßverstärker zur Messung elektrischer Ladung. Schweizer Patentschrift: 267431 Bern 1950.

[8.3] *Tichy, J.; Gautschi, G.:* Piezoelektrische Meßtechnik. Berlin, Heidelberg, New York: Springer-Verlag 1980.

[8.4] *Farstad, J. T.:* Piezo Electric Transducer for Measuring Instantaneous Vibration Velocity. Patent USA: H 01 L, 4 L/04 (18. 09. 78).

[9.1] *Frederick, N. V.; Haynes, W. M.:* Differential Capacitance Sensor as Position Detector for a Magnetic Suspension Dosimeter. Rev. Sci. Instrum. (1979) 9, S. 1154–1155.

[9.2] Transducteur de contrainte capacitif bi-axial. Franz. Patent: N 2386815 (03. 11. 78) G 01 L 1/14.

[9.3] *Miller, G. L.; Boice, R. A.,* u. a.: A Capacitance-Based Micropositioning System for x-ray Rocking Curve Measurements. Rev. Sci. Instrum. (1979) 9, S. 1062–1069.

[9.4] *Huddart, J.:* A new capacitive strain measuring circuit. Strain (1978) 3, S. 87–90.

[9.5] *Harrison, D. R.; Kerwin, W. J.; Schaffer, G. L.:* A Two-Wire IC Compatible Capacitive Transducer Circuit. Rev. Sci. Instrum. (1979) 9, S. 1154–1155.

[9.6] *Harrison, D. R.; Dimeff, J.:* Diod-Quad Bridge Circuit for Use with Capacitance Transducers. Rev. Sci. Instrum. (1973) 10, S. 1468–1472.

[9.7] *Meyrick, G.; Speser, R.,* u. a.: Capacitance-Torsion Balance for Measuring Small Stresses strains. Rev. Sci. Instrum. (1978) 6, S. 806–808.

[9.8] Elektronischer Meßumformer für Druck, Differenzdruck, Durchfluß und Niveau. Serie 50 DPF 100. Firmenschrift: Fischer & Porter.

[9.9] *Hernandez, E. N.; Gichard, D.:* Force balance serro Accelerometer. Patent USA: N 4088027 (09. 05. 78) 73/517 B (G01 P 15/08).

[9.10] *Ormiston, P. T.:* Measuring displacement with LVDT transducers. Electron. Eng. (1978) June, S. 69–71.

[9.11] *Polivanov, P. P.; Wisnjakov, A. V.:* Dvuch diodnye moskovye schemy izmeritelnych preobrazovatelej ėmkosti (Zweidiodenbrückenschaltung für kapazitive Meßwandler). Pribori is sistemi upravlenija (1980) 12, S. 22–23.

Sachwörterverzeichnis